AF533119

Verbundbrückenbau nach Eurocode

Jetzt diesen Titel zusätzlich als E-Book downloaden und 70 % sparen!

Als Käufer dieses Buchtitels haben Sie Anspruch auf ein besonderes Kombi-Angebot: Sie können den Titel zusätzlich zum Ihnen vorliegenden gedruckten Exemplar für nur 30 % des Normalpreises als E-Book beziehen.

Der BESONDERE VORTEIL: Im E-Book recherchieren Sie in Sekundenschnelle die gewünschten Themen und Textpassagen. Denn die E-Book-Variante ist mit einer komfortablen Volltextsuche ausgestattet!

Deshalb: Zögern Sie nicht. Laden Sie sich am besten gleich Ihre persönliche E-Book-Ausgabe dieses Titels herunter.

In 3 einfachen Schritten zum E-Book:

❶ Rufen Sie die Website **www.beuth.de/e-book** auf.

❷ Geben Sie hier Ihren persönlichen, nur einmal verwendbaren E-Book-Code ein:

29074CF4A3A1576

❸ Klicken Sie das „Download-Feld“ an und gehen dann weiter zum Warenkorb. Führen Sie den normalen Bestellprozess aus.

Hinweis: Der E-Book-Code wurde individuell für Sie als Erwerber dieses Buches erzeugt und darf nicht an Dritte weitergegeben werden. Mit Zurückziehung dieses Buches wird auch der damit verbundene E-Book-Code für den Download ungültig.

Verbundbrückenbau nach Eurocode –
Beispiele prüffähiger Standsicherheitsnachweise

Verbundüberbau und Überbau mit teilweise
einbetonierten Stahlträgern nach Eurocode 0 bis 4

Prof. Dr.-Ing. Thomas Bauer
Prof. Dr.-Ing. Michael Müller
M. Eng. Thomas Hensel
M. Eng. Jacob Leinweber
M. Eng. Stefan Lubinski

Verbundbrückenbau nach Eurocode

Beispiele prüffähiger Standsicherheitsnachweise

Verbundüberbau und Überbau mit teilweise einbetonierten Stahlträgern nach Eurocode 0 bis 4

2. Auflage

Beuth Verlag GmbH · Berlin · Wien · Zürich

Bauwerk

© 2019 Beuth Verlag GmbH
Berlin · Wien · Zürich
Saatwinkler Damm 42/43
13627 Berlin

Telefon: +49 30 2601-0
Telefax: +49 30 2601-1260
Internet: www.beuth.de
E-Mail: kundenservice@beuth.de

Druck und Bindung:
Zakład Graficzny Colonel S.A., Kraków

Gedruckt auf säurefreiem, alterungsbeständigem Papier nach DIN EN ISO 9706.

ISBN 978-3-410-29074-2

Vorwort

Dieses Buch enthält zwei prüffähige Beispiele von Standsicherheitsnachweisen aus dem Verbundbrückenbau:

Teil 1: Bemessung einer zweifeldrigen Straßenbrücke in Verbundbauweise (offener Querschnitt mit Walzträgern)

Teil 2: Bemessung einer einfeldrigen Eisenbahnüberführung mit einbetonierten Walzträgern („Walzträger in Beton").

Die Bemessung erfolgt auf Grundlage der im Jahr 2013 im Brückenbau eingeführten EUROCODES (DIN EN 1990 bis DIN EN 1994, einschließlich zugehöriger Nationaler Anhänge), sowie den aktuellen eisenbahnspezifischen Richtlinien.

Die praxisnahen Beispiele sind so ausgewählt, dass die komplette Bemessung mit Handrechnungen nachvollzogen werden kann. Ziel dieses Buches ist es, durch die direkten Verweise auf die Normtexte eine schnelle und effektive Einarbeitung in die aktuelle Normgeneration zu ermöglichen.

Das Buch richtet sich an die erfahrenen Planungsingenieure, denen die Brückenbauverwaltungen ein Hilfsmittel zur Anfertigung von prüffähigen statischen Berechnungen nach den EUROCODES an die Hand geben wollten. Damit ist das Buch zwar nicht in erster Linie als Lehrbuch gedacht, wird aber auch Studenten einen praxisnahen Einstieg in das Aufstellen von Standsicherheitsnachweisen ermöglichen.

Da sich die EUROCODES von den DIN-Fachberichten in vielen Punkten unterscheiden sowie die Richtlinie 804 der DB AG und die Eisenbahnspezifische Liste Technischer Baubestimmungen (ELTB) eingearbeitet werden musste, wurde beide Beispiele komplett überarbeitet und ergänzt.

Gerne benutzen die Verfasser die Gelegenheit, dem Beuth-Verlag für die angenehme und unkomplizierte Zusammenarbeit zu danken. Dank sagen wir auch Herrn N. Bauer, Herrn Dr. h.c. M. Wimmer und Frau M. Müller für die wertvolle Zuarbeit.

Dank sagen wir auch unseren Familien und unseren Eltern.

Magdeburg/Bad Kreuznach, im September 2018

Michael Müller
Thomas Bauer
Thomas Hensel
Stefan Lubinski
Jacob Leinweber

Gesamtinhaltsverzeichnis

TEIL 1: STATISCHE BERECHNUNG
- VERBUNDÜBERBAU

BAUHERR: Landesstraßenbaubetrieb Sachsen-Anhalt

AUFTRAGGEBER: A.f.S. - Dessau

BAUVORHABEN: Neubau einer Straßenbrücke bei Cavertitz

BAUTEIL: Verbundüberbau (offener Querschnitt mit Walzträgern)

AUFSTELLER: Planungsgemeinschaft

Hochschule Magdeburg – Stendal

DATUM: 30.09.2018

Bearbeiter:

Prof. Dr.-Ing. Michael Müller
Hochschule Magdeburg-Stendal
Breitscheidstr. 2
39114 Magdeburg

M. Eng. Thomas Hensel
Müller + Hirsch Ingenieurgesellschaft mbH
Große Diesdorfer Straße 21
39108 Magdeburg

M. Eng. Stefan Lubinski
Müller + Hirsch Ingenieurgesellschaft mbH
Große Diesdorfer Straße 21
39108 Magdeburg

1 Allgemeines

Die Gliederung der statischen Berechnung erfolgt gemäß ZTV-Ing Teil 1 Abschnitt 2 Anhang A (Ausgabe 01/2018).

1.1 Inhaltsverzeichnis

Abschnitt	Bezeichnung	Seite

Abschnitt	**Bezeichnung**	**Seite**

1.2 Beschreibung des Gesamtbauwerkes, Allgemeines zum Herstellungsprinzip

Bei dem Bauwerk handelt es sich um die Überführung eines Wirtschaftsweges über eine Landstraße bei Cavertitz. Das zweifeldrige Bauwerk kreuzt die Landstraße in einem Winkel von 100 gon.

Die beiden Stützweiten betragen $L_1 = L_2 = 15{,}00$ m.

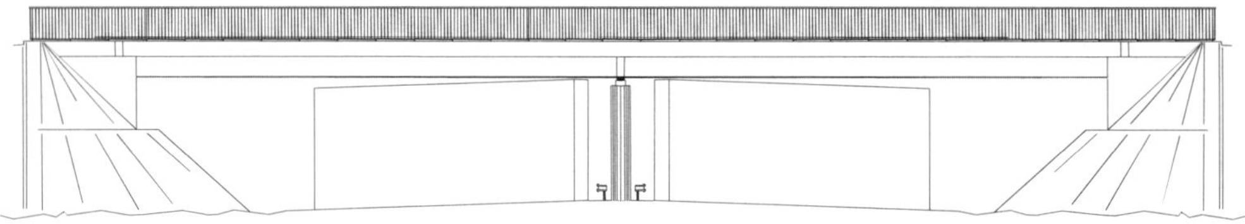

Abbildung 1 Bauwerksansicht

Die Fahrbahnbreite zwischen den Schrammborden beträgt 5,00 m. Mit den beidseitigen angeordneten Kappen ergibt sich eine Brückenbreite zwischen den Innenkanten der Geländer von 6,00 m und eine Breite zwischen den Außenkanten der Kappen von 6,50 m. Die Fahrbahn hat ein Quergefälle von 2,5 % und eine Längsneigung von 1 %.

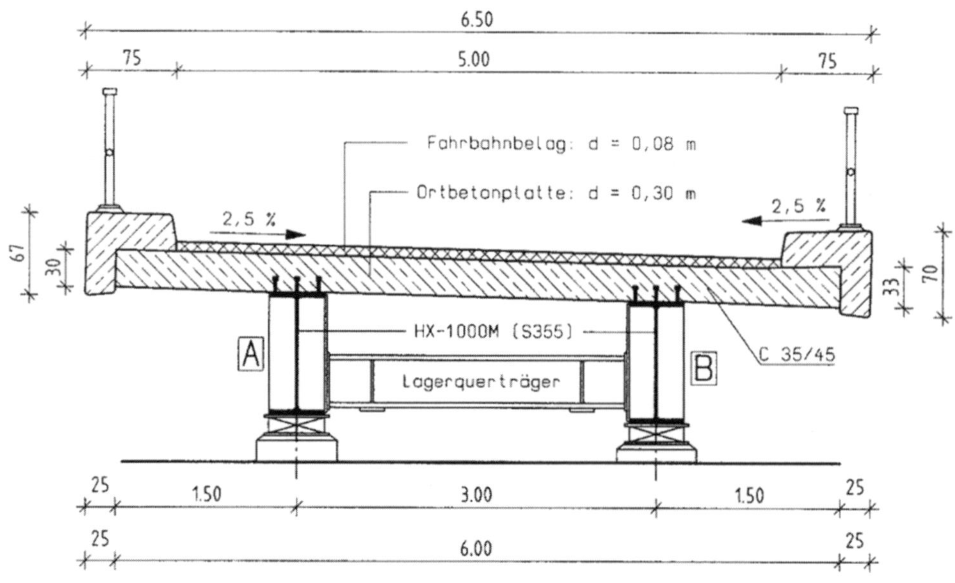

Abbildung 2 Überbauquerschnitt

Das Haupttragwerk besteht aus zwei Walzträgern (HX 1000 M) aus Baustahl S355J2+N, die mit der Stahlbetonfahrbahn durch aufgeschweißte Kopfbolzendübel schubfest verbunden sind und in Brückenlängsrichtung als Stahlverbundträger wirken. Beide Walzträger besitzen die gleiche Querschnittsgeometrie, so dass die Schnittgrößenermittlung und Bemessung nur für den am stärksten beanspruchten Hauptträger durchgeführt wird.

ZTV-ING Teil 4 Abs.1 Kap. 2 Abs. (5)

Die Fahrbahnplatte besteht aus einer 30 cm dicken Ortbetonplatte aus Beton der Festigkeitsklasse C35/45 und einer 8 cm dicken Fahrbahn, die sich in eine 1 cm starke Abdichtung, eine 3,5 cm dicke Schutzschicht und eine 3,5 cm starke Deckschicht unterteilt.

ZTV-ING Teil 4 Abs.2 Kap. 2.3 Abs. (3)

Die Brücken- und Fahrbahnachse verlaufen im Grundriss gerade ($R = \infty$).

Die beiden Hauptträger sind in Querrichtung durch die Fahrbahnplatte und über den Auflagerachsen zusätzlich durch Querträger verbunden. Diese Querträger werden ohne Verbund mit der Fahrbahnplatte ausgeführt und dienen zur Stabilisierung der Hauptträger im Bauzustand und zur Weiterleitung der Horizontallasten in Brückenquerrichtung zu den Widerlagern.

Es werden bewehrte Elastomerlager verwendet. Zur Aufnahme der Horizontalkräfte sind stählerne Festhaltekonstruktionen vorgesehen. Der Festpunkt in Brückenlängsrichtung befindet sich auf dem Mittelpfeiler. Die Horizontalkräfte quer zur Brückenachse werden nur an den Widerlagern abgetragen.

Als Entwurfsvorgabe wird der Überbau für das Lastmodell 1 (Doppelachsfahrzeug) bemessen. Das Lastmodell 4 (Menschengedränge) war nach Vorgabe des Bauherrn nicht zu berücksichtigen. Die Ermüdungsnachweise werden mit dem Ermüdungslastmodell 3 geführt.

EC-1-2 4.3.1

Im Rahmen der vorliegenden statischen Berechnung werden alle wesentlichen Nachweise des Längssystems des Überbaus geführt.

Die statischen Nachweise des Quersystems und der Widerlager werden in separaten Berechnungsteilen geführt und sind nicht Bestandteil der vorliegenden Unterlage.

Expositionsklassen

Unter Berücksichtigung der Umgebungsbedingungen wird der Überbau in die folgenden Expositions- und Feuchteklassen eingestuft.

XC4	Außenbauteile mit direkter Beregnung	DIN-FB 100 Tabelle 1
XD3	Teile von Brücken mit häufiger Spritzwasserbeanspruchung	DIN-FB 100 Tabelle 1
XF2	Bauteile im Sprühnebel- oder Spritzwasserbereich von taumittelbehandelten Verkehrsflächen	DIN-FB 100 Tabelle 1
WA	Bauteile unter Tausalzeinwirkungen	ZTV-ING Teil 3 Abs.1 Kap. 4 Abs. (1)

Als Mindestbetondruckfestigkeitsklasse des Überbaus in Abhängigkeit von den Expositionsklassen ergibt sich damit:

XC4	⇒	C 25/30	DIN-FB 100 Tabelle F.2.1
XD3	⇒	C 35/45	DIN-FB 100 Tabelle F.2.1
XF2	⇒	C 30/37	ZTV-ING Teil 3 Abs.1 Kap. 4 Abs. (5)

Mindestbetondruckfestigkeitsklasse allgemein: C35/45 — ZTV-ING Teil 4 Abs.2 Kap. 2.3 Abs. (3)

Absturzsicherungen, Schutzeinrichtungen

Die Gehwegbereiche erhalten auf den Außenseiten ein Füllstabgeländer mit einer Geländerhöhe von 1,00 m.

Tabelle 1 Entwurfsparameter

Geometrie	
Gesamtlänge	L = 30,80 m
Einzelstützweiten	l = 15,00/15,00 m
Gesamtbreite	B = 6,50 m
Breite zwischen den Geländern	b_{Gel} = 6,00 m
Breite zwischen den Schrammborden	b_{SB} = 5,00 m
Bauhöhe (OK Kappe bis UK Walzträger)	H = 1,62 m
Höhe der Fahrbahnplatte	h_c = 0,30 m
Höhe vom Walzprofil HX 1000 M ARBED	h_a = 1,008 m
Konstruktionshöhe	h = 1,308 m
Biegeschlankheit	λ = 11,5
Fahrbahnradius	R = ∞
Kreuzungswinkel	α = 100 gon
Kleinste lichte Höhe	H_{li} = 6,00 m
Baustoffe	
Baustahl	S355J2+N
Kopfbolzendübel	S235J2+C450
Beton der Fahrbahnplatte	C35/45
Betonstahl	B500B, hochduktil
Umweltbedingungen	XD3, XC4, XF2, WA
Sonstige Randbedingungen	
Verkehrskategorie	örtliche Straße mit geringem LKW-Anteil
Entwurfsgeschwindigkeit	100 km/h
Anzahl der LKW-Fahrstreifen	1
Anzahl LKW pro Jahr N_{obs}	$0{,}05 \cdot 10^6$
Beiwert der Verkehrsart Q	0,82
Beiwert der Oberflächenrauigkeit φ_{fat}	1,20
Bemessungslebensdauer N_{years}	100 Jahre
Projektspezifische Einwirkungen	
Lastmodell 1	α_{Q1} = 1,00
	α_{q1} = 1,33
	α_{qr} = 1,20
Ermüdungslastmodell 3	

1.3 Technische Vorschriften, Gutachten und Literaturhinweise

Nachfolgend werden die im Rahmen dieser Berechnung zugrunde gelegten Regelwerke und verwendeten Unterlagen aufgeführt.

Tabelle 2 Normen, Vorschriften und verwendete Unterlagen

	verw. Abk.	Bezeichnung	Fassung
Eurocode 0	EC-0	Grundlagen der Tragwerksplanung	
	EC-0	Grundlagen der Tragwerksplanung	12/2010
	EC-0/NA	Grundlagen der Tragwerksplanung – NA	12/2010
	EC-0/NA/A1	Grundlagen der Tragwerksplanung – NA A1	08/2012
Eurocode 1	EC-1	Einwirkungen auf Tragwerke	
	EC-1-1-1	Wichten, Eigengewicht und Nutzlasten	12/2010
	EC-1-1-1/NA	Wichten, Eigengewicht und Nutzlasten – NA	12/2010
	EC-1-1-1/NA/A1	Wichten, Eigengewicht und Nutzlasten – NA A1	05/2015
	EC-1-1-4	Windeinwirkungen	12/2010
	EC-1-1-4/NA	Windeinwirkungen – NA	12/2010
	EC-1-1-5	Temperatureinwirkungen	12/2010
	EC-1-1-5/NA	Temperatureinwirkungen – NA	12/2010
	EC-1-1-7	Außergewöhnliche Einwirkungen	12/2010
	EC-1-1-7/A1	Außergewöhnliche Einwirkungen A1	08/2014
	EC-1-1-7/NA	Außergewöhnliche Einwirkungen – NA	12/2010
	EC-1-2	Verkehrslasten auf Brücken	12/2010
	EC-1-2/NA	Verkehrslasten auf Brücken – NA	08/2012
Eurocode 2	EC-2	Bemessung u. Konstruktion von Stahlbeton- und Spannbetonbauwerken	
	EC-2-1-1	Allg. Bemessungsregeln	01/2011
	EC-2-1-1/A1	Allg. Bemessungsregeln A1	03/2015
	EC-2-1-1/NA	Allg. Bemessungsregeln – NA	04/2013
	EC-2-1-1/NA/A1	Allg. Bemessungsregeln – NA A1	12/2015
	EC-2-2	Bemessung von Betonbrücken	12/2010
	EC-2-2/NA	Bemessung von Betonbrücken – NA	04/2013
Eurocode 3	EC-3	Bemessung u. Konstruktion von Stahlbauten	
	EC-3-1-1	Allg. Bemessungsregeln	12/2010
	EC-3-1-1/A1	Allg. Bemessungsregeln – A1	07/2014
	EC-3-1-1/NA	Allg. Bemessungsregeln – NA	09/2017
	EC-3-1-5	Anschlüsse	12/2010
	EC-3-1-5/NA	Anschlüsse – NA	12/2010
	EC-3-1-8	Plattenförmige Bauteile	12/2010
	EC-3-1-8/NA	Plattenförmige Bauteile – NA	04/2016
	EC-3-1-9/NA	Ermüdung – NA	12/2010
	EC-3-1-10	Stahlsortenauswahl	12/2010

Tabelle 2 Normen, Vorschriften und verwendete Unterlagen (fortgesetzt)

	verw. Abk.	Bezeichnung	Fassung
	EC-3-1-10/NA	Stahlsortenauswahl – NA	04/2016
	EC-3-2	Bemessung von Stahlbrücken	12/2010
	EC-3-2/NA	Bemessung von Stahlbrücken – NA	10/2014
Eurocode 4	EC-4	Bemessung u. Konstruktion von Verbundtragwerken aus Stahl und Beton	
	EC-4-1-1	Allg. Bemessungsregeln	12/2010
	EC-4-1-1/NA	Allg. Bemessungsregeln – NA	12/2010
	EC-4-2	Bemessung von Verbundbrücken	12/2010
	EC-4-2/NA	Bemessung von Verbundbrücken – NA	12/2010
Beton	DIN EN 206-1	Festlegung, Eigenschaften, Herstellung und Konformität	01/2001
	DIN EN 206-1/A1	Festlegung, Eigenschaften, Herstellung und Konformität A1	10/2004
	DIN EN 206-1/A2	Festlegung, Eigenschaften, Herstellung und Konformität A2	09/2005
	DIN 1045-2	Beton – Festlegung, Eigenschaften, Herstellung und Konformität – Anwendungsregeln zu DIN EN 206-1	08/2008
Baustahl	DIN EN 10025	Warmgewalzte Erzeugnisse aus Baustahl	
	DIN EN 10025-1	Allgemeine technische Lieferbedingungen	02/2005
	DIN EN 10025-2	Technische Lieferbedingungen für unlegierte Baustähle	04/2005
	DBS 918 002-02	Deutsche Bahn Standard – Technische Lieferbedingungen Warmgewalzte Erzeugnisse aus Baustählen	01/2013
Kopfbolzen	DIN EN ISO 13918	Schweißen – Bolzen und Keramikringe für das Lichtbogenschweißen	10/2008
ZTV-ING	ZTV-ING	Zusätzliche Technische Vertragsbedingungen und Richtlinien für Ingenieurbauten	01/2018
RIZ-ING	RIZ-ING	Richtzeichnungen für Ingenieurbauten	12/2014
ARS 22/2012	ARS 22/2012	Allgemeines Rundschreiben Straßenbau Nr. 22/2012 inkl. Anlagen 1 bis 6	11/2012
DAfStb-Heft 600	Heft 600	Erläuterung zur DIN EN 1992-1-1 und NA	2012
DIN EN 1090-2	DIN EN 1090-2	Ausführung von Stahltragwerken und Aluminiumtragwerken – Teil 2: Technische Regeln für die Ausführung von Stahltragwerken	09/2018

Literatur	[U1]	„Zum Biegedrillknicken von Verbundträgern“ (Hanswille, Lindner, Münich, Stahlbau, Jahrgang Nr. 67, Heft 7, Ernst & Sohn, 1998)	1998
	[U2]	„Zur Frage des Biegedrillknickens bei Stahlverbundträgern“ (Roik, Hanswille, Kina, Stahlbau 59 (1990) Heft 11 Seite 327-333, Verlag Ernst und Sohn)	1990
	[U3]	„Neue Verbundbaunorm E DIN 18800-5 mit Kommentar und Beispiel“ (Hanswille, Bergmann, Stahlbau-Kalender, Ernst & Sohn, 2000)	2000
	[U4]	„Leitfaden zum DIN Fachbericht 104 Verbundbrücken“ (Hanswille, Stranghöner, Ernst & Sohn, 2003)	2003

1.4 Abweichungen von Regelwerken

Abweichungen von den eingeführten technischen Regelwerken sind nicht vorhanden.

2 Verbundüberbau

2.1 Berechnungsgrundlagen

Das statische Modell und die grundlegenden Annahmen müssen den Anforderungen nach EC-0 Kapitel 5.1.1 entsprechen. Das Modell muss das Verhalten von Querschnitten, Bauteilen, Verbindungen und Lagern ausreichend genau abbilden. EC4-2, 5.1.1 (1)P

Die Schnittgrößen dürfen auch dann nach der Elastizitätstheorie berechnet werden, wenn die Beanspruchbarkeit der Querschnitte vollplastisch oder nichtlinear ermittelt wird. EC4-2, 5.4.1 (1)

Für die Grenzzustände der Gebrauchstauglichkeit sind die Schnittgrößen in der Regel nach der Elastizitätstheorie zu berechnen, wobei Einflüsse aus nichtlinearem Verhalten, wie z. B. die Rissbildung des Betons, zu berücksichtigen sind. EC4-2, 5.4.1 (2)

Für den Nachweis des Grenzzustandes der Ermüdung sind die Schnittgrößen in der Regel nach der Elastizitätstheorie zu bestimmen. EC4-2, 5.4.1 (3)

Bei der Berechnung müssen die Einflüsse aus der Schubweichheit breiter Gurte (mittragende Breite) und aus lokalen Beulen von Stahlquerschnittsteilen berücksichtigt werden, wenn sie die Schnittgrößenverteilung nennenswert beeinflussen. EC4-2, 5.4.1 (4)P

Einflüsse aus dem Verformungsverhalten (Schlupf, Abheben) der Verbundfuge dürfen bei der Schnittgrößenermittlung vernachlässigt werden, wenn die Verdübelung nach EC-4-2 Kapitel 6.6 ausgeführt wird. EC4-2, 5.4.1 (8)

Bei der Berechnung sind im Allgemeinen die Einflüsse aus der Rissbildung im Beton, aus dem Kriechen und Schwinden, aus der Belastungsgeschichte sowie aus Vorspannmaßnahmen zu berücksichtigen. EC4-2, 5.4.2.1 (1)

Mit Ausnahme von Doppelverbundquerschnitten dürfen die Einflüsse aus Kriechen des Betons mit Hilfe von Reduktionszahlen n_L, die von der Beanspruchungsart (Indizes L) abhängig sind, berücksichtigt werden. EC4-2, 5.4.2.2 (2)

In Trägerbereichen, in denen der Betongurt als gerissen angenommen wird, dürfen bei der Ermittlung der sekundären Beanspruchungen aus dem Schwinden die Auswirkungen aus den primären Beanspruchungen infolge Schwinden vernachlässigt werden.

EC4-2, 5.4.2.2 (1)P

EC4-2, 5.4.2.5 (1)

Die Einflüsse aus der Rissbildung des Betons sind bei der Berechnung ausreichend genau zu berücksichtigen.

EC4-2, 5.4.2.3 (1)P

Zur Berücksichtigung der Einflüsse aus der Rissbildung darf für Verbundträger mit Betongurten das nachfolgend angegebene Verfahren verwendet werden. Im ersten Schritt werden für die charakteristische Kombination der Einwirkungen nach EC-0 Kapitel 6.5.3 die extremalen Schnittgrößen (Momentengrenzlinie) mit den Biegesteifigkeiten E_aI_1 der ungerissenen Querschnitte und unter Berücksichtigung des Langzeitverhaltens des Betons bestimmt. Diese Berechnung wird als „Tragwerksberechnung ohne Berücksichtigung der Rissbildung“ bezeichnet.

EC4-2, 5.4.2.3 (2)

In Trägerbereichen, in denen infolge der aus der Haupttragwerkswirkung resultierenden extremalen Schnittgrößen die Randzugspannung des Betongurtes für Normalbeton den zweifachen Wert von f_{ctm} nach EC-2-1-1, Tabelle 3.1 und für Leichtbeton den zweifachen Wert von f_{lctm} nach EC-2-1-1, Tabelle 11.3.1 überschreitet, ist die Biegesteifigkeit auf den Wert E_aI_2 abzumindern. Die hieraus resultierende Steifigkeitsverteilung darf für Grenzzustände der Tragfähigkeit und Gebrauchstauglichkeit zugrunde gelegt werden. Anschließend sind die Schnittgrößen und gegebenenfalls die Verformungen mit dieser Steifigkeitsverteilung erneut zu ermitteln. Diese Berechnung wird als „Tragwerksberechnung unter Berücksichtigung der Rissbildung“ bezeichnet.

Für durchlaufende Verbundträger ohne Vorspannmaßnahmen und mit oberhalb des Stahlquerschnitts angeordneten Betongurten darf das nachfolgend angegebene Näherungsverfahren verwendet werden. Wenn das Verhältnis der an eine Innenstütze angrenzenden Stützweiten (l_{min}/l_{max}) nicht kleiner als 0,6 ist, darf der Einfluss der Rissbildung durch Ansatz der Biegesteifigkeit E_aI_2 über 15 % der Stützweite der an die betrachtete Innenstütze angrenzenden Feldern und durch Ansatz der Steifigkeit E_aI_1 in den restlichen Bereichen erfasst werden.

EC4-2, 5.4.2.3 (3)

L_{min}/L_{max} = 15,0/15,0 = 1,0 > 0,6

Stützweite Feld 1: 15,0 m
Stützweite Feld 2: 15,0 m

Anmerkung:

Im vorliegenden Fall wird von der oben genannten Regelung nach EC-4 Abschnitt 5.4.2.3 (3) Gebrauch gemacht. Die dort angegebenen Anwendungsgrenzen sind erfüllt.

Bei der Tragwerksberechnung müssen die Einflüsse aus der Belastungsgeschichte ausreichend genau berücksichtigt werden. Hierzu zählen Einflüsse aus einer abschnittsweisen Herstellung des Tragwerks, aus Systemwechseln und gegebenenfalls Einflüsse aus Einwirkungen, die teilweise auf das Stahl- oder Verbundtragwerk wirken (Herstellung mit oder ohne Eigengewichtsverbund) EC4-2, 5.4.2.4 (1)P

Einflüsse aus Temperatureinwirkungen sind in der Regel nach EC-1-5 zu berücksichtigen. EC4-2, 5.4.2.5 (1)

2.1.1 Darstellung und Beschreibung des statischen Systems

Der Überbau kann prinzipiell als Trägerrost nach Theorie I. Ordnung berechnet werden. Da nur zwei Hauptträger vorhanden sind und diese nur eine geringe Torsionssteifigkeit aufweisen, wird das System als Durchlaufträger mit zwei Feldern und kurzen Kragarmen an den Endfeldern idealisiert.

Anmerkung:

Die Lasten können damit nach dem Hebelgesetz auf die beiden Hauptträger verteilt werden.

Die Querschnittswerte werden unter Berücksichtigung der mittragenden, bzw. wirksamen Querschnittsflächen ermittelt. Querschnittsteile aus Stahlbeton werden in ideelle Stahlquerschnitte umgerechnet.

Die Ermittlung der Schnittgrößen erfolgt nach der Elastizitätstheorie.

Während die Geometrie des Systems für den untersuchten Bauzustand und Endzustand gleichbleibt, werden die Querschnittswerte entsprechend angepasst.

Die Geometrie des statischen Längssystems kann der folgenden Abbildung entnommen werden.

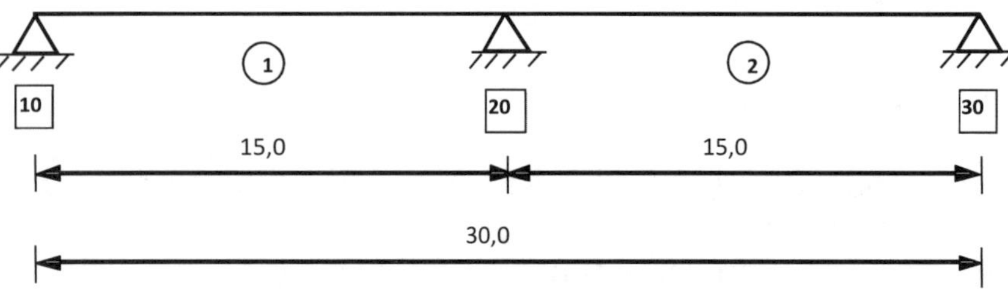

Abbildung 3 Statisches System in Längsrichtung

Die Nachweise für das Tragsystem in Querrichtung werden im Rahmen dieses Beispiels nicht ausgegeben.

In den Achsen 10, 20 und 30 ist das System vertikal unverschieblich gelagert.

In Achse 20 befindet sich der Festpunkt des Überbaus in Längsrichtung. Er ist hier in Lagerreihe 1 in Längsrichtung unverschieblich gelagert.

In den Achsen 10 und 30 ist der Überbau in Lagerreihe 1 querfest gelagert.

Die Lagerung erfolgt auf bewehrten Elastomerlagern.

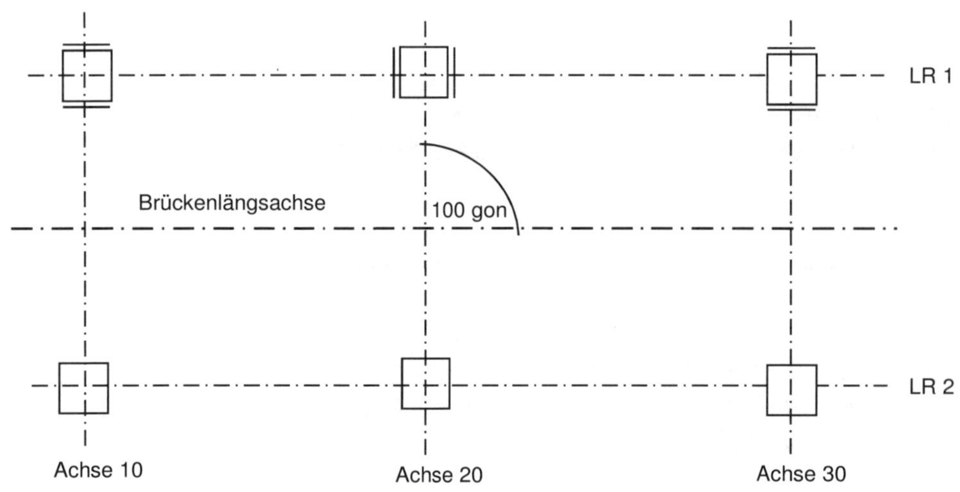

Abbildung 4 Lagerschema

2.1.2 Eingabedaten für EDV-Rechenverfahren

Die Berechnung des Stabwerks erfolgt mit Hilfe des Programms InfoCAD Version 17.20a der Firma InfoGraph GmbH. Dieses Programmsystem ist eine speziell für das Bauwesen entwickelte Softwarelösung zur Analyse ebener und räumlicher Tragwerke.

Die Eingabe des Systems erfolgt über Stäbe mit frei wählbaren Querschnittswerten. Die Ermittlung der Querschnittswerte erfolgt „händisch" unter Verwendung von Microsoft Excel.

Vereinfachend wird nur ein Stahlträger modelliert. Die Berechnung der Schnitt-, Auflager- und Weggrößen erfolgt mithilfe eines Stabwerks in InfoCAD nach der Elastizitätstheorie.

Die Geometrie sowie die Knoten- und Elementunterteilung können der folgenden Abbildung entnommen werden.

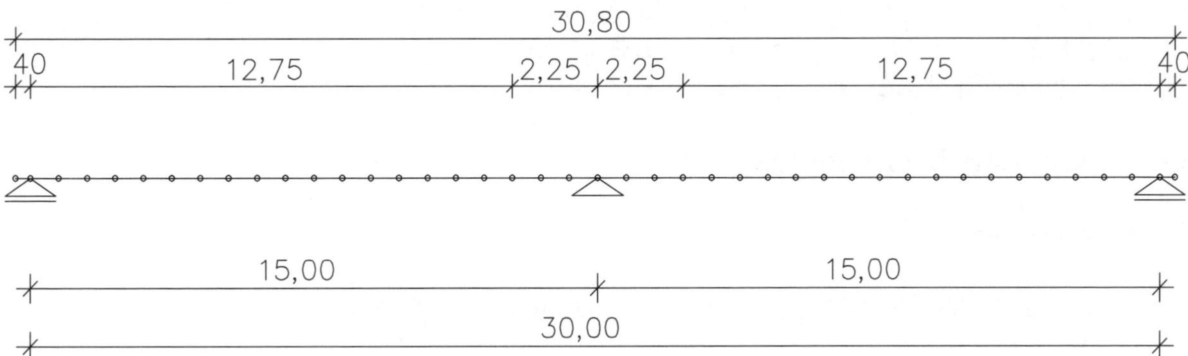

Abbildung 5 Statisches System in Längsrichtung (EDV)

Auf den Ansatz der Lagersteifigkeiten wird im Rahmen der Berechnungen mittels InfoCad verzichtet.

Die Kombinationen der Schnitt-, Auflager- und Weggrößen erfolgt programintern. Die Nachweisführung erfolgt „händisch" bzw. unter Verwendung von Microsoft Excel.

Die Ermittlung der Querschnittswerte sowie die berechneten Schnitt-, Auflager- und Weggrößen werden in den folgenden Kapiteln ausgegeben.

2.1.3 Geometrische Größen, Kenngrößen für Baustoffe

2.1.3.1 Geometrische Systemgrößen

Das statische System in Längsrichtung ist in Abbildung 5 dargestellt. Es ergeben sich folgende Größen:

Gesamtstützweite	L	= 30,00 m
Stützweite Feld 1	L_1	= 15,00 m
Stützweite Feld 2	L_2	= 15,00 m
seitlicher Kragarm	L_3	= 0,40 m
Radius der Fahrbahn	R	= ∞
Kreuzungswinkel	α	= 100 gon

Für das Quersystem ergeben sich gemäß Abbildung 2 folgende Größen:

Brückenbreite ohne Randkappen	B	= 6,00 m
Brückenbreite mit Randkappen	B_{Ka}	= 6,50 m
Kleinste lichte Höhe	H_1	= 6,00 m
Höhe über Gelände/OK Kappe	H_2	= 7,68 m

2.1.3.2 Geometrische Querschnittsgrößen

2.1.3.2.1 Stahlträger

Die Formelzeichen des Stahlträgers werden zusätzlich mit dem Index „a“ versehen.

Stahlträgertyp	HX 1000 M		
Stahlgüte	S355J2+N		
Anzahl	zwei Stück		
Höhe	h_a	= 1008	mm
Breite	b_a	= 453	mm
Stegdicke	t_{wa}	= 21,0	mm
Flanschdicke	t_{fa}	= 40,0	mm
Walzradius	r_a	= 30	mm
Steghöhe	d_a	= 868	mm
Stahlträgerfläche	A_a	= 565	cm^2
Trägheitsmoment (y-Achse)	I_{ya}	= 1005400	cm^4
Trägheitsmoment (z-Achse)	I_{za}	= 62070	cm^4
Torsionsträgheitsmoment	I_{Ta}	= 2346	cm^4

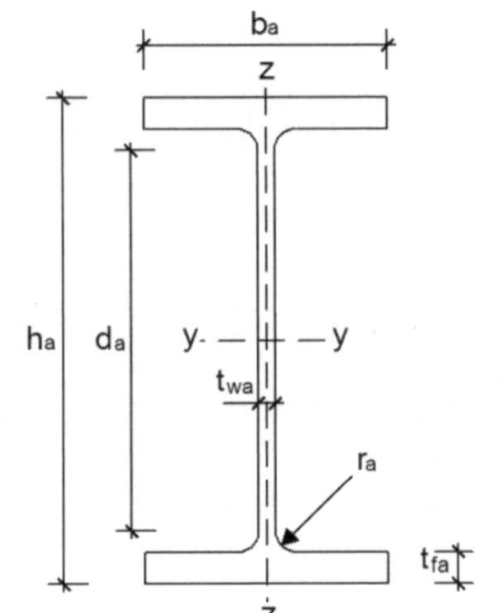

Der horizontale Achsabstand der Stahlträger beträgt a_a = 3,00 m.

2.1.3.2.2 Verbundplatte

Breite der Verbundplatte b_c = 6,00 m
Dicke der Verbundplatte h_c = 0,30 m

Die Bewehrung der Ortbetonverbundplatte wird wie folgt festgelegt:

Tabelle 3 Bewehrung der Ortbetonverbundplatte

	Φ_S [mm]	n_{As} [Stück]	e [cm]	b_{eff} [m]	A_S [cm^2]
Auflager (10)	16	2	15,0	2,44	65,2
Feld 1	16	2	15,0	3,00	80,5
Stütze (20)	20	2	10,0	2,23	140,0
Feld 2	16	2	15,0	3,00	80,5
Auflager (30)	16	2	15,0	2,44	65,2

mit: Φs Bewehrungsstabdurchmesser

n_{As} Anzahl der Bewehrungslagen

e horizontaler Stababstand

b_{eff} mittragende Breiten gemäß Kapitel 2.1.3.4.3

A_s Bewehrungsfläche des jeweiligen Querschnittes

Anmerkung:

In Querrichtung sind oben und unten jeweils ø12-20 vorgesehen.
Es ergibt sich somit eine Querbewehrung von 11,31 cm²/m.

2.1.3.3 Kenngrößen der Baustoffe

2.1.3.3.1 Betonstahl

Betonstahlsorte: B500B — EC2-2 NCI zu 3.2.2 (3)P

Streckgrenze: f_{yk} = 500 MN/m² — EC2-2 NDP zu 3.2.2 (3)P

Rechner. Zugfestigkeit: $f_{tk,cal}$ = 525 MN/m² — EC2-2 NDP zu 3.2.7 (2)

Duktilitätsklasse: hoch (Klasse B) — EC2-2 NCI zu 3.2.4 (101)P; EC2-2 NCI zu 3.2.2 (3)P

Betondeckung — EC2-2 NDP zu 4.4.1.2 (5) Tab 4.3.1DE

Überbau:
$c_{min,dur}$ = 40 mm
c_{nom} = 45 mm

Kappen bei Straßenbrücken:
nicht betonberührte Flächen
$c_{min,dur}$ = 40 mm
c_{nom} = 50 mm

betonberührte Flächen
$c_{min,dur}$ = 20 mm
c_{nom} = 25 mm

Teilsicherheitsbeiwerte — EC2-2 NDP zu 2.4.2.4 (1) Tab. 2.1DE

ständig und vorübergehend: γ_s = 1,15
außergewöhnlich: γ_s = 1,00
Ermüdung: γ_s = 1,15

Elastizitätsmodul: E_s = 200000 MN/m² — EC2-1-1 3.2.7 (4)

2.1.3.3.2 Beton

Betonfestigkeitsklasse: C35/45 — EC2-1-1 3.1.2 Tab. 3.1; ZTV-ING Teil 4 Abs. 2 Kap. 2.3 Abs. (3)

charakt. Druckfestigkeit: f_{ck} = 35 MN/m² — EC2-1-1 3.1.2 Tab. 3.1; f_{ck} entspricht der Zylinderdruckfestigkeit

Mittelwert der Zugfestigkeit: f_{ctm} = 3,2 MN/m²

Teilsicherheitsbeiwerte — EC2-2 NDP zu 2.4.2.4 (1) Tab. 2.1DE

ständig und vorübergehend: γ_c = 1,50
außergewöhnlich: γ_c = 1,30
Ermüdung: γ_c = 1,50

Elastizitätsmodul: E_c = 34000 MN/m² — EC2-1-1 3.1.2 Tab. 3.1; E_{cm} entspricht dem mittleren Sekantenmodul

2.1.3.3.3 Baustahl (Walzprofil)

Stahlgüte:	S355J2+M		EC3-2 Tab NA.1 ZTV-ING Teil 4 Abs. 1 Kap. 2 Abs. (5)
Nennstreckgrenze:	f_{yk}	= 355 MN/m² für t ≤ 40 mm	EC3-2 Tab. 3.1
	f_{yk}	= 335 MN/m² für 40 mm < t ≤ 80 mm	
charakt. Zugfestigkeit:	f_{uk}	= 490 MN/m² für t ≤ 40 mm	EC3-2 3.2.1 (1) Tab. 3.1
	f_{uk}	= 470 MN/m² für 40 mm < t ≤ 80 mm	
Teilsicherheitsbeiwerte			EC3-2 6.1 (1) Tab. 6.1 EC3-2 NDP zu 9.3 (2)P
ständig und vorübergehend:	γ_{M0} γ_{M1} γ_{M2}	= 1,00 = 1,10 = 1,25	γ_{M0} für Tragsicherheitsnachweise ohne Berücksichtigung der Stabilität γ_{M1} für Stabilitätsnachweise γ_{M2} für Anschlüsse
außergewöhnlich:	γ_{M0} γ_{M1}	= 1,00 = 1,00	
Ermüdung:	γ_{Mf}	= 1,15	
Elastizitätsmodul:	E_a = 210000 MN/m²		EC3-2 3.2.6 (1)
Schubmodul:	G_a = 81000 MN/m²		EC3-2 3.2.6 (1)

2.1.3.3.4 Kopfbolzendübel

Stahlgüte:	S235J2+C450		ZTV-ING Teil 4 Abs. 2 Kap. 2.1
charakt. Zugfestigkeit:	f_{uvk}	= 450 MN/m²	DIN EN ISO 13918
Teilsicherheitsbeiwerte			EC4-2 NDP zu 6.6.3.1 (1) EC3-2 NDP zu 9.3 (2)P
ständig und vorübergehend:	γ_V	= 1,25/1,50	ständig und vorübergehend: γ_v = 1,25 für EC4-2 Gl. (6.18) γ_v = 1,50 für EC4-2 Gl. (6.19)
außergewöhnlich:	γ_V	= 1,00	
Ermüdung:	γ_{Mf}	= 1,15	

2.1.3.4 Querschnittswerte für die Schnittgrößenermittlung

Die Querschnittswerte sind abhängig von:

- den mittragenden Breiten b_{eff},
- dem betrachteten Zeitpunkt t,
- der betrachteten Einwirkung.

2.1.3.4.1 Ermittlung der Kriechzahlen und der Schwinddehnung

Es wird angenommen, dass die Brücke 28 Tage nach dem Baubeginn des Überbaus durch die Ausbaulasten belastet und anschließend für den Verkehr freigegeben wird.

Die Nutzungsdauer der Brücke beträgt 100 Jahre.

EC3-2 NDP Zu 2.1.3.2 (1) Anmerkung 1

Die Querschnittswerte für die Schnittgrößenermittlung werden für die beiden Zeitpunkte t_{28} und t_∞ ermittelt.

Kriechen und Schwinden des Betons hängen hauptsächlich von der Umgebungsfeuchte, den Bauteilabmessungen und der Betonzusammensetzung ab. Das Kriechen wird auch vom Grad der Erhärtung des Betons beim erstmaligen Aufbringen der Last sowie von der Dauer und der Größe der Beanspruchung beeinflusst.

EC2-2 3.1.4 (1)P

Bei der Ermittlung der Kriechzahl $\varphi(t,t_0)$ und der Schwinddehnung ε_{cs} sind diese Einflüsse zu berücksichtigen.

Wenn kein genaueres Berechnungsverfahren angewendet wird, darf das Kriechen des Betons bei Verbundbrücken mit Hilfe von Reduktionszahlen n_L für die Betonquerschnittsteile erfasst werden.

Die Kriechzahlen werden nach EC-2-1-1 Kapitel 3.1.4 ermittelt. Sie können aus Diagrammen im EC2-1-1 3.1.4 abgelesen oder rechnerisch gemäß EC2-1-1 und EC2-2, jeweils Anhang B, bestimmt werden.

Zur Berechnung der Kriechzahl für $t = \infty$ darf die geplante Nutzungsdauer rechnerisch mit 70 Jahren angenommen werden.

EC2-2 NCI zu Bild 3.1

Benötigt werden folgende Kriechzahlen:

$\varphi(t_\infty,t_{28})$ Erfassung der Kriecheinflüsse

t_∞: betrachteter Zeitpunkt
t_{28}: Betonalter bei Belastungsbeginn

$\varphi(t_\infty,t_1)$ Erfassung der Schwindeinflüsse

t_∞: betrachteter Zeitpunkt
t_1: Betonalter bei Schwindbeginn

Ermittlung der Eingangsgrößen:

- Bestimmung der wirksamen Querschnittsdicke

EC2-1-1 3.1.4 (5)

mit: $h_0 = 2 \cdot A_c / u$

Fläche des gesamten Betonquerschnittes:

b = 6,00 m, geometrische Breite des Betongurtes

$A_c = b \cdot h_c$
$A_c = 6{,}00 \cdot 0{,}30 = 1{,}80 \text{ m}^2$

h_c = 0,30 m, Dicke des Betongurtes

Abwicklung der der Austrocknung ausgesetzten Begrenzungsfläche des gesamten Betonquerschnittes

$u = 2 \cdot (b + h_c) - 2 \cdot b_a$
$u = 2 \cdot (6{,}00 + 0{,}3) - 2 \cdot 0{,}453 = 11{,}69 \text{ m}$

b_a = 0,453 m, Flanschbreite des Stahlprofils

$h_0 = 2 \cdot 1{,}80 / 11{,}69$
$\Rightarrow \quad h_0 = 308 \text{ mm}$

- relative Luftfeuchte RH = 80%, Außenluft
- Beton C35/45
- Festigkeitsklasse des Zementes 32,5 N

EC2-2 NCI zu 3.1.4 (1)P

Es wird für die zu berücksichtigen Einflüsse Folgendes ermittelt:

a) Kriechzahl für $t_0 = t_{28}$

mit: $h_0 = 308 \text{ mm}$
$t_0 = 28 \text{ Tage}$

ergibt sich nach Abbildung 6:

$\varphi(t_\infty,t_{28}) \approx 1{,}50$

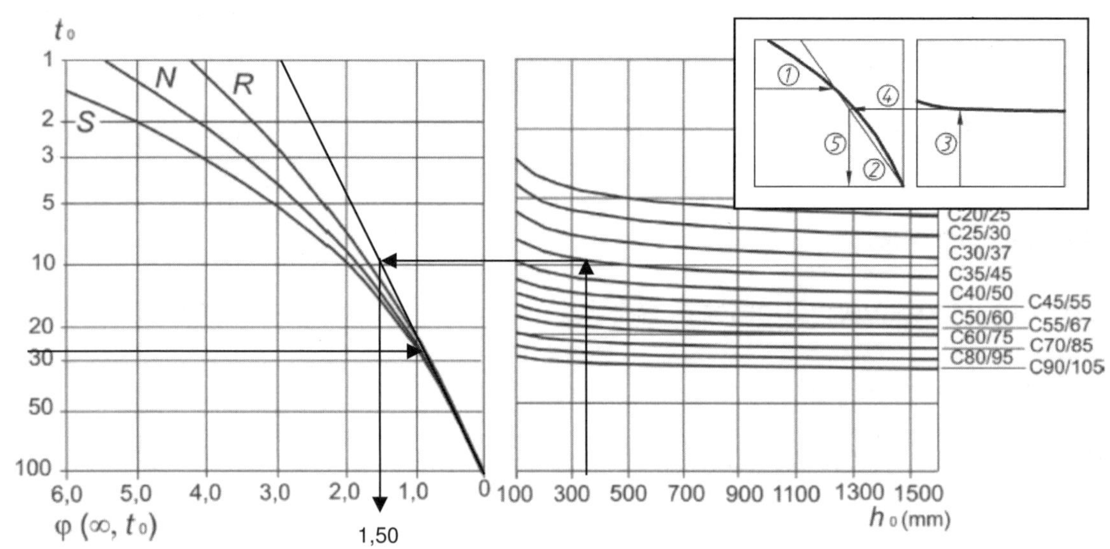

Abbildung 6 Ermittlung der Endkriechzahl $\varphi(t_\infty,t_{28})$ nach Bild 3.1, EC2-1-1

b) Kriechzahl für $t_0 = t_s$

mit: $h_0 = 308$ mm
$t_0 = t_s = 1$ Tag

ergibt sich Abbildung 7:

$\phi(t\infty,t1) \approx 2,78$

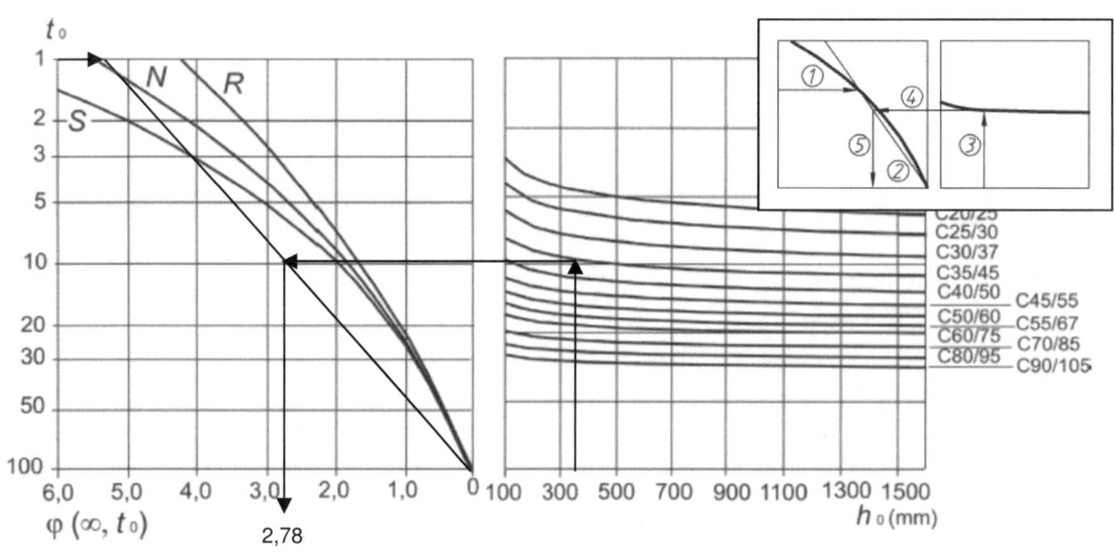

Abbildung 7 Ermittlung der Endkriechzahl $\varphi(t_\infty,t_1)$ nach Bild 3.1, EC2-1-1

Die Gesamtschwinddehnung setzt sich aus zwei Komponenten zusammen: der Trocknungsschwinddehnung und der autogenen Schwinddehnung. Die Trocknungsschwinddehnung bildet sich langsam aus, da sie eine Funktion der Wassermigration durch den erhärteten Beton ist. Die autogene Schwinddehnung bildet sich bei der Betonerhärtung aus: Der Hauptanteil bildet sich bereits in den ersten Tagen nach dem Betonieren aus. Das autogene Schwinden ist eine lineare Funktion der Betonfestigkeit. Es sollte insbesondere dort berücksichtigt werden, wo Frischbeton auf bereits erhärteten Beton aufgebracht wird. — EC2-1-1 3.1.4 (6)

$$\varepsilon_{cs} = \varepsilon_{cd} + \varepsilon_{ca}$$

Dabei ist:
- ε_{cs} die Gesamtschwinddehnung
- ε_{cd} die Trocknungsschwinddehnung
- ε_{ca} die autogene Schwinddehnung

Somit ergibt sich die Gesamtschwinddehnung zum Zeitpunkt t = 28 d, bezeichnet als εcs28, aus:

$$\varepsilon_{cs28} = \varepsilon_{cd28} + \varepsilon_{ca28}$$ EC2-1-1 3.1.4 (6) Gl. (3.8)

Eingangsgrößen:

$h_0 = 308$ mm

relative Luftfeuchte RH = 80 %, Außenluft — EC2-2 NCI zu 3.1.4 (1)P

Beton C35/45 mit $f_{ck} = 35$ N/mm²

Zeitpunkt des Beginns des Trocknungsschwindens $t_s = 1$ d — EC4-2 5.4.2.2 (4)

Das Trocknungsschwinden des Betons zum Zeitpunkt t = 28 d errechnet sich zu:

$$\varepsilon_{cd28} = \gamma_{lt} \cdot \beta_{ds}(t,t_s) \cdot k_h \cdot \varepsilon_{cd0}$$ EC2-2 NCI zu 3.1.4 (6) Gl. (NA.103.9)

mit: $\gamma_{lt} = 1,00$ — EC2-2 NCI zu B.105 Gl. (B.128)

$$\beta_{ds}(t,t_s) = \frac{(t-t_s)}{(t-t_s)+0,04\cdot\sqrt{h_0^3}}$$ EC2-1-1 3.1.4 (6) Gl. (3.10)

$$\beta_{ds}(t,t_s) = \frac{(28-1)}{(28-1)+0,04\cdot\sqrt{308^3}} = 0,11$$

$k_h \quad = 0{,}75$
$\varepsilon_{cd0} \quad = 0{,}25$ ‰

EC2-1-1 3.1.4 Tab. 3.3
EC2-2 NCI zu B.2 Tab. NA.B.2

$\varepsilon_{cd28} = 1{,}00 \cdot 0{,}11 \cdot 0{,}75 \cdot 0{,}25 = 0{,}021$ ‰

Die autogene Schwinddehnung zum Zeitpunkt t = 28 d errechnet sich zu:

$\varepsilon_{ca28} = 2{,}5 \cdot (f_{ck} - 10) \cdot 10^{-6} \cdot (1\text{-}e^{-0{,}2\cdot\sqrt{t}}) = 0{,}041$ ‰

EC2-1-1 3.1.4 (6) Gl. (3.11) bis (3.13)

Die Gesamtschwinddehnung ergibt sich somit zu:

$\varepsilon_{cs28} = 0{,}021 + 0{,}041 = 0{,}062$ ‰ $= 0{,}000062$

Die Gesamtschwinddehnung zum Zeitpunkt t = ∞, bezeichnet als $\varepsilon_{cs\infty}$, ergibt sich zu:

$\varepsilon_{cs\infty} = \varepsilon_{cd\infty} + \varepsilon_{ca\infty}$

EC2-1-1 3.1.4 (6) Gl. (3.8)

Die Eingangsgrößen entsprechen der vorangegangenen Berechnung.

Das Trocknungsschwinden des Betons zum Zeitpunkt t = ∞ errechnet sich zu:

$\varepsilon_{cd\infty} = \gamma_{lt} \cdot \beta_{ds}(t,t_s) \cdot k_h \cdot \varepsilon_{cd0}$

EC2-2 NCI zu 3.1.4 (6) Gl. (NA.103.9)

mit:
$\gamma_{lt} \quad = 1{,}20$
$\beta_{ds}(t,t_s) = 1{,}0 \; (t = \infty)$
$k_h \quad = 0{,}75$
$\varepsilon_{cd0} \quad = 0{,}25$ ‰

EC2-2 NCI zu B.105 Gl. (B.128)
Heft 600 zu 3.1.4 (6)
EC2-1-1 3.1.4 Tab. 3.3
EC2-2 NCI zu B.2 Tab. NA.B.2

$\varepsilon_{cd\infty} = 1{,}20 \cdot 1{,}0 \cdot 0{,}75 \cdot 0{,}25 = 0{,}225$ ‰

Die autogene Schwinddehnung zum Zeitpunkt t = ∞ errechnet sich zu:

$\varepsilon_{ca\infty} = 2{,}5 \cdot (f_{ck} - 10) \cdot 10^{-6} = 0{,}0625$ ‰

EC2-1-1 3.1.4 (6) Gl. (3.12)

Die Gesamtschwinddehnung ergibt sich somit zu:

$\varepsilon_{cs\infty} = 0{,}208 + 0{,}0625 = 0{,}288$ ‰ $= 0{,}000288$

2.1.3.4.2 Ermittlung der zeit- und lastabhängigen Reduktionszahlen

Die Ermittlung der Querschnittswerte des Verbundquerschnittes, dessen Betongurt in der Druckzone liegt (Zustand I), erfolgt mithilfe von ideellen Querschnittskenngrößen. Diese werden auf den Elastizitätsmodul des Baustahls bezogen. Die Querschnittsfläche A_c und das Trägheitsmoment I_c des Betongurtes werden dabei mithilfe der Reduktionszahlen umgerechnet. Das Ebenbleiben des Gesamtquerschnittes sowie die Gültigkeit des Hookeschen Gesetzes für Beton und Baustahl werden vorausgesetzt.

Für kurzzeitige Beanspruchungen aus Verkehr, Temperatur und Wind sowie für ständige Einwirkungen zu Belastungsbeginn (ohne Berücksichtigung von Kriech- und Schwindeinflüssen) ergibt sich die Reduktionszahl n_0 zu:

EC4-2 5.4.2.2 (2)

$$n_0 = \frac{E_a}{E_{cm}}$$

n_0 – Reduktionszahl für kurzzeitige Beanspruchungen

E_a – E-Modul vom Baustahl
E_{cm} – mittlerer Sekantenmodul vom Beton

Die Kriecheinflüsse aus den ständigen Einwirkungen sowie die aus Vorspannung infolge planmäßig eingebrachter Deformationen und die primären und sekundären Schwindeinflüsse des Betongurtes werden durch die Reduktionszahlen n_L berücksichtigt:

n_L – beanspruchungsartabhängige Reduktionszahl

EC4-2 5.4.2.2 Gl. (5.6)

$$n_L = n_0 \cdot (1 + \Psi_L \cdot \varphi_t)$$

mit:

EC4-2 5.4.2.2 (2)

φ_t Kriechzahl $\varphi(t,t_0)$ nach EC2-1-1 Kapitel 3.1.4 in Abhängigkeit vom betrachteten Betonalter (t) und vom Alter (t_0) bei Belastungsbeginn,

EC4-2 5.4.2.2 (2)

Ψ_L ein von der Beanspruchungsart abhängiger Kriechbeiwert, der für ständige Beanspruchungen mit 1,10, für primäre und sekundäre Beanspruchungen aus dem Schwinden mit 0,55 und für Beanspruchungen aus Vorspannung mittels planmäßig eingeprägter Deformationen mit 1,50 angenommen werden darf.

Wenn bei Brückentragwerken die zum Zeitpunkt t_0 vorhandene Momentenverteilung durch das Kriechen des Betons nennenswert verändert wird, wie z. B. bei Durchlaufträgern, die abschnitts- oder feldweise aus Verbund- und reinen Stahlquerschnitten bestehen, sind die zeitabhängigen sekundären Beanspruchungen (Zwangsschnittgrößen) aus dem Kriechen zu berücksichtigen. Die zugehörige Reduktionszahl darf mit dem Kriechbeiwert $\Psi_L = 0{,}55$ ermittelt werden. Für Bauteile, bei denen alle Querschnitte die Bedingungen der Klasse 1 oder 2 erfüllen, dürfen die zeitabhängigen Zwangsschnittgrößen im Grenzzustand der Tragfähigkeit bei Trägern ohne Biegedrillknickgefahr vernachlässigt werden. EC4-2 5.4.2.2 (6)

Die für die Umrechnung des Betonquerschnitts in einen äquivalenten Stahlquerschnitt zum Zeitpunkt t_{28} und t_∞ erforderlichen Reduktionszahlen ergeben sich zu:

- n_0 für Kurzzeitlasten

$n_0 = E_a / E_{cm} = 210000 / 34000 = 6{,}16$

$E_a = 210000$ MN/m²
$E_{cm} = 34000$ MN/m²

- n_B für ständige Einwirkungen

$t_0 = 28$ Tage

$n_B = n_0\,(1 + \psi_L \cdot \varphi(t_\infty,t_{28}))$
$n_B = 6{,}16 \cdot (1 + 1{,}10 \cdot 1{,}50) = 16{,}31$

$n_0 = 6{,}16$
$\varphi(t_\infty,t_{28}) = 1{,}50$
$\Psi_L = 1{,}10$ für ständige Beanspruchungen

- n_{PT} für zeitabhängige sekundäre Belastungen zum Zeitpunkt $t = \infty$

$t_0 = 28$ Tage

$n_{PT,28} = n_0\,(1 + \psi_L \cdot \varphi(t_\infty,t_{28}))$
$n_{PT,28} = 6{,}16 \cdot (1 + 0{,}55 \cdot 1{,}50) = 11{,}24$

$n_0 = 6{,}16$
$\varphi(t_\infty,t_{28}) = 1{,}50$
$\Psi_L = 0{,}55$ für zeitabhängige sekundäre Beanspruchungen

- n_S für primäre und sekundäre Schwindbeanspruchungen

$t_0 = 1$ Tag

$n_S = n_{PT,1}$
$n_S = n_0\,(1 + 0{,}55 \cdot \varphi_{(t\infty},t_1))$
$n_S = 6{,}16 \cdot (1 + 0{,}55 \cdot 2{,}78) = 15{,}61$

$n_0 = 6{,}16$
$\varphi(t_\infty,t_1) = 2{,}78$
$\Psi_L = 0{,}55$ für primäre und sekundäre Schwindbeanspruchungen

- n_A für Vorspannungsmaßnahmen aus planmäßig eingeprägten Deformationen

t_0 = 28 Tage

$n_A = n_0\,(1 + 1{,}50 \cdot \varphi_{(t\infty,t_{28})})$
$n_A = 6{,}16 \cdot (1 + 1{,}50 \cdot 1{,}50) \qquad = 20{,}01$

n_0 = 6,16
$\varphi(t_\infty,t_1)$ = 1,50
ψ_L = 1,50 für Vorspannungsmaßnahmen aus planmäßig eingeprägte Deformationen

In Trägerbereichen, in denen infolge der aus der Haupttragwerkswirkung resultierenden extremalen Schnittgrößen die Randzugspannung des Betongurtes für Normalbeton den zweifachen Wert von f_{ctm} nach EC-2-1-1, Tabelle 3.1 überschreitet, ist die Biegesteifigkeit auf den Wert E_aI_2 abzumindern.

EC4-2 5.4.2.3 (2)

Der Betongurt befindet sich dabei im gerissenen Zustand II.

Die Zugfestigkeit des Betons darf nicht berücksichtigt werden.

EC4-2 6.2.1.1(4)P

Der Einfluss der Rissbildung wird durch das Näherungsverfahren nach EC4.2 Kapitel 5.4.2.3 (3) berücksichtigt. Der Betonquerschnitt wird dabei auf 15 % der Stützweite über der Mittelstütze als gerissen angenommen (siehe Abschnitt 2.1).

Die Biegesteifigkeiten eines Verbundquerschnittes sind definiert als E_aI_1 und E_aI_2. Dabei ist:

E_a der Elastizitätsmodul des Baustahls.

I_1 das Flächenmoment zweiten Grades des ideellen Verbundquerschnittes unter der Annahme, dass Betonquerschnittsteile nicht gerissen sind. Dabei sollten die Reduktionszahlen zugrunde gelegt werden.

I_2 das Flächenmoment zweiten Grades des ideellen Verbundquerschnittes, bestehend aus Baustahl und Beton- und Spannstahl innerhalb der mittragenden Breite. Zugbeanspruchte Betonquerschnittsteile werden nicht berücksichtigt.

2.1.3.4.3 Ermittlung der mittragenden Breiten

Der Einfluss aus der Schubweichheit breiter Gurte ist entweder durch eine genauere Berechnung oder durch eine mittragende Gurtbreite zu berücksichtigen. EC4-2 5.4.1.2 (1)P

a) Mittragende Breite des Betongurts

Bei der globalen Tragwerksberechnung darf eine feldweise konstante mittragende Breite angenommen werden. Diese ergibt sich für Träger mit beidseitiger Auflagerung aus dem Wert $b_{eff,1}$ in Feldmitte und für Kragarme aus dem Wert $b_{eff,2}$ am Auflager. EC4-2 5.4.1.2 (4)

In Feldbereichen und an Auflagern ergibt sich die gesamte mittragende Breite b_{eff} zu: EC4-2 5.4.1.2 (5)

$$b_{eff} = b_0 + \Sigma b_{ei}$$ EC4-2 5.4.1.2 Gl. (5.3)

Dabei ist:

b_0 der Achsabstand zwischen den äußeren Dübelreihen,

b_{ei} die mittragende Breite der Teilgurte beidseits des Trägersteges, die mit $L_e/8$, jedoch nicht größer als die geometrische Teilgurtbreite b_i angenommen werden darf. Für die geometrische Teilgurtbreite b_i ist im Allgemeinen die Hälfte des in der Gurtmittelfläche vorhandenen Abstandes zwischen den äußeren Dübelreihen benachbarter Träger anzunehmen. Bei Randträgern ist b_i der Abstand zwischen der äußeren Dübelreihe und dem freien Betonrand. Als äquivalente Stützweite L_e ist im Allgemeinen der Abstand der Momentennullpunkte anzunehmen. Für typische durchlaufende Verbundträger, bei denen die Momentengrenzlinie aus unterschiedlichen Laststellungen resultiert, sowie für Kragarme darf L_e nach Bild 5.1 der DIN EN 1994-2 angenommen werden.

EC4-2 5.4.1.2 (6)

Die mittragende Breite an Endauflagern darf wie folgt bestimmt werden:

EC4-2 5.4.1.2 Gl. (5.4)

$$b_{eff} = b_0 + \Sigma(\beta_i \cdot b_{ei})$$

mit:

$$\beta_i = (0{,}55 + 0{,}025 \cdot L_e / b_{ei}) \leq 1{,}0$$ EC4-2 5.4.1.2 Gl. (5.5)

Dabei ist b_{ei} die mittragende Breite in Feldmitte des Endfeldes und L_e die äquivalente Stützweite des Endfeldes nach Bild 5.1.

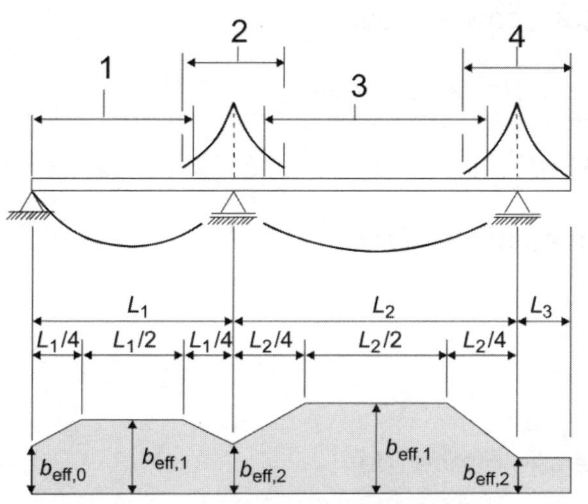

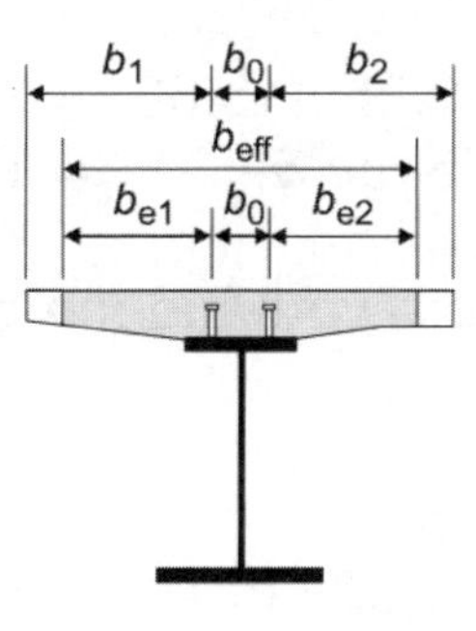

Legende

1 $L_e = 0{,}85\ L_1$ für $b_{eff,1}$

2 $L_e = 0{,}25\ (L_1 + L_2)$ für $b_{eff,2}$

3 $L_e = 0{,}70\ L_2$ für $b_{eff,1}$

4 $L_e = 2\ L_3$ für $b_{eff,2}$

Abbildung 8 Äquivalente Stützweiten zur Ermittlung der mittragenden Gurtbreiten nach Bild 5.1, EC4-2

Der Verlauf der mittragenden Gurtbreite in Trägerlängsrichtung darf nach Bild 5.1 angenommen werden. EC4-2 5.4.1.2 (7)

- Statisches System 1:

  Stahlträger ohne Betongurt → kein mitwirkender Betongurt

- Statisches System 2:

  Eingangsgrößen:

b_0	= 35,5 cm	(Abstand der äußeren Dübelreihen)
L_1	= 15,0 m	(Stützweite Feld 1)
L_2	= 15,0 m	(Stützweite Feld 2)
b	= 3,0 m	(Gurtbreite je Verbundträger)

Ermittlung der geometrischen Teilgurtbreiten b_1 und b_2:

$$b_1 = b_2 = \frac{(b-b_0)}{2} = \frac{(3{,}00-0{,}355)}{2} = 1{,}322 \text{ m}$$

Feldbereich

Berechnung der äquivalenten Stützweite sowie der mittragenden Breiten der Teilgurte:

$L_e = 0{,}85 \cdot L_1 = 0{,}85 \cdot 15{,}00 = 12{,}75$ m
$b_{e1} = L_e/8 = 12{,}75$ m / 8 $= 1{,}594$ m

Die ermittelte Breite darf die vorhandene geometrische Breite jedoch nicht überschreiten.

$b_{e1} \leq b_1$
1,594 m >! 1,322 m

Die Bedingung ist nicht erfüllt. Die mittragende Breite der Teilgurte ist zu reduzieren.

$b_{e1} = 1{,}335$ m

Ermittlung der mittragenden Breite:

$b_{eff} = b_0 + \sum b_{ei} = 0{,}355 + 2 \cdot 1{,}322 = 3{,}00$ m

Im Feldbereich trägt somit der gesamte Betongurt des Verbundquerschnitts.

Zwischenauflager

Berechnung der äquivalenten Stützweite sowie der mittragenden Breiten der Teilgurte:

$L_e = 0{,}25 \cdot (L_1+L_2) = 0{,}25 \cdot (2 \cdot 15) = 7{,}50$ m
$b_{e1} = L_e/8 = 7{,}50$ m / 8 $= 0{,}938$ m

Die ermittelte Breite darf die vorhandene geometrische Breite jedoch nicht überschreiten.

$b_{e1} \leq b_i$

0,938 m < 1,335 m

$b_{e1} = 0{,}938$ m

Ermittlung der mittragenden Breite:

$b_{eff} = b_0 + \sum b_{ei} = 0{,}355 + 2 \cdot 0{,}938 = 2{,}23$ m

Im Bereich des Zwischenauflagers trägt somit ein „reduzierter" Betongurt des Verbundquerschnitts.

Endauflager

Es dürfen die äquivalente Stützweite und die mittragende Breite des Feldbereiches verwendet werden.

$L_e = 12{,}75$ m
$b_{e1} = 1{,}335$ m

Für β_i ergibt sich:

$\beta_1 = (0{,}55 + 0{,}025 \cdot Le / b_{ei}) \leq 1{,}0$
$\beta_1 = (0{,}55 + 0{,}025 \cdot 12{,}75 \text{ m} / 1{,}335 \text{ m}) = 0{,}78$

Ermittlung der mittragenden Breite:

$b_{eff} = b_0 + \sum(\beta_i \cdot b_{ei})$
$b_{eff} = 0{,}355 + 2 \cdot 0{,}78 \cdot 1{,}335 = 2{,}44$ m

Im Bereich der Endauflager trägt somit ein „reduzierter" Betongurt des Verbundquerschnitts.

b) Mittragende Breite der Stahlflansche

EC3-1-1 5.2.1 (5)

Mittragende Breiten und wirksame Breiten aus örtlichen Beulen sind in der Regel zu berücksichtigen, falls sie die globale Tragwerksberechnung beeinflussen, siehe EC3-1-5.

ANMERKUNG Bei gewalzten Profilen und geschweißten Profilen mit walzprofilähnlichen Abmessungen kann der Einfluss der mittragenden Breite vernachlässigt werden.

In diesem Fall werden die Stahlflansche als voll mittragend angesetzt.

2.1.3.4.4 Ermittlung der Querschnittswerte für die Schnittgrößenermittlung

Grenzzustand der Tragfähigkeit

EC4-2 5.4.1.1 (1)

Die Schnittgrößen dürfen auch dann nach der Elastizitätstheorie berechnet werden, wenn die Beanspruchbarkeit der Querschnitte vollplastisch oder nichtlinear ermittelt wird.

Grenzzustand der Gebrauchstauglichkeit

EC4-2 5.4.1.1 (2)

Für die Grenzzustände der Gebrauchstauglichkeit sind die Schnittgrößen in der Regel nach der Elastizitätstheorie zu berechnen, wobei Einflüsse aus nichtlinearem Verhalten, wie z. B. die Rissbildung des Betons, zu berücksichtigen sind.

Grenzzustand der Ermüdung

EC4-2 5.4.1.1 (3)

Für den Nachweis des Grenzzustandes der Ermüdung sind die Schnittgrößen in der Regel nach der Elastizitätstheorie zu bestimmen.

Die Schnittgrößen dürfen demnach auf der Grundlage einer elastischen Tragwerksberechnung ermittelt werden.

Der Einfluss der Rissbildung wird durch den Ansatz der Biegesteifigkeiten $E_a I_2$ nach Kapitel 2.1.3.1.2 berücksichtigt.

Folgendes ist zu beachten:

- Die Querschnittswerte für das statische System 1 (Bauzustand) sind identisch mit den Werten des Stahlträgers.
- Bei dem System 2 werden die Querschnittswerte für den Zustand I (Betongurt nicht gerissen) und Zustand II (Betongurt gerissen) ermittelt. Die Querschnittswerte im Zustand II sind unabhängig vom untersuchten Zeitpunkt und den Reduktionszahlen der Verbundquerschnitte.

Querschnittswerte im Zustand I

Nachfolgend erfolgt die Berechnung der Querschnittswerte für den Feldquerschnitt im Zustand I für Kurzzeitlasten.

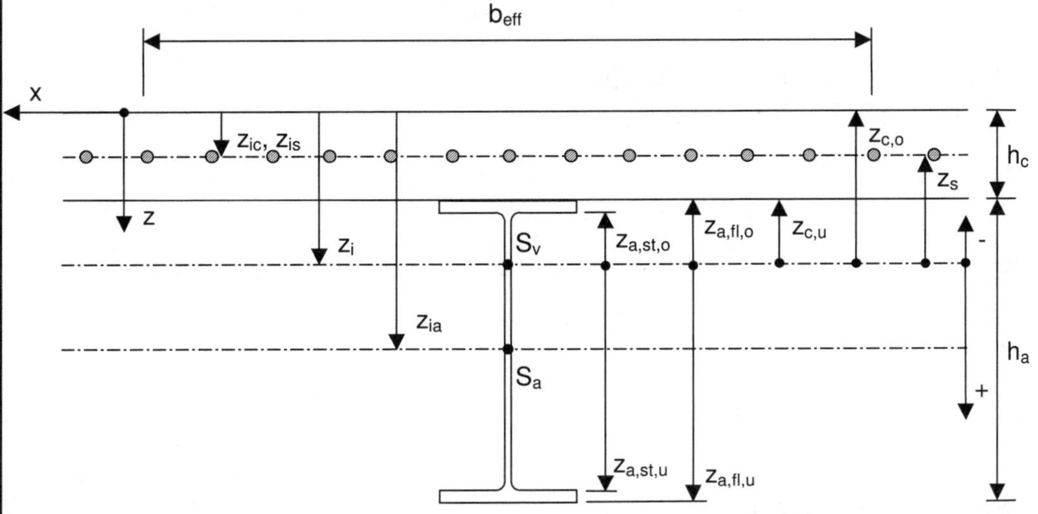

Abbildung 9 Mittragender Verbundquerschnitt im Zustand I zur Ermittlung der Widerstandsmomente

Die elastischen Verbundquerschnittswerte für **Kurzzeitlasten** im Zustand I werden nach folgenden Gleichungen mit der Reduktionszahl n_0 ermittelt.

- Äquivalente Betonquerschnittswerte

$$A_{c,i,0} = \frac{A_c}{n_0} = \frac{b_{eff} \cdot h_c}{n_0} = \frac{300 \cdot 30}{6{,}16} = 1461{,}0 \text{ cm}^2$$

A_c = 300 cm²
b_{eff} = 3,00 m
h_c = 0,30 m
h_a = 1,008 m
n_0 = 6,16

$$I_{c,i,0} = \frac{I_c}{n_0} = \frac{b_{eff} \cdot h_c^3}{n_0 \cdot 12} = \frac{300 \cdot 30^3}{6{,}16 \cdot 12} = 109578 \text{ cm}^4$$

- Elastische Verbundquerschnittswerte

$$A_{i,0} = A_{c,i,0} + A_a + A_s = 1461{,}0 + 565 + 80{,}5 = 2106{,}5 \text{ cm}^2$$

A_a = 565 cm²
A_s = 80,5 cm²

z_{ci} = 30/2 = 15 cm
z_{ai} = 100,8/2+30 = 80,4 cm
z_{si} = 30/2 = 15 cm

$$z_{i,0} = \frac{A_{c,i,0} \cdot z_{ci} + A_a \cdot z_{ai} + A_s \cdot z_{si}}{A_{i,0}}$$

$z_{i,0}$: Abstand des ideellen Schwerpunktes zum oberen Rand

$$z_{i,0} = \frac{1461{,}0 \cdot 15{,}0 + 565 \cdot 80{,}4 + 80{,}5 \cdot 15{,}0}{2106{,}5} = 32{,}5 \text{ cm}$$

$$I_{i,0} = I_{c,i,0} + A_{c,i,0} \cdot (z_{i,0} - z_{ci})^2 + I_a + A_a \cdot (z_{i,0} - z_{ai})^2 + A_s \cdot (z_{i,0} - z_{si})^2$$

I_a: $= 1005400 \text{ cm}^4$
A_a: $= 565 \text{ cm}^2$

$$I_{i,0} = 109578 + 1461{,}0 \cdot (32{,}5 - 15{,}0)^2 + 1005400 + 565 \cdot (32{,}5 - 80{,}4)^2 + 80{,}5 \cdot (32{,}5 - 15{,}0)^2$$

$I_{i,0}$: Trägheitsmoment des ideellen Verbundquerschnitts

$$I_{i,0} = 2883404 \text{ cm}^4$$

- Widerstandsmomente

$$z_{c,o} = - z_{i,0} = -32{,}5 \text{ cm}$$

$$z_{c,u} = - z_{i,0} + h_c = -32{,}5 + 30{,}0 = -2{,}5 \text{ cm}$$

$$z_s = - z_{i,0} + \frac{h_c}{2} = -32{,}5 + \frac{30}{2} = -17{,}5 \text{ cm}$$

$$z_{a,fl,o} = z_{c,u} = -2{,}5 \text{ cm}$$

$$z_{a,st,o} = z_{c,u} + t = -2{,}5 + 4{,}0 = 1{,}5 \text{ cm}$$

$$z_{a,st,u} = -z_{i,o} + h_c + h_a - t = -32{,}5 + 30 + 100{,}8 - 4{,}0 = 94{,}3 \text{ cm}$$

$$z_{a,fl,u} = -z_{i,o} + h_c + h_a = -32{,}5 + 30 + 100{,}8 = 98{,}3 \text{ cm}$$

$z_{c,o}$: Koordinate des oberen Randes des Betongurts
$z_{c,u}$: Koordinate des unteren Randes des Betongurts
z_s: Koordinate des Betonstahls
$z_{a,fl,o}$: Koordinate des oberen Randes des Stahlflansches
$z_{a,fl,u}$: Koordinate des unteren Randes des Stahlflansches
$z_{a,st,o}$: Koordinate des oberen Randes des Stegs
$z_{a,st,u}$: Koordinate des unteren Randes des Stegs

$$W_{c,o} = \frac{I_{i,0} \cdot n_0}{z_{c,o}} = \frac{2883404 \cdot 6{,}16}{-32{,}5} = -546516 \text{ cm}^3$$

$$W_{c,o} = \frac{I_{i,0} \cdot n_0}{z_{c,u}} = \frac{2883404 \cdot 6{,}16}{-2{,}5} = -7104707 \text{ cm}^3$$

$$W_s = \frac{I_{i,0}}{z_s} = \frac{2883404}{-17{,}5} = -164766 \text{ cm}^3$$

$$W_{a,fl,o} = \frac{I_{i,0}}{z_{a,fl,o}} = \frac{2883404}{-2{,}5} = -1153362 \text{ cm}^3$$

$$W_{a,st,o} = \frac{I_{i,0}}{z_{a,st,o}} = \frac{2883404}{1{,}5} = 1922269 \text{ cm}^3$$

$W_{c,o}$: Widerstandsmoment des oberen Rands des Betongurts
$W_{c,u}$: Widerstandsmoment des unteren Rands des Betongurts
W_s: Widerstandsmoment des Betonstahls
$W_{a,fl,o}$: Widerstandsmoment des oberen Randes des Stahlflansches
$W_{a,st,o}$: Widerstandsmoment des oberen Randes des Stegs

$$W_{a,st,u} = \frac{I_{i,0}}{z_{a,st,u}} = \frac{2883404}{94{,}3} = 30557\ cm^3$$

$W_{a,st,u}$: Widerstandsmoment des unteren Randes des Stegs

$$W_{a,fl,u} = \frac{I_{i,0}}{z_{a,fl,u}} = \frac{2883404}{98{,}3} = 29333\ cm^3$$

$W_{a,fl,u}$: Widerstandsmoment des unteren Randes des Stahlflansches

Die Verbundquerschnittswerte mit den Reduktionszahlen

- n_B für ständige Einwirkungen,
- n_{PT} für zeitabhängige sekundäre Beanspruchungen,
- n_S für primäre und sekundäre Beanspruchungen aus dem Schwinden und
- n_A für Vorspannung aus eingeprägte Deformationen

werden analog dem zuvor gezeigten Berechnungsverfahren ermittelt. Sie sind in den nachfolgenden Tabellen zusammengefasst.

Die Ermittlung der Querschnittswerte für die End- und Zwischenauflager erfolgt analog nach den oben dargestellten Verfahren in Abhängigkeit der Reduktionszahlen. Sie sind in den nachfolgenden Tabellen abgebildet.

Tabelle 4 Querschnittswerte für Kurzzeitlasten

Q	Querschnittswerte für Kurzzeitlasten						n_0 6,16
Q	A_a [cm²]	A_s [cm²]	A_c [cm²]	$A_{c,i}$ [cm²]	A_i [cm²]	z_{ai} [cm]	z_{si} [cm]	z_{ci} [cm]
1	565	65,2	7341,75	1191,36	1821,56	80,40	15,00	15,00
2	565	80,5	9000,00	1460,45	2105,95	80,40	15,00	15,00
3	565	140,0	6690,00	1085,60	1790,60	80,40	15,00	15,00
4	565	80,5	9000,00	1460,45	2105,95	80,40	15,00	15,00
5	565	65,2	7341,75	1191,36	1821,56	80,40	15,00	15,00

Q	z_i [cm]	$z_{c,o}$ [cm]	$z_{c,u}$ [cm]	z_s [cm]	$z_{a,fl,o}$ [cm]	$z_{a,st,o}$ [cm]	$z_{a,fl,u}$ [cm]	$z_{a,st,u}$ [cm]
1	35,29	-35,29	-5,29	-20,29	-5,29	-1,29	95,51	91,51
2	32,55	-32,55	-2,55	-17,55	-2,55	1,45	98,25	94,25
3	35,64	-35,64	-5,64	-20,64	-5,64	-1,64	95,16	91,16
4	32,55	-32,55	-2,55	-17,55	-2,55	1,45	98,25	94,25
5	35,29	-35,29	-5,29	-20,29	-5,29	-1,29	95,51	91,51

Q	I_a [cm⁴]	Stein. Ant. A_a [cm⁴]	Stein. Ant. A_s [cm⁴]	I_c [cm⁴]	$I_{c,i}$ [cm⁴]	Stein. Ant. $A_{c,i}$ [cm⁴]	I_i [cm⁴]
1	1005400	1149963	26829	550631	89352	490239	2761784
2	1005400	1293853	24783	675000	109534	449617	2883187
3	1005400	1132151	59619	501750	81420	462301	2740891
4	1005400	1293853	24783	675000	109534	449617	2883187
5	1005400	1149963	26829	550631	89352	490239	2761784

Q	$W_{c,o}$ [cm³]	$W_{c,u}$ [cm³]	W_s [cm³]	$W_{a,fl,o}$ [cm³]	$W_{a,st,o}$ [cm³]	$W_{a,fl,u}$ [cm³]	$W_{a,st,u}$ [cm³]
1	-482338	-3220123	-136147	-522536	-2148672	28915	30179
2	-545923	-6978612	-164322	-1132434	1982945	29344	30590
3	-473978	-2996882	-132820	-486310	-1675265	28802	30066
4	-545923	-6978612	-164322	-1132434	1982945	29344	30590
5	-482338	-3220123	-136147	-522536	-2148672	28915	30179

Q_1: Querschnittswerte am Auflager 10
Q_2: Querschnittswerte im Feld 1
Q_3: Querschnittswerte an der Mittelstütze/Auflager 20
Q_4: Querschnittswerte im Feld 2
Q_5: Querschnittswerte am Auflager 30

Tabelle 5 Querschnittswerte für ständige Einwirkungen

Querschnittswerte für ständige Einwirkungen								n_B 16,31
Q	A_a [cm²]	A_s [cm²]	A_c [cm²]	$A_{c,i}$ [cm²]	A_i [cm²]	z_{ai} [cm]	z_{si} [cm]	z_{ci} [cm]
1	565	65,2	7341,75	450,03	1080,23	80,40	15,00	15,00
2	565	80,5	9000,00	551,68	1197,18	80,40	15,00	15,00
3	565	140,0	6690,00	410,08	1115,08	80,40	15,00	15,00
4	565	80,5	9000,00	551,68	1197,18	80,40	15,00	15,00
5	565	65,2	7341,75	450,03	1080,23	80,40	15,00	15,00

Q	z_i [cm]	$z_{c,o}$ [cm]	$z_{c,u}$ [cm]	z_s [cm]	$z_{a,fl,o}$ [cm]	$z_{a,st,o}$ [cm]	$z_{a,fl,u}$ [cm]	$z_{a,st,u}$ [cm]
1	49,21	-49,21	-19,21	-34,21	-19,21	-15,21	81,59	77,59
2	45,87	-45,87	-15,87	-30,87	-15,87	-11,87	84,93	80,93
3	48,14	-48,14	-18,14	-33,14	-18,14	-14,14	82,66	78,66
4	45,87	-45,87	-15,87	-30,87	-15,87	-11,87	84,93	80,93
5	49,21	-49,21	-19,21	-34,21	-19,21	-15,21	81,59	77,59

Q	I_a [cm⁴]	Stein. Ant. A_a [cm⁴]	Stein. Ant. A_s [cm⁴]	I_c [cm⁴]	$I_{c,i}$ [cm⁴]	Stein. Ant. $A_{c,i}$ [cm⁴]	I_i [cm⁴]
1	1005400	549763	76290	550631	33752	526577	2191781
2	1005400	673854	76689	675000	41376	525558	2322876
3	1005400	588091	153733	501750	30756	450308	2228288
4	1005400	673854	76689	675000	41376	525558	2322876
5	1005400	549763	76290	550631	33752	526577	2191781

Q	$W_{c,o}$ [cm³]	$W_{c,u}$ [cm³]	W_s [cm³]	$W_{a,fl,o}$ [cm³]	$W_{a,st,o}$ [cm³]	$W_{a,fl,u}$ [cm³]	$W_{a,st,u}$ [cm³]
1	-726659	-1861677	-64075	-114116	-144134	26862	28247
2	-826229	-2388584	-75259	-146414	-195774	27349	28701
3	-755169	-2004242	-67244	-122855	-157615	26956	28327
4	-826229	-2388584	-75259	-146414	-195774	27349	28701
5	-726659	-1861677	-64075	-114116	-144134	26862	28247

Q_1: Querschnittswerte am Auflager 10
Q_2: Querschnittswerte im Feld 1
Q_3: Querschnittswerte an der Mittelstütze/Auflager 20
Q_4: Querschnittswerte im Feld 2
Q_5: Querschnittswerte am Auflager 30

Baumaßnahme	Straßenbrücke bei Cavertitz	Bauwerksnummer (ASB)
Straßenverwaltung		
Aufsteller	h² Hochschule Magdeburg – Stendal	Datum: 30.09.2018

Tabelle 6 Querschnittswerte für zeitlich veränderliche Belastung

Q	Querschnittswerte für zeitlich veränderl. Belastung						$n_{PT,28}$ 11,24
Q	A_a [cm²]	A_s [cm²]	A_c [cm²]	$A_{c,i}$ [cm²]	A_i [cm²]	z_{ai} [cm]	z_{si} [cm]	z_{ci} [cm]
1	565	65,2	7341,75	653,29	1283,49	80,40	15,00	15,00
2	565	80,5	9000,00	800,84	1446,34	80,40	15,00	15,00
3	565	140,0	6690,00	595,29	1300,29	80,40	15,00	15,00
4	565	80,5	9000,00	800,84	1446,34	80,40	15,00	15,00
5	565	65,2	7341,75	653,29	1283,49	80,40	15,00	15,00

Q	z_i [cm]	$z_{c,o}$ [cm]	$z_{c,u}$ [cm]	z_s [cm]	$z_{a,fl,o}$ [cm]	$z_{a,st,o}$ [cm]	$z_{a,fl,u}$ [cm]	$z_{a,st,u}$ [cm]
1	43,79	-43,79	-13,79	-28,79	-13,79	-9,79	87,01	83,01
2	40,55	-40,55	-10,55	-25,55	-10,55	-6,55	90,25	86,25
3	43,42	-43,42	-13,42	-28,42	-13,42	-9,42	87,38	83,38
4	40,55	-40,55	-10,55	-25,55	-10,55	-6,55	90,25	86,25
5	43,79	-43,79	-13,79	-28,79	-13,79	-9,79	87,01	83,01

Q	I_a [cm⁴]	Stein. Ant. A_a [cm⁴]	Stein. Ant. A_s [cm⁴]	I_c [cm⁴]	$I_{c,i}$ [cm⁴]	Stein. Ant. $A_{c,i}$ [cm⁴]	I_i [cm⁴]
1	1005400	757284	54040	550631	48997	541469	2407190
2	1005400	897327	52542	675000	60063	522706	2538038
3	1005400	772756	113057	501750	44647	480729	2416589
4	1005400	897327	52542	675000	60063	522706	2538038
5	1005400	757284	54040	550631	48997	541469	2407190

Q	$W_{c,o}$ [cm³]	$W_{c,u}$ [cm³]	W_s [cm³]	$W_{a,fl,o}$ [cm³]	$W_{a,st,o}$ [cm³]	$W_{a,fl,u}$ [cm³]	$W_{a,st,u}$ [cm³]
1	-617782	-1961806	-83613	-174566	-245894	27666	28999
2	-703437	-2704132	-99344	-240620	-387611	28122	29426
3	-625510	-2024084	-85039	-180108	-256608	27655	28982
4	-703437	-2704132	-99344	-240620	-387611	28122	29426
5	-617782	-1961806	-83613	-174566	-245894	27666	28999

Q_1: Querschnittswerte am Auflager 10
Q_2: Querschnittswerte im Feld 1
Q_3: Querschnittswerte an der Mittelstütze/Auflager 20
Q_4: Querschnittswerte im Feld 2
Q_5: Querschnittswerte am Auflager 30

Tabelle 7 Querschnittswerte für Beanspruchungen aus Schwinden

Querschnittswerte für Beanspruchungen aus Schwinden							n_s 15,61	
Q	A_a [cm²]	A_s [cm²]	A_c [cm²]	$A_{c,i}$ [cm²]	A_i [cm²]	z_{ai} [cm]	z_{si} [cm]	z_{ci} [cm]
1	565	65,2	7341,75	470,35	1100,55	80,40	15,00	15,00
2	565	80,5	9000,00	576,58	1222,08	80,40	15,00	15,00
3	565	140,0	6690,00	428,59	1133,59	80,40	15,00	15,00
4	565	80,5	9000,00	576,58	1222,08	80,40	15,00	15,00
5	565	65,2	7341,75	470,35	1100,55	80,40	15,00	15,00
Q	z_i [cm]	$z_{c,o}$ [cm]	$z_{c,u}$ [cm]	z_s [cm]	$z_{a,fl,o}$ [cm]	$z_{a,st,o}$ [cm]	$z_{a,fl,u}$ [cm]	$z_{a,st,u}$ [cm]
1	48,58	-48,58	-18,58	-33,58	-18,58	-14,58	82,22	78,22
2	45,24	-45,24	-15,24	-30,24	-15,24	-11,24	85,56	81,56
3	47,60	-47,60	-17,60	-32,60	-17,60	-13,60	83,20	79,20
4	45,24	-45,24	-15,24	-30,24	-15,24	-11,24	85,56	81,56
5	48,58	-48,58	-18,58	-33,58	-18,58	-14,58	82,22	78,22
Q	I_a [cm⁴]	Stein. Ant. A_a [cm⁴]	Stein. Ant. A_s [cm⁴]	I_c [cm⁴]	$I_{c,i}$ [cm⁴]	Stein. Ant. $A_{c,i}$ [cm⁴]	I_i [cm⁴]	
1	1005400	572246	73499	550631	35276	530217	2216639	
2	1005400	698624	73595	675000	43244	527124	2347987	
3	1005400	607986	148753	501750	32145	455390	2249673	
4	1005400	698624	73595	675000	43244	527124	2347987	
5	1005400	572246	73499	550631	35276	530217	2216639	
Q	$W_{c,o}$ [cm³]	$W_{c,u}$ [cm³]	W_s [cm³]	$W_{a,fl,o}$ [cm³]	$W_{a,st,o}$ [cm³]	$W_{a,fl,u}$ [cm³]	$W_{a,st,u}$ [cm³]	
1	-712297	-1862705	-66020	-119334	-152084	26958	28337	
2	-810197	-2405487	-77655	-154107	-208969	27441	28787	
3	-737778	-1995618	-69016	-127849	-165462	27038	28404	
4	-810197	-2405487	-77655	-154107	-208969	27441	28787	
5	-712297	-1862705	-66020	-119334	-152084	26958	28337	

Q_1: Querschnittswerte am Auflager 10
Q_2: Querschnittswerte im Feld 1
Q_3: Querschnittswerte an der Mittelstütze/Auflager 20
Q_4: Querschnittswerte im Feld 2
Q_5: Querschnittswerte am Auflager 30

Tabelle 8 Querschnittswerte für Vorspannung infolge eingeprägter Verformungen

Querschnittswerte für Vorsp. aus eingeprägten Verformungen							n_A 20,01	
Q	A_a [cm²]	A_s [cm²]	A_c [cm²]	$A_{c,i}$ [cm²]	A_i [cm²]	z_{ai} [cm]	z_{si} [cm]	z_{ci} [cm]
1	565	65,2	7341,75	366,99	997,19	80,40	15,00	15,00
2	565	80,5	9000,00	449,88	1095,38	80,40	15,00	15,00
3	565	140,0	6690,00	334,41	1039,41	80,40	15,00	15,00
4	565	80,5	9000,00	449,88	1095,38	80,40	15,00	15,00
5	565	65,2	7341,75	366,99	997,19	80,40	15,00	15,00
Q	z_i [cm]	$z_{c,o}$ [cm]	$z_{c,u}$ [cm]	z_s [cm]	$z_{a,fl,o}$ [cm]	$z_{a,st,o}$ [cm]	$z_{a,fl,u}$ [cm]	$z_{a,st,u}$ [cm]
1	52,06	-52,06	-22,06	-37,06	-22,06	-18,06	78,74	74,74
2	48,73	-48,73	-18,73	-33,73	-18,73	-14,73	82,07	78,07
3	50,55	-50,55	-20,55	-35,55	-20,55	-16,55	80,25	76,25
4	48,73	-48,73	-18,73	-33,73	-18,73	-14,73	82,07	78,07
5	52,06	-52,06	-22,06	-37,06	-22,06	-18,06	78,74	74,74
Q	I_a [cm⁴]	Stein. Ant. A_a [cm⁴]	Stein. Ant. A_s [cm⁴]	I_c [cm⁴]	$I_{c,i}$ [cm⁴]	Stein. Ant. $A_{c,i}$ [cm⁴]	I_i [cm⁴]	
1	1005400	453940	89525	550631	27524	503908	2080297	
2	1005400	566565	91605	675000	33741	511941	2209252	
3	1005400	503431	176931	501750	25081	422629	2133472	
4	1005400	566565	91605	675000	33741	511941	2209252	
5	1005400	453940	89525	550631	27524	503908	2080297	
Q	$W_{c,o}$ [cm³]	$W_{c,u}$ [cm³]	W_s [cm³]	$W_{a,fl,o}$ [cm³]	$W_{a,st,o}$ [cm³]	$W_{a,fl,u}$ [cm³]	$W_{a,st,u}$ [cm³]	
1	-799478	-1886952	-56141	-94323	-115219	26418	27832	
2	-906906	-2359238	-65491	-117931	-149948	26920	28300	
3	-844327	-2076927	-60013	-103819	-128911	26585	27980	
4	-906906	-2359238	-65491	-117931	-149948	26920	28300	
5	-799478	-1886952	-56141	-94323	-115219	26418	27832	

Q_1: Querschnittswerte am Auflager 10
Q_2: Querschnittswerte im Feld 1
Q_3: Querschnittswerte an der Mittelstütze/Auflager 20
Q_4: Querschnittswerte im Feld 2
Q_5: Querschnittswerte am Auflager 30

Querschnittswerte im Zustand II

Nachfolgend erfolgt die Berechnung der Querschnittswerte für den Feldquerschnitt im Zustand II für Kurzzeitlasten.

Die elastischen Verbundquerschnittswerte für **Kurzzeitlasten** im Zustand II werden nach folgenden Gleichungen mit der Reduktionszahl n_0 ermittelt.

Anmkerung:

Es wird näherungsweise mit einer gemeinsamen Betonstahllage gerechnet.

- Elastische Verbundquerschnittswerte

$$A_{II} = A_a + A_s = 565 + 80{,}5 = 645{,}5 \text{ cm}^2$$

h_c = 0,30 m
h_a = 1,008 m
n_0 = 6,16

$$z_{II} = \frac{A_a \cdot z_{ai} + A_s \cdot z_{si}}{A_{i,0}}$$

$$z_{II} = \frac{565 \cdot 80{,}4 + 80{,}5 \cdot 15}{645{,}5} = 72{,}2 \text{ cm}$$

A_a = 565 cm²
A_s = 80,5 cm²

z_{ai} = 100,8/2+30 = 80,4 cm
z_{si} = 30/2 = 15 cm

$$I_{II} = I_a + A_a \cdot (z_{i,0} - z_{ai})^2 + A_s \cdot (z_{i,0} - z_{si})^2$$

$$I_{II} = 1005400 + 565 \cdot (32{,}5 - 80{,}4)^2 + 80{,}5 \cdot (32{,}5 - 15{,}0)^2$$

$$I_{II} = 1306772 \text{ cm}^4$$

z_{il} Abstand des ideellen Schwerpunktes zum oberen Rand

- Widerstandsmomente

$$z_s = -z_{II} + \frac{h_c}{2} = -72{,}2 + \frac{30}{2} = -57{,}2 \text{ cm}$$

$$z_{a,fl,o} = z_{II} + h_c = -72{,}2 + 30 = -42{,}2 \text{ cm}$$

$$z_{a,st,o} = z_{a,fl,o} + t = -42{,}2 + 4{,}0 = -38{,}2 \text{ cm}$$

$$z_{a,st,u} = -z_{II} + h_c + h_a - t = -72{,}2 + 30 + 100{,}8 - 4{,}0 = 54{,}6 \text{ cm}$$

$$z_{a,fl,u} = -z_{II} + h_c + h_a = -72{,}2 + 30 + 100{,}8 = 58{,}6 \text{ cm}$$

z_s: Koordinate des Betonstahls

$z_{a,fl,o}$: Koordinate des oberen Randes des Stahlflansches

$z_{a,fl,u}$: Koordinate des unteren Randes des Stahlflansches

$z_{a,st,o}$: Koordinate des oberen Randes des Stegs

$z_{a,st,u}$: Koordinate des unteren Randes des Stegs

$$W_s = \frac{I_{II}}{z_s} = \frac{1306772}{-57{,}2} = -22828 \text{ cm}^3$$

W_s: Widerstandsmoment des Betonstahls

$$W_{a,fl,o} = \frac{I_{II}}{z_{a,fl,o}} = \frac{1306772}{-42{,}2} = -30934 \text{ cm}^3$$

$W_{a,fl,o}$: Widerstandsmoment des oberen Randes des Stahlflansches

$$W_{a,st,o} = \frac{I_{II}}{z_{a,st,o}} = \frac{1306772}{-38{,}2} = -34169 \text{ cm}^3$$

$W_{a,st,o}$: Widerstandsmoment des oberen Randes des Stegs

$$W_{a,st,u} = \frac{I_{II}}{z_{a,st,u}} = \frac{1306772}{54{,}6} = 23953 \text{ cm}^3$$

$W_{a,st,u}$: Widerstandsmoment des unteren Randes des Stegs

$$W_{a,fl,u} = \frac{I_{II}}{z_{a,fl,u}} = \frac{1306772}{58{,}6} = 22317 \text{ cm}^3$$

$W_{a,fl,u}$: Widerstandsmoment des unteren Randes des Stahlflansches

Die Verbundquerschnittswerte im Zustand II für die anderen Querschnitte im Stützenbereich und Auflagerbereich werden analog mit dem zuvor gezeigten Berechnungsverfahren ermittelt. Sie sind in der nachfolgenden Tabelle zusammengefasst.

Anmerkung:

Die Querschnittswerte für den Zustand II werden nur mit dem Beton- und Baustahl, ohne Ansatz des Betons ermittelt.

Tabelle 9 Querschnittswerte für den Zustand II

Querschnittswerte für den Zustand II								
Q	A_a [cm²]	A_s [cm²]	A_c [cm²]	$A_{c,i}$ [cm²]	A_i [cm²]	z_{ai} [cm]	z_{si} [cm]	z_{ci} [cm]
1	565	65,2	0,00	0,00	630,20	80,40	15,00	15,00
2	565	80,5	0,00	0,00	645,50	80,40	15,00	15,00
3	565	140,0	0,00	0,00	705,00	80,40	15,00	15,00
4	565	80,5	0,00	0,00	645,50	80,40	15,00	15,00
5	565	65,2	0,00	0,00	630,20	80,40	15,00	15,00
Q	z_i [cm]	$z_{c,o}$ [cm]	$z_{c,u}$ [cm]	z_s [cm]	$z_{a,fl,o}$ [cm]	$z_{a,st,o}$ [cm]	$z_{a,fl,u}$ [cm]	$z_{a,st,u}$ [cm]
1	73,63	-73,63	-43,63	-58,63	-43,63	-39,63	57,17	53,17
2	72,24	-72,24	-42,24	-57,24	-42,24	-38,24	58,56	54,56
3	67,41	-67,41	-37,41	-52,41	-37,41	-33,41	63,39	59,39
4	72,24	-72,24	-42,24	-57,24	-42,24	-38,24	58,56	54,56
5	73,63	-73,63	-43,63	-58,63	-43,63	-39,63	57,17	53,17
Q	I_a [cm⁴]	Stein. Ant. A_a [cm⁴]	Stein. Ant. A_s [cm⁴]	I_c [cm⁴]	$I_{c,i}$ [cm⁴]	Stein. Ant. $A_{c,i}$ [cm⁴]	I_i [cm⁴]	
1	1005400	25867	224152	0	0	0	1255419	
2	1005400	37584	263788	0	0	0	1306772	
3	1005400	95298	384594	0	0	0	1485291	
4	1005400	37584	263788	0	0	0	1306772	
5	1005400	25867	224152	0	0	0	1255419	
Q	$W_{c,o}$ [cm³]	$W_{c,u}$ [cm³]	W_s [cm³]	$W_{a,fl,o}$ [cm³]	$W_{a,st,o}$ [cm³]	$W_{a,fl,u}$ [cm³]	$W_{a,st,u}$ [cm³]	
1	-105067	-177305	-21411	-28772	-31675	21961	23613	
2	-111469	-190630	-22828	-30934	-34169	22317	23953	
3	-135777	-244652	-28338	-39700	-44453	23432	25010	
4	-111469	-190630	-22828	-30934	-34169	22317	23953	
5	-105067	-177305	-21411	-28772	-31675	21961	23613	

Q_1: Querschnittswerte am Auflager 10
Q_2: Querschnittswerte im Feld 1
Q_3: Querschnittswerte an der Mittelstütze/Auflager 20
Q_4: Querschnittswerte im Feld 2
Q_5: Querschnittswerte am Auflager 30

Querschnittswerte des Walzprofils

Tabelle 10 Querschnittswerte vom Walzprofil HX 1000 M

Stahlprofil						
A_a [cm²]	I_a [cm⁴]	z_i [cm]	$W_{a,fl,o}$ [cm³]	$W_{a,st,o}$ [cm³]	$W_{a,fl,u}$ [cm³]	$W_{a,st,u}$ [cm³]
565	1005400	50,40	-19948	-21668	19948	21668

2.1.4 Detaillierte Beschreibung des Montage- oder Herstellungsverfahrens

Nach Fertigstellung der Widerlager und der Mittelstütze werden die beiden Hauptträger auf die endgültigen Lager aufgelegt und mit den Querträgern an den Widerlagern und der Innenstütze verschraubt.

Die aus Walzprofilen mit aufgeschweißten Kopfbolzendübeln bestehenden Hauptträger werden jeweils in 2 Montageschüssen auf die Baustelle geliefert und vor Ort mit Schweißstößen verbunden. Der Baustellenstoß ist im Abstand von $0{,}15 \cdot L_2$ von der Mittelstütze angeordnet und liegt somit im Bereich des Momentennullpunktes des statischen Endsystems.

Im Anschluss wird die Fahrbahnplatte eingeschalt, bewehrt und betoniert.

Nach dem Aufbringen der Abdichtung der Fahrbahnplatte werden die Kappen fertiggestellt und der zweischichtige Fahrbahnbelag aufgebracht.

Die Verkehrsübergabe erfolgt 28 Tage nach dem Abschluss der Betonierarbeiten.

2.1.5 Sonstiges

Keine weiteren Anmerkungen

2.2 Einwirkungen

Die Ermittlung der Einwirkungen erfolgt für den Träger A gemäß Abbildung 2.

2.2.1 Charakteristische Werte der Einwirkungen

2.2.1.1 Ständige Einwirkungen

Für die Ermittlung der Eigenlasten der Verbundkonstruktion werden die charakteristischen Raum- und Flächenwichten der Baustoffe nach Eurocode 1 unter Berücksichtigung vom ARS 22/2012 Anlage 3 verwendet.

2.2.1.1.1 Stahlträgereigengewicht

Die Stahlträgereigenlast wird zuzüglich einer dreiprozentigen Erhöhung für die Kopfbolzendübel ermittelt.

Stahlträger

$$g_{k,\text{Stahlträger}} = \gamma_{\text{Stahl}} \cdot A_a = 78{,}5 \cdot 565 / 10000 = 4{,}5 \text{ kN/m}$$

EC1-1-1 Anhang A Tab. A.4
γ_{Stahl} = 78,5 kN/m³

A_a = 565 cm²

Kopfbolzendübel

$$g_{k,\text{Kopfbolzen}} = 3\,\% \cdot g_{k,\text{Stahlträger}} = 0{,}03 \cdot 4{,}5 = 0{,}1 \text{ kN/m}$$

Stahlträgereigenlast (Stahlträger und Kopfbolzen)

$$g_{k,1} = g_{k,\text{Stahlträger}} + g_{k,\text{Kopfbolzen}} = 4{,}5 + 0{,}1 = 4{,}6 \text{ kN/m}$$

Das statische System mit Verteilung der anzusetzenden Steifigkeiten ist in Abbildung 10 abgebildet.

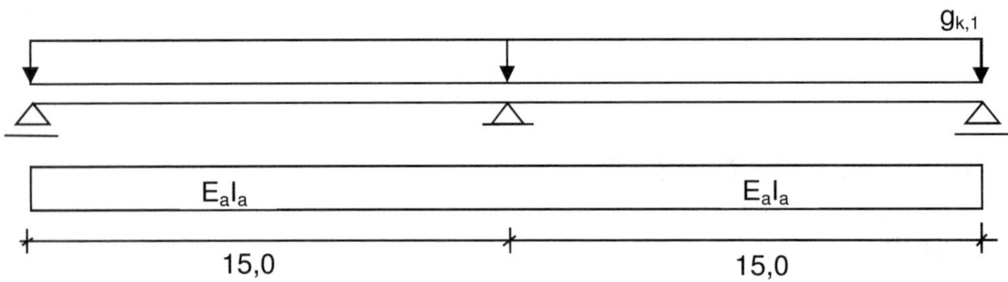

Abbildung 10 Statisches System für das Stahlträgereigengewicht

2.2.1.1.2 Betonierlasten

Schalung

$g_{k,Schalung} = g_{Schalung} \cdot B/2$
$= 0{,}8 \cdot 3{,}0$
$= 2{,}4$ kN/m

Annahme:
Flächengewicht der Schalung
$g_{Schalung} = 0{,}8$ kN/m²

halbe Überbaubreite
$B/2 = 3{,}00$ m
$h_c = 0{,}30$ m

Frischbeton

$g_{k,Frischbeton} = B/2 \cdot h_c \cdot \gamma_{Frischbeton}$
$= 3{,}00 \cdot 0{,}3 \cdot 26$
$= 23{,}4$ kN/m

EC1-1-1 Anhang A Tab. A.1
$\gamma_{Frischbeton} = 26$ kN/m³
mit:
$\gamma_{Beton} = 24$ kN/m³
+ 1 kN/m³ Bewehrungszuschlag
+ 1 kN/m³ Frischbetonzuschlag

Betonierlast (Schalung und Frischbeton)

$g_{k,2} = g_{k,Schalung} + g_{k,Frischbeton}$
$= 2{,}4 + 23{,}4$
$= 25{,}8$ kN/m

Das statische System mit Verteilung der anzusetzenden Steifigkeiten ist im Folgenden abgebildet.

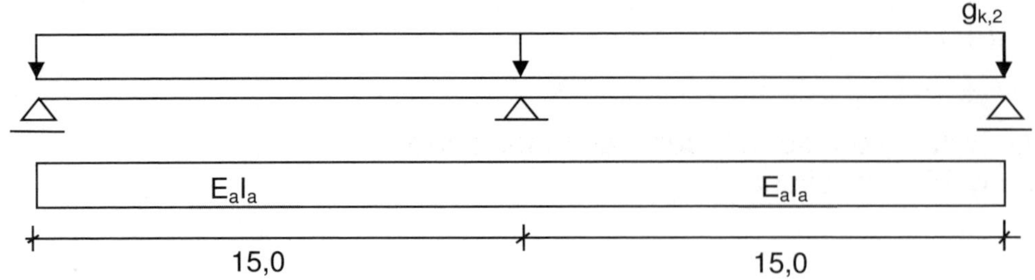

Abbildung 11 Statisches System für die Betonage der Verbundplatte

Abbinden

Bei der Ermittlung der Einwirkungen des Frischbetons wurde eine Wichte mit 26 kN/m³ berücksichtigt. Für den abgebundenen Beton ist gemäß Eurocode 1 eine Wichte von 25 kN/m³ anzusetzen. Der Differenzbetrag wird nachfolgend ermittelt.

EC1-1-1 Anhang A Tab. A.1
γ_{Stb} = 25 kN/m³
$\gamma_{Frischbeton}$ = 26 kN/m³

B/2 = 3,00 m
h_c = 0,30 m

$$\Delta g_{k,Abbinden} = (\gamma_{Stb} - \gamma_{Frischbeton}) \cdot B/2 \cdot h_c = (25{,}0 - 26{,}0) \cdot 3{,}0 \cdot 0{,}3 = -0{,}9 \text{ kN/m}$$

Abbinden und Ausschalen

$$g_{k,3} = \Delta g_{k,Beton} - g_{k,Schalung} = -0{,}9 - 2{,}4 = -3{,}3 \text{ kN/m}$$

In Abbildung 12 ist das statische System mit der Verteilung der anzusetzenden Steifigkeiten zum Zeitpunkt t = 0 dargestellt. Die sekundären Effekte aus dem Kriechen zum Zeitpunkt t = ∞ werden in Kapitel 2.2.1.4.1.1 berücksichtigt.

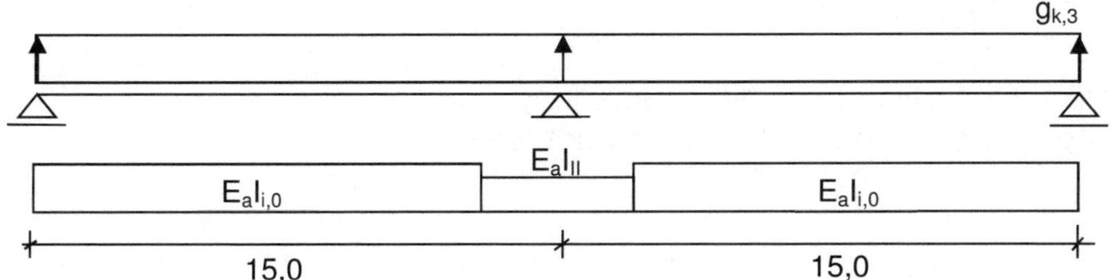

Abbildung 12 Statisches System für Abbinden und Ausschalen

2.2.1.1.3 Ausbaulasten

Als Ausbaulasten werden die ständigen Einwirkungen aus dem Gewicht der Kappen, dem Geländer sowie dem Fahrbahnbelag unter Beachtung eines Mehreinbaus zum Herstellen einer Ausgleichsgradiente berücksichtigt.

Kappe

EC1-1-1 Anhang A Tab. A.1
γ_{Stb} = 25 kN/m³
mit:
γ_{Beton} = 24 kN/m³
+ 1 kN/m³ Bewehrungszuschlag

A_{Kappe} = 0,332 m²

$$g_{k,Kappe} = A_{Kappe} \cdot \gamma_{Stb} = 0{,}332 \cdot 25{,}0 = 8{,}3 \text{ kN/m}$$

Geländer

$g_{k,Geländer}$ = 1,0 kN/m

pauschaler Ansatz für Geländer nach RIZ-ING

Belag

Bei Straßenbrücken ist für den Fahrbahnbelag die Wichte mit mindestens 25,0 kN/m³ anzusetzen.

ARS 22/2013 Anlage 3

Für Mehreinbau von Fahrbahnbelag beim Herstellen einer Ausgleichsgradiente ist bei Straßenbrücken zusätzlich eine gleichmäßig verteilte Last von 0,5 kN/m² durchgehend über die gesamte Fahrbahnfläche anzunehmen.

ARS 22/2013 Anlage 3

ARS 22/2013 Anlage 3
γ_{Belag} = 25 kN/m³
$\Delta\gamma_{Belag}$ = 0,5 kN/m²

$$g_{k,Belag} = (h_{Belag} \cdot \gamma_{Belag} + \Delta\gamma_{Belag}) \cdot b/2 = (0{,}08 \cdot 25 + 0{,}5) \cdot 2{,}5 = 6{,}25 \text{ kN/m}$$

Dicke des Fahrbahnbelages
h_{Belag} = 0,08 m
halbe Fahrbahnbreite
b/2 = 2,50 m

Ausbaulasten (Kappe, Geländer und Belag)

$$g_{k,4} = g_{k,Kappe} + g_{k,Geländer} + g_{k,Belag} = 8{,}3 + 1{,}0 + 6{,}25 = 15{,}55 \text{ kN/m}$$

Das dazugehörige statische System mit Verteilung der anzusetzenden Steifigkeiten zum Zeitpunkt t = 0 ist nachfolgend abgebildet.

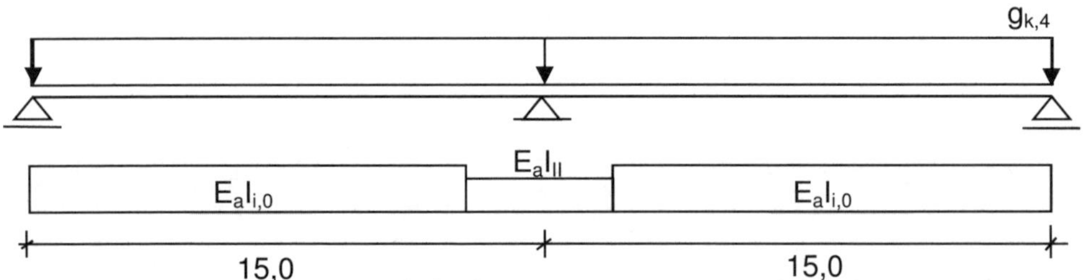

Abbildung 13 Statisches System für Abbinden und Ausschalen

Zusätzlich müssen die sekundären Effekte aus dem Kriechen zum Zeitpunkt t = ∞ berücksichtigt werden. Die Ermittlung erfolgt im Kapitel 2.2.1.4.1.2.

2.2.1.1.4 Abfließende Hydratationswärme

Die beim Erhärten des Betons aus dem Abfließen der Hydratationswärme resultierenden Beanspruchungen sind bei den für den Bauzustand erforderlichen Nachweisen in den Grenzzuständen der Gebrauchstauglichkeit bei der Festlegung der Trägerbereiche mit wahrscheinlicher Rissbildung im Beton in der Regel zu berücksichtigen. EC4-2 7.4.1 (5)

Anmerkung:
Ist bei 0,15 · L nicht erforderlich.

Wenn keine besonderen Maßnahmen zur Reduzierung der Einflüsse aus dem Abfließen der Hydratationswärme getroffen werden, ist in der Regel zur Ermittlung der Trägerbereiche mit wahrscheinlicher Rissbildung nach Eurocode 4-2 Kap. 7.4.2 (5) sowie für den Nachweis der Begrenzung der Rissbreite nach 7.4.2 und 7.4.3 ein Temperaturunterschied zwischen Betongurt und Stahlträger (Betongurt kühler als Stahlträger) zu berücksichtigen. Die daraus resultierenden Betonspannungen sind in der Regel mit der Reduktionszahl für kurzzeitige Beanspruchungen zu ermitteln. EC4-2 7.4.1 (6)

Wenn kein genauerer Nachweis geführt wird bzw. keine Maßnahmen zur Reduzierung der Hydratationswärme ergriffen werden, sind die Einflüsse aus dem Abfließen der Hydratationswärme durch einen äquivalenten konstanten Temperaturunterschied von 20 K zwischen Betongurt und Stahlträger zu berücksichtigen. EC4-2 NDP zu 7.4.1 (6)

Bei diesem Bauwerk wird der Lastfall „Abfließende Hydratationswärme“ nicht weiterverfolgt. Stattdessen sind folgende zwangsreduzierende Maßnahmen zu ergreifen:

Betontechnologische Maßnahmen

- Verwendung von LH-Zement (niedrige Hydratationswärmeentwicklung)
- geringerer Zementgehalt
- niedrige Frischbetontemperatur

Maßnahmen im Rahmen der Ausführung bzw. Nachbehandlung

- Betonage nachmittags bis vor Sonnenaufgang
- Schutz vor Sonneneinstrahlung (z. B. durch reflektierende Folien)

Zusammen mit der Erstprüfung ist dem Auftraggeber ein darauf abgestimmtes Nachbehandlungskonzept vorzulegen.

2.2.1.2 Vorspannung

Eine Vorspannung ist nicht vorhanden.

2.2.1.3 Veränderliche Lasten

Es werden Lastmodelle nach Eurocode 1 unter Berücksichtigung vom ARS 22/2012 Anlagen 2 und 3 verwendet.

2.2.1.3.1 Verkehrslasten

2.2.1.3.1.1 Allgemeines

Mit den Modellen und zugehörigen Regelungen ist beabsichtigt, alle normalerweise absehbaren Verkehrssituationen (d. h. Verkehr in jeder Richtung auf jedem Fahrstreifen infolge Straßenverkehrs) bei Entwurf, Berechnung und Bemessung zu berücksichtigen. EC1-2 4.1 (2)

Die Einwirkungen von Lasten aus Straßenbauarbeiten (z. B. infolge von Schürfraupen, Lastwagen zum Transport von Boden usw.) oder von Lasten für Prüfung und Überwachung sowie für Versuche sind in den Lastmodellen nicht berücksichtigt. Falls erforderlich, sollten sie gesondert festgelegt werden. EC1-2 4.1 (3)

Die Fahrbahn ist in Abweichung zur RAA oder RAL definiert als Teil der auf einem Einzelbauwerk (Überbau, Pfeiler, ...) befindlichen Straßenfläche, der alle physikalisch vorhandenen Fahrstreifen (d. h. sie können auf der Straßenoberfläche markiert sein), Standstreifen, Bankette und Markierungsstreifen umfasst. Ihre Breite w wird zwischen den Schrammborden gemessen, wenn die Schrammbordhöhe ≥ 75 mm beträgt. EC1-2 NDP zu 4.2.3 (1) Anmerkung

In allen anderen Fällen entspricht w der lichten Weite zwischen den Leiteinrichtungen. Falls im Einzelfall nicht anderweitig festgelegt, umfasst die Fahrbahnbreite weder den Abstand zwischen den auf dem Mittelstreifen angeordneten festen Schutzeinrichtungen oder Schrammborden noch die Breite dieser Schutzeinrichtungen.

Ein rechnerischer Fahrstreifen ist ein Streifen der Fahrbahn, parallel zu einer Fahrbahnseite, der ein Verkehrsband aufnimmt.

Falls vorhanden, ist die Restfläche die Differenz zwischen der Gesamtfläche der Fahrbahn und der Summe der Fläche der rechnerischen Fahrstreifen (Abbildung 14).

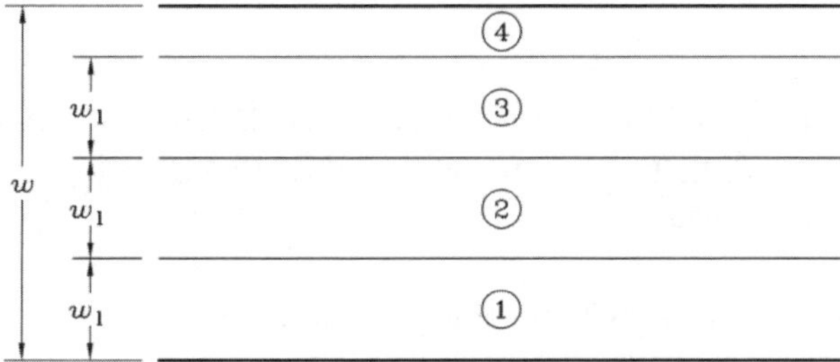

Legende

w Breite der Fahrbahn

w_l Breite des rechnerischen Fahrstreifens

1 rechnerischer Fahrstreifen Nr 1
2 rechnerischer Fahrstreifen Nr 2
3 rechnerischer Fahrstreifen Nr 3
4 verbleibende Restfläche

Abbildung 14 Beispiel zur Nummerierung der Fahrstreifen nach Bild 4.1, EC-1-2

Eine Doppelachse ist eine Anordnung von zwei hintereinanderliegenden Achsen, die als gleichzeitig belastet angesehen werden.

<u>Anmerkung:</u>
Die Doppelachsen der einzelnen Fahrspuren müssen in Fahrtrichtung nicht nebeneinander liegen.

Die Lage und Nummerierung der rechnerischen Fahrstreifen sollen nach folgenden Regeln festgelegt werden: EC1-2 4.2.4 (2)

- Die Lage der rechnerischen Fahrstreifen hängt nicht notwendigerweise von ihrer Nummerierung ab.

- Die Anzahl der zu berücksichtigenden belasteten Fahrstreifen, ihre Lage auf der Fahrbahn und ihre Nummerierung sind für jeden Einzelnachweis (z. B. Nachweis der Tragfähigkeit eines Querschnittes bei Momentenbeanspruchung) so zu wählen, dass sich die ungünstigsten Beanspruchungen aus den Lastmodellen ergeben.

- Zur Ermittlung repräsentativer Werte und Modelle bei Ermüdung können die Lage und Nummerierung der Streifen entsprechend den normalerweise zu erwartenden Verkehrsbedingungen festgelegt werden.

- Der am ungünstigsten wirkende Streifen trägt die Nummer 1, der als zweitungünstigst wirkende Streifen trägt die Nr. 2 usw. (Abbildung 14).

Die Breite w_1 der rechnerischen Fahrstreifen auf einer Fahrbahn und die größtmögliche ganzzahlige Anzahl n_1 dieser Streifen auf dieser Fahrbahn sind in Tabelle 11 definiert.

EC1-2 4.2.3 (2)

Tabelle 11 Anzahl und Breite der rechnerischen Fahrstreifen nach Tabelle 4.1, EC-1-2

Fahrbahnbreite w	Anzahl der rechnerischen Fahrstreifen	Breite eines rechnerischen Fahrstreifens w_l	Breite der verbleibenden Restfläche
$w < 5{,}4$ m	$n_l = 1$	3 m	$w - 3$ m
5,4 m $\leq w <$ 6 m	$n_l = 2$	$\frac{w}{2}$	0
6 m $\leq w$	$n_l = Int\left(\frac{w}{3}\right)$	3 m	$w - 3 \times n_l$
ANMERKUNG Zum Beispiel ergibt sich für eine Fahrbahn von 11 m die Anzahl der rechnerischen Fahrstreifen zu $n_l = Int\left(\frac{w}{3}\right) = 3$. Die Breite der vorhandenen Restfläche beträgt: 11 – 3 × 3 = 2m.			

w: Breite der Fahrbahn zwischen den Schramborden

Sie ergeben sich wie folgt:

w = 5,00 m

n_1: rechnerische Anzahl der Fahrstreifen
w_1: Breite eines rechnerischen Fahrstreifens
w_r: Breite der verbleibenden Restfläche

$$w < 5{,}4\text{ m} \rightarrow \quad n_1 = 1$$
$$w_1 = 3{,}0\text{ m}$$
$$w_r = w - w_1 = 5{,}0 - 3{,}0 = 2{,}0\text{ m}$$

Für jeden Einzelnachweis ist das Lastmodell in den rechnerischen Fahrstreifen in ungünstigster Stellung (Länge der Belastung und Stellung in Längsrichtung) und verträglich mit den weiteren angegebenen Anwendungsbedingungen anzuordnen.

Die Modelle für die Vertikallasten geben die folgenden Einwirkungen aus Verkehr wieder: EC1-2 4.3.1 (2)

a) Lastmodell 1 (LM1): Einzellasten und gleichmäßig verteilte Lasten, die die meisten der Einwirkungen aus LKW- und PKW-Verkehr abdecken. Dieses Modell kann sowohl für globale als auch für lokale Nachweise angewendet werden.

b) Lastmodell 2 (LM2): Eine Einzelachse mit typischen Reifenaufstandsflächen, die die dynamischen Einwirkungen üblichen Verkehrs bei Bauteilen mit sehr kurzen Stützweiten berücksichtigt.

c) Lastmodell 3 (LM3): Gruppe von Achslastkonfigurationen idealisierter Sonderfahrzeuge (z. B. für Industrietransporte) für ausgewiesene Schwerlaststrecken. Das Modell ist für globale und lokale Nachweise gedacht.

d) Lastmodell 4 (LM4): Menschenansammlungen. Das Lastmodell ist nur für globale Nachweise gedacht.

Lastmodell 2 ist nicht anzuwenden. EC1-2 NDP zu 4.3.1 (2) Anmerkung 2

Sonderlastmodelle (Lastmodell 3) sind nicht anzuwenden. EC1-2 NDP zu 4.3.4 (1) Anmerkung

Die verschiedenen, für lokale Nachweise zu berücksichtigenden Einzellasten der Modelle 1 und 2 werden als gleichmäßig über die Aufstandsfläche verteilt angenommen. EC1-2 4.3.6 (1)

Die Lastverteilung durch Belag und Betonplatte wird unter einem Winkel von 45° bis zur Mittellinie der Platte angenommen. EC1-2 4.3.6 (2)

2.2.1.3.1.2 Lastmodell 1

EC1-2 4.3.2

Das Lastmodell 1 besteht aus zwei Teilen:

EC1-2 4.3.2 (1)

a) Doppelachse (Tandem-System TS)

Jede Achse beträgt $\alpha_Q \cdot Q_k$, wobei α_Q ein Anpassungsfaktor ist.

- In jedem rechnerischen Fahrstreifen sollte nur eine Doppelachse aufgestellt werden.
- Es sollten nur vollständige Doppelachsen angeordnet werden.
- Für die globalen Nachweise sollte jede Doppelachse in der Mitte der rechnerischen Fahrstreifen angenommen werden.
- Jede Achse der Doppelachse sollte durch zwei identische Räder berücksichtigt werden, so dass jede Radlast $0{,}5 \cdot \alpha_Q \cdot Q_k$ beträgt.
- Die Aufstandsfläche jedes Rads sollte als ein Quadrat mit einer Seitenlänge von 0,40 m angenommen werden.

b) Die gleichmäßig verteilte Belastung (UDL-System) beträgt je m^2 des rechnerischen Fahrstreifens:

$\alpha_q \cdot q_k$, wobei α_q ein Anpassungsfaktor ist.

Diese Lasten sollten in Längs- als auch in Querrichtung nur auf den belastenden Teilen der Einflussfläche aufgebracht werden.

Es ergeben sich für den Fahrstreifen 1 für das Lastmodell 1 folgende Einwirkungen:

Anpassungsfaktoren nach EC1-2 NDP zu 4.3.2 (3) Anmerkungen 1 und 2:

α_{Q1} = 1,00
α_{q1} = 1,33
α_{qr} = 1,20

charakteristische Einwirkungen nach EC1-2 Tabelle 4.2:

Q_{1k} = 300 kN
q_{1k} = 9,0 kN/m²
q_{1r} = 2,5 kN/m²

a) $\alpha_{Q1} \cdot Q_{1k} = 1{,}0 \cdot 300\ \text{kN} = 300\ \text{kN}$ (Achslast)

b) $\alpha_{q1} \cdot q_{1k} = 1{,}33 \cdot 9\ \text{kN/m}^2 = 12\ \text{kN/m}^2$ (Flächenlast)

Auf die Restfläche wirkt folgende Flächenlast ein:

$\alpha_{qr} \cdot q_{rk} = 1{,}2 \cdot 2{,}5\ \text{kN/m}^2 = 3\ \text{kN/m}^2$ (Flächenlast)

Anmerkung:

Auf eine seitliche Ausbreitung der Lasten über die Plattendicke sowie eine Verteilung über die Aufstandsflächen wird, auf der sicheren Seite liegend, verzichtet.

Das Tandem-System ist quer zu Fahrtrichtung in dem Fahrstreifen in ungünstigster Laststellung anzusetzen. Dabei sollte die Einzellast des Lastmodells einen seitlichen Abstand vom Schrammbord in Höhe der halben Radaufstandsfläche, d. h. von 0,20 m, einhalten.

Die Ermittlung der maßgebenden Einwirkungen für den Träger A erfolgt unter Berücksichtigung des statischen Systems in Brückenquerrichtung.

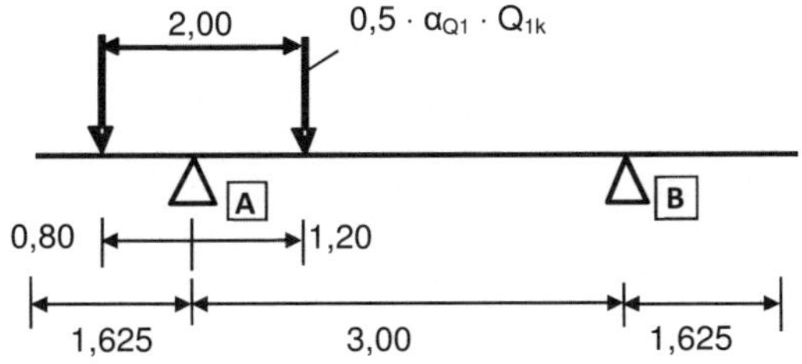

Abbildung 15 Laststellung TS in Brückenquerrichtung

Die maximale Hauptträgerlast infolge des Tandem-Systems ergibt sich zu:

$$\max Q_{k,A} = \frac{\left(\frac{\alpha_{Q1} \cdot Q_{1k}}{2}\right) \cdot (3{,}00-1{,}20) + \left(\frac{\alpha_{Q1} \cdot Q_{1k}}{2}\right) \cdot (3{,}00+0{,}80)}{3{,}00}$$

$$\max Q_{k,A} = \frac{\left(\frac{1{,}00 \cdot 300}{2}\right) \cdot (3{,}00-1{,}20) + \left(\frac{1{,}00 \cdot 300}{2}\right) \cdot (3{,}00+0{,}80)}{3{,}00}$$

$\max Q_{k,A} = 280$ kN je Doppelachse

Die minimale Last wird auf der sicheren Seite liegend mit:

$\min Q_{k,A} = 0$ kN je Doppelachse

angenommen.

Da nur vollständige Doppelachsen angeordnet werden sollten, gibt es keinen entlastenden Anteil auf dem Kragarm.

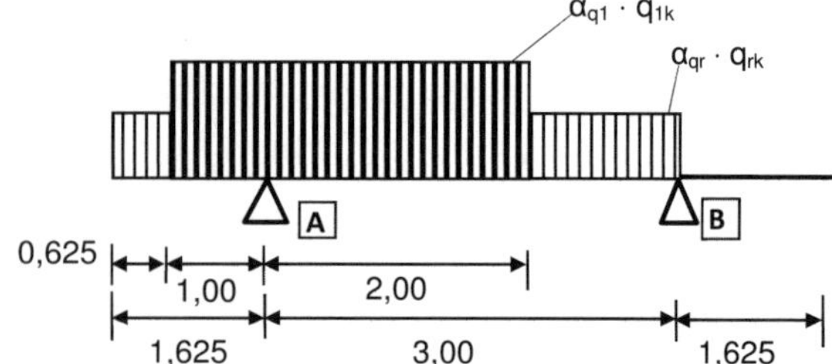

Abbildung 16 Laststellung max. UDL in Brückenquerrichtung

Die maximale Hauptträgerlast infolge der Flächenlast ergibt sich zu:

$$\max q_{k,A} = \frac{(\alpha_{q1} \cdot q_{1k}) \cdot 3{,}0 \cdot 2{,}5 + (\alpha_{qr} \cdot q_{rk}) \cdot (1{,}0 \cdot 0{,}5 + 0{,}625 \cdot 4{,}313)}{3{,}00}$$

$$\max q_{k,A} = \frac{(1{,}33 \cdot 9) \cdot 3{,}0 \cdot 2{,}5 + (1{,}2 \cdot 2{,}5) \cdot (1{,}0 \cdot 0{,}5 + 0{,}625 \cdot 4{,}313)}{3{,}00}$$

$$\max q_{k,A} = 33{,}2 \text{ kN/m}$$

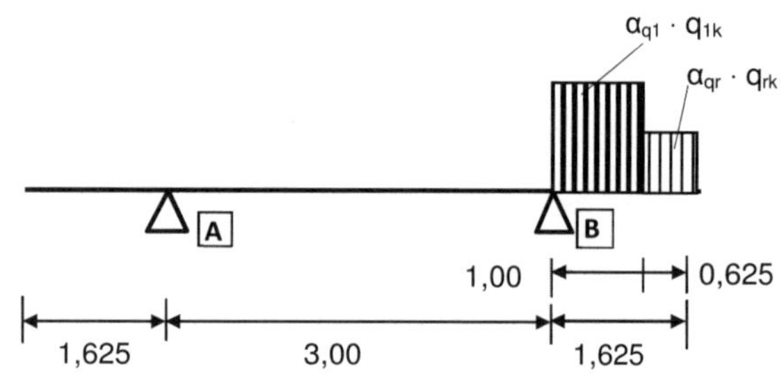

Abbildung 17 Laststellung min. UDL in Brückenquerrichtung

Die minimale Hauptträgerlast infolge der Flächenlast ergibt sich zu:

$$\min q_{k,A} = \frac{(\alpha_{q1} \cdot q_{1k}) \cdot 1{,}0 \cdot 0{,}5 + (\alpha_{qr} \cdot q_{rk}) \cdot 0{,}625 \cdot 1{,}313}{3{,}00}$$

$$\min q_{k,A} = \frac{-(1{,}33 \cdot 9) \cdot 1{,}0 \cdot 0{,}5 - (1{,}2 \cdot 2{,}5) \cdot 0{,}625 \cdot 1{,}313}{3{,}00}$$

$$\min q_{k,A} = -2{,}8 \text{ kN/m}$$

Für den Träger A ergibt sich somit das nachfolgend abgebildete Lastbild infolge des Lastmodells 1 inklusive des dazugehörigen statischen Systems mit Verteilung der anzusetzenden Steifigkeiten.

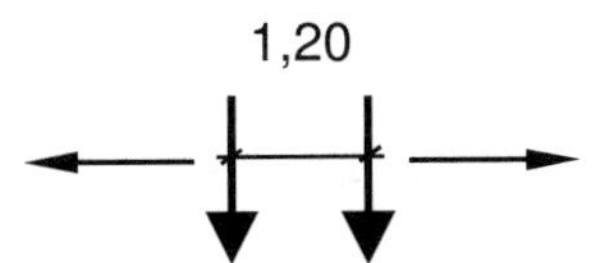

2 · min bzw. max $Q_{k,A}$ als Wanderlast

+

min bzw. max $q_{k,A}$

oder

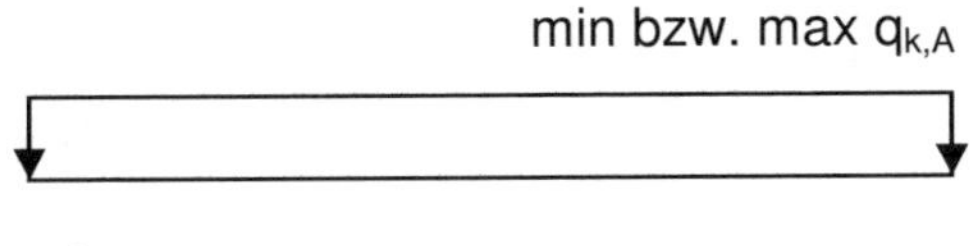

oder

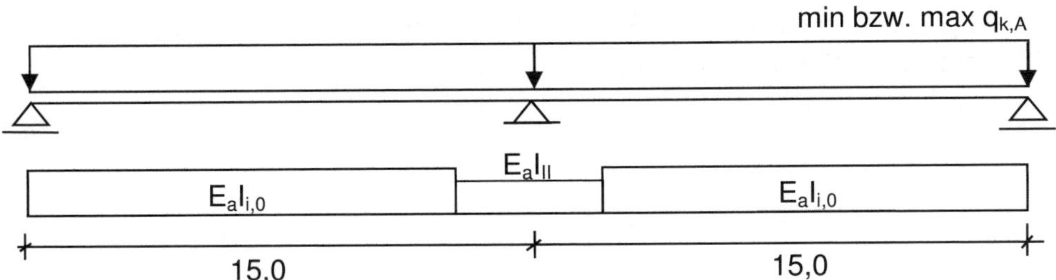

Abbildung 18 Statisches System für Lastmodell 1

2.2.1.3.1.3 Lastmodell 4 (Menschenansammlungen)

EC1-2 4.3.5

Falls notwendig, sollte die Belastung aus Menschenansammlungen durch eine gleichmäßig verteilte Last (die einen dynamischen Vergrößerungsfaktor enthält) von 5 kN/m² berücksichtigt werden.

EC1-2 4.3.5 (1)

Das Lastmodell 4 sollte sowohl in der Länge als auch in der Breite an den maßgebenden Stellen des Überbaus angeordnet werden. Falls notwendig, sollte der Mittelstreifen enthalten sein. Diese Lastanordnung ist für globale Nachweise gedacht und sollte ausschließlich für vorübergehende Bemessungssituationen angewendet werden.

EC1-2 4.3.5 (2)

Anmerkung:
Nach Vorgabe des Bauherrn ist das Lastmodell 4 für dieses Bauwerk nicht zu berücksichtigen.

2.2.1.3.1.4 Einwirkungen auf Fußgänger- oder Radweg

EC1-2 5.3.2

Für Fußgänger- oder Radwege auf Straßenbrücken sollte eine gleichmäßig verteilte Last q_{fk} festgelegt werden (Abbildung 19).

EC1-2 5.3.2.1 (1)

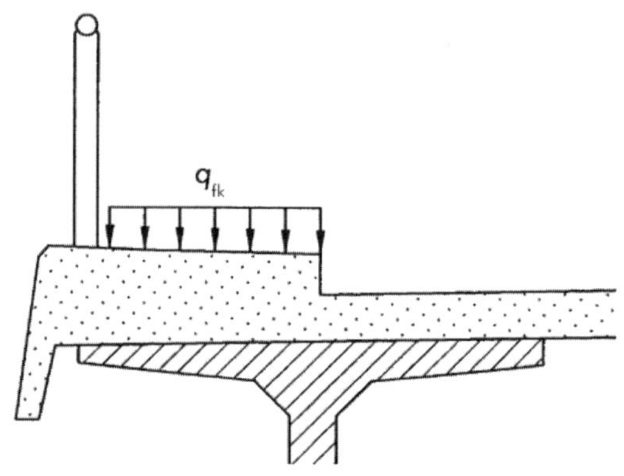

Abbildung 19 Charakteristische Last auf Fußwegen (oder Radwegen) nach Bild 5.1, EC-1-2

Die gleichmäßig verteilte Last beträgt:

EC1-2 5.3.2.1 (1) Anmerkung
NDP zu 5.3.2.1 (1) Anmerkung

$q_{fk} = 5$ kN/m²

Für Fußgänger- oder Radwege auf Straßenbrücken sollte nur der Wert von 5,0 kN/m² angewendet werden. Ein abgeminderter Wert von 3,0 kN/m² darf bei Kombinationen in Verbindung mit dem Lastmodell 1 berücksichtigt werden. — EC1-2 4.5.1 Tab. 4.4a Anstrich b

Der charakteristische Wert der Einzellast Q_{fwk} beträgt 10 kN und hat eine quadratische Aufstandsfläche mit einer Seitenlänge von 0,10 m. — EC1-2 5.3.2.2 (1)

Wenn bei den Nachweisen globale und örtliche Einwirkungen getrennt betrachtet werden, ist diese Last nur für lokale Einwirkungen zu berücksichtigen. — EC1-2 5.3.2.2 (2)

Hinweis:

Im Rahmen der Ermittlung der Einwirkungen für die globale Bemessung wurde der abgeminderte Wert von q_{fk} = 3,0 kN/m² bei Kombination mit den Lasten aus Lastmodell 1 im Kapitel 2.2.1.2.1.2 bereits berücksichtigt.

2.2.1.3.1.5 Lasten aus Bremsen und Anfahren

EC1-2 4.4.1

Die Bremslast Q_{lk} ist in Längsrichtung in Höhe der Oberkante des fertigen Belags wirkend anzunehmen. — EC1-2 4.4.1 (1)P

Der für die gesamte Brückenbreite auf 900 kN begrenzte charakteristische Wert Q_{lk} soll anteilig zu den maximalen vertikalen Lasten des in Fahrstreifen 1 vorgesehenen Lastmodells wie folgt festgelegt werden: — EC1-2 4.4.1 (2)

$$Q_{lk} = 0{,}6 \cdot \alpha_{Q1} \cdot (2 \cdot Q_{1k}) + 0{,}10 \cdot \alpha_{q1} \cdot q_{1k} \cdot w_1 \cdot L$$

EC1-2 4.4.1 (2) Gl. (4.6)

$$\alpha_{Q1} \cdot 180 \text{ kN} \leq Q_{lk} \leq 900 \text{ kN}$$

mit:

α_{Q1}	Anpassungsfaktor
Q_{1k}	charakt. Wert der Doppelachse in der Spur 1
α_{q1}	Anpassungsfaktor
q_{1k}	charakt. Wert der Gleichlast in der Spur 1
w_1	Fahrstreifenbreite
L	Länge des Überbaus oder die zu berücksichtigenden Teile der Überbaulänge

Die zu berücksichtigende Einwirkung aus Bremsen ergibt sich somit zu:

$$Q_{lk} = 0{,}6 \cdot \alpha_{Q1} \cdot (2 \cdot Q_{1k}) + 0{,}10 \cdot \alpha_{q1} \cdot q_{1k} \cdot w_1 \cdot L$$

$$Q_{lk} = 0{,}6 \cdot 1{,}0 \cdot (2 \cdot 300) + 0{,}10 \cdot 1{,}333 \cdot 9{,}0 \cdot 3{,}0 \cdot 30{,}8$$

$$Q_{lk} = 470{,}9 \text{ kN} \qquad > 1{,}0 \cdot 300 \text{ kN}$$
$$< 960 \text{ kN}$$

$$q_{lk} = \frac{Q_{lk}}{L} = \frac{470{,}9}{30{,}0} = 15{,}7 \text{ kN/m}$$

α_{Q1} = 1,00
α_{q1} = 1,33
Q_{1k} = 300 kN
q_{1k} = 9,0 kN/m²
w_1 = 3,00 m
L = 30,8 m

Diese Kraft sollte entlang der Mittellinie jedes rechnerischen Fahrstreifens angenommen werden. Falls jedoch die Auswirkungen der Exzentrizität unbedeutend sind, darf die Last als in der Mittellinie der Fahrbahn wirkend angenommen werden. Sie darf als gleichmäßig verteilt über die Belastungslänge angenommen werden.

EC1-2 4.4.1 (4)

Lasten, die aus Anfahren resultieren, sollten in derselben Größe wie die Bremskräfte angesetzt werden, jedoch in entgegengesetzter Richtung wirkend.

EC1-2 4.4.1 (5)

Anmerkung:
Dies bedeutet, dass Q_{lk} sowohl positiv als auch negativ anzusetzen ist.

Durch die Verschiebung der Mittellinie des Fahrstreifens 1 gegenüber der Mittelachse des Überbaus ergibt sich ein geringes Querbiegemoment in der Fahrbahnplatte.

Die Abtragung der Bremslast erfolgt über die längsfesten Lager auf der Mittelstütze. Die Beanspruchung des daraus entstehenden Versatzmomentes wird am Mittelauflager in die Hauptträger eingeleitet. Der Hebelarm $a_{Versatz}$ für das Versatzmoment M_{lk} ergibt sich aus dem Abstand von Oberkante Fahrbahnbelag bis Mitte Lager zu 1,48 m.

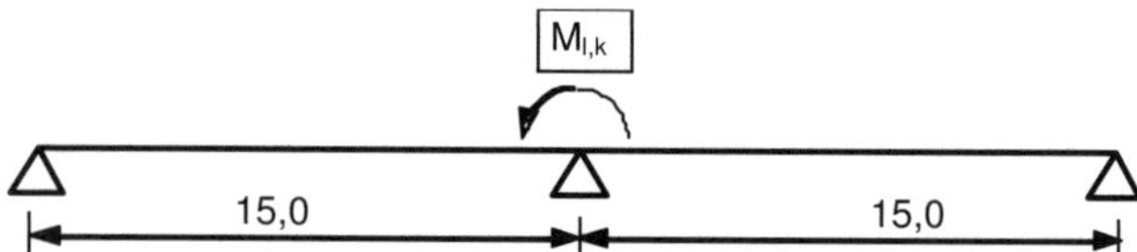

Abbildung 20 Versatzmoment infolge Bremsen

$$M_{lk} = Q_{lk} \cdot a_{Versatz}$$
$$= 470{,}9 \cdot 1{,}48 = 696{,}9 \text{ kNm}$$

$a_{Versatz}$: Höhenversatz zwischen Lager und Bremslast
$a_{Versatz}$ = 1,48 m

Die Lasten werden unter Ansatz der Steifigkeiten gemäß dem Modell nach Abbildung 18 berücksichtigt.

2.2.1.3.1.6 Fliehkraft und andere Querlasten

EC1-2 4.4.2

Die Fliehkraft Q_{tk} ist als in Höhe des fertigen Fahrbahnbelages in Querrichtung radial zur Fahrbahnachse wirkende Last anzunehmen. EC1-2 4.4.2 (1)

Der charakteristische Wert von Q_{tk}, der die dynamischen Einflüsse schon beinhaltet, ist in Tabelle 12 angegeben. EC1-2 4.4.2 (2)

Tabelle 12 Charakt. Wert der Fliehkräfte nach Tabelle 4.3, EC-1-2

$Q_{tk} = 0{,}2Q_v$ (kN)	wenn $r < 200$ m
$Q_{tk} = 40Q_v / r$ (kN)	wenn $200 \leq r \leq 1500$ m
$Q_{tk} = 0$	wenn $r > 1500$ m

Dabei ist:

r der horizontale Radius der Fahrbahnmittellinie [m]
Q_v die Gesamtlast aus den vertikalen Einzellasten der Doppelachsen des Lastmodells 1

Der horizontale Radius der Fahrbahnmittellinie ist mit $r = \infty$ vorgegeben. Die Fliehkraft ergibt sich somit zu:

$Q_{tk} = 0$ kN

Falls notwendig, sollten Seitenkräfte berücksichtigt werden, die durch schräges Bremsen oder Schleudern hervorgerufen werden. Eine Seitenkraft von 25 % der längsgerichteten Einwirkung aus Bremsen oder Anfahren sollte gleichzeitig in Höhe des fertigen Fahrbahnbelags berücksichtigt werden. EC1-2 4.4.2 (4)

2.2.1.3.1.7 Einwirkungen auf Geländer

EC1-2 4.8

Für Fuß-, Rad- und Dienstwege auf Brücken sowie für Geh- und Radwegbrücken ist eine Linienlast von 1 kN/m, die als veränderliche Kraft horizontal und vertikal an der Oberkante des Geländers wirkt, anzunehmen. EC1-2 NDP zu 4.8 (1) Anmerkung 2

Anmerkung:

Für vertikale Einwirkungen ist abweichend zu DIN EN 1990, Tabelle NA.A.2.1 als Teilsicherheitsbeiwert $\gamma = 1{,}5$ für die ständige und vorübergehende Bemessungssituation anzusetzen.

Diese Einwirkung ist für die globale Bemessung des Überbaus nicht relevant und wird nicht weiterverfolgt.

2.2.1.3.2 Temperatureinwirkungen

EC1-1-5 Kap. 6

Das Temperaturprofil in einem einzelnen Bauteil kann in vier Anteile aufgespalten werden:

a) konstanter Temperaturanteil, ΔT_u

b) linear veränderlicher Temperaturanteil über die z-z-Achse, ΔT_{My}

c) linear veränderlicher Temperaturanteil über die y-y-Achse, ΔT_{Mz}

d) nichtlineare Temperaturverteilung, ΔT_E

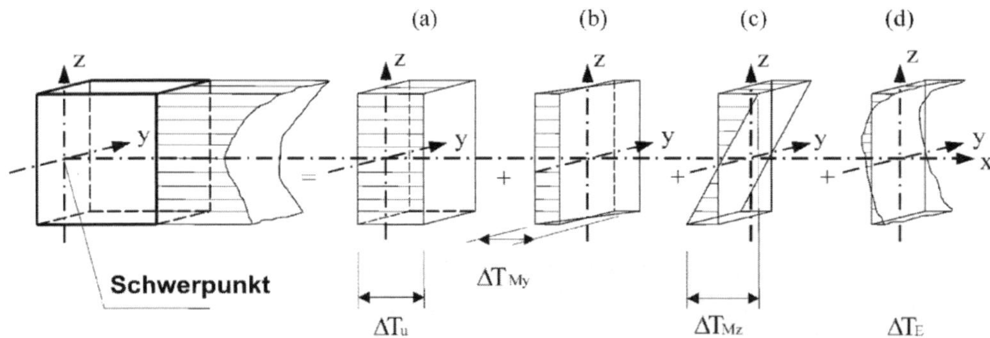

Abbildung 21 Diagramm zur Darstellung der einzelnen Anteile eines Temperaturprofils nach Bild 4.1, EC-1-1-5

Der betrachtete Verbundüberbau ist in die Überbaugruppe Typ 2 nach EC1-1-5 Kap. 6.1.1 einzustufen.

Bei Brücken sollten in der Regel nur der konstante Temperaturanteil und die linearen Temperaturunterschiede mit ihren entsprechenden repräsentativen Werten berücksichtigt werden.

a) Konstanter Temperaturanteil — EC1-1-5 6.1.3

Die minimale Außenlufttemperatur T_{min} beträgt –24 °C und die maximale Außenlufttemperatur T_{max} beträgt +37 °C. — EC1-1-5 NDP zu 6.1.3.2 (1)

Der minimale und maximale konstante Temperaturanteil für den Überbau $T_{e,min}$ und $T_{e,max}$ kann aus Bild 6.1 von EC-1-1-5 abgelesen werden oder über nachfolgende Gleichungen für den Überbautyp 2 ermittelt werden:

$$T_{e,min} = T_{min} + 4 = -24 + 4 = -20 \text{ K}$$
$$T_{e,max} = T_{max} + 4 = +37 + 4 = +41 \text{ K}$$

Die Aufstelltemperatur der Brücke T_0, bei der die Zwängung des Tragwerks eintritt, darf zur Berechnung der Verkürzung infolge des minimalen konstanten Temperaturanteils dem Anhang A entnommen werden. — EC1-1-5 6.1.3.3 (2)

ANMERKUNG Der Wert von T_0 darf projektbezogen festgelegt werden. Falls keine Informationen verfügbar sind, kann T_0 zu 10 °C angenommen werden. — EC1-1-5 NDP zu A.1 (3)

Der charakteristische Wert der maximalen negativen Änderung (Verkürzung) des konstanten Temperaturanteils $\Delta T_{N,con}$ ergibt sich zu:

$$\Delta T_{N,con} = T_0 - T_{e,min} = 10 - (-20) = 30 \text{ K}$$ EC1-1-5 6.1.3.3 Gl. (6.1)

Der charakteristische Wert der maximalen positiven Änderung (Ausdehnung) des konstanten Temperaturanteils $\Delta T_{N,exp}$ ergibt sich zu:

$$\Delta T_{N,exp} = T_{e,max} - T_0 = 41 - 10 = 31 \text{ K}$$ EC1-1-5 6.1.3.3 Gl. (6.2)

Die gesamte Schwankung des konstanten Temperaturanteils ist dann definiert als:

$$\Delta T_N = T_{e,max} - T_{e,min} = 41 - (-20) = 61 \text{ K}$$

Hinweis:
Für die Tragwerksbemessung werden für die konstanten Temperaturanteile die Werte $\Delta T_{N,con}$ und $\Delta T_{N,exp}$ berücksichtigt.

Die bei der Einlagerung des Tragwerks bestehenden Unsicherheiten der genauen Position der beweglichen Lager, bezogen auf die Position der festen Lager, hängen von folgenden Punkten ab: EC0 NA.E.5.2.2 (1)

(a) der Art und Weise des Lagereinbaus,

(b) der mittleren Bauwerkstemperatur (Aufstelltemperatur T_0) beim Einbau der Lager,

(c) der Genauigkeit, mit der die mittlere Bauwerkstemperatur bestimmt wird.

Die Bemessungswerte des maximalen $T_{ed,max}$ und des minimalen konstanten Temperaturanteils $T_{ed,min}$ ergeben sich für den Nachweis von Lagern und Fahrbahnübergängen zu: EC0 NA.E.5.2.2 (2)

$$T_{ed,min} = T_0 - \gamma_F \cdot \Delta T_{N,con} - \Delta T_0 = 10 - 1{,}35 \cdot 30 - 10 = -40{,}5\ K$$

EC0 NA.E.5.2.2 Gl. (NA.E.1)

$$T_{ed,max} = T_0 + \gamma_F \cdot \Delta T_{N,exp} + \Delta T_0 = 10 + 1{,}35 \cdot 31 + 10 = +61{,}9\ K$$

EC0 NA.E.5.2.2 Gl. (NA.E.2)

$\gamma_F = 1{,}35$

$\Delta T_0 = 10\ K$
Mit Temperaturschätzung für die mittlere Bauwerkstemperatur T_0 und ohne Korrektur der Lager

mit:

γ_F: Teilsicherheitsbeiwert für klimatische Temperatureinwirkungen

ΔT_0: zusätzliches Sicherheitselement zur Erfassung der Unsicherheiten der Lagerposition bei der Aufstelltemperatur T_0 nach Tab NA.E.4 von EC0

b) Linear veränderlicher Temperaturanteil (horizontal) EC1-1-5 6.1.4.3

Im Allgemeinen ist ein veränderlicher Temperaturanteil nur in vertikaler Richtung zu berücksichtigen. In bestimmten Fällen (z. B. wenn die Ausrichtung oder die Gestaltung der Brücke dazu führt, dass eine Seite stärker der Sonneneinstrahlung ausgesetzt ist als die andere) sollte jedoch auch ein horizontaler Temperaturanteil berücksichtigt werden. EC1-1-5 6.1.4.3 (1)

Falls keine anderen Informationen verfügbar sind und keine Hinweise für höhere Werte vorhanden sind, ist ein linear veränderlicher Temperaturunterschied von 5 °C zwischen den äußeren Rändern der Brücke unabhängig von der Brückenbreite anzunehmen. EC1-1-5 NDP Zu 6.1.4.3 (1)

Anmerkung:

Im vorliegenden Fall braucht, aufgrund der statisch bestimmten Lagerung vom Überbau in Querrichtung, bei der Schnittgrößenermittlung keine lineare Temperatureinwirkung in horizontaler Richtung angesetzt zu werden.

c) Linear veränderlicher Temperaturanteil (vertikal) EC1-1-5 6.1.4.1

Während einer vorgegebenen Zeitspanne verursachten die Erwärmung und Abkühlung des oberen Beitrags des Brückenüberbaues eine maximale Temperaturveränderung infolge Erwärmung (Oberseite wärmer) und eine maximale Temperaturveränderung infolge Abkühlung (Unterseite wärmer). EC1-1-5 6.1.4 (1)

Die Effekte sollten durch gleichwertige positive und negative lineare Temperaturunterschiede nach EC-1-1-5 Tabelle 6.1 erfasst werden.

Für den Überbautyp 2 (Verbundkonstruktion) ergibt sich:

$\Delta T_{M,heat}$ = 15 K (Oberseite wärmer als Unterseite)
$\Delta T_{M,cool}$ = 18 K (Unterseite wärmer als Oberseite)

Die linear veränderlichen Temperaturunterschiede sind zwischen Ober- und Unterseite des Brückenüberbaues anzusetzen.

Die im EC-1-1-5 Tabelle 6.1 angegebenen Werte der Temperaturunterschiede wurden für Straßen- und Eisenbahnbrücken mit einer Belagsdicke von 50 mm ermittelt. Für andere Belagsdicken sind diese Werte mit einem im ARS 22/2012 Anlage 3 angegebenen Faktor k_{sur} zu multiplizieren.

Für die Belagsdicke von 80 mm ergeben sich folgende k_{sur}-Werte:

k_{sur} = 1,00 (Oberseite wärmer als unten)
k_{sur} = 1,00 (Unterseite wärmer als oben) ARS 22/2012 Anlage 3

Damit ergeben sich die linearen Temperaturunterschiede zu:

$\Delta T_{M,heat} = 1{,}00 \cdot 15 = 15$ K
$\Delta T_{M,cool} = 1{,}00 \cdot 18 = 18$ K

d) Nichtlineare Temperaturverteilung

Die nichtlineare Temperaturverteilung führt zu einem System von Eigenspannungen, die im Gleichgewicht für das Bauteil keine äußeren Beanspruchungen erzeugen. EC1-1-5 4 (3)

e) Kombination der Temperaturanteile

Neben den einzelnen konstanten und linear veränderlichen vertikalen Temperaturanteilen sind diese ebenfalls in Kombination nach EC-1-1-5 Kapitel 6.1.5 anzusetzen.

Es gilt:

$\Delta T_{M,heat}$ (oder $\Delta T_{M,cool}$) + $\omega_N \cdot \Delta T_{N,exp}$ (oder $\Delta T_{N,con}$) oder EC1-1-5 6.1.5 Gl. (6.3)

$\omega_M \cdot \Delta T_{M,heat}$ (oder $\Delta T_{M,cool}$) + $\Delta T_{N,exp}$ (oder $\Delta T_{N,con}$) EC1-1-5 6.1.5 Gl. (6.4)

Der ungünstigere Fall ist maßgebend.

Als Kombinationsfaktoren sind folgenden Werte zu wählen:

$\omega_N = 0{,}35$ EC1-1-5 NDP Zu 6.1.5 (1)
$\omega_M = 0{,}75$

Das statische System mit Verteilung der anzusetzenden Steifigkeiten ist nachfolgend abgebildet.

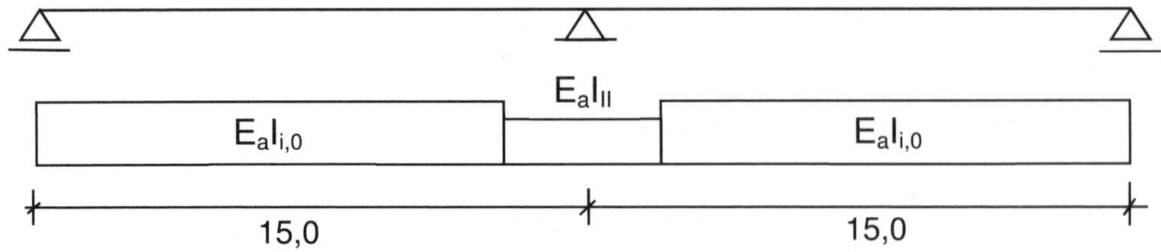

Abbildung 22 Statisches System für die Temperaturlastfälle

2.2.1.3.3 Windeinwirkungen

EC1-1-4 Anhang NA.N

ARS 22/2012 Anlage 3

Es sind mindestens die Windlasten nach DIN EN 1991-1-4 Anhang NA.N anzusetzen.

Anmerkung:
Nach DIN EN 1991-1-4 ergeben sich in der Regel geringere Einwirkungen.

Die anzusetzenden Windeinwirkungen sind im EC-1-1-4 Anhang NA.N tabellarisch in Abhängigkeit vom Verhältnis der Überbaubreite zur Höhe der Windangriffsfläche und der Höhe der Windresultierenden über OK Gelände angegeben.

Den Angaben der Tabellen liegen folgende Voraussetzungen zugrunde:

- Höhenlage der Windresultierenden über OK Gelände ≤ 100 m
- nicht schwingungsanfällige Deckbrücke und Bauteile

Das Bauwerk liegt gemäß der Windzonenkarte gemäß EC-1-1-4 Bild NA.A.1 in der Windzone 2. Die Geländekategorie wird mit „Binnenland" (Mischprofil der Geländekategorien II und III) festgelegt. Die größte Höhe der Windlastresultierenden über der Geländeoberfläche liegt bei $z_e \leq 20$ Meter.

Für den Endzustand sind zwei Fälle zu unterscheiden:

a) Windeinwirkungen ohne Verkehr bzw. ohne Lärmschutzwand
b) Windeinwirkungen mit Verkehr oder Lärmschutzwand

Verkehrsband nach EC1-1-4 Kap. 8.3.1 (5) = 2,00 m

Bei Kombination von Einwirkungen aus Wind und Verkehr sollte die Windangriffsfläche A_{ref} durch ein Verkehrsband von 2,00 m Höhe über der Fahrbahnoberkante vergrößert werden. Dieses Verkehrsband ist ab Höhe Oberkante Straßendecke anzusetzen. Der Winddruck auf Fahrzeuge sollte aus ungünstigster Länge, unabhängig von der Länge der aufgebrachten Vertikallasten angenommen werden.

Windlasten in Brückenlängsrichtung sind hier nicht bemessungsrelevant und werden im Rahmen der weiteren Bemessung nicht weiter berücksichtigt.

Der Ansatz von vertikalen Windkomponenten ist aufgrund der Ausbildung der massiven Fahrbahnplatte nicht erforderlich.

a) Windeinwirkungen ohne Verkehr bzw. ohne Lärmschutzwand

$$d = h_a + h_{Gesimsbalken} + h_{Geländer}$$
$$d = 1{,}01 + 0{,}67 + 0{,}6 = 2{,}28\ m$$

$$z_e = \frac{h}{2} + H_{UK,Träger}$$

$$z_e = \frac{2{,}28}{2} + 6{,}00 = 7{,}14\ m < 20\ m$$

$$b/d = \frac{6{,}50}{2{,}28} = 2{,}85$$

d Höhe Überbau
h_a: Höhe Stahlprofil
h_a = 1,01 m
$h_{Gesimsbalken}$ = 0,67 m
$h_{Geländer}$ nach EC-1-1-4 Tab. 8.1
$h_{Geländer}$ = 0,6 m nach

z_e größte Höhe der Windlastresultierenden über der Geländeoberfläche
$H_{UK,Träger}$ kl. lichte Höhe
$H_{UK,Träger}$ = 6,00 m
b Gesamtbreite der Deckbrücke
b = 6,50 m

Die Windeinwirkung ergibt sich nach EC-1-1-4 Tabelle NA.N.5 zu:

$$w_k = 1{,}75 + \frac{1{,}75 - 0{,}95}{0{,}50 - 4{,}00} \cdot (2{,}28 - 0{,}50) = 1{,}34\ kN/m^2$$

bzw.

$$w_{k,res} = 1{,}34 \cdot 2{,}28 = 3{,}06\ kN/m$$

b) Windeinwirkungen mit Verkehr oder Lärmschutzwand

$$d = h_a + h_c + h_{Belag} + h_{VB}$$
$$d = 1{,}01 + 0{,}30 + 0{,}08 + 2{,}0 = 3{,}39\ m$$

$$z_e = \frac{h}{2} + H_{li}$$

$$z_e = \frac{3{,}39}{2} + 6{,}00 = 7{,}70\ m < 20\ m$$

$$b/d = \frac{6{,}50}{3{,}39} = 1{,}92$$

d Höhe Überbau + Verkehr
h_a: Höhe Stahlprofil
h_a = 1,01 m
h_c Höhe der Fahrbahnplatte
h_c = 0,30 m
h_{Belag} = 0,08 m
h_{VB} Höhe Verkehrsband
h_{VB} = 2,00 m

z_e größte Höhe der Windlastresultierenden über der Geländeoberfläche
H_{li} kl. lichte Höhe
H_{li} = 6,00 m
b Gesamtbreite der Deckbrücke
b = 6,50 m

Die Windeinwirkung ergibt sich nach EC-1-1-4 Tabelle NA.N.5 zu:

$$w_k = 1{,}45 + \frac{1{,}45 - 0{,}80}{0{,}50 - 4{,}00} \cdot (1{,}92 - 0{,}50) = 1{,}19\ kN/m^2$$

bzw.

$$w_{k,res} = 1{,}19 \cdot 3{,}39 = 4{,}03\ kN/m$$

Maßgebend wird die Windeinwirkung mit Verkehr:

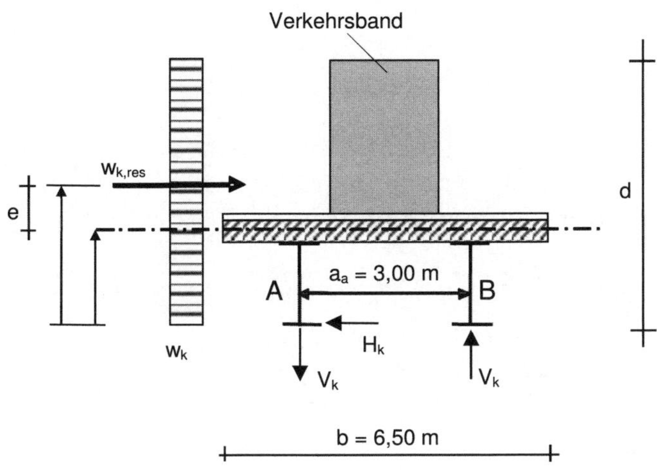

Abbildung 23 Windeinwirkungen

Aufgrund der exzentrisch angreifenden Windeinwirkungen ergibt sich für die Längsträger eine zusätzliche Vertikallast. Diese errechnet sich zu:

$$e = \frac{d}{2} - h_a - \frac{h_c}{2}$$

$$e = \frac{3,39}{2} - 1,01 - \frac{0,30}{2} = 0,53\ \text{m}$$

$$M_k = \pm\, w_{k,res} \cdot e$$

$$M_k = \pm\, 4,03 \cdot 0,53 = \pm\, 2,14\ \text{kNm/m}$$

$$V_k = \pm \frac{M_k}{a_a}$$

$$V_k = \pm \frac{2,14}{3,00} = \pm\, 0,71\ \text{kN/m}$$

d = 3,39 m
h_a = 1,01 m
h_c = 0,30 m

e Exzentrizität der Windlast

a_a Abstand der Träger
a_a = 3,00 m

$w_{k,res}$ Windlast
$w_{k,res}$ = 4,03 kN/m

Diese Windlasten wirken im Endzustand. Für zeitlich begrenzte Bauzustände dürfen diese Einwirkungen nach EC-1-1-4 NA.N.2 (3) wie folgt reduziert werden:

(a) Bauzustand ($t \leq 1$ d): Reduzierung mit Faktor 0,55

(b) Bauzustand ($t \leq 7$ d): Reduzierung mit Faktor 0,80

Für die Bauzustände ist jedoch sicherzustellen, dass für die Windgeschwindigkeiten die folgenden Werte nicht überschritten werden:

Fall (a) $v < 18$ m/s

Fall (b) $v < 22$ m/s

Das statische System mit Verteilung der anzusetzenden Steifigkeiten ist nachfolgend abgebildet.

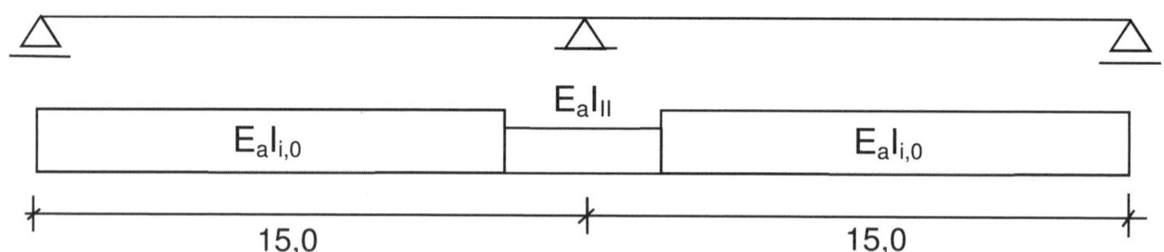

Abbildung 24 Statisches System für die Windlastansätze

2.2.1.3.4 Schneelasten

EC1-1-3

Schneelasten brauchen nicht mit den Lastmodellen 1 und 2 oder mit den zugehörigen Lastgruppen gr.1a und gr.1b kombiniert zu werden, es sei denn, es gibt andere Festlegungen für spezielle Schneegebiete. EC0 A2.2.2 (4)

Im Endzustand sind somit die zu berücksichtigenden Verkehrslasten aus den Verkehrslastmodellen maßgebend.

Schneelasten sind nur bei überdachten Brücken, bei beweglichen Brücken oder ggf. bei Nachweisen in Bauzuständen nachzuweisen.

Der Ansatz von Schneelasten wird hier nicht weiterverfolgt.

2.2.1.3.5 Anheben zum Auswechseln von Lagern

DIN EN 1337-1 7.6

Für das Auswechseln von Lagern oder Lagerteilen ist ein Anheben des gelagerten Bauteils in den einzelnen Auflagerlinien je für sich zu berücksichtigen.

Das Lager ist i. d. R. dabei so ausgebildet, dass bei einer Anhebung des Bauwerks um höchstens 10 mm die Auswechslung möglich ist, falls keine anderen Vorgaben vorliegen. Vgl. DIN EN 1337-1 7.6

Bei sehr eng beieinanderliegenden Auflagerlinien (z. B. bei zwei benachbarten Auflagerlinien auf einem Pfeiler) kann ein gleichzeitiges Anheben an zwei Auflagerlinien in Betracht gezogen werden.

Das Anheben zum Auswechseln von Lagern ist als vorübergehende Bemessungssituation zu betrachten. Wenn seitens des Bauherren keine speziellen Vorgaben gemacht werden, sind die Verkehrslasten der Lastgruppe gr6 zu berücksichtigen. EC1-2 NCI zu 4.5.1 (1)

Anmerkung:
Seitens des Bauherren wurden keine speziellen Vorgaben gemacht. Es werden deshalb die Verkehrslasten der Lastgruppe gr6 angesetzt.

Die Einwirkungen aus dem Anheben des Überbaus zum Auswechseln von Lagern wirken auf den Verbundträger. Das statische System mit Verteilung der anzusetzenden Steifigkeiten ist im Folgenden abgebildet.

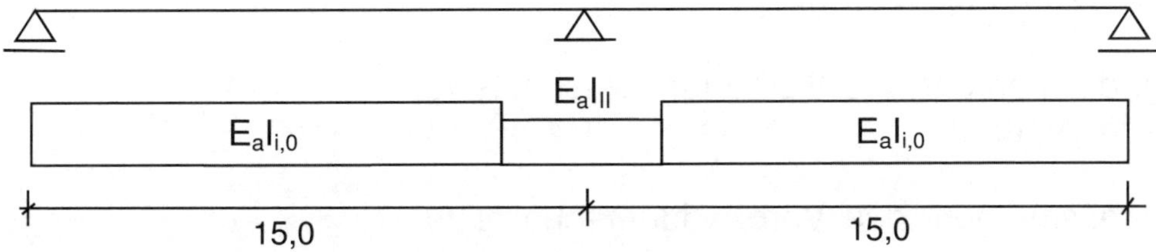

Abbildung 25 Statisches System für den Lagerwechsel

2.2.1.4 Zeitlich veränderliche Lasten

2.2.1.4.1 Zwangsschnittgrößen aus Kriechen

EC2-2 3.1.4

Durch das Kriechen der tragenden Betonbauteile können in statisch unbestimmten Systemen Zwangsschnittgrößen entstehen. Diese werden als sekundäre Schnittgrößen bezeichnet. Sie können mithilfe eines fiktiven Temperaturlastfalls berechnet werden.

2.2.1.4.1.1 Zwangsschnittgrößen aus Kriechen infolge Betonierlasten

Im Rahmen der Betonage werden keine zusätzlichen Hilfsstützen angeordnet. Die Lasten während der Betonage werden vollständig von den Stahlprofilen aufgenommen. Aus dem Eigengewicht des Betons entstehen demnach keine Zwangsschnittgrößen infolge Kriechen.

Jedoch wirken die Lasten aus dem Abbinden (Δ Wichte Beton – Frischbeton) und dem Ausschalen bereits auf das Verbundsystem. Der Zeitpunkt wird mit t = 28 Tagen angenommen.

Die sekundären Zwangsschnittgrößen aus dem Kriechen infolge Abbinden und Ausschalen auf den Verbundquerschnitt werden mit Hilfe eines fiktiven Temperaturlastfalls berechnet.

$$\Delta t_{cr} = \frac{M_{B,0}}{E_a \cdot I_{i,B}} \cdot \left(1 - \frac{I_{i,B}}{I_{i,0}}\right) \cdot \frac{h}{\alpha_T}$$

$M_{B,0}$ Moment im betrachteten Querschnitt infolge der auf den Verbundquerschnitt wirkenden Lasten aus Abbinden und Ausschalen zum Zeitpunkt t_{28}

$I_{i,B}$ ideelles Trägheitsmoment des Verbundquerschnitts für ständige Einwirkungen

$I_{i,0}$ ideelles Trägheitsmoment des Verbundquerschnitts für Kurzzeitlasten

E_a Elastizitätsmodul des Baustahls

α_T Wärmeausdehnungskoeffizient

Die Ermittlung erfolgt nachfolgend beispielhaft für Stab 1:

$$M_{B,0} = -13{,}6 \text{ kNm}$$

$$\Delta t_{cr} = \frac{-13{,}6 \cdot 100}{21000 \cdot 2191781} \cdot \left(1 - \frac{2191781}{2761784}\right) \cdot \frac{130{,}8}{12 \cdot 10^{-6}} = -0{,}07 \text{ K}$$

h = 130,6 cm

Für die restlichen Stäbe ergeben sich die nachfolgenden Werte. Es werden dabei immer die maximalen Stabmomente zugrunde gelegt. Das statische System mit Verteilung der anzusetzenden Steifigkeiten ist in Abbildung 26 abgebildet.

Tabelle 13 Ersatztemperaturlasten aus Kriechen infolge Betonierlasten

Stab	$M_{B,0}$ [kNm]	$I_{i,B}$ [cm⁴]	$I_{i,0}$ [cm⁴]	Δt_{cr} [K]
1	-13,6	2191781	2761784	-0,07
2	-25,7	2191781	2761784	-0,13
3	-35,9	2191781	2761784	-0,18
4	-44,2	2191781	2761784	-0,22
5	-50,7	2191781	2761784	-0,25
6	-55,3	2322876	2883187	-0,24
7	-58,1	2322876	2883187	-0,25
8	-59,0	2322876	2883187	-0,26
9	-59,0	2322876	2883187	-0,26
10	-58,0	2322876	2883187	-0,25
11	-55,2	2322876	2883187	-0,24
12	-50,6	2322876	2883187	-0,22
13	-44,1	2322876	2883187	-0,19
14	-35,7	2322876	2883187	-0,16
15	-25,5	2322876	2883187	-0,11
16	-13,4	2228288	2740891	-0,06
17	16,4	2228288	2740891	0,07

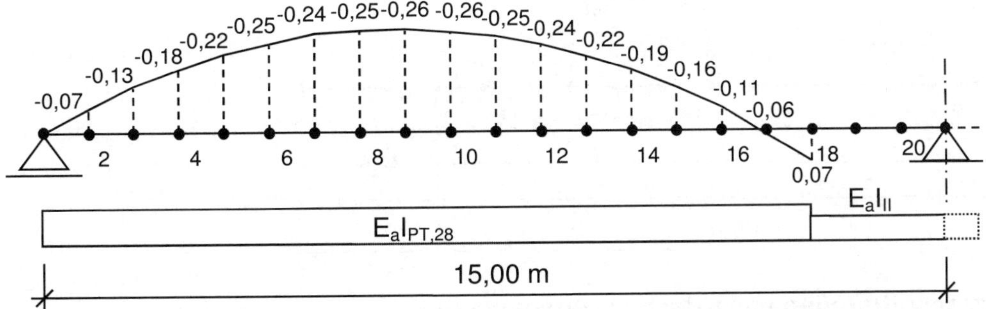

Abbildung 26 Zwangsschnittgrößen aus Kriechen (Betonierlast)

2.2.1.4.1.2 Zwangsschnittgrößen aus Kriechen infolge Ausbaulasten

Die sekundären Zwangsschnittgrößen aus dem Kriechen infolge der Ausbaulasten auf den Verbundquerschnitt werden ebenfalls mit Hilfe eines fiktiven Temperaturlastfalls berechnet. Analog dem Vorgehen nach Kapitel 2.2.1.4.1.1 ergeben sich folgende Werte.

Tabelle 14 Ersatztemperaturlasten aus Kriechen infolge Ausbaulasten

Stab	$M_{B,0}$ [kNm]	$I_{i,B}$ [cm^4]	$I_{i,0}$ [cm^4]	Δt_{cr} [K]
1	64,3	2191781	2761784	0,31
2	121,0	2191781	2761784	0,59
3	169,0	2191781	2761784	0,83
4	208,3	2191781	2761784	1,02
5	238,8	2191781	2761784	1,17
6	260,6	2322876	2883187	1,13
7	273,6	2322876	2883187	1,19
8	277,9	2322876	2883187	1,21
9	277,9	2322876	2883187	1,21
10	273,4	2322876	2883187	1,19
11	260,2	2322876	2883187	1,13
12	238,3	2322876	2883187	1,03
13	207,5	2322876	2883187	0,90
14	168,1	2322876	2883187	0,73
15	119,9	2322876	2883187	0,52
16	62,9	2228288	2740891	0,27
17	-77,2	2228288	2740891	-0,34

Das statische System mit Verteilung der anzusetzenden Steifigkeiten ist im Folgenden abgebildet.

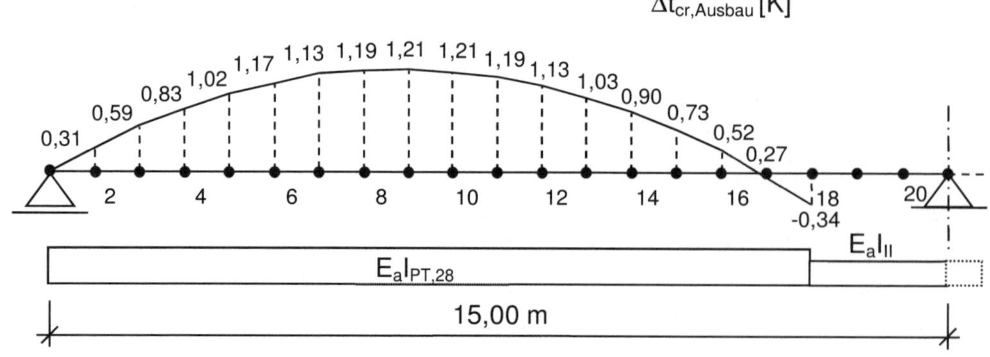

Abbildung 27 Zwangsschnittgrößen aus Kriechen (Ausbaulast)

2.2.1.4.2 Schwinden des Betons

EC4-2 5.4.2

Schwinden des Betons ruft Eigenspannungen im Querschnitt sowie Krümmungen und Längsdehnungen in Bauteilen hervor. Dies führt auch in statisch bestimmten Systemen zu einem Eigenspannungszustand innerhalb des Querschnittes, der als primäre Beanspruchung bezeichnet wird.

Die primären Beanspruchungen können in statisch unbestimmten Tragwerken aufgrund der Verträglichkeitsbedingungen zusätzliche Zwängungen hervorrufen. Diese werden als sekundäre Beanspruchungen bezeichnet. Die zugehörigen Einwirkungen, im allgemeinen Auflagerkräfte, werden als indirekte Einwirkungen betrachtet.

Im Grenzzustand der Tragfähigkeit ist der Teilsicherheitsbeiwert γ_{SH} = 1,00 für den Nennwert des Schwindmaßes anzunehmen.

EC2-1-1 NDP zu 2.4.2.1 (1)

Die sekundären Beanspruchungen infolge Schwinden werden ebenfalls über einen äquivalenten linearen Temperaturunterschied erfasst. Dieser ergibt sich aus der Krümmungsänderung infolge des Schwindmomentes. In Bereichen, in denen der Verbundquerschnitt im Zustand II befindet, wird kein äquivalenter linearer Temperaturunterschied angesetzt.

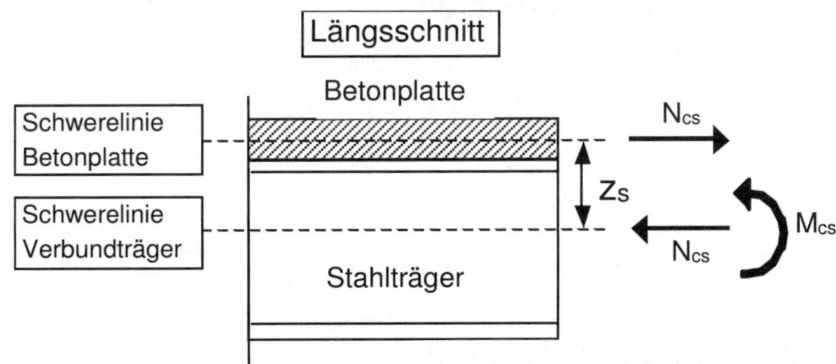

Abbildung 28 Zwangsschnittgrößen aus Schwinden

2.2.1.4.2.1 Schwinden zum Zeitpunkt t = 28 Tage

a) Primäre Beanspruchungen

Schwindkraft:

$$N_{cs28} = \varepsilon_{cs28} \cdot n_0 / n_s \cdot E_{cm} \cdot A_c$$

$$N_{cs28} = 0{,}062 \cdot 10^{-3} \cdot 6{,}16 / 15{,}61 \cdot 3400 \cdot 9000 = 748{,}7 \text{ kN}$$

ε_{cs28} = 0,062 ‰
n_o = 6,16
n_s = 15,61
E_{cm} = 3400 kN/cm²
A_c = 9000 cm²

Schwindmoment:

Das Schwindmoment wird für die Querschnittswerte im Feld (Q_2 und Q_4) nach Tabelle 7 ermittelt. Der Einfluss der leicht variierenden Querschnittswerte am Auflager 10 und 30 wird nachfolgend vernachlässigt.

$$M_{cs28} = N_{cs28} \cdot z_s$$

z_s = 0,3024 m

$$M_{cs28} = 748{,}7 \cdot 0{,}3024 = 226{,}4 \text{ kNm}$$

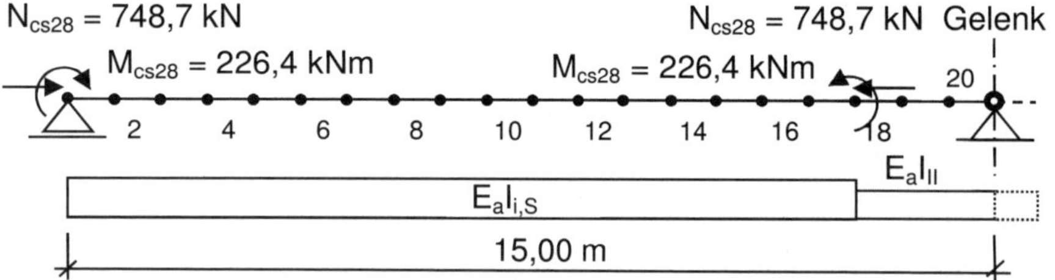

Abbildung 29 Primäre Zwangsschnittgrößen aus Schwinden (t = 28 Tage)

b) Sekundäre Beanspruchungen

Die sekundären Zwangsschnittgrößen aus dem Schwinden werden ebenfalls mit Hilfe eines fiktiven Temperaturlastfalls berechnet. Aus der Bedingung $\Delta\kappa_{Sh} = \Delta\kappa_{\Delta t}$ ergibt sich:

$\Delta\kappa_{Sh}$ Krümmungsänderung infolge Schwinden
$\Delta\kappa_{\Delta t}$ Krümmungsänderung infolge Temperatur

$$\Delta t_{cs} = \frac{M_{cs}}{E_a \cdot I_{i,S}} \cdot \frac{h}{\alpha_T}$$

M_{cs} Schwindmoment im betrachteten Querschnitt

$I_{i,S}$ ideelles Trägheitsmoment des Verbundquerschnitts für Beanspruchungen aus Schwinden

E_a Elastizitätsmodul des Baustahls

h Gesamtträgerhöhe $h = h_c + h_a$

α_T Wärmeausdehnungskoeffizient

$$\Delta t_{cs} = \frac{226{,}4 \cdot 100}{21000 \cdot 2347987} \cdot \frac{130{,}8}{12 \cdot 10^{-6}} = 5{,}00 \text{ K}$$

h = 130,6 cm

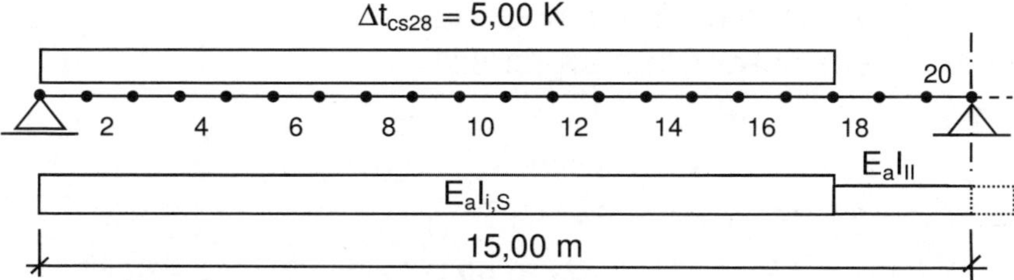

Abbildung 30 Sek. Zwangsschnittgrößen aus Schwinden (t = 28 Tage)

2.2.1.4.2.2 Schwinden zum Zeitpunkt t = ∞

a) Primäre Beanspruchungen

Schwindkraft:

$$N_{cs\infty} = \varepsilon_{cs\infty} \cdot n_0 / n_s \cdot E_{cm} \cdot A_c$$

$$N_{cs\infty} = 0{,}288 \cdot 10^{-3} \cdot 6{,}16 / 15{,}61 \cdot 3400 \cdot 9000 = 3478 \text{ kN}$$

ε_{cs28} = 0,288 ‰
n_o = 6,16
n_s = 15,61
E_{cm} = 3400 kN/cm²
A_c = 9000 cm²

Schwindmoment:

Das Schwindmoment wird für die Querschnittswerte im Feld (Q_2 und Q_4) nach Tabelle 7 ermittelt. Der Einfluss der leicht variierenden Querschnittswerte am Auflager 10 und 30 wird nachfolgend wiederum vernachlässigt.

$$M_{cs\infty} = N_{cs\infty} \cdot z_s$$

z_s = 0,3024 m

$$M_{cs\infty} = 3478 \cdot 0{,}3024 = 1051{,}7 \text{ kNm}$$

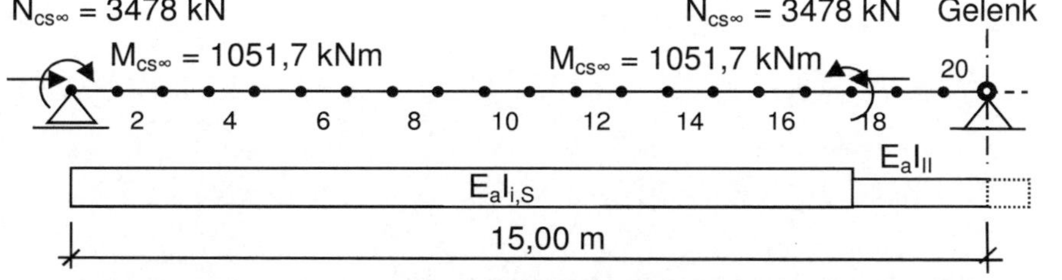

Abbildung 31 Primäre Zwangsschnittgrößen aus Schwinden (t = ∞)

b) Sekundäre Beanspruchungen

Der äquivalente Temperaturunterschied für die Ermittlung der sekundären Zwangsschnittgrößen aus dem Schwinden ergibt sich analog dem Vorgehen nach Kapitel 2.2.1.3.2.1 zu:

$$\Delta t_{cs} = \frac{1051{,}7 \cdot 100}{21000 \cdot 2347987} \cdot \frac{130{,}8}{12 \cdot 10^{-6}} = 23{,}25 \text{ K}$$

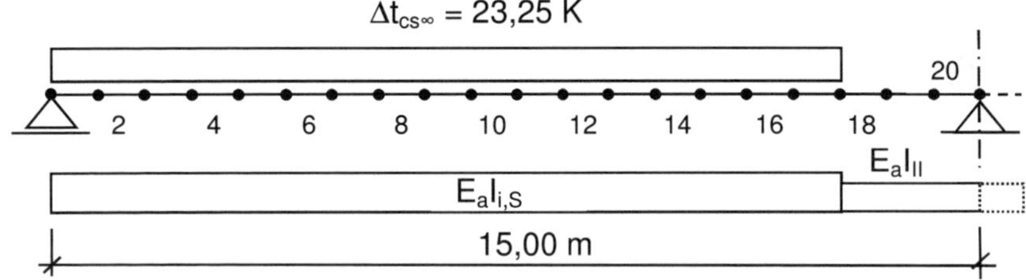

Abbildung 32 Sek. Zwangsschnittgrößen aus Schwinden (t = ∞)

2.2.1.4.3 Baugrundbewegungen

Bei Baugrundbewegungen (Setzungen) sind folgende Arten zu unterscheiden:

a) Wahrscheinliche Baugrundbewegungen, die infolge quasi-ständiger Einwirkungen planmäßig durch vertikale und/oder horizontale Bewegungen bzw. Verdrehungen der Gründung zu erwarten sind.

b) Mögliche Baugrundbewegungen als Grenzwert der vertikalen und/oder horizontalen Bewegungen bzw. Verdrehungen der Gründung.

Entsprechende Angaben sind dem geotechnischen Bericht zu entnehmen. Demnach sind folgende Werte als Setzungen der Stütze gegenüber den Widerlagern zu berücksichtigen:

$\Delta s_w = 1{,}0$ cm wahrscheinliche Setzung

$\Delta s_m = 2{,}0$ cm mögliche Setzung

Setzungen werden in der Mittelstütze als Hebung und Senkung berücksichtigt, da sie dort die größten Schnittgrößen hervorrufen. Die Schnittgrößen werden jeweils für die wahrscheinliche Setzung $\Delta s_w = 1{,}0$ cm ermittelt. Die Werte für die mögliche Setzung sind entsprechend zu faktorisieren.

Die Stützensenkungen resultieren i. d. R. zum größten Teil aus den ständigen Einwirkungen und stellen sich deshalb bei nicht bindigen Böden in fast voller Größe bereits bei Verkehrsübergabe (hier t_{28}) ein.

Die primären Zwangsschnittgrößen aus den Baugrundbewegungen werden am folgenden System ermittelt:

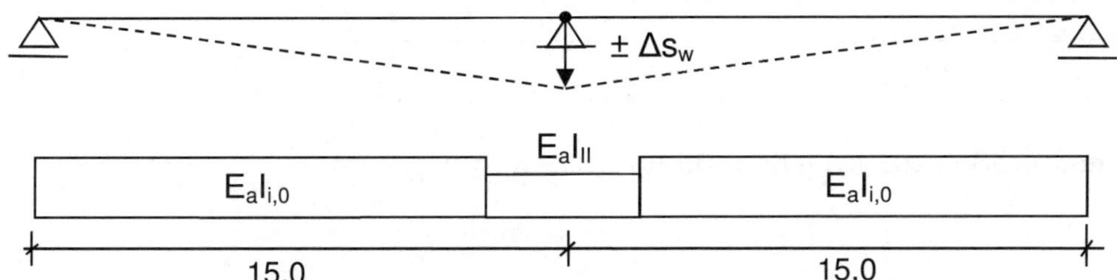

Abbildung 33 Statisches System für die Baugrundbewegungen

Die sekundären Zwangsschnittgrößen aus dem Kriechen infolge Baugrundbewegungen auf den Verbundquerschnitt werden mit Hilfe eines fiktiven Temperaturlastfalls berechnet. Analog dem Vorgehen nach Kapitel 2.2.1.4.1.1 ergeben sich folgende Werte.

Tabelle 15 Ersatztemperaturlasten aus Kriechen (Baugrundbewegungen)

Stab	$M_{B,0}$ [kNm]	$I_{i,B}$ [cm^4]	$I_{i,0}$ [cm^4]	Δt_{cr} [K]
1	± 29,4	2191781	2761784	± 0,14
2	± 58,8	2191781	2761784	± 0,29
3	± 88,1	2191781	2761784	± 0,43
4	± 117,5	2191781	2761784	± 0,57
5	± 146,9	2191781	2761784	± 0,72
6	± 205,7	2322876	2883187	± 0,89
7	± 235,0	2322876	2883187	± 1,02
8	± 264,4	2322876	2883187	± 1,15
9	± 293,8	2322876	2883187	± 1,28
10	± 323,2	2322876	2883187	± 1,40
11	± 352,6	2322876	2883187	± 1,53
12	± 382,0	2322876	2883187	± 1,66
13	± 411,3	2322876	2883187	± 1,79
14	± 440,7	2322876	2883187	± 1,91
15	± 470,7	2322876	2883187	± 2,04
16	± 499,5	2228288	2740891	± 2,18
17	± 528,9	2228288	2740891	± 2,30

Das statische System mit Verteilung der anzusetzenden Steifigkeiten ist im Folgenden abgebildet.

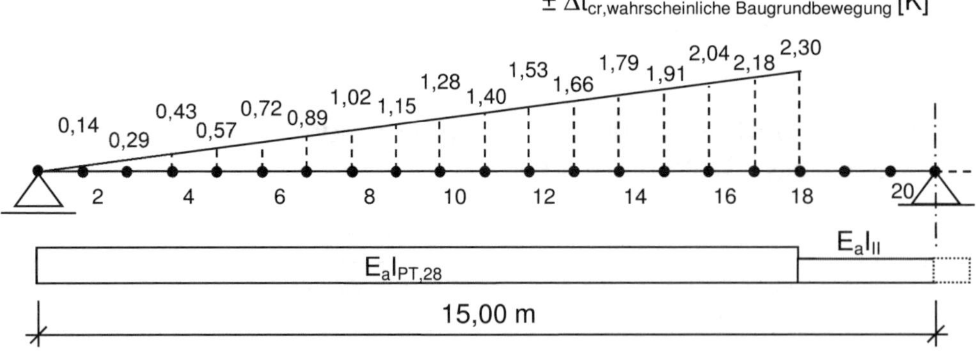

Abbildung 34 Zwangsschnittgrößen aus Kriechen (Baugrundbewegung)

2.2.1.5 Ermüdungswirksame Lasten

EC1-2 4.6

2.2.1.5.1 Allgemeines

EC1-2 4.6.1

Der über die Brücke fließende Verkehr führt zu einem Spannungsspektrum, das Ermüdung herbeiführen kann. Das Spannungsspektrum hängt von den Abmessungen der Fahrzeuge, den Achslasten, dem Fahrzeugabstand, der Verkehrszusammensetzung und deren dynamischen Wirkungen ab.

EC1-2 4.6.1 (1)

Die Ermüdungslastmodelle 1, 2 und 5 sind nicht anzuwenden. Das Ermüdungslastmodell 4 ist nur in besonderen Fällen nach Abstimmung und Zustimmung durch die zuständige Behörde anzuwenden.

vgl. EC1-2 NDP zu 4.6.1 (2) Anmerkung 2

Es ist Ermüdungslastmodell 3 anzuwenden.

Für Ermüdungsnachweise sollte die Verkehrskategorie der Brücken mindestens festgelegt werden durch:

EC1-2 4.6.1 (3)

- Anzahl der Streifen mit Lastkraftverkehr,
- Anzahl der Lastkraftwagen N_{obs} (maximales Fahrzeuggewicht größer als 100 kN) je Jahr und Streifen aus Verkehrszählungen oder -schätzungen.

Die Anzahl der für die Ermüdungsberechnungen zu berücksichtigenden LKW-Fahrstreifen ist in Abhängigkeit vom Straßenquerschnitt nach den Vorgaben der ARS 22/2012 Anlage 3 (3) zu wählen. Aufgrund des vorhandenen Straßenquerschnitts der Wirtschaftswegüberführung wird ein LKW-Fahrstreifen berücksichtigt.

Die Straße auf dem Überbau wird nach Vorgaben des Bauherrn in die Verkehrskategorie „Örtliche Straße mit geringem LKW-Anteil“ nach EC1-2 Tabelle 4.5 eingestuft. Die Anzahl der zu erwartenden Lastkraftwagen je Jahr für einen LKW-Fahrstreifen ergibt sich zu $N_{obs} = 0{,}05 \cdot 10^6$.

Zur Ermittlung globaler Einwirkungen (z. B. für Hauptträger) sollten alle Modelle für Ermüdungsnachweise in der Achse der rechnerischen Fahrstreifen angeordnet werden; jeweils übereinstimmend mit den im EC-1-2 Abschnitt 4.2.4 (2) und (3) angegebenen Prinzipien und Regeln. Die LKW-Fahrstreifen sollten bei Entwurf, Berechnung und Bemessung festgelegt werden. EC1-2 4.6.1 (4)

Zur Ermittlung lokaler Einwirkungen (z. B. für Fahrbahnplatten) sollten die Lastmodelle in der Achse der rechnerischen Fahrstreifen angeordnet werden. Die rechnerischen Fahrstreifen können dabei an jeder beliebigen Stelle der Fahrbahn liegen. EC1-2 4.6.1 (5)

Die Lastmodelle 1 bis 4 für Ermüdungsnachweise beinhalten dynamische Vergrößerungsfaktoren bei Annahme einer guten Belagsqualität. Ein zusätzlicher Vergrößerungsfaktor $\Delta\varphi_{fat}$ sollte in der Nähe von Fahrbahnübergängen berücksichtigt und für alle Lasten angenommen werden. EC1-2 4.6.1 (6)

$$\Delta\varphi_{fat} = 1{,}00 + 0{,}30 \cdot \left(1 - \frac{D}{6}\right); \Delta\varphi_{fat} \geq 1{,}00$$

EC1-2 Gl. (4.7) unter Beachtung von NDP zu 4.6.1 (6) Anmerkung

D der Abstand (m) des Querschnitts vom betrachteten Fahrbahnübergang

2.2.1.5.2 Lastmodell 3 für Ermüdungsberechnungen

EC1-2 4.6.4

Dieses Modell besteht aus vier Achsen mit je zwei identischen Rädern. Bild 4.8 im EC-1-2 zeigt die Geometrie. Die Achslasten betragen je 120 kN; die Aufstandsfläche jedes Rades ist ein Quadrat mit 0,40 m Seitenlänge. EC1-2 4.6.4 (1)

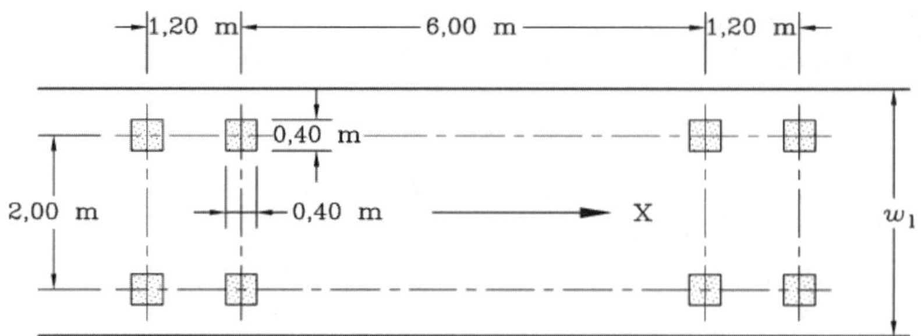

Legende

w_l : Spurbreite
X : Brückenlängsachse

Abbildung 35 Ermüdungslastmodell 3 nach Bild 4.8, EC-1-2

Die maximalen und minimalen Spannungen sowie die Spannungsunterschiede, d. h. ihre algebraische Differenz aus der Überfahrt des Modells über die Brücke, sollten berechnet werden. EC1-2 4.6.4 (2)

Ein zweites Fahrzeug in derselben Spur ist nicht anzusetzen, wenn die Ermüdungsnachweise mit λ-Werten nach den Eurocodes für Bemessung erfolgen. EC1-2 NDP zu 4.6.4 (3) Anmerkung

Anmerkung:
Auf eine seitliche Ausbreitung der Lasten über die Plattendicke sowie eine Verteilung über die Aufstandsflächen wird auf der sicheren Seite liegend verzichtet.

Das Ermüdungslastmodell 3 wird quer zu Fahrtrichtung in einem Abstand von 0,50 Meter vom Schrammbord angeordnet. Der Radabstand beträgt 2,00 Meter.

Die Ermittlung der maßgebenden Einwirkungen für den Träger A erfolgt unter Berücksichtigung des statischen Systems in Brückenquerrichtung.

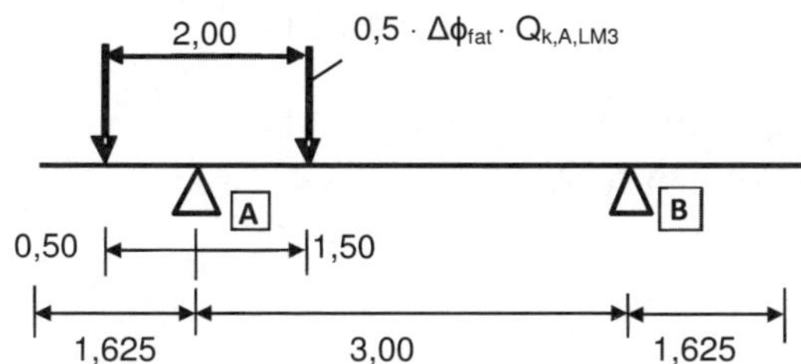

Abbildung 36 Laststellung LM3 in Brückenquerrichtung

Die maximale Hauptträgerlast infolge des Ermüdungslastmodells 3 ergibt sich zu:

$$\max Q_{k,A,LM3} = \frac{\left(\frac{120}{2}\right)\cdot(3{,}00-1{,}50)+\left(\frac{120}{2}\right)\cdot(3{,}00+0{,}50)}{3{,}00}$$

$\max Q_{k,A,LM3} = 100$ kN je Doppelachse

Die minimale Last wird auf der sicheren Seite liegend mit:

$\min Q_{k,A,LM3} = 0$ kN je Doppelachse angenommen.

Da nur vollständige Doppelachsen angeordnet werden sollten, gibt es keinen entlastenden Anteil auf dem Kragarm.

Für den Träger A ergibt sich somit das nachfolgend abgebildete Lastbild infolge des Lastmodells 3 inklusive des dazugehörigen statischen Systems mit Verteilung der anzusetzenden Steifigkeiten.

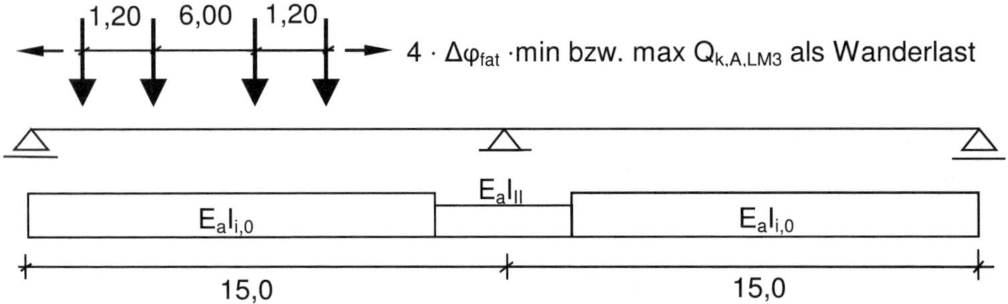

Abbildung 37 Statisches System für das Ermüdungslastmodell 3

2.2.1.6 Außergewöhnliche Lasten

EC1-2 4.7

2.2.1.6.1 Allgemeines

EC1-2 4.7.1

EC1-2 4.7.1 (1)P

Lasten durch Straßenfahrzeuge sind, wo notwendig, in außergewöhnlichen Bemessungssituationen zu berücksichtigen und resultieren aus:

- Fahrzeuganprall an Überbauten oder Pfeilern,
- schweren Radlasten auf Fußwegen (Einwirkungen schwerer Radlasten sind bei allen Straßenbrücken zu berücksichtigen, bei denen Fußwege nicht durch starre Schutzeinrichtungen gesichert sind),
- Fahrzeuganprall an Schrammborden, Schutzeinrichtungen und Stützen (Anprall an Schutzeinrichtungen ist bei allen Straßenbrücken zu berücksichtigen, bei denen solche Schutzeinrichtungen vorgesehen sind; Anprall an Schrammborden ist immer zu berücksichtigen).

2.2.1.6.2 Anpralllasten aus Fahrzeugen unter der Brücke

EC1-2 4.7.2

2.2.1.6.2.1 Anprall an Überbauten

EC1-2 4.7.2.2

Anpralllasten an Überbauten aus Straßenverkehr unter Brücken gemäß DIN EN 1991-2, 4.7.2.2 bzw. DIN EN 1991-2, 5.6.2.2 sind nur beim Nachweis der Lagesicherheit des Überbaues zu berücksichtigen. Dies setzt voraus, dass das Bauwerk so robust ist, dass die Anpralllasten aufgenommen werden können. Bei leichten und filigranen Tragkonstruktionen sollten die Anpralllasten aus Straßenverkehr unter Brücken beim Nachweis der Tragsicherheit des Bauwerks berücksichtigt werden.

ARS 22/2012 Anlage 3

Anpralllasten auf Überbauungen aus dem Anprall von LKWs oder deren Ladegut sind zu spezifizieren, wenn diese nicht durch ausreichende Durchfahrtshöhen oder wirksame Schutzmaßnahmen verhindert werden können.

EC1-1-7 4.3.2

Tabelle 16 Anhaltswerte für äquivalente statische Anprallkräfte auf Überbauten nach Tabelle 4.2, EC-1-1-7

Kategorie	Äquivalente statische Ersatzkraft F_{dx} [a] kN
Autobahnen und Bundesstraßen	500
Landstraßen außerhalb von Ortschaften	375
Innerstädtische Straßen	250
Privatstraßenund Parkgaragen	75
[a] x = in Fahrtrichtung	

Die Anpralllasten auf vertikale Flächen sind mit denen in Tabelle 4.2 identisch. Bei $h_0 \leq h \leq h_1$ können die Anpralllasten mit dem Abminderungsbeiwert r_F abgemindert werden. Der Nationale Anhang darf Werte für r_F, h_0 und h_1 festlegen. Empfehlungen zu den Werten r_F, h_0 und h_1 sind Bild 4.2 zu entnehmen.

EC1-1-7 4.3.2 (1), Anmerkung 3

Es gelten die empfohlenen Reglungen.

EC1-1-7 NDP Zu 4.3.2 (1), Anmerkung 3

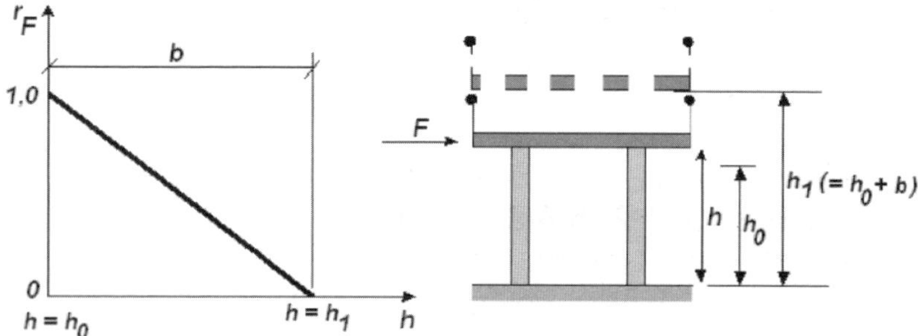

Legende

b Höhenunterschied zwischen h_1 und h_0 ; $b = h_1 - h_0$. Der empfohlene Wert ist b = 1,0 m. Die Reduktion von F ist möglich bei Werten b zwischen 0 m und 1 m; d. h. zwischen h_0 und h_1.

h AC lichter Abstand zwischen der Straßenoberkante und der Brückenunterkante am Aufprallpunkt. AC

h_0 AC Mindestabstand zwischen der Straßenoberkante und der Brückenunterkante, unterhalb dessen der Anprall auf den Überbau voll berücksichtigt werden muss: Der empfohlene Wert ist h_0 = 5,0 m (+ Zuschläge für Gradienten, Brückendurchbiegung und voraussichtliche Setzungen. AC

h_1 AC der Wert des lichten Abstandes zwischen der Straßenoberkante und der Brückenunterkante, von dem ab die Anprallkraft nicht berücksichtigt werden muss. Der empfohlene Wert ist h_1 = 6,0 m + Zuschläge für zukünftige Fahrbahndecken-Erneuerungen, Gradienten, Brückendurchbiegung und voraussichtliche Setzungen. AC

Abbildung 38 Empfehlungen für den Abminderungsbeiwert r_F für Anpralllasten auf Überbauungen von Straßen, abhängig von der Durchfahrtshöhe h nach Bild 4.2, EC-1-1-7

Anmerkung:
Die kleinste lichte Höhe zwischen der Straßenoberkante und der Brückenunterkante beträgt unter Beachtung von Zuschlägen für zukünftige Fahrbahndecken-Erneuerungen, Gradientenanpassung, Brückendurchbiegung und voraussichtliche Setzungen mindesten 6,00 Meter. Eine Anpralllast auf den Überbau muss deshalb nicht berücksichtigt werden.

2.2.1.6.2.2 Anprall an Unterbauten

EC1-2 4.7.2.1

Kräfte infolge eines Anpralls von Fahrzeugen mit unzulässiger Höhe oder von der Straße abweichenden Fahrzeigen auf Pfeilern oder stützende Bauteilen der Brücke sollten berücksichtigt werden.

EC1-2 4.7.2.1 (1)

Es gilt DIN EN 1991-1-7.

EC1-2 NDP zu 4.7.2.1 (1) Anmerkung

Anmerkung:
Anprall an die Unterbauten werden in dieser Statik nicht betrachtet. Die Lasten aus Anprall an Unterbauten sind in den Nachweisen der Pfeiler und Widerlager zu berücksichtigen.

2.2.1.6.3 Einwirkungen aus Fahrzeugen auf der Brücke

EC1-2 4.7.3

2.2.1.6.3.1 Fahrzeuge auf Fuß- und Radwegen

EC1-2 4.7.3.1

Wird eine starre Schutzeinrichtung vorgesehen, so ist eine Berücksichtigung der Achslast hinter der Schutzeinrichtung nicht erforderlich.

EC1-2 4.7.3.1 (1)

Wenn eine Schutzeinrichtung entsprechend (1) vorgesehen wird, sollte eine außergewöhnliche Achslast von $\alpha_{Q2} \cdot Q_{2k}$ berücksichtigt werden. Sie sollte auf der Fahrbahn neben der Schutzeinrichtung in ungünstigster Stellung entsprechend nachfolgender Abbildung angeordnet werden. Diese Achslast wirkt nicht gleichzeitig mit den anderen Verkehrslasten auf der Fahrbahn. Wenn aus geometrischen Gründen die Anordnung einer ganzen Achse nicht möglich ist, sollte ein einzelnes Rad berücksichtigt werden.

EC1-2 4.7.3.1 (2)

Werden keine Schutzeinrichtungen entsprechend (1) vorgesehen, so sind die Regelungen von (2) bis zum Rand des Überbaus anzuwenden, wo die Brüstung für Fahrzeuge angeordnet ist.

EC1-2 4.7.3.1 (3)

<u>Anmerkung:</u>
Eine starre Schutzeinrichtung ist nicht vorgesehen. Die außergewöhnliche Achslast ist bis zum Überbaurand zu verschieben. Die Achslast beträgt $\alpha_{Q2} \cdot Q_{2k}$ = 200 kN, die zugehörigen Aufstandsflächen 0,40 x 0,40 m.

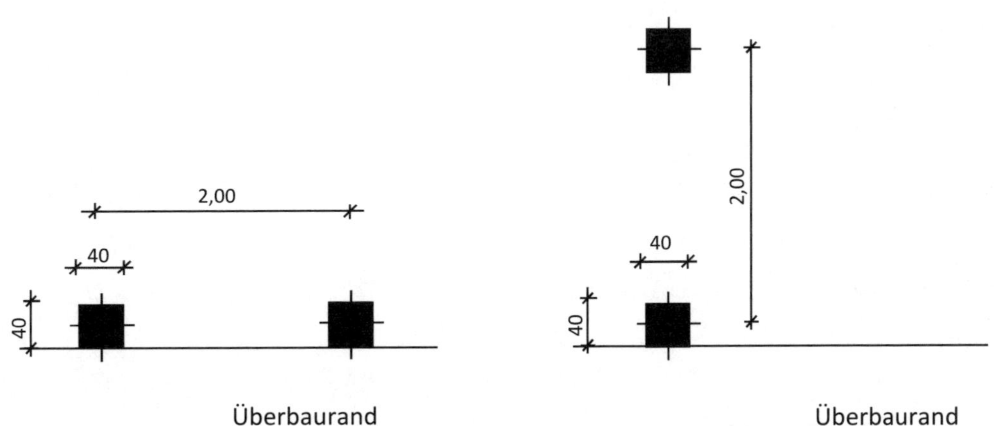

Abbildung 39 Lastanordnung für Fahrzeuge auf Fuß- und Radwegen

Anmerkung:
Auf eine seitliche Ausbreitung der Lasten über die Plattendicke sowie eine Verteilung über die Aufstandsflächen wird auf der sicheren Seite liegend verzichtet.

Die Ermittlung der maßgebenden Einwirkungen erfolgt unter Berücksichtigung des statischen Systems in Brückenquerrichtung. Die Last wird jeweils um die halbe Breite der Lastaufstandsfläche nach innen versetzt.

System 1:

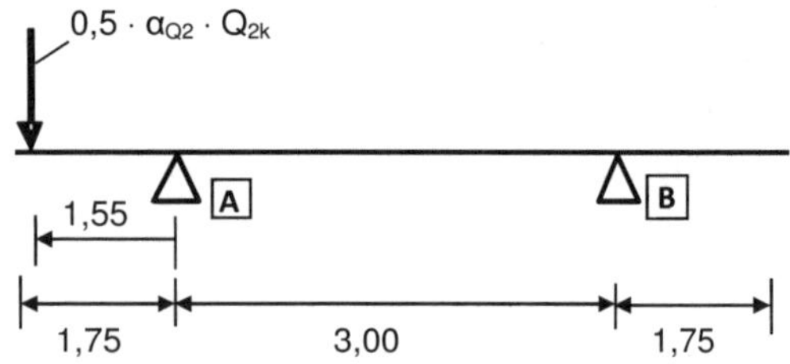

Abbildung 40 Laststellung System 1 in Brückenquerrichtung

Die maximale Hauptträgerlast ergibt sich zu:

$$\max Q_{k,A} = \frac{\left(\frac{\alpha_{Q2} \cdot Q_{2k}}{2}\right) \cdot (3{,}00 + 1{,}55)}{3{,}00}$$

$$\max Q_{k,A} = \frac{\left(\frac{1{,}00 \cdot 200}{2}\right) \cdot (3{,}00 + 1{,}55)}{3{,}00}$$

$$\max Q_{k,A} = 161{,}7 \text{ kN je Rad}$$

Die minimale Last ergibt sich zu:

$$\min Q_{k,B} = \frac{-\left(\frac{\alpha_{Q2} \cdot Q_{2k}}{2}\right) \cdot 1{,}55}{3{,}00}$$

$$\min Q_{k,B} = \frac{-\left(\frac{1{,}00 \cdot 200}{2}\right) \cdot 1{,}55}{3{,}00}$$

$$\min Q_{k,B} = -51{,}7 \text{ kN je Rad}$$

System 2:

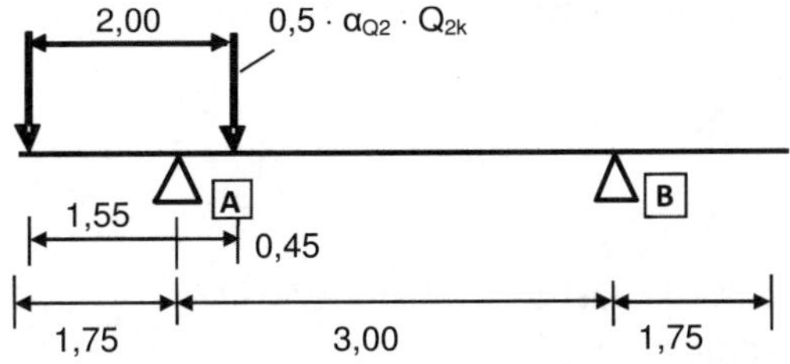

Abbildung 41 Laststellung System 2 in Brückenquerrichtung

Die maximale Hauptträgerlast ergibt sich zu:

$$\max Q_{k,A} = \frac{\left(\frac{\alpha_{Q2} \cdot Q_{2k}}{2}\right) \cdot (3{,}00-0{,}45) + \left(\frac{\alpha_{Q2} \cdot Q_{2k}}{2}\right) \cdot (3{,}00+1{,}55)}{3{,}00}$$

$$\max Q_{k,A} = \frac{\left(\frac{1{,}00 \cdot 200}{2}\right) \cdot (3{,}00-0{,}45) + \left(\frac{1{,}00 \cdot 200}{2}\right) \cdot (3{,}00+1{,}55)}{3{,}00}$$

$$\max Q_{k,A} = 236{,}7 \text{ kN}$$

Die minimale Last ergibt sich zu:

$$\max Q_{k,B} = \frac{-\left(\frac{\alpha_{Q2} \cdot Q_{2k}}{2}\right) \cdot 1{,}55 + \left(\frac{\alpha_{Q2} \cdot Q_{2k}}{2}\right) \cdot 0{,}45}{3{,}00}$$

$$\max Q_{k,B} = \frac{-\left(\frac{1{,}00 \cdot 200}{2}\right) \cdot 1{,}55 + \left(\frac{1{,}00 \cdot 200}{2}\right) \cdot 0{,}45}{3{,}00}$$

$$\max Q_{k,B} = -36{,}7 \text{ kN}$$

2.2.1.6.3.2 Anpralllasten auf Schramborde

EC1-2 4.7.3.2

Als Einwirkung aus Fahrzeuganprall an Schrammborde sollte eine in Querrichtung wirkende Horizontallast von 100 kN, die 0,05 m unter der Oberkante des Schrammbordes wirkt, angenommen werden.

EC1-2 4.7.3.2 (1)

Diese Last wirkt auf einer Länge von 0,5 m und wird von den Schrammborden auf die sie tragenden Bauteile übertragen. Bei starren Bauteilen wird eine Lastausbreitung unter 45° angenommen. Gleichzeitig mit der Anpralllast sollte eine vertikale Verkehrslast von 0,75 · α_{Q1} · Q_{1k} angenommen werden, wenn dies zu ungünstigeren Ergebnissen führt.

EC1-2 4.7.3.2 (2)

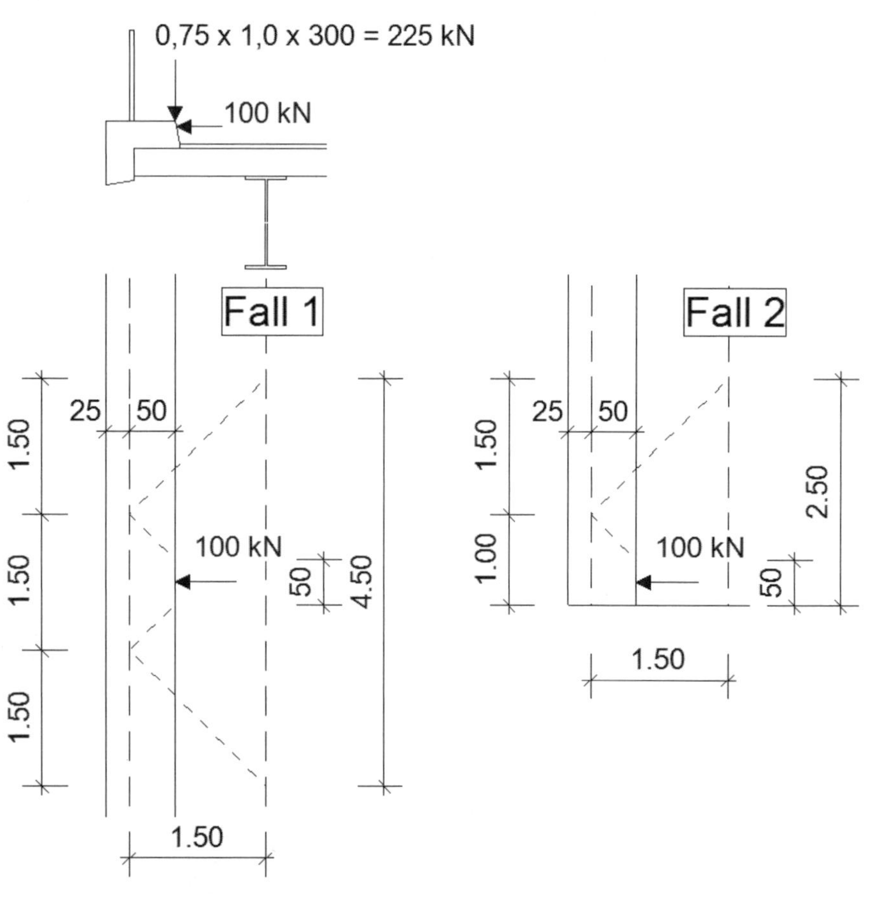

a: Anschnittlänge für horizontale Anpralllasten

Fall 1:
a = 0,5 + 2 · (0,75 – 0,25 + 1,5)
a = 4,50 m

Fall 2:
a = 0,5 + (0,75 – 0,25 + 1,5)
a = 2,50 m

Abbildung 42 Lastanordnung für Anpralllasten auf Schrammbord sowie Verteilung der horizontalen Anpralllasten Fall 1: Überbaumitte; Fall 2: Überbauende

Es werden folgende Fälle untersucht:

Fall 1: Schrammbordstoß in der Mitte des Überbaus
Fall 2: Schrammbordstoß am Überbauende

a) Fall 1 Schrammbordstoß in der Mitte des Überbaus:

horizontale Belastung

Die Verteilungsbreite ergibt sich gemäß der Lastausbreitung nach Abbildung 38 zu:

$$a = 4{,}50 \text{ m}$$

Die horizontale Anpralllast aus Schrammbordstoß ergibt sich zu:

$$n_{k,Rand} = \frac{100}{4{,}50} = 22{,}2 \text{ kN/m}$$

Aufgrund der exzentrisch angreifenden horizontalen Anpralllast ergibt sich für die Längsträger eine zusätzliche Vertikallast:

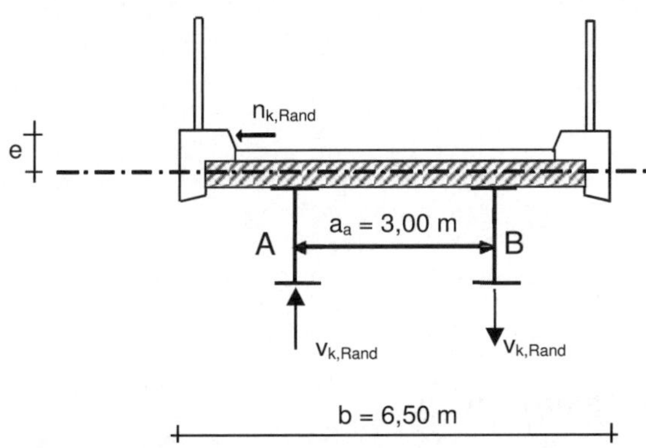

Abbildung 43 Verteilung der horizontalen Anpralllast

$$e = \frac{h_c}{2} + h_{Kappe} - 0{,}05$$

h_{Kappe}: Kappenhöhe
h_{Kappe} = 0,30 m
h_c = 0,30 m

$$e = \frac{0{,}30}{2} + 0{,}30 - 0{,}05 = 0{,}40 \text{ m}$$

$$m_{k,Rand} = n_{k,Rand} \cdot e$$

$$m_{k,Rand} = 22{,}2 \cdot 0{,}4 = 8{,}9 \text{ kNm/m}$$

$$v_{k,Rand} = \pm \frac{M_k}{a_a}$$

$$v_{k,Rand} = \pm \frac{8,9}{3,00} = 3,00 \text{ kN/m}$$

vertikale Belastung

Die Verteilungsbreite der vertikalen Anpralllasten ergibt sich direkt über den Ausbreitungswinkel von 45° zu:

$$a = 0,5 + 2 \cdot 1,0 = 2,50 \text{ m}$$

Die vertikale Anpralllast aus Schrammbordstoß ergibt sich zu:

$$v_{k,Rand} = \frac{225}{2,50} = 90,0 \text{ kN/m}$$

Infolge der exzentrisch angreifenden vertikalen Anpralllast ergeben sich für die Längsträger zusätzliche Vertikallasten. Diese werden am statischen System in Brückenquerrichtung ermittelt.

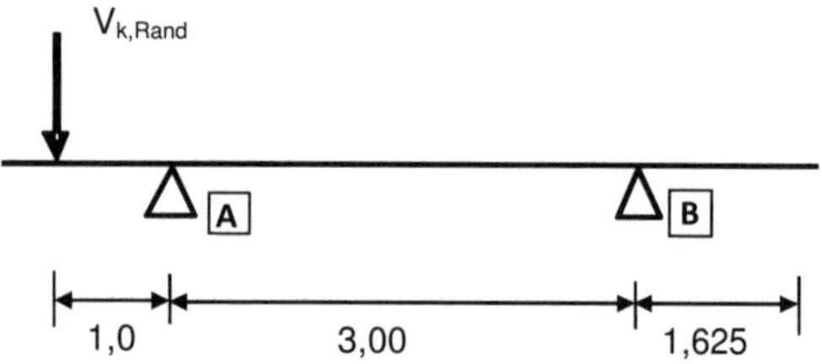

Abbildung 44 Laststellung Schrammbordanprall in Brückenquerrichtung

Die zusätzliche maximale bzw. minimale Vertikallast ergibt sich zu:

$$\max v_{k,A} = \frac{90,0 \cdot (3,00 + 1,00)}{3,00} = 120 \text{ kN/m}$$

$$\min v_{k,B} = \frac{-90,0 \cdot 1,00}{3,00} = -30 \text{ kN/m}$$

a) Fall 2 Schrammbordstoß am Überbauende:

horizontale Belastung

Die Verteilungsbreite ergibt sich gemäß der Lastausbreitung nach Abbildung 38 zu:

$$a = 2{,}50 \text{ m}$$

Die horizontale Anpralllast aus Schrammbordstoß ergibt sich zu:

$$n_{k,Rand} = \frac{100}{2{,}50} = 40{,}0 \text{ kN/m}$$

Aufgrund der exzentrisch angreifenden horizontalen Anpralllast ergibt sich für die Längsträger gemäß Abbildung 39 eine zusätzliche Vertikallast:

$$m_{k,Rand} = n_{k,Rand} \cdot e$$

$$m_{k,Rand} = 40{,}0 \cdot 0{,}4 \qquad = 16{,}0 \text{ kNm/m}$$

$$v_{k,Rand} = \pm \frac{M_k}{a_a}$$

$$v_{k,Rand} = \pm \frac{16}{3{,}00} \qquad = 5{,}33 \text{ kN/m}$$

vertikale Belastung

Die Verteilungsbreite der vertikalen Anpralllasten ergibt sich direkt über den Ausbreitungswinkel von 45° zu:

$$a = 0{,}5 + 1{,}0 \qquad = 1{,}50 \text{ m}$$

Die vertikale Anpralllast aus Schrammbordstoß ergibt sich zu:

$$v_{k,Rand} = \frac{225}{1{,}50} = 150{,}0 \text{ kN/m}$$

Hieraus ergeben sich die zusätzlichen maximalen bzw. minimalen Vertikallasten für die Längsträger zu:

$$\max v_{k,A} = \frac{150{,}0 \cdot (3{,}00 + 1{,}00)}{3{,}00} = 200 \text{ kN/m}$$

$$\min v_{k,B} = \frac{-150{,}0 \cdot 1{,}00}{3{,}00} = -50 \text{ kN/m}$$

Die aus der Anpralllast auf dem Schrammbord resultierenden Einwirkungen auf die Längsträger sind nachfolgend zusammengefasst:

Tabelle 17 Längsträgereinwirkungen infolge Schrammbordanprall

	Fall 1 (Überbaumitte)	Fall 2 (Überbauende)
horizontale Last $n_{k,Rand}$	22,2 kN/m auf a = 4,50 m	40,0 kN/m auf a = 2,50 m
maximale vertikale Last $\max v_{k,Rand}$	3 kN/m auf a = 4,50 m sowie 120 kN/m auf a = 2,50 m	5,3 kN/m auf a = 2,50 m sowie 200 kN/m auf a = 1,50 m
minimale vertikale Last $\min v_{k,Rand}$	-3 kN/m auf a = 4,50 m sowie -30 kN/m auf a = 2,50 m	-5,3 kN/m auf a = 2,50 m sowie -50 kN/m auf a = 1,50 m

2.2.1.6.3.3 Anpralllasten auf Fahrzeugrückhaltesysteme

EC1-2 4.7.3.3

Für die Bauwerksbemessung sollten vertikale und horizontale Lasten berücksichtigt werden, die durch die Fahrzeugrückhaltesysteme in den Brückenüberbau übertragen werden. EC1-2 4.7.3.3 (1)

Anmerkung:
Fahrzeugrückhaltesysteme sind nicht vorhanden.

2.2.1.6.3.4 Anpralllasten an tragende Bauteile

EC1-2 4.7.3.4

EC1-2 4.7.3.3 (1)

Die Anpralllasten an ungeschützte tragende Bauteile, die über oder neben der Fahrbahnebene liegen, sollten berücksichtigt werden.

Anmerkung:
Tragende ungeschützte Bauteile sind nicht vorhanden.

2.2.2 Lastfallkombinationen

2.2.2.1 Allgemeines

Die Bemessung des Überbaus gliedert sich in die Nachweise im Grenzzustand der Tragfähigkeit und in die Nachweise im Grenzzustand der Gebrauchstauglichkeit. EC0 6.4 EC0 6.5

Diese Nachweise werden mit den Bemessungswerten der verschiedenen Einwirkungskombinationen geführt. Diese ergeben sich durch Kombination der charakteristischen Werte der Einwirkungen mit Hilfe von Kombinationsbeiwerten und der Berücksichtigung von Teilsicherheitsbeiwerten.

Charakteristische Werte

Die charakteristischen Werte der verschiedenen Einwirkungen basieren i. Allg. auf statistischen Auswertungen und sind so festgelegt, dass der charakteristische Wert der **einzelnen Einwirkung** während der geplanten Lebensdauer des Tragwerks und der Dauer der Bemessungssituation mit einer vorgegebenen Wahrscheinlichkeit nicht überschritten wird. EC0 4.1.2

Weitere repräsentative Werte

Als weitere repräsentative Werte einer Einwirkung sind anzusetzen: EC0 4.1.3 (1)P

a) der Kombinationswert, der durch das Produkt $\psi_0 \cdot Q_k$ beschrieben wird und für Tragfähigkeitsnachweise und Gebrauchstauglichkeitsnachweise für Grenzzustände mit nicht umkehrbaren Auswirkungen verwendet wird.

b) der **häufige Wert**, der durch das Produkt $\psi_1 \cdot Q_k$ beschrieben wird und für Tragsicherheitsnachweise, einschließlich solcher mit außergewöhnlichen Belastungen und für Gebrauchstauglichkeitsnachweise für Grenzzustände mit umkehrbaren Grenzzuständen, verwendet wird.

c) der **quasi-ständige Wert**, der durch das Produkt $\psi_2 \cdot Q_k$ beschrieben wird und für Tragfähigkeitsnachweise mit außergewöhnlichen Einwirkungen und Gebrauchstauglichkeitsnachweisen mit umkehrbaren Grenzzuständen verwendet wird. Quasi-ständige Werte werden auch für die Berechnung von Langzeitwirkungen verwendet.

Bemessungswerte

EC0 6.3

Der Bemessungswert F_d einer Einwirkung F kann allgemein wie folgt dargestellt werden: EC0 6.3 (1)

$$F_d = \gamma_f \cdot F_{rep}$$

mit:

$$F_{rep} = \psi \cdot F_k$$

Dabei ist

F_k der charakteristische Wert der Einwirkung,
F_{rep} der maßgebende repräsentative Wert der Einwirkung,
γ_f der Teilsicherheitsbeiwert für die Einwirkung, der die Möglichkeit ungünstiger Größenabweichungen der Einwirkungen berücksichtigt,
ψ entweder der Wert 1,00 oder ψ_0, ψ_1 oder ψ_2

Spezielle Beispiele für die Anwendung von γ_F sind:

$G_d = \gamma_G \cdot G_k$,
$Q_d = \gamma_Q \cdot Q_k$ oder $\gamma_Q \cdot \psi_i \cdot Q_k$,
$A_d = \gamma_A \cdot A_k$ (sofern A_d nicht direkt festgelegt wird),
$P_d = \gamma_P \cdot P_k$.

Wenn zwischen günstigen und ungünstigen Auswirkungen einer ständigen Einwirkung unterschieden werden muss, sind zwei Teilsicherheitsbeiwerte ($\gamma_{G,inf}$ und $\gamma_{G,sup}$) zu verwenden. EC0 6.3 (3)P

Es gilt:

$G_{d,sup} = \gamma_{G,sup} \cdot G_k$ (oberer Wert der ständigen Einwirkung),
$G_{d,inf} = \gamma_{G,inf} \cdot G_k$ (unterer Wert der ständigen Einwirkung).

2.2.2.2 Nachweise für Grenzzustände der Tragfähigkeit

EC0 6.4

Bei der Tragwerksplanung sind Nachweise für folgende Grenzzustände der Tragfähigkeit erforderlich:

EC0 6.4.1 (1)P

a) EQU: Verlust der Lagesicherheit des Tragwerks oder eines seiner Teile betrachtet als starrer Körper, bei dem die Festigkeit von Baustoffen und Bauprodukten oder des Baugrunds im Allgemeinen keinen Einfluss hat;

b) STR: Versagen oder übermäßige Verformungen des Tragwerks oder seiner Teile einschließlich der Fundamente, Fundamentkörper, Pfähle, wobei die Tragfähigkeit von Baustoffen und Bauteilen entscheidend ist;

c) GEO: Versagen oder übermäßige Verformungen des Baugrundes, bei der die Festigkeit von Boden oder Fels wesentlich an der Tragsicherheit beteiligt ist;

d) FAT: Ermüdungsversagen des Tragwerks oder seiner Teile;

e) UPL: Verlust der Lagesicherheit des Tragwerks oder des Baugrundes aufgrund von Hebungen durch Wasserdruck (Auftriebskraft) oder sonstigen vertikalen Einwirkungen;

f) HYD: hydraulisches Heben und Senken, interne Erosion und das Rohrleitungssystem im Baugrund aufgrund von hydraulischen Gradienten.

<u>Kombinationsregeln für Einwirkungen (ohne Ermüdung)</u>

EC0 6.4.3

Für jeden kritischen Lastfall sind die Bemessungswerte E_d der Auswirkungen der Kombination der Einwirkungen zu bestimmen, die entsprechend den nachfolgenden Regeln als gleichzeitig auftretend angenommen werden.

EC0 6.4.3.1 (1)P

Jede Einwirkungskombination sollte eine

EC0 6.4.3.2 (2)

→ dominierende Einwirkung (Leiteinwirkung) oder
→ eine außergewöhnliche Einwirkung aufweisen.

Kombinationen von Einwirkungen bei ständigen oder vorübergehenden Bemessungssituationen (Grundkombinationen) — EC1-2 6.4.3.2

Ständige und vorübergehende Bemessungssituation (S / V) (Grundkombination) — EC0 6.4.3.2 (1)

Bemessungswert der ständigen Einwirkung, der dominierenden veränderlichen Einwirkung und den seltenen Bemessungswerten der Begleiteinwirkungen:

$$E_d = \sum_{j\geq 1} \gamma_{G,j} \cdot E_{Gk,j} \text{"+"} \gamma_P \cdot E_{Pk} \text{"+"} \gamma_{Q,1} \cdot E_{Qk,1} \text{"+"} \sum_{i>1} \gamma_{Q,i} \cdot \psi_{0,i} \cdot E_{Qk,i}$$

EC0 6.4.3.2 (3) Gl. (6.10c)

Kombinationen von Einwirkungen bei außergewöhnlichen Bemessungssituationen — EC1-2 6.4.3.3

Außergewöhnliche Bemessungssituation (A) — EC0 6.4.3.3

Bemessungswerte der ständigen Einwirkungen, dem Bemessungswert einer außergewöhnlichen Einwirkung, dem häufigen Wert der vorherrschenden Einwirkung und den quasi-ständigen Werten weiterer Einwirkungen

$$E_d = \sum_{j\geq 1} \gamma_{GA,j} \cdot E_{Gk,j} \text{"+"} E_{Pk} \text{"+"} E_{Ad} \text{"+"} \gamma_{QA,1} \cdot \psi_{1,1} \cdot E_{Qk,1} \text{"+"} \sum_{i>1} \gamma_{QA,i} \cdot \psi_{2,i} \cdot E_{Qk,i}$$

EC0 NCI zu 6.4.3.3 (2) Gl. (6.11c)

Anmerkung:

In der Geotechnik werden in einigen außergewöhnlichen Bemessungssituationen Teilsicherheitsbeiwerte γ_{Q1} verwendet, die von 1,00 verschieden sind (siehe DIN 1054). — EC0 NCI zu 6.4.3.3 (2)

Kombinationsregeln für den Nachweis gegen Ermüdung

Die Schnittgrößen sind in der Regel mit Hilfe einer elastischen Tragwerksberechnung nach DIN EN 1994-2 Kap. 5.4.1 und 5.4.2 für die in DIN EN 1992-1-1, 6.8.3 angegebene Kombination der Einwirkungen zu bestimmen. — EC4-2 6.8.4 (1)

Für Straßenbrücken dürfen beim Nachweis gegen Ermüdung die in DIN EN 1992-2 und DIN EN 1993-2 angegebenen vereinfachten Nachweisverfahren auf der Grundlage des Ermüdungslastmodells 3 nach DIN EN 1991-2, 4.6 verwendet werden. — EC4-2 6.8.4 (4)

Der Nachweis gegen Ermüdung ist für Stahl und Beton im Allgemeinen unter Berücksichtigung der folgenden Einwirkungskombinationen zu führen: — EC2-1-1 NCI zu 6.8.3 (1)P

- Charakteristischer Wert der ständigen Einwirkung,
- Wert der wahrscheinlichen Setzung (sofern ungünstig wirkend),
- 0,9-facher Mittelwert der Vorspannkraft für den statisch bestimmten und maßgebender charakteristischer Wert für den statisch unbestimmten Anteil der Vorspannwirkung,
- Häufiger Wert der Temperatureinwirkungen
- Maßgebendes Verkehrslastmodell für Ermüdung.

Die Grundkombination der nichtzyklischen Einwirkungen entspricht der häufigen Einwirkungskombination im Grenzzustand der Gebrauchstauglichkeit (siehe Kap. 2.2.2.3). EC2-1-1 6.8.3 (2)P

Die zyklische Einwirkung muss mit der ungünstigen Grundkombination kombiniert werden. EC2-1-1 6.8.3 (3)P

Die Grundkombination kann wie folgt dargestellt werden:

$$E_d = \sum_{j\geq 1} E_{Gk,j} \text{"+"} E_{Pk} \text{"+"} \psi_{1,1} \cdot E_{Qk,1} \text{"+"} \sum_{i>1} \psi_{2,i} \cdot E_{Qk,i} + Q_{fat}$$

mit: Q_{fat} die maßgebende Ermüdungsbeanspruchung

2.2.2.3 Nachweise für Grenzzustände der Gebrauchstauglichkeit

EC0 6.5

Charakteristische (seltene) Kombination

$$E_{d,char} = \sum_{j\geq 1} E_{Gk,j} \text{"+"} E_{Pk} \text{"+"} E_{Qk,1} \text{"+"} \sum_{i>1} \psi_{0,i} \cdot E_{Qk,i}$$

EC0 NCI zu 6.5.3 (2)
Gl. (6.14c)

Häufige Kombination

$$E_{d,frequ} = \sum_{j\geq 1} E_{Gk,j} \text{"+"} E_{Pk} \text{"+"} \psi_{1,1} \cdot E_{Qk,1} \text{"+"} \sum_{i>1} \psi_{2,i} \cdot E_{Qk,i}$$

EC0 NCI zu 6.5.3 (2)
Gl. (6.15c)

Quasi-ständige Kombination

$$E_{d,perm} = \sum_{j\geq 1} E_{Gk,j} \text{"+"} E_{Pk} \text{"+"} \sum_{i\geq 1} \psi_{2,i} \cdot E_{Qk,i}$$

EC0 NCI zu 6.5.3 (2)
Gl. (6.16c)

Die Abkürzungen in den oben angeführten Gleichungen bedeuten:

„+“	„ist zu kombinieren mit“
$\sum$	„gemeinsame Auswirkung von“
$E_{Gk,j}$	charakteristischer Wert der ständigen Einwirkung
E_{Pk}	charakteristischer Wert der Vorspannung
$E_{Qk,1}$	charakteristischer Wert einer vorherrschenden veränderlichen Einwirkung
$E_{Qk,i}$	charakteristischer Wert einer nicht vorherrschenden veränderlichen Einwirkung
E_{Ad}	Bemessungswert einer außergewöhnlichen Einwirkung
$\gamma_{G,j}$	Teilsicherheitsbeiwert der ständigen Einwirkung j
$\gamma_{GA,j}$	wie $\gamma_{G,j}$, jedoch für außergewöhnliche Bemessungssituationen
γ_{P}	Teilsicherheitsbeiwert für Einwirkungen infolge Vorspannung
$\gamma_{Q,1}$	Teilsicherheitsbeiwert einer vorherrschenden veränderlichen Einwirkung
$\gamma_{QA,j}$	wie $\gamma_{Q,1}$, jedoch für außergewöhnliche Bemessungssituationen
$\gamma_{Q,i}$	Teilsicherheitsbeiwert einer nicht vorherrschenden veränderlichen Einwirkung
$\gamma_{QA,i}$	wie $\gamma_{QA,i}$, jedoch für außergewöhnliche Bemessungssituationen
$\psi_{0,i}$	Kombinationsbeiwert einer nicht vorherrschenden veränderlichen Einwirkung
$\psi_{1,1}$	häufiger Wert einer vorherrschenden veränderlichen Einwirkung
$\psi_{2,i}$	quasi-ständiger Wert einer nicht vorherrschenden veränderlichen Einwirkung

2.2.2.4 Gruppen von Verkehrslasten auf Straßenbrücken — EC1-2 4.5

Charakteristische Werte der mehrkomponentigen Einwirkungen — EC1-2 4.5.1

Die vertikalen und horizontalen Einwirkungen aus Straßenverkehr sowie der Belastung durch Fußgänger- und Radverkehr werden zu sogenannten Verkehrslastgruppen zusammengefasst. Sie sind als charakteristische Werte der mehrkomponentigen Einwirkungen zu verstehen.

Die Gleichzeitigkeit des Ansatzes der Lastmodelle nach den Abschnitten 4.3 des Eurocode 1 (Lastmodell 1), 4.4 (Horizontallasten) und den in Abschnitt 5 für Fußgänger- und — EC1-2 4.5.1

Radwegbrücken festgelegten Lasten sollten entsprechend den in Eurocode 1 Tabelle 4.4a angegebenen Gruppen berücksichtigt werden. Jede dieser sich gegenseitig ausschließenden Gruppen sollte in gleicher Weise wie bei der Festlegung von charakteristischen Einwirkungen bei der Kombination mit anderen als Verkehrslasten behandelt werden.

Da nach DIN EN 1991-2 NDP zu 4.3.3 (2) Anmerkung und NDP zu 4.3.4 (1) Anmerkung die Lastmodelle 2 und 3 nicht anzuwenden sind, wird die Tabelle 4.4a nach DIN EN 1991-2 nachfolgend um die entsprechenden Spalten gekürzt.

Tabelle 18 Verkehrslastgruppen (Charakteristische Werte) EC1-2 Tabelle 4.4a

		Fahrbahn				**Fuß- oder Radweg**
Belastungsart		**Vertikallasten**		**Horizontallasten**		**Nur vertikale Lasten**
Verweis auf EC1-2		4.3.2	4.3.5	4.4.1	4.4.2	5.3.2 (1)
Lastmodell		LM1 (TS und UDL System)	LM4 (Menschenansammlung)	Kräfte aus Anfahren und Bremsen[a]	Flieh- und Seitenkräfte[a]	Gleichmäßig verteile Last
Lastgruppen	gr1a	Charakteristischer Wert				Kombinationswert[b]
	gr2	Häufiger Wert		Charakteristischer Wert	Charakteristischer Wert	
	gr3[d]					Charakteristischer Wert[c]
	gr4		Charakteristischer Wert			Charakteristischer Wert
	gr6	0,5-fach charakteristischer Wert		0,5-fach charakteristischer Wert	0,5-fach charakteristischer Wert	Charakteristischer Wert[c]
(grau)	Vorherrschender Einwirkungsteil (gekennzeichnet als zur Gruppe gehöriger Bestandteil)					

[a] Bei Lastgruppe gr1a müssen Horizontallasten aus Verkehr nicht berücksichtigt werden.

[b] Der Empfohlene Wert von 3 kN/m² wird übernommen.

[c] Siehe DIN EN 1991-2, 5.3.2.1 (2). Es sollte nur ein Fußweg belastet werden, falls dies ungünstiger ist als der Ansatz von zwei belasteten Fußwegen.

[d] Diese Gruppe bleibt unberücksichtigt, wenn gr4 angesetzt wird.

Die oben angeführte Tabelle 4.4a der DIN EN 1991-2 wurde gemäß NCI zu 4.5.1 (1) um die Lastgruppe gr6 ergänzt. Diese gilt für die vorübergehende Bemessungssituation Lagerwechsel.

Häufige Werte der mehrkomponentigen Einwirkungen

Die häufige Einwirkung besteht entweder nur aus dem häufigen Wert des Lastmodells 1 oder nur aus dem häufigen Wert des Lastmodells 2 bzw. aus dem häufigen Wert der Lasten auf Geh- und Radwegen (ungünstigere ist maßgebend), jeweils ohne weitere Begleiteinwirkung, wie in Tabelle 4.4b definiert. EC1-2 4.5.2 (1)

Da nach DIN EN 1991-2 NDP zu 4.3.3 (2) Anmerkung das Lastmodell 2 nicht anzuwenden ist, wird die Tabelle 4.4b nach DIN EN 1991-2 nachfolgend um die entsprechende Spalte gekürzt.

Tabelle 19 Verkehrslastgruppen (Häufige Werte) EC1-2 Tabelle 4.4b

		Fahrbahn	**Fuß- und Radweg**
Belastungsart		**Vertikallasten**	
Verweis auf EC1-2		4.3.2	5.3.2 (1)
Lastmodell		LM1 (TS und UDL System)	Gleichmäßig verteilte Last
Last-gruppen	gr1a	häufiger Wert	
	gr3		häufiger Wert[a]

[a] Es sollte nur ein Fußweg belastet werden, falls dies ungünstiger ist als der Ansatz von zwei belasteten Fußwegen.

2.2.2.5 Kombinationsregeln

Kombinationsregeln für Straßenbrücken

Lastmodell 2 (oder die zugehörigen Lastgruppe gr1b) und die konzentrierte Last Q_{fwk} auf Gehwegen brauchen nicht mit irgendeiner anderen veränderlichen Einwirkung kombiniert zu werden. EC0 A2.2.2 (2)

Schneelasten und Einwirkungen aus Wind brauchen nicht kombiniert zu werden mit: EC0 A2.2.2 (3)

- Brems- und Beschleunigungskräften oder Zentrifugalkräften oder der zugehörigen Lastgruppe gr2,
- Lasten auf Geh- und Radwegen oder der zugehörigen Lastgruppe gr3,
- Menschenansammlungen (Lastmodell 4) oder der zugehörigen Lastgruppe gr4.

Schneelasten brauchen nicht mit den Lastmodellen 1 und 2 oder mit den zugehörigen Lastgruppen gr1a und gr1b kombiniert zu werden, es sei denn, es gibt andere Festlegungen für spezielle Schneegebiete. EC0 A2.2.2 (4)

Mit dem Lastmodell 1 oder mit der zugehörigen Lastgruppe gr1 sollten keine Windeinwirkungen größer als der kleinere Wert von F^*_W oder $\psi_0 \cdot F_{Wk}$ kombiniert werden. EC0 A2.2.2 (5)

Einwirkungen aus Wind und Temperatur brauchen nicht gleichzeitig berücksichtigt zu werden, es sei denn, es gibt andere Festlegungen für lokale Klimaverhältnisse. EC0 A2.2.2 (6)

Kombinationsregeln der Einwirkungen in außergewöhnlichen Bemessungssituationen (ohne Erdbeben)

Wenn es nötig ist, eine außergewöhnliche Einwirkung zu berücksichtigen, braucht in der außergewöhnlichen Einwirkungskombination keine weitere außergewöhnliche Einwirkung und auch keine Windeinwirkung oder Schneelast berücksichtigt zu werden. EC0 A2.2.5 (1)

In einer außergewöhnlichen Bemessungssituation mit Fahrzeuganprall (Straße oder Schiene) unter einer Brücke sollten Verkehrslasten auf der Brücke als begleitende Einwirkung mit ihrem häufigen Wert berücksichtigt werden. EC0 A2.2.5 (2)

Anpralllasten an Überbauten aus Straßenverkehr unter Brücken gemäß DIN EN 1991-2, 4.7.2.2 bzw. DIN EN 1991-2, 5.6.2.2 sind nur beim Nachweis der Lagesicherheit des Überbaues zu berücksichtigen. ARS 22/2012 Anlage 3 B) (8)

Dies setzt voraus, dass das Bauwerk so robust ist, dass die Anpralllasten aufgenommen werden können. Bei leichten und filigranen Tragkonstruktionen sollten die Anpralllasten aus Straßenverkehr unter Brücken beim Nachweis der Tragsicherheit des Bauwerks berücksichtigt werden.

Die äquivalenten statischen Anprallkräfte auf Überbauten sind nach DIN EN 1991-1-7, 4.3.2 zu ermitteln.

2.2.2.6 Zahlenwerte für ψ-Faktoren

Die Zahlenwerte für ψ-Faktoren für Straßenbrücken sind der DIN EN 1990 Tabelle A2.1 zu entnehmen:

Tabelle 20 Kombinationsbeiwerte

Einwirkung	Bezeichnung		Ψ_0	Ψ_1	Ψ_2
Verkehrslasten	gr1a	TS	0,75	0,75	0,20
		UDL	0,40	0,40	0,20
	gr1b		0	0,75	0
	gr2		0	0	0
	gr3		0	0,40	0
	gr4		0	-	0
	gr5		0	-	0
Windkräfte	F_{Wk}				
	Ständige Bemessungssituation		0,60	0,20	0
	Bauausführung		0,80	-	0
Temperatur	T_k		0,80	0,60	0,50
Schneelasten	$Q_{sn,k}$ (während der Bauausführung)		0,80	-	-
Lasten aus Bauausführung	Q_c		1,00		1,00

Hinweis:

- NDP zu A2.2.6 (1) Anmerkung 1 wurde in Tabelle 20 berücksichtigt, — vgl. EC0 NDP zu A2.2.6 (1) Anmerkung 1
- Anlage 2 zum ARS 22/2012 B) (2) wurde in Tabelle 20 berücksichtigt. — vgl. Anlage 2 zu ARS 22/2012 B) (2)

2.2.2.7 Teilsicherheitsbeiwerte für Einwirkungen

EC0/NA/A1 Tab. NA.A2.1

Die γ-Werte für die Einwirkungen in den entsprechenden Bemessungssituationen sind der Tabelle NA.A2.1 zu entnehmen.

EC0 NDP zu A2.3.1 (1) Anmerkung

Tabelle 21 Teilsicherheitsbeiwerte

Einwirkung	Bezeichnung	γ-Werte für die Einwirkungen in den entsprechenden Bemessungssituationen nach			
		Tabelle A.2.4 (A) EQU		Tabelle A.2.4 (B) STR/GEO	Tabelle A.2.5 Außergewöhnlich
		S/V	B	S/V	A
Ständige Einwirkung					
Ungünstig	$\gamma_{G,sup}$	1,05	1,05	1,35[b]	1,00
Günstig	$\gamma_{G,inf}$	0,95[a]	0,95[a]	1,00	1,00
Vorspannung[h]					
Ungünstig	$\gamma_{P,sup}$	1,00[i]/1,20[j]	1,00[i]/1,20[j]	1,00[i]/1,20[j]	1,00
Günstig	$\gamma_{P,inf}$	1,00[i]/0,80[j]	1,00[i]/0,80[j]	1,00[i]/0,80[j]	1,00
Setzungen[e]	$\gamma_{G,set}$	-	-	1,20[g]/1,35[h]	-
Straßenverkehr					
Ungünstig	$\gamma_{Q,sup}$	1,35	-	1,35	1,00
Günstig	$\gamma_{Q,inf}$	0	-	0	0
Lasten aus Bauausführung					
Ungünstig	$\gamma_{Q,sup}$	-	1,35	-	1,00
Günstig	$\gamma_{Q,inf}$	-	0	-	0
Temperatur					
Ungünstig	$\gamma_{Q,sup}$	1,35	1,35	1,35	1,00
Günstig	$\gamma_{Q,inf}$	0	0	0	0
Alle anderen veränderlichen Einwirkungen					
Ungünstig	$\gamma_{Q,sup}$	1,50	1,50	1,50	1,0
Günstig	$\gamma_{Q,inf}$	0	0	0	0
Außergewöhnliche Einwirkungen	γ_A	-	-	-	1,00

mit:

EQU Verlust der Lagesicherheit des Tragwerks oder eines seiner Teile betrachtet als starrer Körper,

STR Versagen oder übermäßige Verformungen des Tragwerks oder seiner Teile einschließlich der Fundamente, Fundamentkörper, Pfähle, wobei die Tragfähigkeit von Baustoffen und Bauteilen entscheidend ist,

GEO Versagen oder übermäßige Verformungen des Baugrundes, bei der die Festigkeit von Boden oder Fels wesentlich an der Tragsicherheit beteiligt ist,

S/V Ständige und vorübergehende Bemessungssituation,

B Bauausführung, wenn die Ausführung ausreichend im Hinblick auf die Verteilung der ständigen Lasten kontrolliert wird,

A Außergewöhnliche Bemessungssituation.

[a] Beim Verwenden von Gegengewichten zur Sicherstellung der Lagesicherheit können eine oder beide der folgenden Empfehlungen verwendet werden:

- Anwendung eines Faktors $\gamma_{G,inf}$ = 0,8, wenn das Gegengewicht nicht besonders genau definiert ist (z. B. bei Containern);
- Berücksichtigung der Streuung der für das Projekt festgelegten Position durch einen geometrischen Wert, der proportional zur Abmessung der Brücke festgelegt wird, wenn die Größe des Gegengewichts genau definiert ist. Bei der Bauausführung von Stahlbrücken wird häufig der Streubereich der Position des Gegengewichtes mit ± 1 m angenommen

[b] Dieser Wert gilt für Eigengewicht von tragenden und nicht tragenden Bauteilen, Schotterbett, Boden, Grundwasser und frei fließendes Wasser, bewegliche Lasten usw.

[e] In Bemessungssituationen mit ungünstiger Wirkung der Einwirkungen der aus ungleichmäßigen Setzungen. In Bemessungssituationen, in denen Einwirkungen aus ungleichmäßigen Setzungen günstige Wirkung erzeugen, sind diese Einwirkungen nicht zu berücksichtigen. Siehe auch DIN EN 1991 bis DIN EN 1999 zu γ-Faktoren, die für eingeprägte Verformungen zu berücksichtigen sind.

[f] im Falle von linear elastischen Berechnungen.

[g] im Falle von nichtlinear elastischen Berechnungen.

[h] Faktor, der in den Eurocodes für die Bemessung empfohlen wird, hier aus DIN EN 1992-1-1, und DIN EN 1992-1-1/NA

[i] lineares Verfahren mit ungerissenen Querschnitten

[j] nichtlineares Verfahren

Anmerkung:
Bei der Ermittlung der Bemessungsschnittgrößen für Nachweise im Grenzzustand der Gebrauchstauglichkeit werden die Teilsicherheitsbeiwerte, da sie sich zu 1,0 ergeben, üblicherweise nicht angegeben.

2.3 Schnitt-, Auflager- und Weggrößen

Die Ausgabe der Schnittgrößen erfolgt für den Träger A gemäß Abbildung 2.

Auf die Ausgabe der Weggrößen wird an dieser Stelle verzichtet. Falls erforderlich, werden entsprechende Angaben der Weggrößen an erforderlichen Stellen ergänzt.

Die Auflagergrößen werden in den Tabellen der DIN EN 1990 Anhang NA.E ausgegeben.

2.3.1 Schnittgrößen der Einzellastfälle

Im Rahmen der elektronischen Berechnungen wurden folgende Einzellastfälle berücksichtigt. Die Zuordnung zu den programminternen Lastfällen (LF) bzw. Lastfallkombinationen (LK) wird mit ausgegeben.

Tabelle 22 Einzellastfälle

Lastfall	LF-Nr.	LK-Nr.
Eigengewicht Stahlträger	1	-
Betonierlast (Frischbeton und Schalung)	2	-
Abbinden und Ausschalen	3	-
Kriechen infolge Abbinden und Ausschalen	211	-
Ausbaulasten	4	-
Kriechen infolge Ausbaulasten	210	-
Schwinden t = 28 d	200/202	180
Schwinden t = ∞	201/203	190
Lastmodell 1 - UDL	60-63	110
Lastmodell 1 - TS	5-50	100
Anfahren und Bremsen	115-116	120
Lastmodell 3	70-105	170
Temperatureinwirkungen	130-133	130
Wahrscheinliche Stützensenkung t = 28 d	600-601	150
Kriechen infolge wahrsch. Stützensenkung	212-213	200
Wahrscheinliche Stützensenkung t = ∞	-	160
Windeinwirkungen (mit Verkehr)	110-111	140
Fahrzeug auf Gehweg	300-498	300
Anprall auf Schrammborde	500-591	310

2.3.1.1 Ständige Einwirkungen

Nachfolgend werden die Schnittkräfte infolge der ständigen Einwirkungen unter Beachtung der Montagefolge ausgegeben.

2.3.1.1.1 Stahlträgereigengewicht

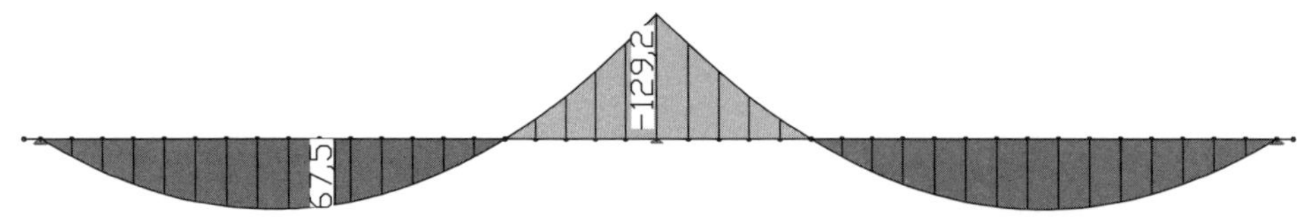

LF 1: Gk Stahlträger
Schnittgrößen My, 53,16 [kNm] =
Wertebereich (Gesamtsystem, min/max): −129,19/72,61 [kNm]

Abbildung 45 Biegemoment $M_{y,k}$ [kNm] infolge Stahlträgereigengewicht

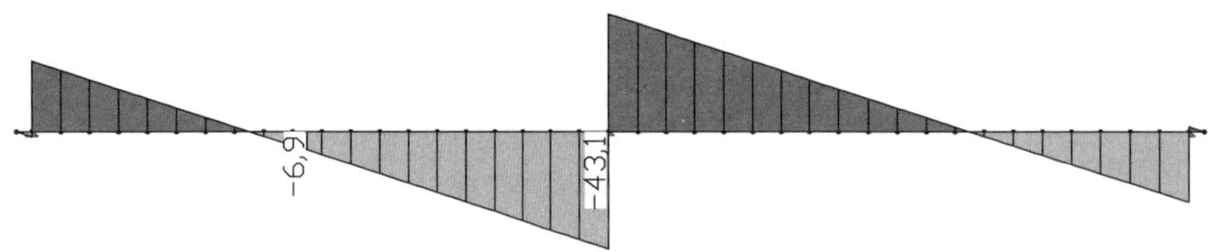

LF 1: Gk Stahlträger
Schnittgrößen Qz. 17,73 [kN] =
Wertebereich (Gesamtsystem, min/max): −43,09/43,09 [kN]

Abbildung 46 Querkräfte $V_{z,k}$ [kN] infolge Stahlträgereigengewicht

2.3.1.1.2 Betonierlasten

Betonierlast (Schalung und Frischbeton)

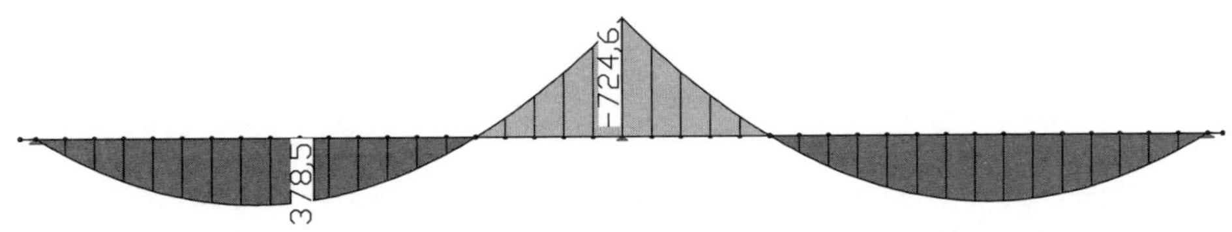

Abbildung 47 Biegemoment $M_{y,k}$ [kNm] infolge Betonierlast

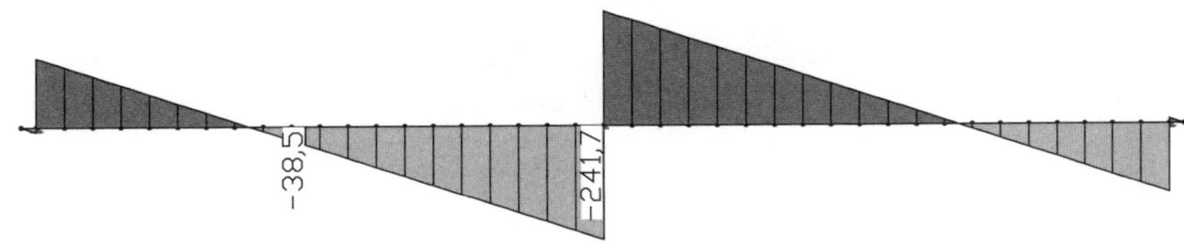

Abbildung 48 Querkräfte $V_{z,k}$ [kN] infolge Betonierlast

Abbinden und Ausschalen

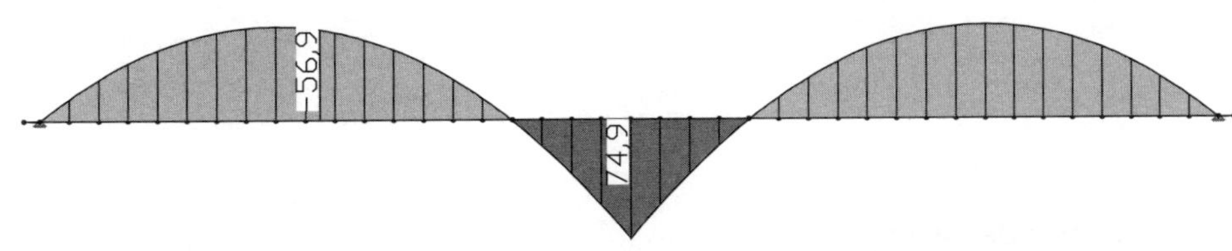

Abbildung 49 Biegemoment $M_{y,k}$ [kNm] infolge Abbinden und Ausschalen

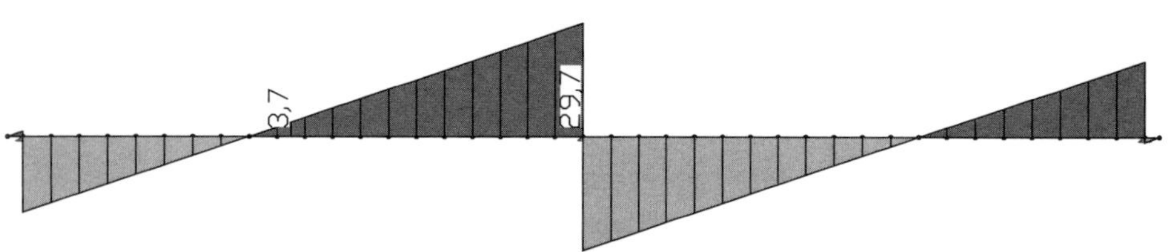

LF 3: Gk Abbinden und Ausschalen
Schnittgrößen Qz. 12,23 [kN] =
Wertebereich (Gesamtsystem, min/max): −29,73/29,73 [kN]

Abbildung 50 Querkräfte $V_{z,k}$ [kN] infolge Abbinden und Ausschalen

2.3.1.1.3 Ausbaulasten

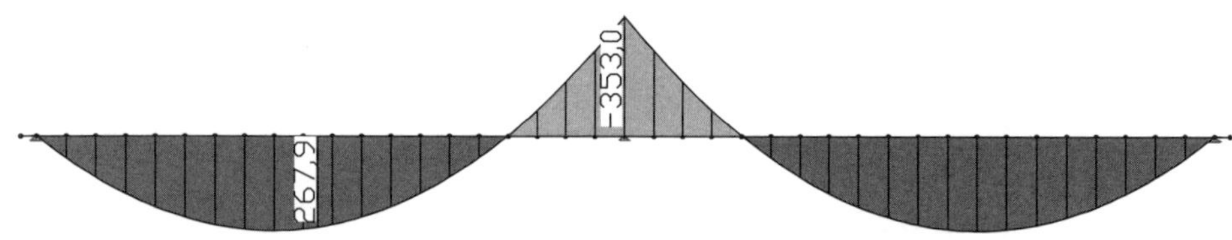

LF 4: Gk Ausbaulasten (Restlasten)
Schnittgrößen My. 145,26 [kNm] =
Wertebereich (Gesamtsystem, min/max): −353,01/277,90 [kNm]

Abbildung 51 Biegemoment $M_{y,k}$ [kNm] infolge Ausbaulasten

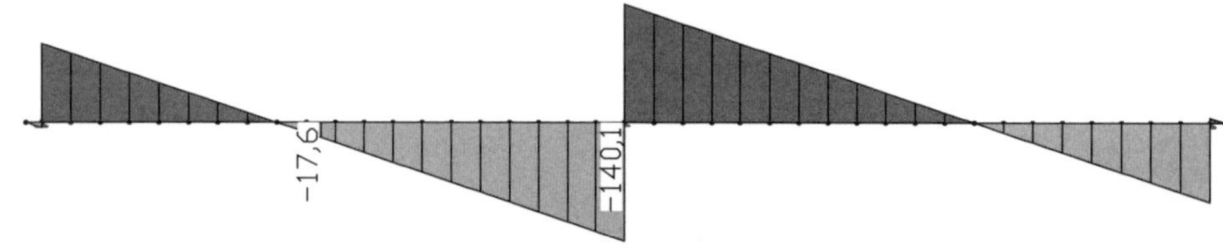

LF 4: Gk Ausbaulasten (Restlasten)
Schnittgrößen Qz. 57,64 [kN] =
Wertebereich (Gesamtsystem, min/max): −140,08/140,08 [kN]

Abbildung 52 Querkräfte $V_{z,k}$ [kN] infolge Ausbaulasten

2.3.1.2 Vorspannung, Kriechen, Schwinden und Relaxation

2.3.1.2.1 Vorspannung

Eine Vorspannung ist nicht vorhanden.

2.3.1.2.2 Kriechen, Schwinden und Relaxation

Kriechen infolge Abbinden und Ausschalen

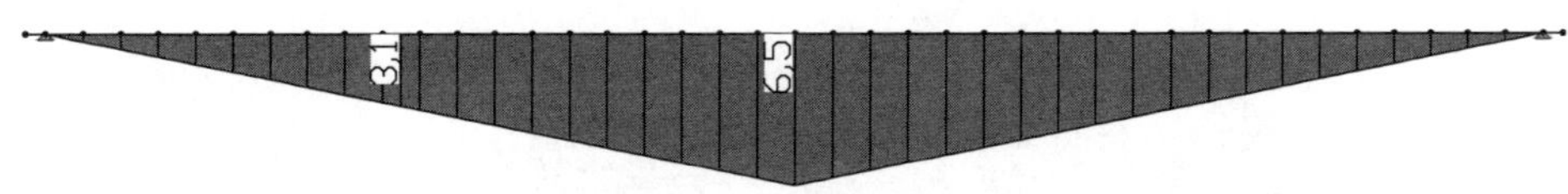

LF 211: Kriechen (Betonierlast)
Schnittgrößen My, 2,69 [kNm] =
Wertebereich (Gesamtsystem, min/max): -0,00/6,53 [kNm]

Abbildung 53 Biegemoment $M_{y,k}$ [kNm] infolge Kriechen (Abbinden & Ausschalen)

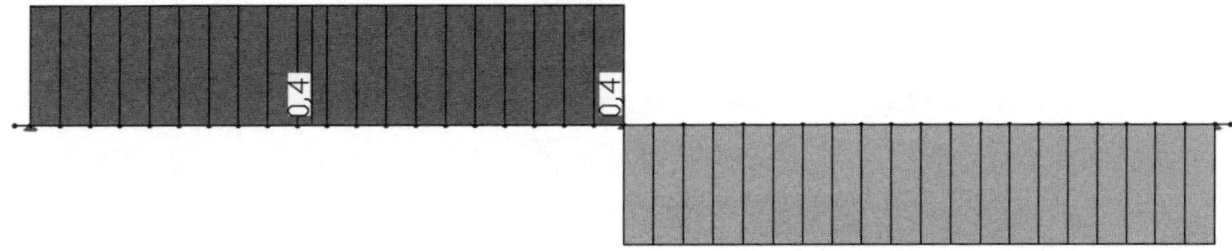

LF 211: Kriechen (Betonierlast)
Schnittgrößen Qz, 0,18 [kN] =
Wertebereich (Gesamtsystem, min/max): -0,44/0,44 [kN]

Abbildung 54 Querkräfte $V_{z,k}$ [kN] infolge Kriechen (Abbinden & Ausschalen)

Kriechen infolge Ausbaulasten

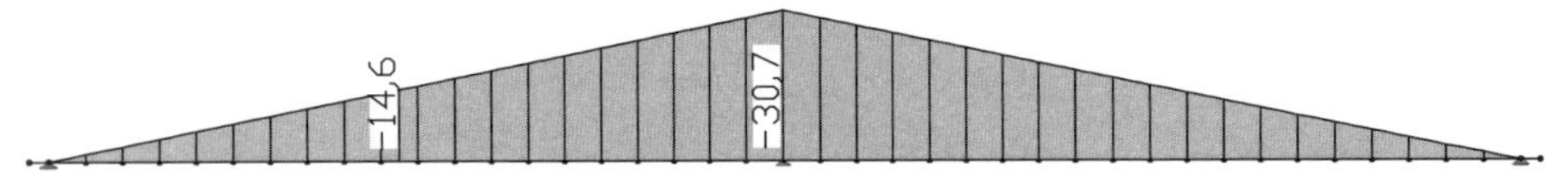

LF 210: Kriechen (Ausbaulasten)
Schnittgrößen My. 12,64 [kNm] =
Wertebereich (Gesamtsystem, min/max): -30,73/0,00 [kNm]

Abbildung 55 Biegemoment $M_{y,k}$ [kNm] infolge Kriechen (Ausbaulasten)

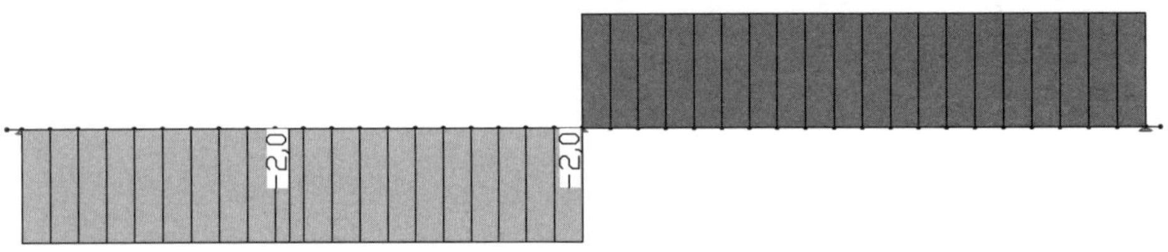

LF 210: Kriechen (Ausbaulasten)
Schnittgrößen Qz. 0,84 [kN] =
Wertebereich (Gesamtsystem, min/max): -2,05/2,05 [kN]

Abbildung 56 Querkräfte $V_{z,k}$ [kN] infolge Kriechen (Ausbaulasten)

Schwinden t = 28 d

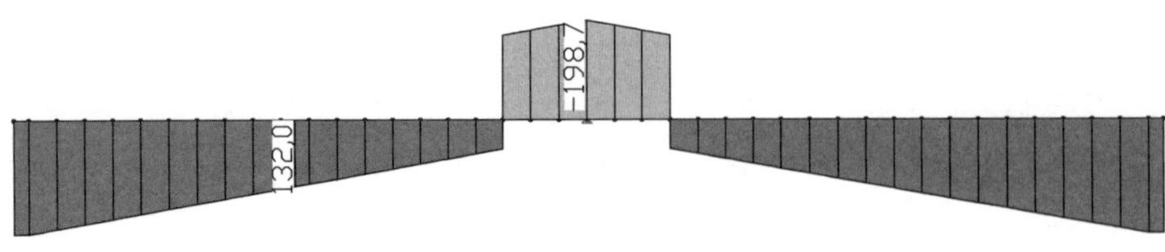

LFK 180: Schwinden t=28d Gesamt
Schnittgrößen min,max My. 93,16 [kNm] =
Wertebereich (Gesamtsystem, min/max): -198,73/226,40 [kNm]

Abbildung 57 Biegemoment $M_{y,k}$ [kNm] infolge Schwinden t = 28 d

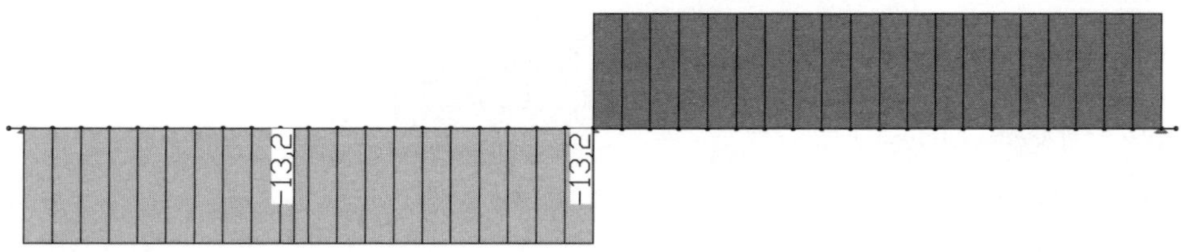

Abbildung 58 Querkräfte $V_{z,k}$ [kN] infolge Schwinden t = 28 d

Abbildung 59 Normalkräfte N_k [kN] infolge Schwinden t = 28 d

Schwinden t = ∞

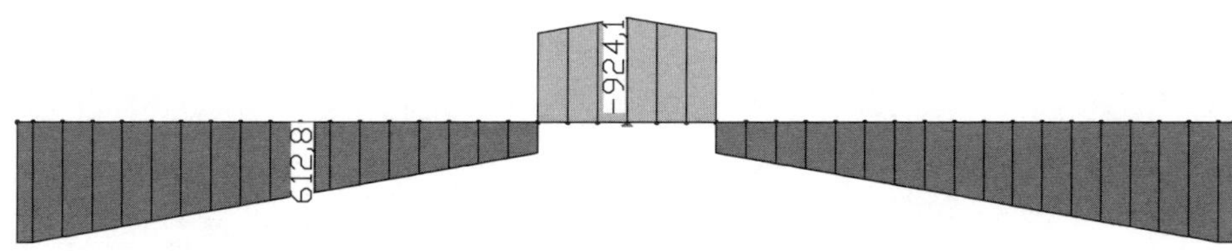

Abbildung 60 Biegemoment $M_{y,k}$ [kNm] infolge Schwinden t = ∞

LFK 190: Schwinden t=unendlich Gesamt
Schnittgrößen min,max Qz. 25,35 [kN] =
Wertebereich (Gesamtsystem, min/max): -61,61/61,61 [kN]

Abbildung 61 Querkräfte $V_{z,k}$ [kN] infolge Schwinden t = ∞

LFK 190: Schwinden t=unendlich Gesamt
Schnittgrößen min,max Nx. 1431,15 [kN] =
Wertebereich (Gesamtsystem, min/max): -3478,00/0,00 [kN]

Abbildung 62 Normalkräfte N_k [kN] infolge Schwinden t = ∞

2.3.1.3 Verkehrslasten

Lastmodell 1 - UDL

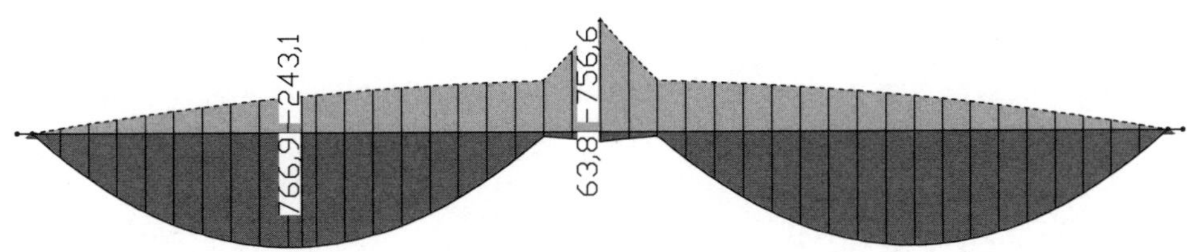

LFK 110: UDL Gesamt
Schnittgrößen min,max My. 316,24 [kNm] =
Wertebereich (Gesamtsystem, min/max): -756,61/768,53 [kNm]

Abbildung 63 Biegemoment $M_{y,k}$ [kNm] infolge LM1 - UDL

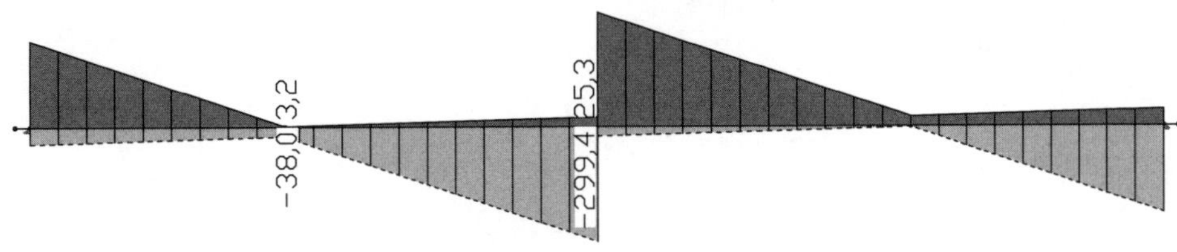

LFK 110: UDL Gesamt
Schnittgrößen min,max Qz. 123,22 [kN] =
Wertebereich (Gesamtsystem, min/max): -299,44/299,44 [kN]

Abbildung 64 Querkräfte $V_{z,k}$ [kN] infolge LM1 - UDL

Lastmodell 1 - TS

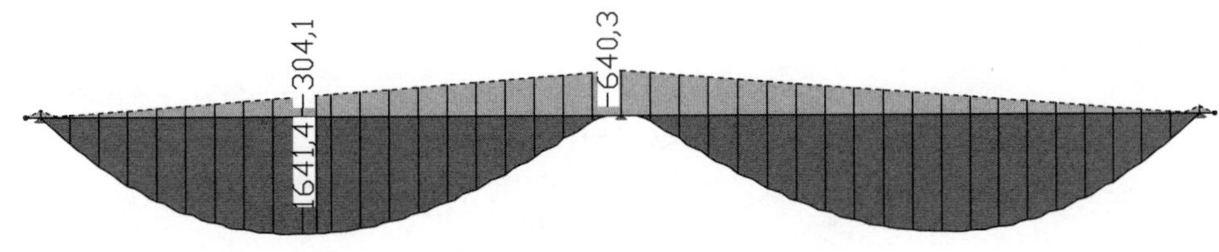

LFK 100: TS Gesamt
Schnittgrößen min,max My. 680,21 [kNm] =
Wertebereich (Gesamtsystem, min/max): -640,25/1653,06 [kNm]

Abbildung 65 Biegemoment $M_{y,k}$ [kNm] infolge LM1 - TS

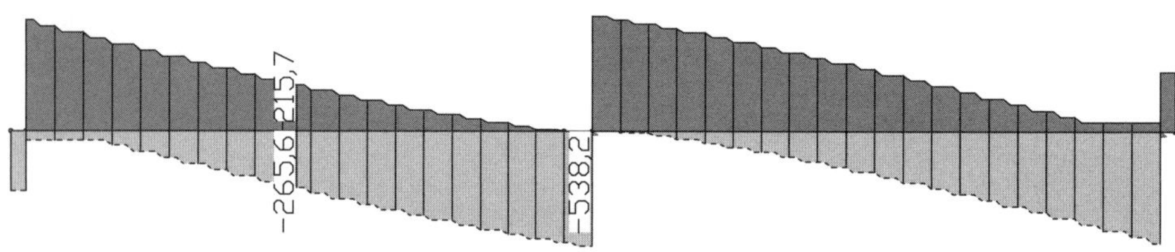

LFK 100: TS Gesamt
Schnittgrößen min,max Qz. 221,46 [kN] =
Wertebereich (Gesamtsystem, min/max): −538,18/538,18 [kN]

Abbildung 66 Querkräfte $V_{z,k}$ [kN] infolge LM1 - TS

Lastmodell 1 – Anfahren und Bremsen

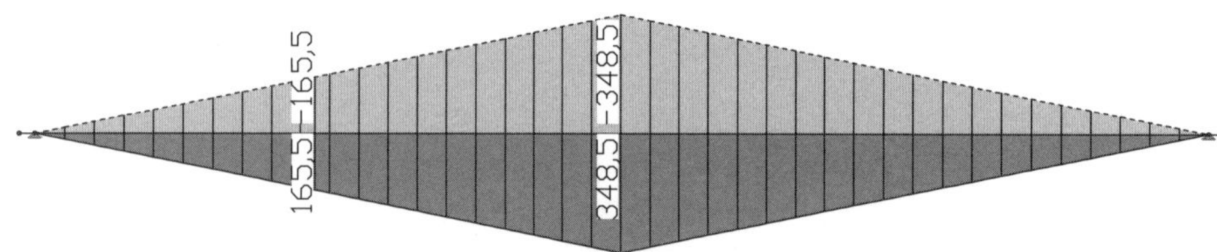

LFK 120: Anfahren + Bremsen Gesamt
Schnittgrößen min,max My. 143,38 [kNm] =
Wertebereich (Gesamtsystem, min/max): −348,45/348,45 [kNm]

Abbildung 67 Biegemoment $M_{y,k}$ [kNm] infolge Anfahren und Bremsen

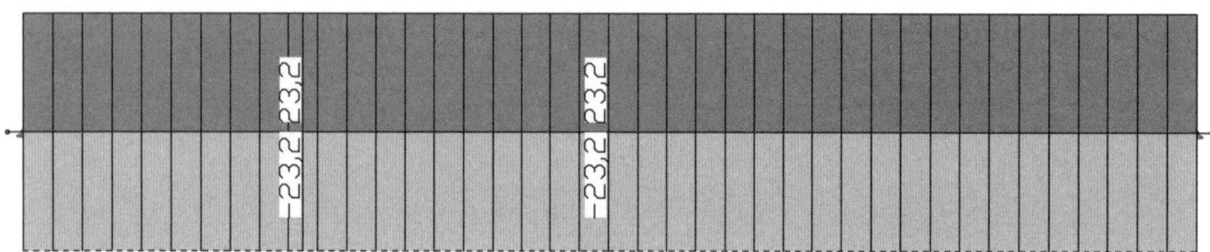

LFK 120: Anfahren + Bremsen Gesamt
Schnittgrößen min,max Qz. 9,56 [kN] =
Wertebereich (Gesamtsystem, min/max): −23,23/23,23 [kN]

Abbildung 68 Querkräfte $V_{z,k}$ [kN] infolge Anfahren und Bremsen

LFK 120: Anfahren + Bremsen Gesamt
Schnittgrößen min,max Nx. 97,87 [kN] =
Wertebereich (Gesamtsystem, min/max): -241,78/241,78 [kN]

Abbildung 69 Normalkräfte N_k [kN] infolge Anfahren und Bremsen

<u>Lastmodell 3</u>

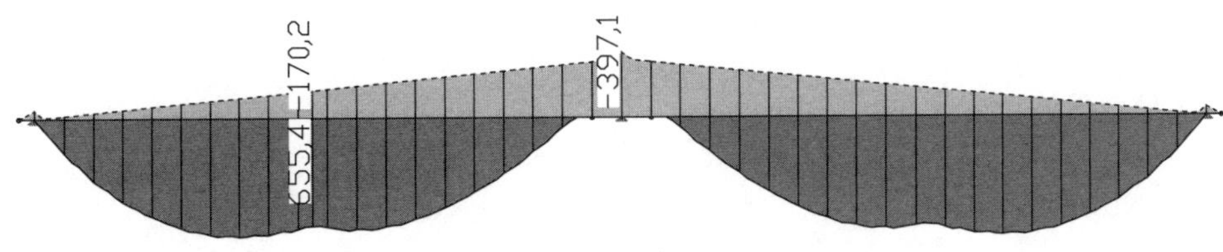

LFK 170: LM 3 Gesamt
Schnittgrößen min,max My. 296,75 [kNm] =
Wertebereich (Gesamtsystem, min/max): -397,11/721,18 [kNm]

Abbildung 70 Biegemoment $M_{y,k}$ [kNm] infolge Lastmodell 3

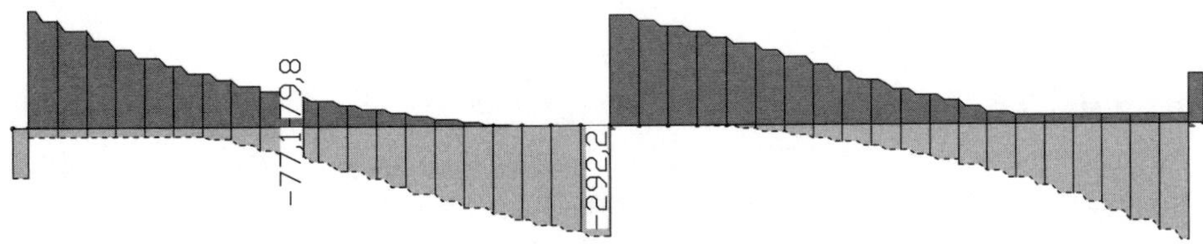

LFK 170: LM 3 Gesamt
Schnittgrößen min,max Qz. 127,11 [kN] =
Wertebereich (Gesamtsystem, min/max): -308,91/308,91 [kN]

Abbildung 71 Querkräfte $V_{z,k}$ [kN] infolge Lastmodell 3

2.3.1.4 Temperatureinwirkungen

Nachfolgend werden die resultierenden Schnittkräfte infolge von Temperatureinwirkungen ausgegeben. Darin enthalten sind die konstanten sowie die linear veränderlichen Anteile. Des Weiteren wurde bereits die Überlagerung dieser beiden Anteile berücksichtigt.

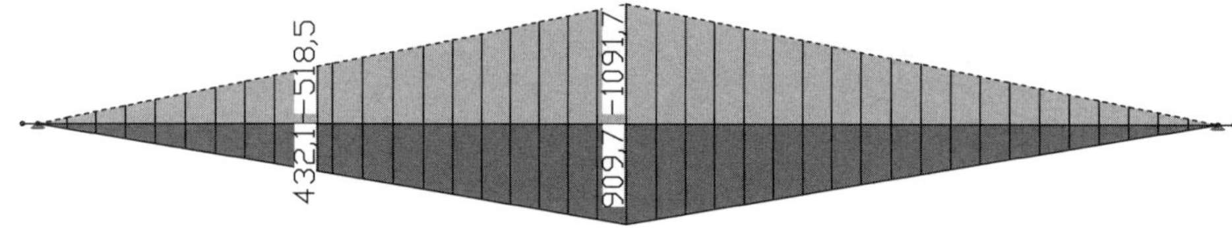

LFK 130: Temperatur Gesamt
Schnittgrößen min,max My. 449,21 [kNm] =
Wertebereich (Gesamtsystem, min/max): -1091,68/909,73 [kNm]

Abbildung 72 Biegemoment $M_{y,k}$ [kNm] infolge Temperatur

LFK 130: Temperatur Gesamt
Schnittgrößen min,max Qz. 29,95 [kN] =
Wertebereich (Gesamtsystem, min/max): -72,78/72,78 [kN]

Abbildung 73 Querkräfte $V_{z,k}$ [kN] infolge Temperatur

2.3.1.5 Wahrscheinliche und mögliche Baugrundbewegungen

Nachfolgend werden die Schnittgrößen für die wahrscheinliche Baugrundbewehrung mit Δs_W = 1,0 cm ausgegeben. Die Schnittgrößen für die mögliche Baugrundbewegung mit Δs_M = 2,0 cm können durch entsprechende Multiplikation ermittelt werden.

Wahrscheinliche Stützensenkung t = 28 d

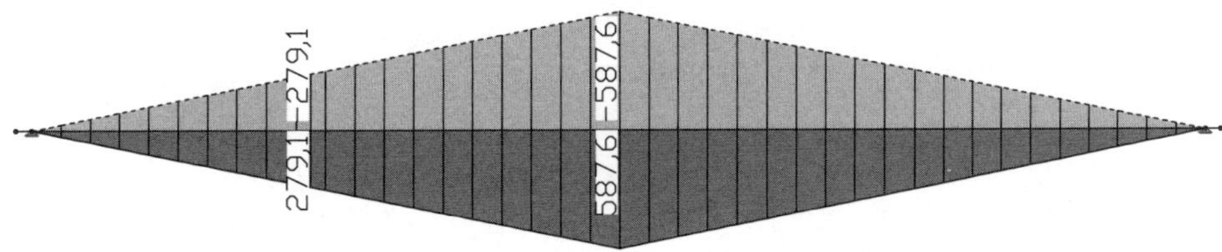

LFK 150: Stützensenkung 10 mm t=28d Gesamt
Schnittgrößen min,max My. 241,80 [kNm] =
Wertebereich (Gesamtsystem, min/max): −587,62/587,62 [kNm]

Abbildung 74 Biegemoment $M_{y,k}$ [kNm] infolge Stützensenkung t = 28 d

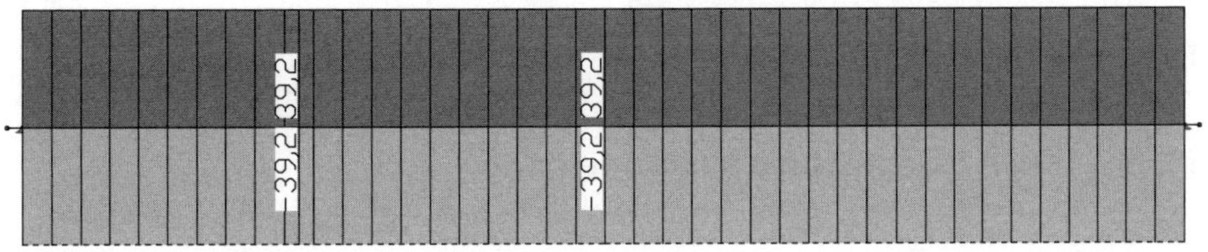

LFK 150: Stützensenkung 10 mm t=28d Gesamt
Schnittgrößen min,max Qz. 16,12 [kN] =
Wertebereich (Gesamtsystem, min/max): −39,17/39,17 [kN]

Abbildung 75 Querkräfte $V_{z,k}$ [kN] infolge Stützensenkung t = 28 d

Kriechen infolge wahrscheinlicher Stützensenkung

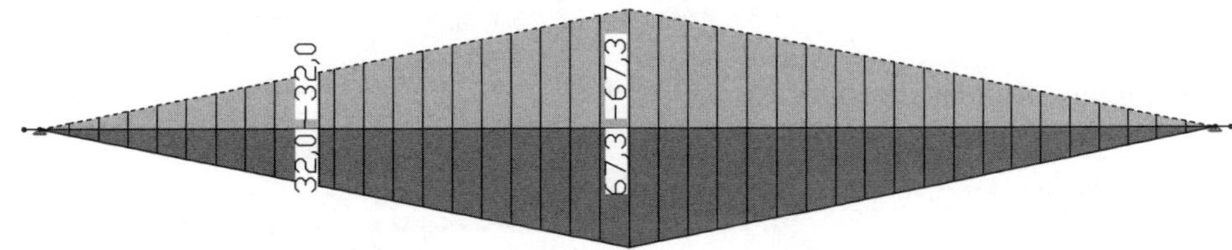

LFK 200: Kriechen Stützensenkung Gesamt
Schnittgrößen min,max My. 27,71 [kNm] =
Wertebereich (Gesamtsystem, min/max): −67,34/67,34 [kNm]

Abbildung 76 Biegemoment $M_{y,k}$ [kNm] infolge Kriechen (Stützensenkung)

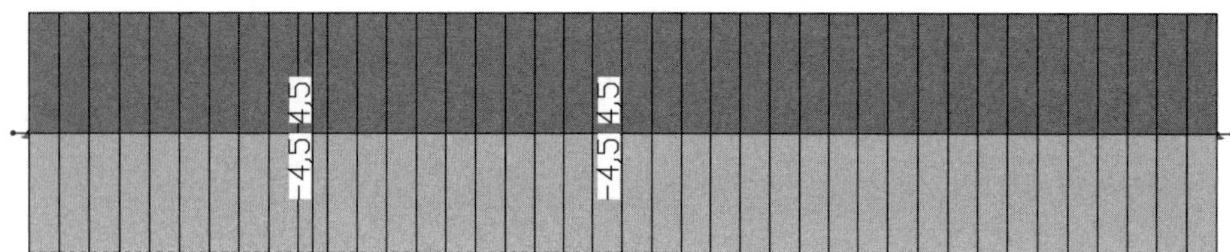

LFK 200: Kriechen Stützensenkung Gesamt
Schnittgrößen min,max Qz. 1,85 [kN] =
Wertebereich (Gesamtsystem, min/max): -4,49/4,49 [kN]

Abbildung 77 Querkräfte $V_{z,k}$ [kN] infolge Kriechen (Stützensenkung)

Wahrscheinliche Stützensenkung t = ∞

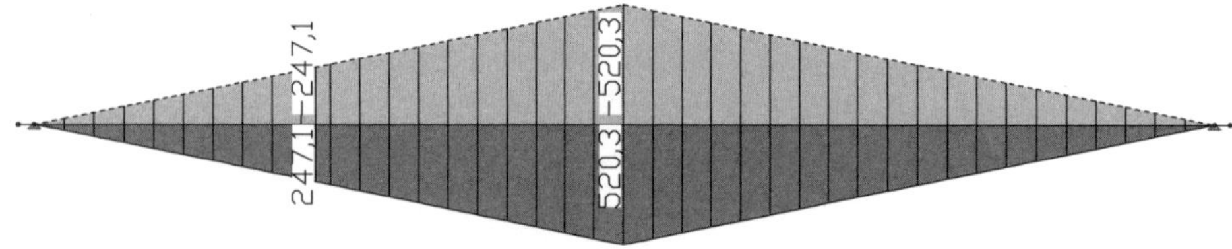

LFK 160: Stützensenkung 10 mm t=unendlich Gesamt
Schnittgrößen min,max My. 214,09 [kNm] =
Wertebereich (Gesamtsystem, min/max): -520,28/520,28 [kNm]

Abbildung 78 Biegemoment $M_{y,k}$ [kNm] infolge Stützensenkung t = ∞

LFK 160: Stützensenkung 10 mm t=unendlich Gesamt
Schnittgrößen min,max Qz. 14,27 [kN] =
Wertebereich (Gesamtsystem, min/max): -34,69/34,69 [kN]

Abbildung 79 Querkräfte $V_{z,k}$ [kN] infolge Stützensenkung t = ∞

2.3.1.6 Windeinwirkungen

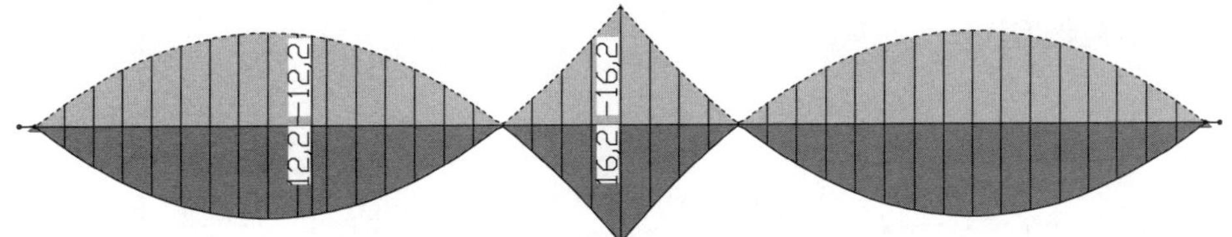

LFK 140: Wind Gesamt
Schnittgrößen min,max My. 6,65 [kNm] =
Wertebereich (Gesamtsystem, min/max): -16,16/16,16 [kNm]

Abbildung 80 Biegemoment $M_{y,k}$ [kNm] infolge Windeinwirkung mit Verkehr

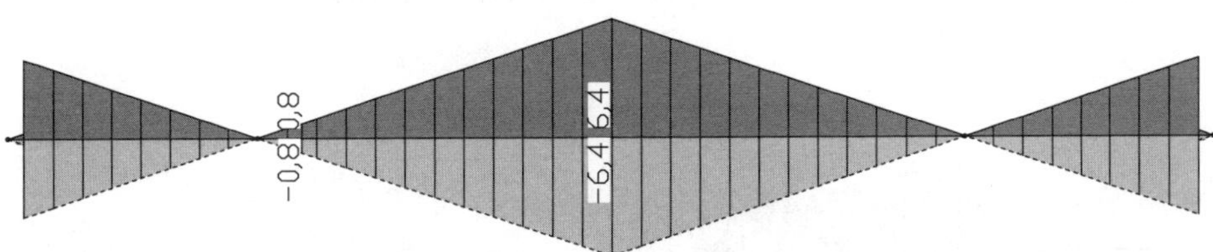

LFK 140: Wind Gesamt
Schnittgrößen min,max Qz. 2,63 [kN] =
Wertebereich (Gesamtsystem, min/max): -6,40/6,40 [kN]

Abbildung 81 Querkräfte $V_{z,k}$ [kN] infolge Windeinwirkung mit Verkehr

2.3.1.7 Außergewöhnliche Einwirkungen

Fahrzeuge auf Fuß- und Radwegen

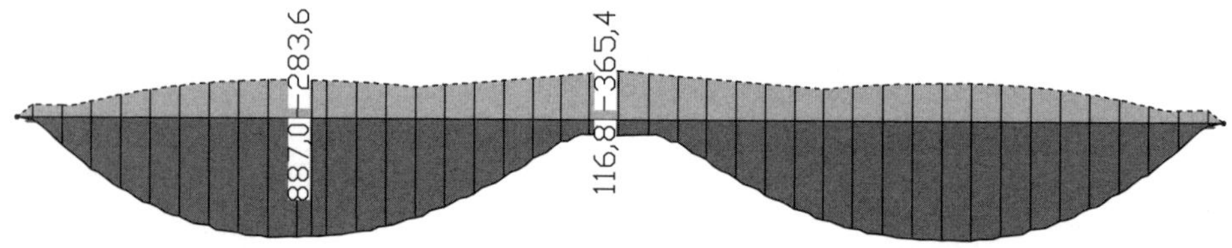

Abbildung 82 Biegemoment $M_{y,k}$ [kNm] infolge Fahrzeug auf Fuß- und Radweg

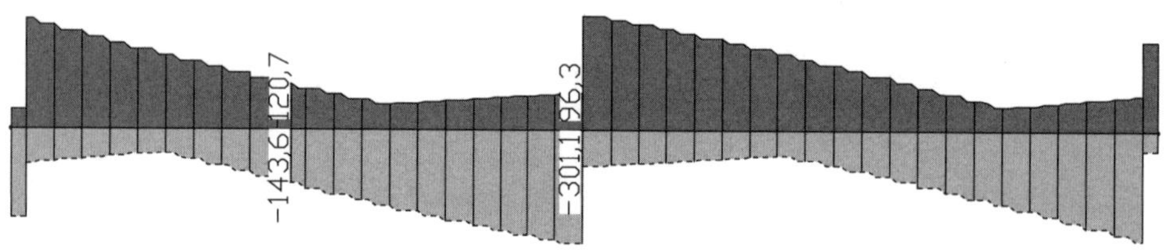

Abbildung 83 Querkräfte $V_{z,k}$ [kN] infolge Fahrzeug auf Fuß- und Radweg

Anpralllasten auf Schramborde

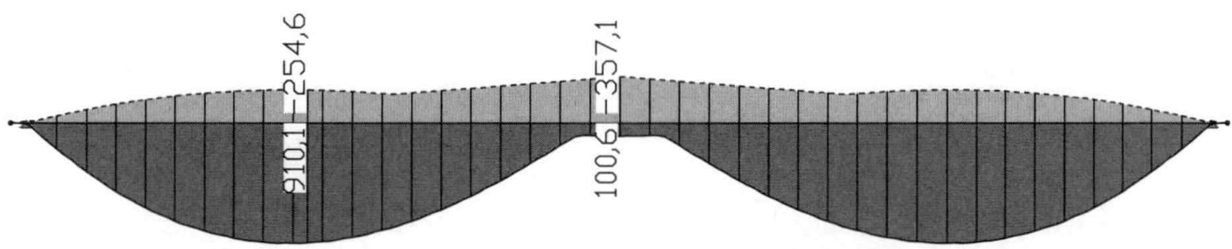

Abbildung 84 Biegemoment $M_{y,k}$ [kNm] infolge Anprall auf Schramborde

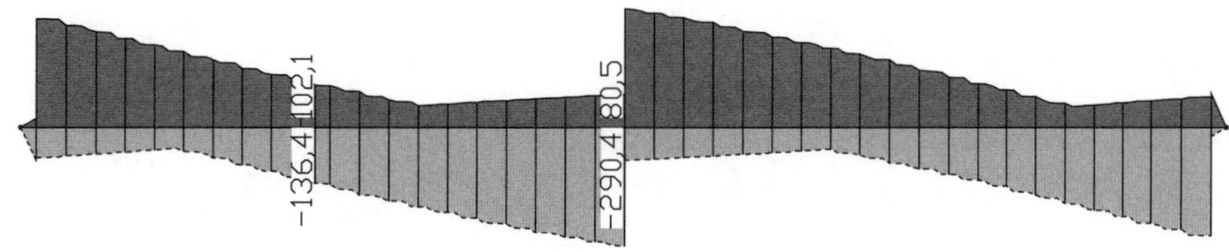

Abbildung 85 Querkräfte $V_{z,k}$ [kN] infolge Anprall auf Schramborde

2.3.2 Lastfallkombinationen

Nachfolgend werden die Überlagerungsschnittgrößen der einzelnen Kombinationen in den verschiedenen Grenzzuständen ausgegeben.

2.3.2.1 Ständige und vorübergehende Bemessungskombination

t = 28 d

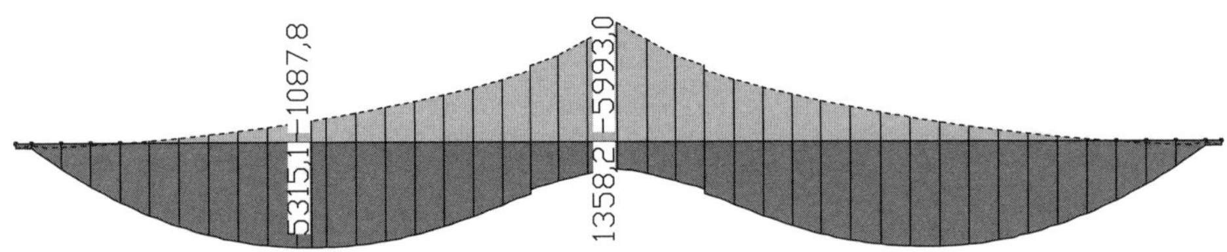

LFK 500: GZT t=28d Gesamt
Schnittgrößen min,max My. 2466,04 [kNm] =
Wertebereich (Gesamtsystem, min/max): −5993,00/5316,74 [kNm]

Abbildung 86 Biegemoment $M_{y,d}$ [kNm] ständig und vorübergehend t = 28 d

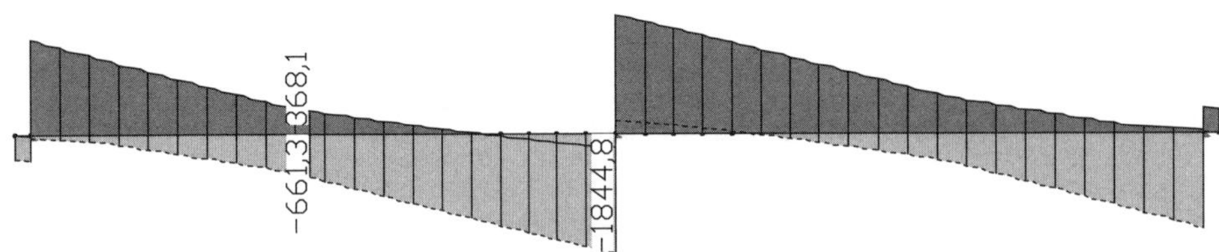

LFK 500: GZT t=28d Gesamt
Schnittgrößen min,max Qz. 759,11 [kN] =
Wertebereich (Gesamtsystem, min/max): −1844,79/1844,79 [kN]

Abbildung 87 Querkräfte $V_{z,d}$ [kN] ständig und vorübergehend t = 28 d

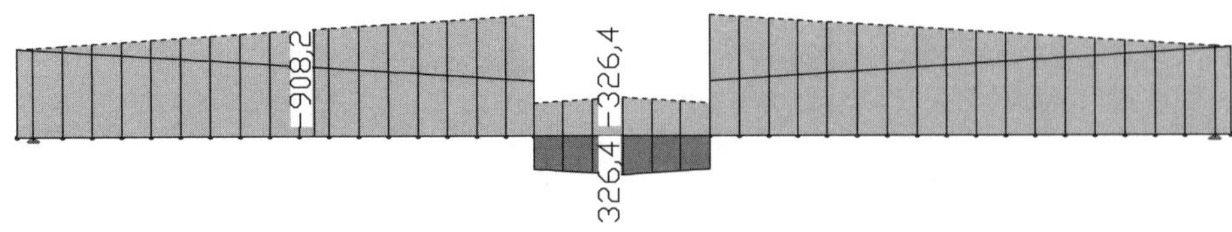

LFK 500: GZT t=28d Gesamt
Schnittgrößen min,max Nx. 415,90 [kN] =
Wertebereich (Gesamtsystem, min/max): −1027,41/326,40 [kN]

Abbildung 88 Normalkräfte $N_{,d}$ [kN] ständig und vorübergehend t = 28 d

t = ∞

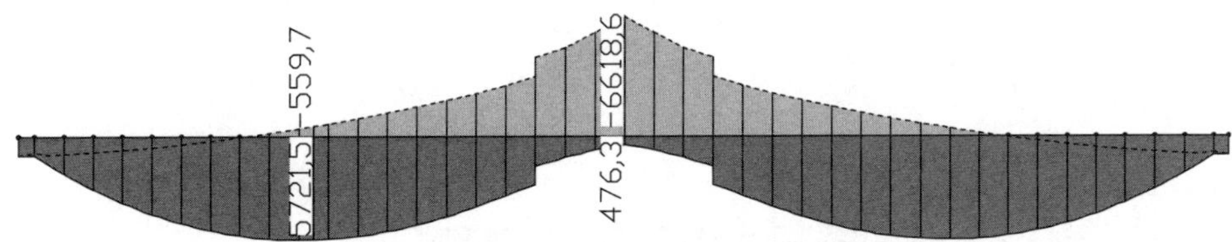

Abbildung 89 Biegemoment $M_{y,d}$ [kNm] ständig und vorübergehend t = ∞

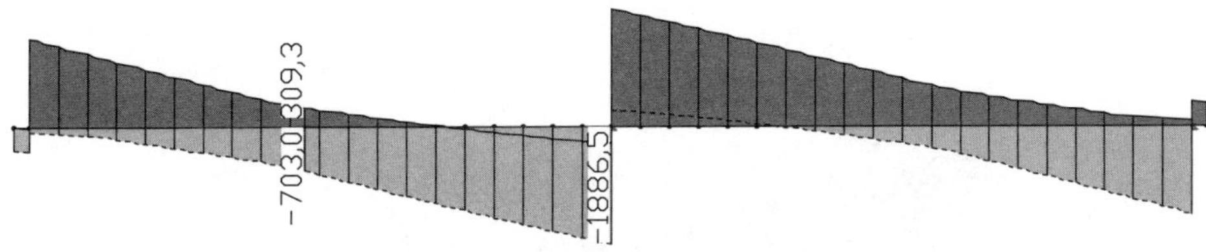

Abbildung 90 Querkräfte $V_{z,d}$ [kN] ständig und vorübergehend t = ∞

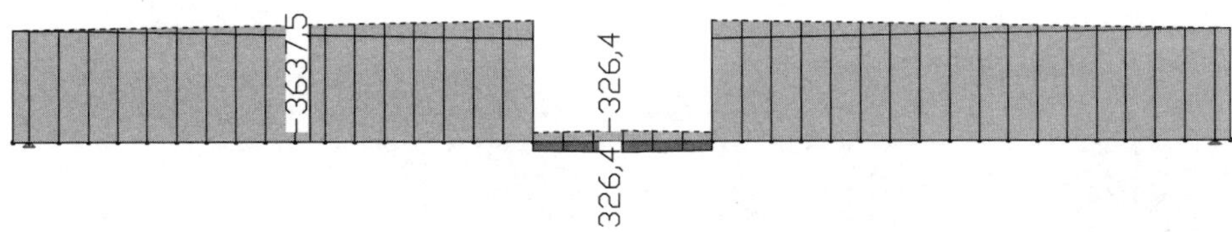

Abbildung 91 Normalkräfte N_d [kN] ständig und vorübergehend t = ∞

2.3.2.3 Außergewöhnliche Bemessungssituation

t = 28 d

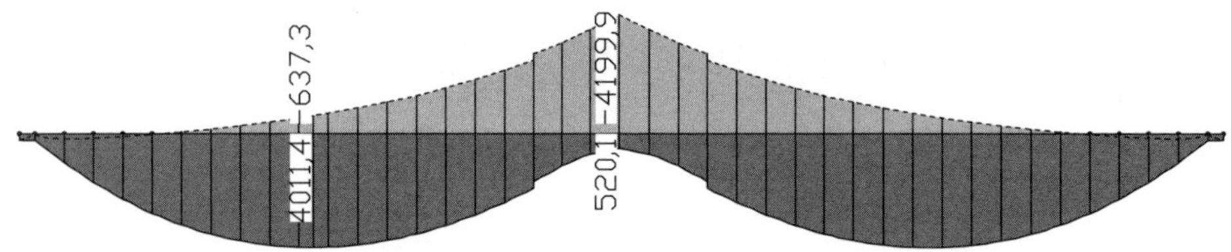

LFK 700: Außergewöhnlich t=28d Gesamt
Schnittgrößen min,max My. 1728,21 [kNm] =
Wertebereich (Gesamtsystem, min/max): -4199,93/4011,37 [kNm]

Abbildung 92 Biegemoment $M_{y,d}$ [kNm] außergewöhnlich t = 28 d

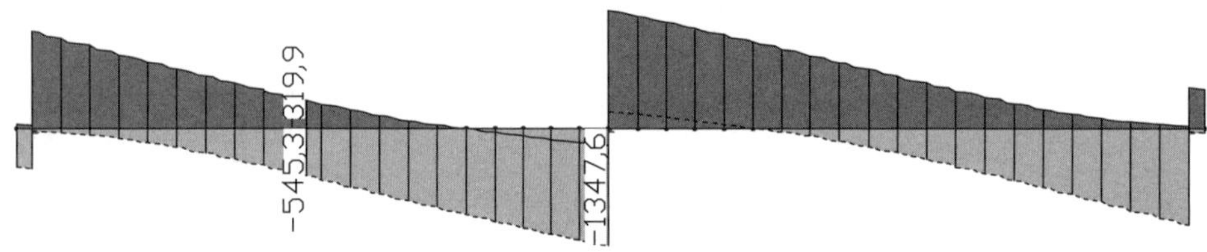

LFK 700: Außergewöhnlich t=28d Gesamt
Schnittgrößen min,max Qz. 554,51 [kN] =
Wertebereich (Gesamtsystem, min/max): -1347,57/1347,57 [kN]

Abbildung 93 Querkräfte $V_{z,d}$ [kN] außergewöhnlich t = 28 d

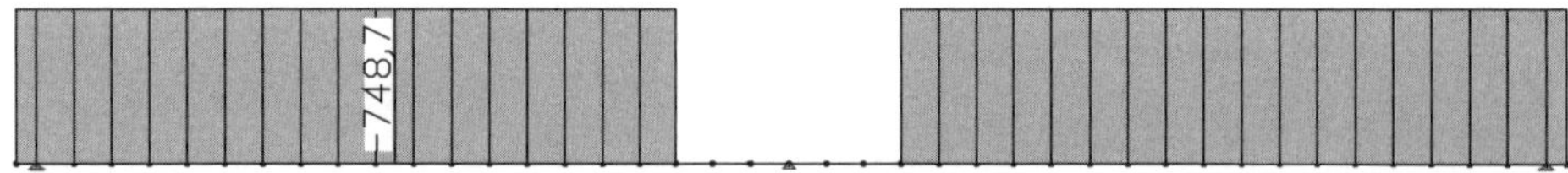

LFK 700: Außergewöhnlich t=28d Gesamt
Schnittgrößen min,max Nx. 303,07 [kN] =
Wertebereich (Gesamtsystem, min/max): -748,70/0,00 [kN]

Abbildung 94 Normalkräfte N_d [kN] außergewöhnlich t = 28 d

t = ∞

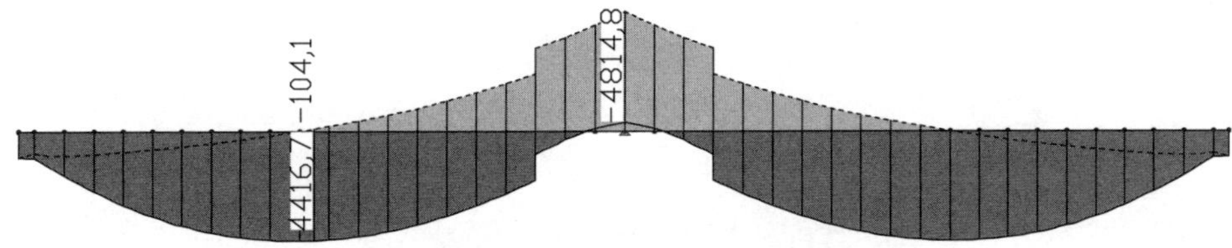

-104,1
-4814,8
4416,7
LFK 800: Außergewöhnlich t=unendlich Gesamt
Schnittgrößen min,max My. 1981,24 [kNm] =
Wertebereich (Gesamtsystem, min/max): -4814,83/4430,04 [kNm]

Abbildung 95 Biegemoment $M_{y,d}$ [kNm] außergewöhnlich t = ∞

260,9
-586,3
-1388,6
LFK 800: Außergewöhnlich t=unendlich Gesamt
Schnittgrößen min,max Qz. 571,38 [kN] =
Wertebereich (Gesamtsystem, min/max): -1388,57/1388,57 [kN]

Abbildung 96 Querkräfte $V_{z,d}$ [kN] außergewöhnlich t = ∞

-3478,0
LFK 800: Außergewöhnlich t=unendlich Gesamt
Schnittgrößen min,max Nx. 1407,89 [kN] =
Wertebereich (Gesamtsystem, min/max): -3478,00/0,00 [kN]

Abbildung 97 Normalkräfte N_d [kN] außergewöhnlich t = ∞

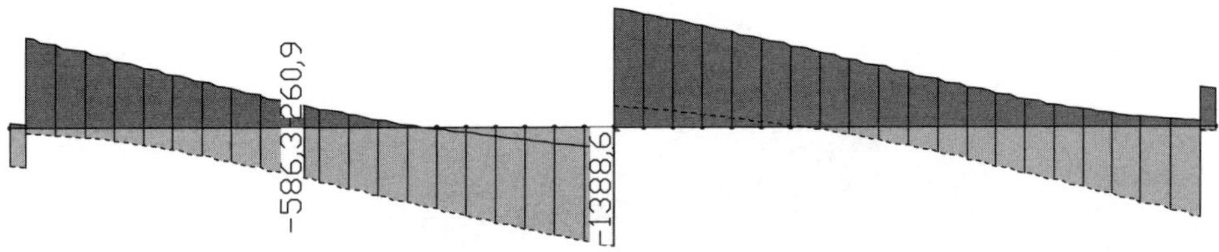

2.3.2.3 Grundkombination für Ermüdung

t = 28 d

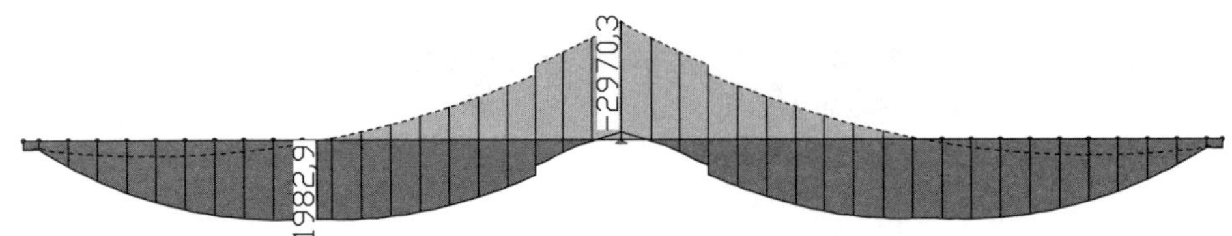

LFK 1700: GK Ermüdung t=28d Gesamt
Schnittgrößen min,max My. 1222,26 [kNm] =
Wertebereich (Gesamtsystem, min/max): −2970,35/2007,49 [kNm]

Abbildung 98 Biegemoment $M_{y,d}$ [kNm] Grundkombination Ermüdung t = 28 d

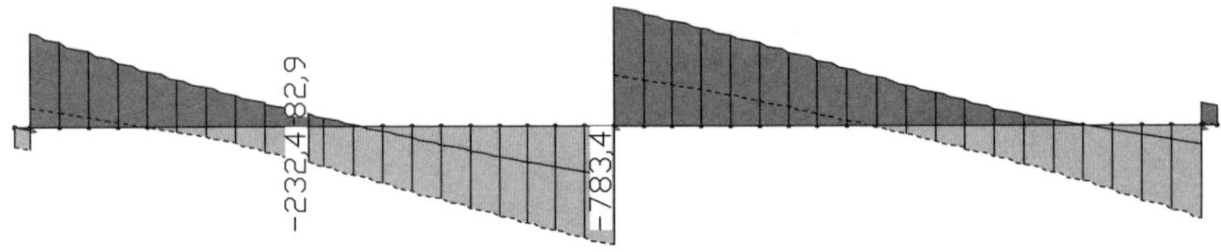

LFK 1700: GK Ermüdung t=28d Gesamt
Schnittgrößen min,max Qz. 322,37 [kN] =
Wertebereich (Gesamtsystem, min/max): −783,42/783,42 [kN]

Abbildung 99 Querkräfte $V_{z,d}$ [kN] Grundkombination Ermüdung t = 28 d

LFK 1700: GK Ermüdung t=28d Gesamt
Schnittgrößen min,max Nx. 303,07 [kN] =
Wertebereich (Gesamtsystem, min/max): −748,70/0,00 [kN]

Abbildung 100 Normalkräfte N_d [kN] Grundkombination Ermüdung t = 28 d

t = ∞

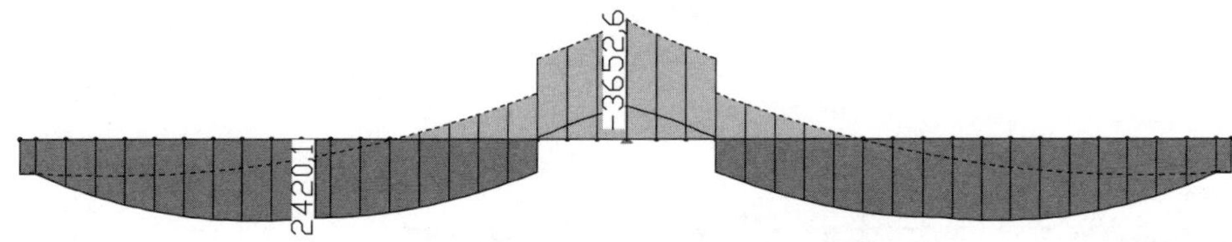

LFK 1800: GK Ermüdung t=unendlich Gesamt
Schnittgrößen min,max My. 1502,99 [kNm] =
Wertebereich (Gesamtsystem, min/max): -3652,58/2507,31 [kNm]

Abbildung 101 Biegemoment $M_{y,d}$ [kNm] Grundkombination Ermüdung t = ∞

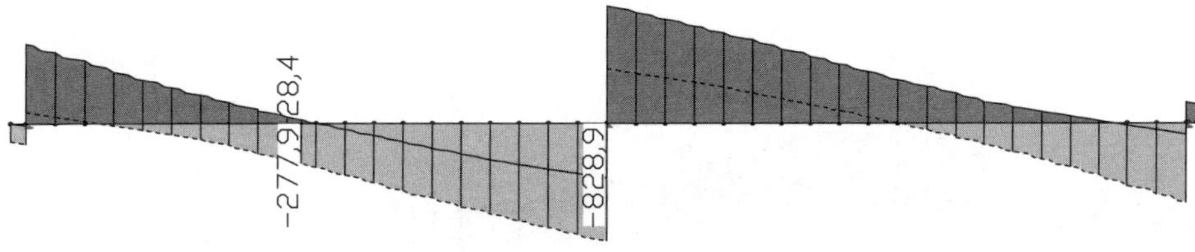

LFK 1800: GK Ermüdung t=unendlich Gesamt
Schnittgrößen min,max Qz. 341,08 [kN] =
Wertebereich (Gesamtsystem, min/max): -828,91/828,91 [kN]

Abbildung 102 Querkräfte $V_{z,d}$ [kN] Grundkombination Ermüdung t = ∞

LFK 1800: GK Ermüdung t=unendlich Gesamt
Schnittgrößen min,max Nx. 1407,89 [kN] =
Wertebereich (Gesamtsystem, min/max): -3478,00/0,00 [kN]

Abbildung 103 Normalkräfte N_d [kN] Grundkombination Ermüdung t = ∞

2.3.2.4 Charakteristische Kombination

t = 28 d

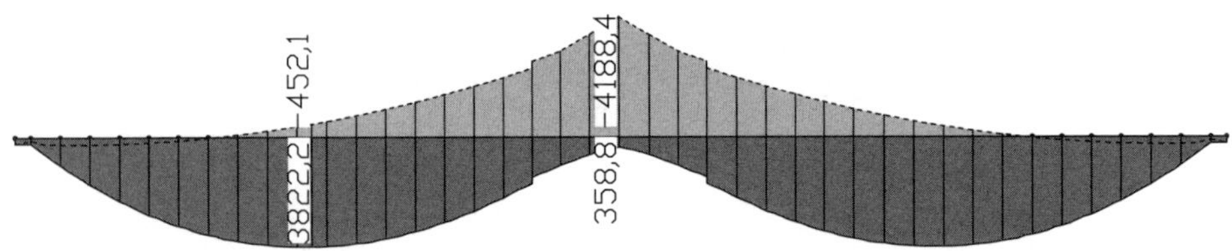

LFK 900: GZG charakteristisch t=28d Gesamt
Schnittgrößen min,max My. 1723,48 [kNm] =
Wertebereich (Gesamtsystem, min/max): -4188,43/3824,34 [kNm]

Abbildung 104 Biegemoment $M_{y,d}$ [kNm] charakteristisch t = 28 d

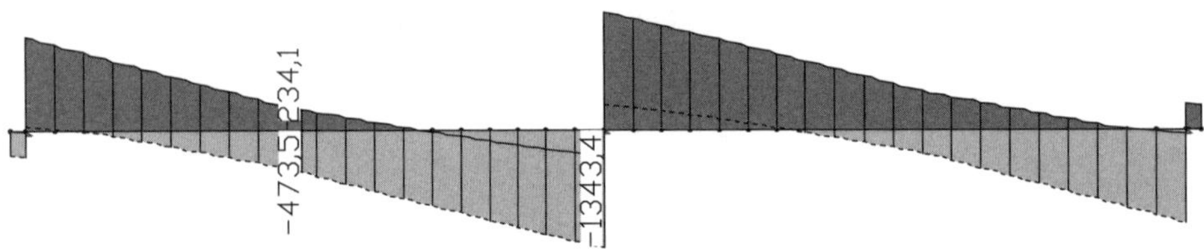

LFK 900: GZG charakteristisch t=28d Gesamt
Schnittgrößen min,max Qz. 552,78 [kN] =
Wertebereich (Gesamtsystem, min/max): -1343,38/1343,38 [kN]

Abbildung 105 Querkräfte $V_{z,d}$ [kN] charakteristisch t = 28 d

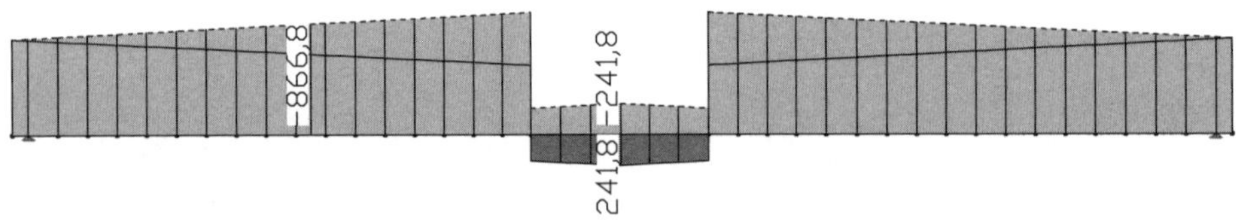

LFK 900: GZG charakteristisch t=28d Gesamt
Schnittgrößen min,max Nx. 386,65 [kN] =
Wertebereich (Gesamtsystem, min/max): -955,16/241,78 [kN]

Abbildung 106 Normalkräfte N_d [kN] charakteristisch t = 28 d

t = ∞

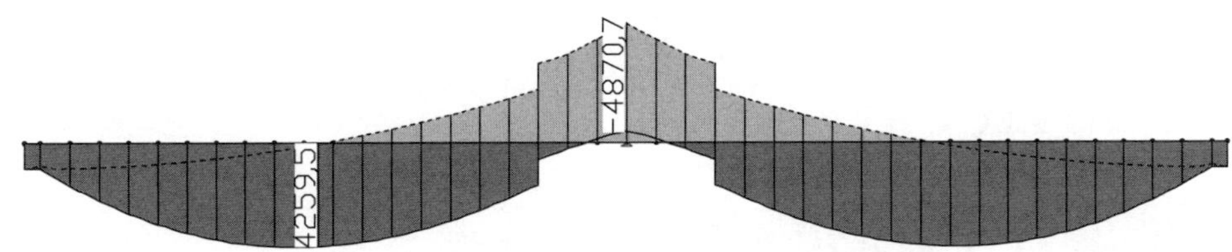

LFK 1000: GZG charakteristisch t=unendlich Gesamt
Schnittgrößen min,max My. 2004,21 [kNm] =
Wertebereich (Gesamtsystem, min/max): −4870,66/4284,89 [kNm]

Abbildung 107 Biegemoment $M_{y,d}$ [kNm] charakteristisch t = ∞

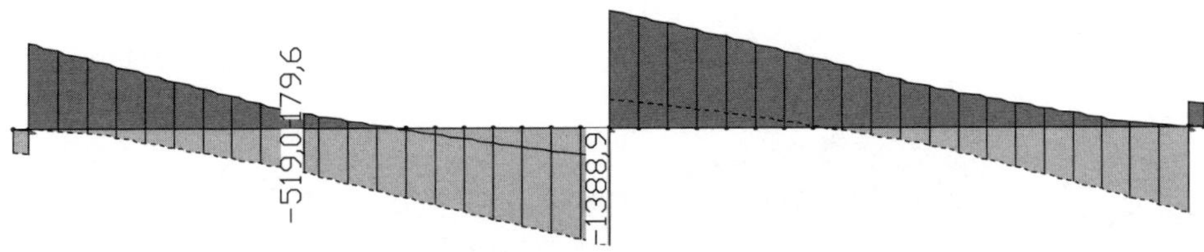

LFK 1000: GZG charakteristisch t=unendlich Gesamt
Schnittgrößen min,max Qz. 571,50 [kN] =
Wertebereich (Gesamtsystem, min/max): −1388,86/1388,86 [kN]

Abbildung 108 Querkräfte $V_{z,d}$ [kN] charakteristisch t = ∞

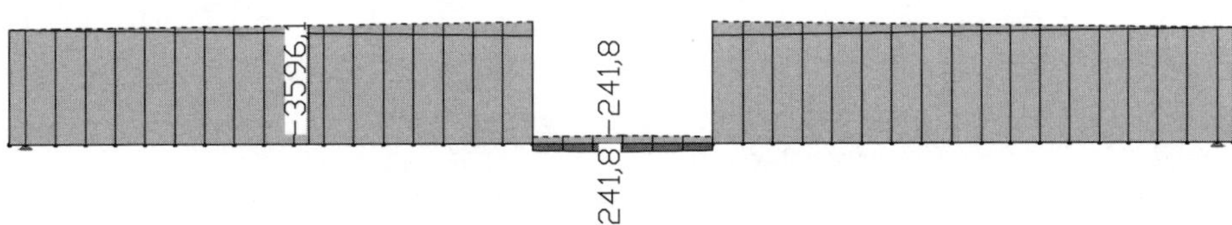

LFK 1000: GZG charakteristisch t=unendlich Gesamt
Schnittgrößen min,max Nx. 1491,46 [kN] =
Wertebereich (Gesamtsystem, min/max): −3684,46/241,78 [kN]

Abbildung 109 Normalkräfte N_d [kN] charakteristisch t = ∞

2.3.2.5 Häufige Kombination

t = 28 d

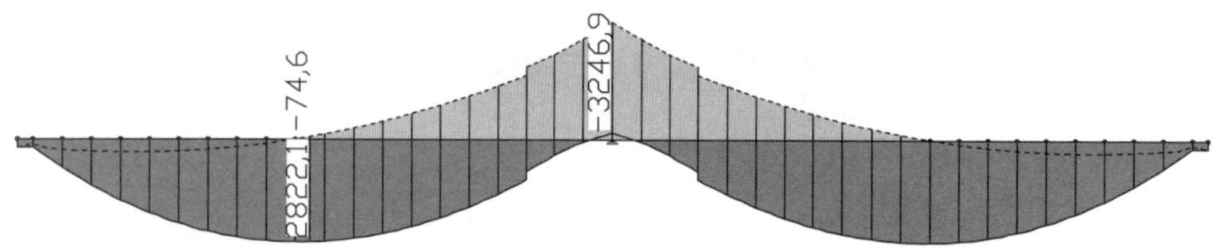

LFK 1100: GZG häufig t=28d Gesamt
Schnittgrößen min,max My. 1336,05 [kNm] =
Wertebereich (Gesamtsystem, min/max): -3246,90/2825,71 [kNm]

Abbildung 110 Biegemoment $M_{y,d}$ [kNm] häufig t = 28 d

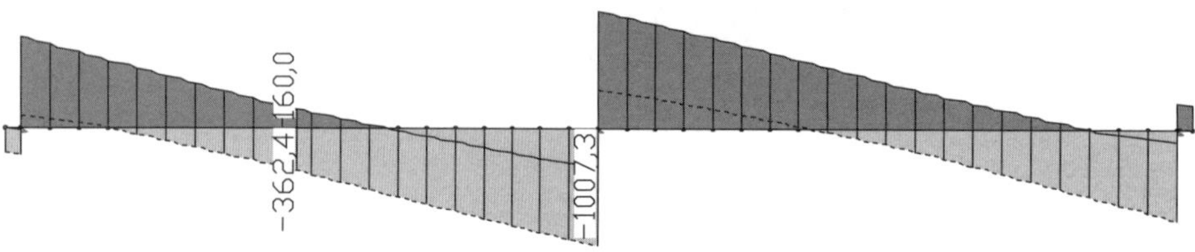

LFK 1100: GZG häufig t=28d Gesamt
Schnittgrößen min,max Qz. 414,50 [kN] =
Wertebereich (Gesamtsystem, min/max): -1007,33/1007,33 [kN]

Abbildung 111 Querkräfte $V_{z,d}$ [kN] häufig t = 28 d

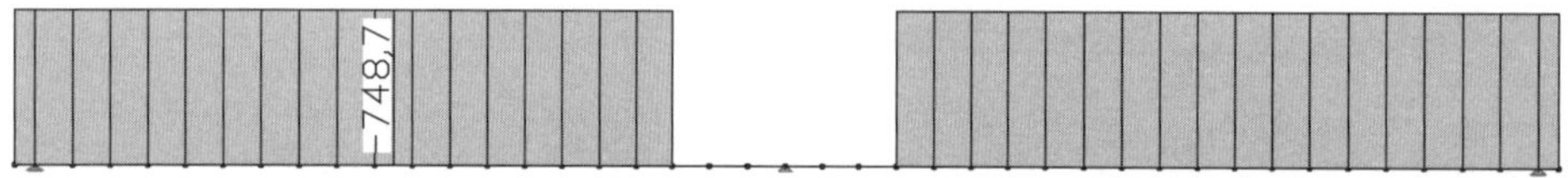

LFK 1100: GZG häufig t=28d Gesamt
Schnittgrößen min,max Nx. 303,07 [kN] =
Wertebereich (Gesamtsystem, min/max): -748,70/0,00 [kN]

Abbildung 112 Normalkräfte N_d [kN] häufig t = 28 d

t = ∞

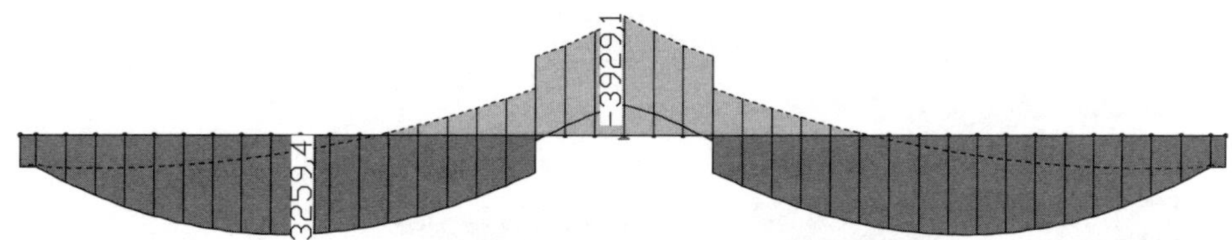

LFK 1200: GZG häufig t=unendlich Gesamt
Schnittgrößen min,max My. 1616,78 [kNm] =
Wertebereich (Gesamtsystem, min/max): -3929,13/3301,37 [kNm]

Abbildung 113 Biegemoment $M_{y,d}$ [kNm] häufig t = ∞

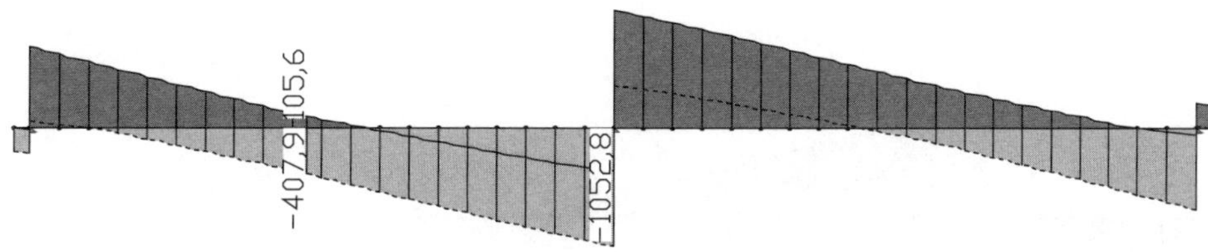

LFK 1200: GZG häufig t=unendlich Gesamt
Schnittgrößen min,max Qz. 433,22 [kN] =
Wertebereich (Gesamtsystem, min/max): -1052,81/1052,82 [kN]

Abbildung 114 Querkräfte $V_{z,d}$ [kN] häufig t = ∞

LFK 1200: GZG häufig t=unendlich Gesamt
Schnittgrößen min,max Nx. 1407,89 [kN] =
Wertebereich (Gesamtsystem, min/max): -3478,00/0,00 [kN]

Abbildung 115 Normalkräfte N_d [kN] häufig t = ∞

2.3.2.6 Quasi-ständige Kombination

t = 28 d

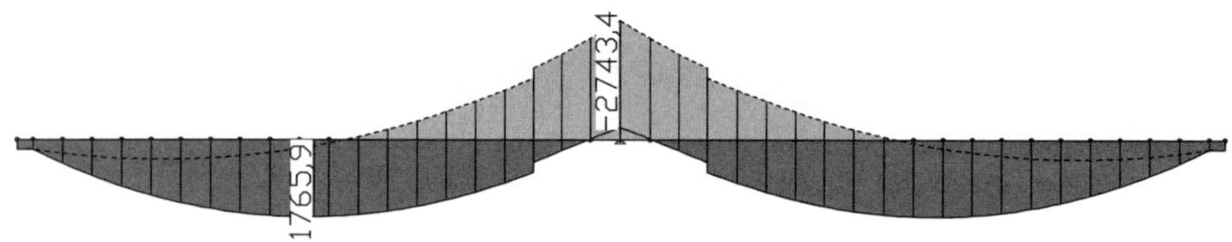

LFK 1300: GZG quasi-ständig t=28d Gesamt
Schnittgrößen min,max My. 1128,89 [kNm] =
Wertebereich (Gesamtsystem, min/max): -2743,44/1766,90 [kNm]

Abbildung 116 Biegemoment $M_{y,d}$ [kNm] quasi-ständig t = 28 d

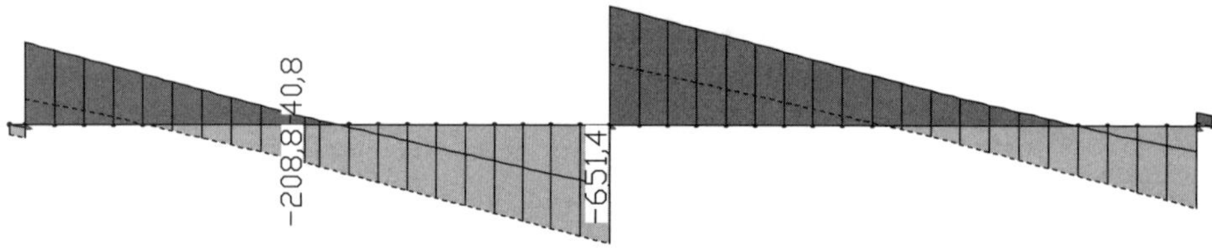

LFK 1300: GZG quasi-ständig t=28d Gesamt
Schnittgrößen min,max Qz. 268,06 [kN] =
Wertebereich (Gesamtsystem, min/max): -651,44/651,44 [kN]

Abbildung 117 Querkräfte $V_{z,d}$ [kN] quasi-ständig t = 28 d

LFK 1300: GZG quasi-ständig t=28d Gesamt
Schnittgrößen min,max Nx. 303,07 [kN] =
Wertebereich (Gesamtsystem, min/max): -748,70/0,00 [kN]

Abbildung 118 Normalkräfte N_d [kN] quasi-ständig t = 28 d

<u>t = ∞</u>

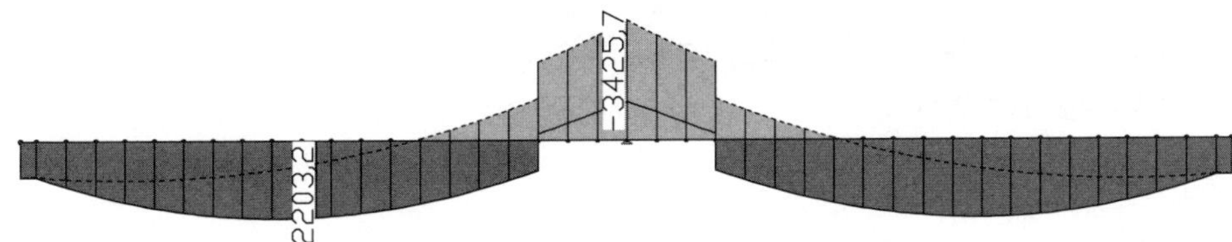

LFK 1400: GZG quasi-ständig t=unendlich Gesamt
Schnittgrößen min,max My. 1409,62 [kNm] =
Wertebereich (Gesamtsystem, min/max): –3425,67/2239,73 [kNm]

Abbildung 119 Biegemoment $M_{y,d}$ [kNm] quasi-ständig t = ∞

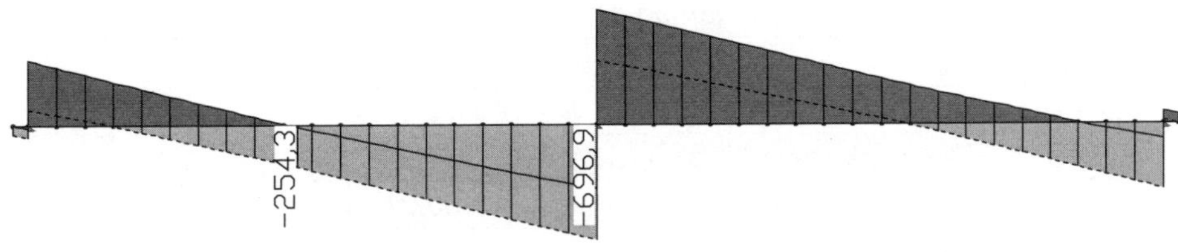

LFK 1400: GZG quasi-ständig t=unendlich Gesamt
Schnittgrößen min,max Qz. 286,78 [kN] =
Wertebereich (Gesamtsystem, min/max): –696,93/696,93 [kN]

Abbildung 120 Querkräfte $V_{z,d}$ [kN] quasi-ständig t = ∞

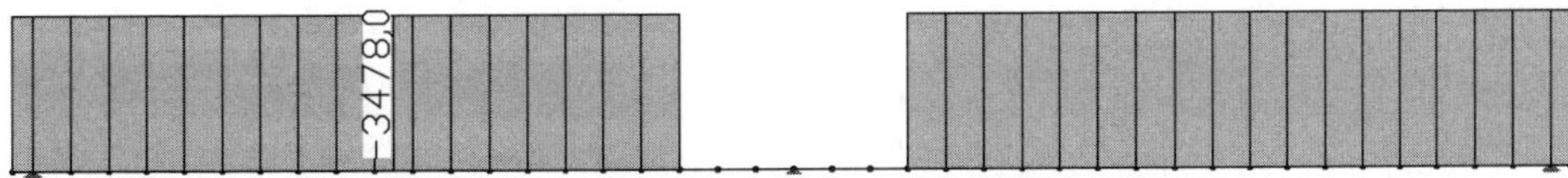

LFK 1400: GZG quasi-ständig t=unendlich Gesamt
Schnittgrößen min,max Nx. 1407,89 [kN] =
Wertebereich (Gesamtsystem, min/max): –3478,00/0,00 [kN]

Abbildung 121 Normalkräfte N_d [kN] quasi-ständig t = ∞

2.3.3 Schnittgrößen an den Bemessungspunkten

Nachfolgend werden die Einzel- und Überlagerungsschnittgrößen für die bemessungsrelevanten Punkte im Feldbereich sowie an der Mittelstütze tabellarisch ausgegeben.

2.3.3.1 Schnittgrößen der Einzellastfälle

Die Einzelschnittgrößen für den maßgebenden Bereich im Feld (rd. 7,0 Meter von Achse 10 bzw. Achse 30) werden nachfolgend tabellarisch ausgegeben.

Tabelle 23 Schnittgrößen der Einzellastfälle im Feld

Lastfall	Nr.	max N_k [kN]	min N_k [kN]	max $M_{y,k}$ [kNm]	min $M_{y,k}$ [kNm]	max $V_{z,k}$ [kN]	min $V_{z,k}$ [kN]
Schnittgrößen des Stahlträgerquerschnitts							
Eigengewicht Stahlträger	LF1	0	0	67,5	67,5	-6,9	-6,9
Betonierlast	LF2	0	0	378,5	378,5	-38,5	-38,5
Schnittgrößen des Verbundträgerquerschnitts							
Abbinden und Ausschalen	LF 3	0	0	-56,9	-56,9	3,7	3,7
Kriechen infolge Abbinden und Ausschalen	LF 211	0	0	3,1	3,1	0,4	0,4
Ausbaulasten	LF 4	0	0	267,9	267,9	-17,6	-17,6
Kriechen infolge Ausbaulasten	LF 210	0	0	-14,6	-14,6	-2,0	-2,0
Schwinden t = 28 d	LK180	-748,7	-748,7	132,0	132,0	-13,2	-13,2
Schwinden t = ∞	LK 190	-3478,0	-3478,0	612,8	612,8	-61,6	-61,6
Lastmodell 1 - UDL	LK 110	0	0	766,9	-243,1	3,2	-38,0
Lastmodell 1 - TS	LK 100	0	0	1641,4	-304,1	215,7	-265,6
Anfahren und Bremsen	LK 120	118,1	-118,1	165,5	-165,5	23,2	-23,2
Lastmodell 3	LK 170	0	0	655,4	-170,2	79,8	-77,1
Temperatureinwirkungen	LK 130	0	0	432,1	-518,5	60,6	-72,8
Wahrscheinliche Stützensenkung t = 28 d	LK 150	0	0	279,1	-279,1	39,2	-39,2
Kriechen infolge wahrsch. Stützensenkung	LK 200	0	0	32,0	-32,0	4,5	-4,5
Wahrscheinliche Stützensenkung t = ∞	LK 160	0	0	247,1	-247,1	34,7	-34,7
Windeinwirkungen (mit Verkehr)	LK 140	0	0	12,2	-12,2	0,8	-0,8
Fahrzeug auf Gehweg	LK 300	0	0	887,0	-283,6	120,7	-143,6
Anprall auf Schramborde	LK 310	0	0	910,1	-254,6	102,1	-136,4
Verkehrslastgruppen							
gr1a	LK400	0	0	2408,3	-547,2	218,9	-303,6
gr2	LK410	118,1	-118,1	1703,3	-490,8	186,3	-237,6
gr6	LK420	59,1	-59,1	1286,9	-356,4	121,0	-163,4

Die Einzelschnittgrößen für den Stützbereich in Achse 20 sind nachfolgend tabellarisch zusammengefasst.

Tabelle 24 Schnittgrößen der Einzellastfälle am Mittelauflager

Lastfall	Nr.	max N_k [kN]	min N_k [kN]	max $M_{y,k}$ [kNm]	min $M_{y,k}$ [kNm]	max $V_{z,k}$ [kN]	min $V_{z,k}$ [kN]
Schnittgrößen des Stahlträgerquerschnitts							
Eigengewicht Stahlträger	LF1	0	0	-129,2	-129,2	-43,1	-43,1
Betonierlast	LF2	0	0	-724,6	-724,6	-241,7	-241,7
Schnittgrößen des Verbundträgerquerschnitts							
Abbinden und Ausschalen	LF 3	0	0	74,9	74,9	29,7	29,7
Kriechen infolge Abbinden und Ausschalen	LF 211	0	0	6,5	6,5	0,4	0,4
Ausbaulasten	LF 4	0	0	-353,0	-353,0	-140,1	-140,1
Kriechen infolge Ausbaulasten	LF 210	0	0	-30,7	-30,7	-2,0	-2,0
Schwinden t = 28 d	LK180	0	0	-198,7	-198,7	-13,2	-13,2
Schwinden t = ∞	LK 190	0	0	-924,1	-924,1	-61,6	-61,6
Lastmodell 1 - UDL	LK 110	0	0	63,8	-756,6	25,3	-299,4
Lastmodell 1 - TS	LK 100	0	0	0	-640,3	0	-538,2
Anfahren und Bremsen	LK 120	241,8	-241,8	348,5	-348,5	23,2	-23,2
Lastmodell 3	LK 170	0	0	0	-397,1	0	-292,2
Temperatureinwirkungen	LK 130	0	0	909,7	-1091,7	60,6	-72,8
Wahrscheinliche Stützensenkung t = 28 d	LK 150	0	0	587,6	-587,6	39,2	-39,2
Kriechen infolge wahrsch. Stützensenkung	LK 200	0	0	67,3	-67,3	4,5	-4,5
Wahrscheinliche Stützensenkung t = ∞	LK 160	0	0	520,3	-520,3	34,7	-34,7
Windeinwirkungen (mit Verkehr)	LK 140	0	0	16,2	-16,2	6,4	6,4
Fahrzeug auf Gehweg	LK 300	0	0	116,8	-365,4	96,3	-301,1
Anprall auf Schramborde	LK 310	0	0	100,6	-357,1	80,5	-290,4
Verkehrslastgruppen							
gr1a	LK400	0	0	63,8	-1396,9	25,3	-837,6
gr2	LK410	241,8	-241,8	374,0	-1131,3	33,3	-546,6
gr6	LK420	120,9	-120,9	206,1	-872,7	24,2	-430,4

2.3.3.2 Bemessungsschnittgrößen im GZT inkl. Ermüdung

Die Schnittgrößen im Grenzzustand der Tragfähigkeit für den Bereich im Feld (rd. 7,0 Meter von Achse 10 bzw. Achse 30) werden nachfolgend tabellarisch ausgegeben.

Tabelle 25 Bemessungsschnittgrößen im GZT inkl. Ermüdung im Feld

Lastfall	LK-Nr.	max N_d [kN]	min N_d [kN]	max $M_{y,d}$ [kNm]	min $M_{y,d}$ [kNm]	max $V_{z,d}$ [kN]	min $V_{z,d}$ [kN]
Ständige und vorübergehende Bemessungssituation zum Zeitpunkt t = 28 d							
Gesamtschnittgröße	500	-589,2	-908,2	5315,1	-1087,8	368,1	-661,3
Anteil Stahlträgerquerschnitt	510	0	0	602,2	446,0	-45,4	-61,2
Anteil Verbundquerschnitt	520	-589,2	-908,2	4713,0	-1533,8	413,5	-600,1
Ständige und vorübergehende Bemessungssituation zum Zeitpunkt t = ∞							
Gesamtschnittgröße	600	-3318,5	-3637,5	5721,5	-559,7	309,3	-703
Anteil Stahlträgerquerschnitt	610	0	0	602,2	446,0	-45,4	-61,2
Anteil Verbundquerschnitt	620	-3318,5	-3637,5	5119,4	-1005,7	354,7	-641,8
Außergewöhnliche Bemessungssituation zum Zeitpunkt t = 28 d							
Gesamtschnittgröße	700	-748,7	-748,7	411,4	-673,3	319,9	-545,3
Anteil Stahlträgerquerschnitt	710	0	0	446,0	446,0	-45,4	-45,4
Anteil Verbundquerschnitt	720	-748,7	-748,7	3565,3	-1083,4	365,2	-499,9
Außergewöhnliche Bemessungssituation zum Zeitpunkt t = ∞							
Gesamtschnittgröße	800	-3478,0	-3478,0	4416,7	-104,1	260,9	-586,3
Anteil Stahlträgerquerschnitt	810	0	0	446,0	446,0	-45,4	-45,4
Anteil Verbundquerschnitt	820	-3478,0	-3478,0	3970,6	-550,1	306,3	-540,9
Grundkombination für Ermüdung zum Zeitpunkt t = 28 d							
Gesamtschnittgröße	1700	-748,7	-748,7	1982,9	26,6	82,9	-232,4
Anteil Stahlträgerquerschnitt	1710	0	0	446,0	446,0	-45,4	-45,4
Anteil Verbundquerschnitt	1720	-748,7	-748,7	1536,8	-417,4	-48,0	-498,7
Grundkombination für Ermüdung zum Zeitpunkt t = ∞							
Gesamtschnittgröße	1800	-3478,0	-3478,0	2420,1	529,9	28,4	-277,9
Anteil Stahlträgerquerschnitt	1810	0	0	446,0	446,0	-45,4	-45,4
Anteil Verbundquerschnitt	1820	-3478,0	-3478,0	1974,1	83,8	73,8	-232,5
Zyklischer Anteil aus LM 3 zum Zeitpunkt t = 28 d und t = ∞							
Gesamtschnittgröße	170	0	0	655,4	-170,2	79,8	-77,1
Anteil Stahlträgerquerschnitt	-	0	0	0	0	0	0
Anteil Verbundquerschnitt	170	0	0	655,4	-170,2	79,8	-77,1

Die Schnittgrößen im Grenzzustand der Tragfähigkeit für den Stützbereich in Achse 20 sind nachfolgend tabellarisch zusammengefasst.

Tabelle 26 Bemessungsschnittgrößen im GZT inkl. Ermüdung am Mittelauflager

Lastfall	LK-Nr.	max N_d [kN]	min N_d [kN]	max $M_{y,d}$ [kNm]	min $M_{y,d}$ [kNm]	max $V_{z,d}$ [kN]	min $V_{z,d}$ [kN]
Ständige und vorübergehende Bemessungssituation zum Zeitpunkt t = 28 d							
Gesamtschnittgröße	500	326,4	-326,4	1358,2	-5993,0	-209,1	-1844,8
Anteil Stahlträgerquerschnitt	510	0	0	-853,8	-1152,6	-284,8	-384,4
Anteil Verbundquerschnitt	520	326,4	-326,4	2212,0	-4840,4	75,7	-1460,4
Ständige und vorübergehende Bemessungssituation zum Zeitpunkt t = ∞							
Gesamtschnittgröße	600	326,4	-326,4	476,3	-6618,6	-267,9	-1886,5
Anteil Stahlträgerquerschnitt	610	0	0	-853,8	-1152,6	-284,8	-384,4
Anteil Verbundquerschnitt	620	326,4	-326,4	1330,0	-5466,0	16,9	-1502,1
Außergewöhnliche Bemessungssituation zum Zeitpunkt t = 28 d							
Gesamtschnittgröße	700	0	0	520,1	-4199,9	-192,3	-1347,6
Anteil Stahlträgerquerschnitt	710	0	0	-853,8	-853,8	-284,8	-284,8
Anteil Verbundquerschnitt	720	0	0	1373,8	-3346,1	-92,5	-1062,8
Außergewöhnliche Bemessungssituation zum Zeitpunkt t = ∞							
Gesamtschnittgröße	800	0	0	-364,2	-4814,8	-251,3	-1388,6
Anteil Stahlträgerquerschnitt	810	0	0	-853,8	-853,8	-284,8	-284,8
Anteil Verbundquerschnitt	820	0	0	489,6	-3961	33,5	-1103,8
Grundkombination für Ermüdung zum Zeitpunkt t = 28 d							
Gesamtschnittgröße	1700	0	0	-197,2	-2970,3	-332,8	-783,4
Anteil Stahlträgerquerschnitt	1710	0	0	-853,8	-853,8	-284,8	-284,8
Anteil Verbundquerschnitt	1720	0	0	656,6	-2116,6	-48,0	-498,7
Grundkombination für Ermüdung zum Zeitpunkt t = ∞							
Gesamtschnittgröße	1800	0	0	-1014,1	-3652,6	-387,3	-828,9
Anteil Stahlträgerquerschnitt	1810	0	0	-853,8	-853,8	-284,8	-284,8
Anteil Verbundquerschnitt	1820	0	0	-160,3	-2798,9	-102,5	-544,1
Zyklischer Anteil aus LM 3 zum Zeitpunkt t = 28 d und t = ∞							
Gesamtschnittgröße	170	0	0	0	-397,1	0	-292,2
Anteil Stahlträgerquerschnitt	-	0	0	0	0	0	0
Anteil Verbundquerschnitt	170	0	0	0	-397,1	0	-292,2

2.3.3.3 Bemessungsschnittgrößen im GZG

Die Schnittgrößen im Grenzzustand der Gebrauchstauglichkeit für den Bereich im Feld (rd. 7,0 Meter von Achse 10 bzw. Achse 30) werden nachfolgend tabellarisch ausgegeben.

Tabelle 27 Bemessungsschnittgrößen im GZG im Feld

Lastfall	LK-Nr.	max N_d [kN]	min N_d [kN]	max $M_{y,d}$ [kNm]	min $M_{y,d}$ [kNm]	max $V_{z,d}$ [kN]	min $V_{z,d}$ [kN]
Charakteristische Kombination zum Zeitpunkt t = 28 d							
Gesamtschnittgröße	900	-630,6	-866,8	3822,2	-452,1	234,1	-473,5
Anteil Stahlträgerquerschnitt	910	0	0	446,0	446,0	-45,4	-45,4
Anteil Verbundquerschnitt	920	3376,2	-898,1	279,4	-428,1	279,4	-428,1
Charakteristische Kombination zum Zeitpunkt t = ∞							
Gesamtschnittgröße	1000	-3359,9	-3596,1	4259,5	49,2	179,6	-519,0
Anteil Stahlträgerquerschnitt	1010	0	0	446,0	446,0	-45,4	-45,4
Anteil Verbundquerschnitt	1020	-3359,9	-3596,1	3813,5	-396,9	225,0	-473,6
Häufige Kombination zum Zeitpunkt t = 28 d							
Gesamtschnittgröße	1100	-748,7	-748,7	2822,1	-74,1	160,0	-362,4
Anteil Stahlträgerquerschnitt	1110	0	0	446,0	446,0	-45,4	-45,4
Anteil Verbundquerschnitt	1120	-748,7	-748,7	2376,1	-520,7	205,4	-317,1
Häufige Kombination zum Zeitpunkt t = ∞							
Gesamtschnittgröße	1200	-3478,0	-3478,0	3259,4	426,6	105,6	-407,9
Anteil Stahlträgerquerschnitt	1210	0	0	446,0	446,0	-45,4	-45,4
Anteil Verbundquerschnitt	1220	-3478	-3478	2813,3	-19,4	150,9	-362,6
Quasi-ständige Kombination zum Zeitpunkt t = 28 d							
Gesamtschnittgröße	1300	-748,7	-748,7	1765,9	141,3	40,8	-208,8
Anteil Stahlträgerquerschnitt	1310	0	0	446	446	-45,4	-45,4
Anteil Verbundquerschnitt	1320	-748,7	-748,7	1319,9	-304,8	86,1	-163,4
Quasi-ständige Kombination zum Zeitpunkt t = ∞							
Gesamtschnittgröße	1400	-3478,0	-3478,0	2203,2	642,5	-13,7	-254,3
Anteil Stahlträgerquerschnitt	1410	0	0	446	446	-45,4	-45,4
Anteil Verbundquerschnitt	1420	-3478	-3478	1757,2	196,5	31,7	-208,9

Die Schnittgrößen im Grenzzustand der Gebrauchstauglichkeit für den Stützbereich in Achse 20 sind nachfolgend tabellarisch zusammengefasst.

Tabelle 28 Bemessungsschnittgrößen im GZG am Mittelauflager

Lastfall	LK-Nr.	max N_d [kN]	min N_d [kN]	max $M_{y,d}$ [kNm]	min $M_{y,d}$ [kNm]	max $V_{z,d}$ [kN]	min $V_{z,d}$ [kN]
Charakteristische Kombination zum Zeitpunkt t = 28 d							
Gesamtschnittgröße	900	241,8	-241,8	358,8	-4188,4	-287,3	-1343,4
Anteil Stahlträgerquerschnitt	910	0	0	-853,8	-853,8	-284,8	-284,8
Anteil Verbundquerschnitt	920	241,8	-241,8	1212,6	-3334,6	-2,6	-1056,8
Charakteristische Kombination zum Zeitpunkt t = ∞							
Gesamtschnittgröße	1000	241,8	-241,8	-458,1	-4870,7	-341,8	-1388,9
Anteil Stahlträgerquerschnitt	1010	0	0	-853,8	-853,8	-284,8	-284,8
Anteil Verbundquerschnitt	1020	241,8	-241,8	395,6	-4016,9	-57,0	-1104,1
Häufige Kombination zum Zeitpunkt t = 28 d							
Gesamtschnittgröße	1100	0	0	-184,4	-3246,9	-327,7	-1007,3
Anteil Stahlträgerquerschnitt	1110	0	0	-853,8	-853,8	-284,8	-284,8
Anteil Verbundquerschnitt	1120	0	0	669,4	-2393,1	-43,0	-722,6
Häufige Kombination zum Zeitpunkt t = ∞							
Gesamtschnittgröße	1200	0	0	-1001,3	-3929,1	-382,2	-1052,8
Anteil Stahlträgerquerschnitt	1210	0	0	-853,8	-853,8	-284,8	-284,8
Anteil Verbundquerschnitt	1220	0	0	-147,5	-3075,3	-97,4	-768,1
Quasi-ständige Kombination zum Zeitpunkt t = 28 d							
Gesamtschnittgröße	1300	0	0	-275,4	-2743,4	-333,8	-651,4
Anteil Stahlträgerquerschnitt	1310	0	0	-853,8	-853,8	-284,8	-284,8
Anteil Verbundquerschnitt	1320	0	0	578,4	-1889,7	-49,0	-366,7
Quasi-ständige Kombination zum Zeitpunkt t = ∞							
Gesamtschnittgröße	1400	0	0	-1092,3	-3425,7	-388,3	-696,9
Anteil Stahlträgerquerschnitt	1410	0	0	-853,8	-853,8	-284,8	-284,8
Anteil Verbundquerschnitt	1420	0	0	-238,5	-2571,9	-103,5	-412,2

2.3.4 Ausgabe der Lagerlisten

Nachfolgend werden die Lagerlisten nach DIN EN 1990 Anhang NA.E ausgegeben. Die Lagerkräfte sowie die Lagerwege und -verdrehungen werden dabei direkt der elektronischen Berechnung entnommen.

Die zusätzlichen Wege in Längsrichtung in der Gleitebene der Lager infolge der Überbauverdrehung in den Auflagerachsen 10 und 30 wird händisch ermittelt und auf die vom Programm ermittelten Lagerwege aufaddiert.

Der maximale Abstand zwischen dem Schwerpunkt der Verbundquerschnitte und der Unterkante des unteren Flansches beträgt in den Achsen 10 und 30 $z_{a,fl,u}$ = 95,5 cm. Der Abstand zwischen der Gleitebene der Lager und der Unterkante des unteren Flansches wird mit 15 cm angenommen. Es ergibt sich somit ein Abstand zwischen dem Schwerpunkt des Verbundquerschnitts und der Gleitebene der Lager von z = 110,5 cm.

siehe Tabelle 4
$z_{a,fl,u}$ = 95,51 cm

Die Lagerverschiebungen in Querrichtung infolge der Belastungen aus Wind und Anprall auf die Schramborde werden an einem Ersatzsystem mit den Steifigkeiten der Fahrbahnplatte im Zustand I ermittelt.

Die Ermittlung der Verformungen infolge Temperatur erfolgte unter der Annahme, dass die mittlere Bauwerkstemperatur T_0 gemäß DIN EN 1990 NA.E.5.2.2 bei der Montage der Lager gemessen wird. ΔT_0 wurde deshalb mit 0 °C berücksichtigt. Die Aufstelltemperatur wurde zu T_0 = 10 °C angenommen.

Alternativ kann manuell eine Anpassung der zu erwartenden Verformungen infolge Temperatur erfolgen. Je Kelvin konstanter Temperaturänderung ergibt sich in der Lagerachse:

$$\Delta L_k = \alpha_T \cdot L = 1{,}2 \cdot 10^{-5} \cdot 15000 = \pm\, 0{,}18 \text{ mm je K}$$

α_T = $1{,}2 \cdot 10^{-5}$ je K
L = 15000 mm

Rückstellkräfte, die aus den ermittelten Horizontalverformungen des Lagers resultieren, wurden in den Lagertabellen nicht berücksichtigt.

Gleiches gilt für die nach ZTV-ING Teil 8 – Abschnitt 3 Kap. 2.3 (5) geforderte Lagereibung von mindestens 3 % der Vertikalkraft für die Bemessung der Unterbauten. Dieser Anteil ist nicht in den Lagertabellen enthalten.

Tabelle 29 Lagerliste Achse 10 und 30 / Lagerreihe 1 - Einzellastfälle

Tabelle NA.E1 - Lagerliste mit Angabe der charakteristischen Werte der Einzeleinwirkungen

Bauvorhaben:		Straßenbrücke bei Cavertitz	Diese Liste beinhaltet alle Reaktionen und Bewegungen im Endzustand. Werden Lager während der Bauphase eingebaut und überschreiten dann die Reaktionen und Bewegungen die Werte des Endzustandes, müssen die maßgebenden Werte im Bauzustand separat ausgewiesen werden.																
			Lagerreaktionen und Verformungen															
Lager Nr.:		Achse 10 und 30 / LR 1 querfestes Lager	N [kN]		V_x [kN]		V_y [kN]		M_x [kNm]		v_x [mm]		v_y [mm]		φ_x [mrad]		φ_y [mrad]	
			max	min	max	min	max	min	max	min	max	min	max	min	max	min	max	min
1.1	ständige Einwirkungen (G und P)	Eigengewicht	162,4		-		-		-		1,1		-		-		0,96	
1.2		Ausbaulast	99,4		-		-		-		0,2		-		-		0,21	
1.3		Kriechen	0,0	-1,6	-	-	-	-	-	-	0,0	0,0	-	-	-	-	0,04	0
1.4		Schwinden	-13,3	-61,6	-	-	-	-	-	-	1,2	0,3	-	-	-	-	2,68	0,58
2.1	veränderliche Einwirkungen (Q)	Verkehrslasten UDL	225,9	-44,1	-	-	-	-	-	-	0,7	-0,2	-	-	-	-	0,64	-0,22
2.2		Verkehrslasten TS	551,1	-42,7	-	-	-	-	-	-	1,2	-0,3	-	-	-	-	1,10	-0,28
2.3		Anfahren und Bremsen	23,2	-23,2	-	-	-	-	-	-	0,2	-0,2	-	-	-	-	0,15	-0,15
2.4		Zentrifugalkräfte	-	-	-	-	-	-	-	-	-	-	-	-	-	-	-	-
2.5		Ermüdungslastmodell 3	336,9	-23,9	-	-	-	-	-	-	0,7	-0,2	-	-	-	-	0,61	-0,16
2.6		Temperatur	60,7	-72,8	-	-	-	-	-	-	6,4	-6,1	-	-	-	-	0,76	-0,63
2.7		Wind mit Verkehr	4,5	-4,5	-	-	62,1	-62,1	-	-	0,0	0,0	-	-	-	-	0,01	-0,01
2.8		Baugrundbewehungen (10 mm)	39,2	-39,2	-	-	-	-	-	-	1,1	-1,1	-	-	-	-	0,96	-0,96
2.9		Lagerwechsel gr.6	400,1	-55,0	-	-	-	-	-	-	1,1	-0,4	-	-	-	-	0,95	-0,33
3.1	außergewöhnliche Einwirkungen (A)	Fahrzeug auf Gehweg	308,0	-98,5	-	-	-	-	-	-	0,7	-0,2	-	-	-	-	0,63	-0,20
3.2		Anprall auf Schramborde	304,0	-85,3	-	-	97,2	-97,2	-	-	0,7	-0,2	-	-	-	-	0,62	-0,17

Hinweis: Die gemäß ZTV-ING Teil 8 - Abschnitt 3 Kap. 2.3 (5) geforderte Lagerreibung von 3 % der Vertikalkraft für die Bemessung der Unterbauten wurde in dieser Zusammenstellung noch nicht berücksichtigt.

Tabelle 30 Lagerliste Achse 10 und 30 / Lagerreihe 2 - Einzellastfälle

Tabelle NA.E1 - Lagerliste mit Angabe der charakteristischen Werte der Einzeleinwirkungen

Bauvorhaben: Straßenbrücke bei Cavertitz			Diese Liste beinhaltet alle Reaktionen und Bewegungen im Endzustand. Werden Lager während der Bauphase eingebaut und überschreiten dann die Reaktionen und Bewegungen die Werte des Endzustandes, müssen die maßgebenden Werte im Bauzustand separat ausgewiesen werden.															
			Lagerreaktionen und Verformungen															
Lager Nr.:		Achse 10 und 30 / LR 2 frei	N [kN]		V_x [kN]		V_y [kN]		M_x [kNm]		v_x [mm]		v_y [mm]		φ_x [mrad]		φ_y [mrad]	
		bewegliches Lager	max	min	max	min	max	min	max	min	max	min	max	min	max	min	max	min
1.1	ständige Einwirkungen (G und P)	Eigengewicht	162,4		-		-		-		1,1		-		-		0,96	
1.2		Ausbaulast	99,4		-		-		-		0,2		-		-		0,21	
1.3		Kriechen	0,0	-1,6	-	-	-	-	-	-	0,0	0,0	-	-	-	-	0,04	0
1.4		Schwinden	-13,3	-61,6	-	-	-	-	-	-	1,2	0,3	-	-	-	-	2,68	0,58
2.1	veränderliche Einwirkungen (Q)	Verkehrslasten UDL	225,9	-44,1	-	-	-	-	-	-	0,7	-0,2	-	-	-	-	0,64	-0,22
2.2		Verkehrslasten TS	551,1	-42,7	-	-	-	-	-	-	1,2	-0,3	-	-	-	-	1,10	-0,28
2.3		Anfahren und Bremsen	23,2	-23,2	-	-	-	-	-	-	0,2	-0,2	-	-	-	-	0,15	-0,15
2.4		Zentrifugalkräfte	-	-	-	-	-	-	-	-	-	-	-	-	-	-	-	-
2.5		Ermüdungslastmodell 3	336,9	-23,9	-	-	-	-	-	-	0,7	-0,2	-	-	-	-	0,61	-0,16
2.6		Temperatur	60,7	-72,8	-	-	-	-	-	-	6,4	-6,1	-	-	-	-	0,76	-0,63
2.7		Wind mit Verkehr	4,5	-4,5	-	-	-	-	-	-	0,0	0,0	-	-	-	-	0,01	-0,01
2.8		Baugrundbewehungen (10 mm)	39,2	-39,2	-	-	-	-	-	-	1,1	-1,1	-	-	-	-	0,96	-0,96
2.9		Lagerwechsel gr.6	400,1	-55,0	-	-	-	-	-	-	1,1	-0,4	-	-	-	-	0,95	-0,33
3.1	außergewöhnliche Einwirkungen (A)	Fahrzeug auf Gehweg	308,0	-98,5	-	-	-	-	-	-	0,7	-0,2	-	-	-	-	0,63	-0,20
3.2		Anprall auf Schramborde	304,0	-85,3	-	-	-	-	-	-	0,7	-0,2	-	-	-	-	0,62	-0,17

Hinweis: Die gemäß ZTV-ING Teil 8 - Abschnitt 3 Kap. 2.3 (5) geforderte Lagerreibung von 3 % der Vertikalkraft für die Bemessung der Unterbauten wurde in dieser Zusammenstellung noch nicht berücksichtigt.

Tabelle 31 Lagerliste Achse 20 / Lagerreihe 1 - Einzellastfälle

Tabelle NA.E1 - Lagerliste mit Angabe der charakteristischen Werte der Einzeleinwirkungen

Bauvorhaben: Straßenbrücke bei Cavertitz			Diese Liste beinhaltet alle Reaktionen und Bewegungen im Endzustand. Werden Lager während der Bauphase eingebaut und überschreiten dann die Reaktionen und Bewegungen die Werte des Endzustandes, müssen die maßgebenden Werte im Bauzustand separat ausgewiesen werden.															
			Lagerreaktionen und Verformungen															
Lager Nr.: Achse 20 / LR 1 längsfestes Lager			N [kN]		V_x [kN]		V_y [kN]		M_x [kNm]		v_x [mm]		v_y [mm]		φ_x [mrad]		φ_y [mrad]	
			max	min	max	min	max	min	max	min	max	min	max	min	max	min	max	min
1.1	ständige Einwirkungen (G und P)	Eigengewicht	509,7		-		-		-		-		-		-		-	
1.2		Ausbaulast	280,0		-		-		-		-		-		-		-	
1.3		Kriechen	4,1	-0,9	-	-	-	-	-	-	-	-	-	-	-	-	-	-
1.4		Schwinden	123,0	26,5	-	-	-	-	-	-	-	-	-	-	-	-	-	-
2.1	veränderliche Einwirkungen (Q)	Verkehrslasten UDL	599,0	-50,5	-	-	-	-	-	-	-	-	-	-	-	-	0,47	-0,47
2.2		Verkehrslasten TS	558,0	0,0	-	-	-	-	-	-	-	-	-	-	-	-	0,73	-0,73
2.3		Anfahren und Bremsen	0,0	0,0	484,0	-484,0	-	-	-	-	-	-	-	-	-	-	0,40	-0,40
2.4		Zentrifugalkräfte	-	-	-	-	-	-	-	-	-	-	-	-	-	-	-	-
2.5		Ermüdungslastmodell 3	357,0	0,0	-	-	-	-	-	-	-	-	-	-	-	-	0,41	-0,41
2.6		Temperatur	146,0	-121,0	-	-	-	-	-	-	-	-	-	-	-	-	-	-
2.7		Wind mit Verkehr	12,8	-12,8	-	-	-	-	-	-	-	-	0,2	-0,2	-	-	-	-
2.8		Baugrundbewehungen (10 mm)	78,3	-78,3	-	-	-	-	-	-	-	-	-	-	-	-	-	-
2.9		Lagerwechsel gr.6	578,0	-25,3	242,0	-242,0	-	-	-	-	-	-	-	-	-	-	0,79	-0,79
3.1	außergewöhnliche Einwirkungen (A)	Fahrzeug auf Gehweg	320,0	-102,0	-	-	-	-	-	-	-	-	-	-	-	-	0,42	-0,42
3.2		Anprall auf Schramborde	312,0	-87,9	-	-	-	-	-	-	-	-	0,3	-0,3	-	-	0,41	-0,41

Hinweis: Die gemäß ZTV-ING Teil 8 - Abschnitt 3 Kap. 2.3 (5) geforderte Lagerreibung von 3 % der Vertikalkraft für die Bemessung der Unterbauten wurde in dieser Zusammenstellung noch nicht berücksichtigt.

Tabelle 32 Lagerliste Achse 20 / Lagerreihe 2 - Einzellastfälle

Tabelle NA.E1 - Lagerliste mit Angabe der charakteristischen Werte der Einzeleinwirkungen

		Bauvorhaben: Straßenbrücke bei Cavertitz	Diese Liste beinhaltet alle Reaktionen und Bewegungen im Endzustand. Werden Lager während der Bauphase eingebaut und überschreiten dann die Reaktionen und Bewegungen die Werte des Endzustandes, müssen die maßgebenden Werte im Bauzustand separat ausgewiesen werden.															
			Lagerreaktionen und Verformungen															
		Lager Nr.: Achse 20 / LR 2	**N [kN]**		**V_x [kN]**		**V_y [kN]**		**M_x [kNm]**		**v_x [mm]**		**v_y [mm]**		**φ_x [mrad]**		**φ_y [mrad]**	
		frei bewegliches Lager	**max**	**min**	**max**	**min**	**max**	**min**	**max**	**min**	**max**	**min**	**max**	**min**	**max**	**min**	**max**	**min**
1.1	ständige Einwirkungen (G und P)	Eigengewicht	509,7		-		-		-		-		-		-		-	
1.2		Ausbaulast	280,0		-		-		-		-		-		-		-	
1.3		Kriechen	4,1	-0,9	-	-	-	-	-	-	-	-	-	-	-	-	-	-
1.4		Schwinden	123,0	26,5	-	-	-	-	-	-	-	-	-	-	-	-	-	-
2.1	veränderliche Einwirkungen (Q)	Verkehrslasten UDL	599,0	-50,5	-	-	-	-	-	-	-	-	-	-	-	-	0,47	-0,47
2.2		Verkehrslasten TS	558,0	0,0	-	-	-	-	-	-	-	-	-	-	-	-	0,73	-0,73
2.3		Anfahren und Bremsen	0,0	0,0	-	-	-	-	-	-	-	-	-	-	-	-	0,40	-0,40
2.4		Zentrifugalkräfte	-	-	-	-	-	-	-	-	-	-	-	-	-	-	-	-
2.5		Ermüdungslastmodell 3	357,0	0,0	-	-	-	-	-	-	-	-	-	-	-	-	0,41	-0,41
2.6		Temperatur	146,0	-121,0	-	-	-	-	-	-	-	-	-	-	-	-	-	-
2.7		Wind mit Verkehr	12,8	-12,8	-	-	-	-	-	-	-	-	0,2	-0,2	-	-	-	-
2.8		Baugrundbewehungen (10 mm)	78,3	-78,3	-	-	-	-	-	-	-	-	-	-	-	-	-	-
2.9		Lagerwechsel gr.6	578,0	-25,3	-	-	-	-	-	-	-	-	-	-	-	-	0,79	-0,79
3.1	außergewöhnliche Einwirkungen (A)	Fahrzeug auf Gehweg	320,0	-102,0	-	-	-	-	-	-	-	-	-	-	-	-	0,42	-0,42
3.2		Anprall auf Schramborde	312,0	-87,9	-	-	-	-	-	-	-	-	0,3	-0,3	-	-	0,41	-0,41

Hinweis: Die gemäß ZTV-ING Teil 8 - Abschnitt 3 Kap. 2.3 (5) geforderte Lagerreibung von 3 % der Vertikalkraft für die Bemessung der Unterbauten wurde in dieser Zusammenstellung noch nicht berücksichtigt.

Tabelle 33 Lagerliste Achse 10 und 30 / Lagerreihe 1 - Kombinationen

Tabelle NA.E2 - Lagerliste mit Angabe der Lagerkräfte und Bewegungen für die Grenzzustände der Tragfähigkeit und der Gebrauchstauglichkeit

Bauvorhaben: Straßenbrücke bei Cavertitz

Lager Nr.: Achse 10 und 30 / LR 1 "querfestes Lager"

Diese Liste beinhaltet alle Reaktionen und Bewegungen im Endzustand. Werden Lager während der Bauphase eingebaut und überschreiten dann die Reaktionen und Bewegungen die Werte des Endzustandes, müssen die maßgebenden Werte im Bauzustand separat ausgewiesen werden.

		zugehörige Bemessungswerte der Lagerkräfte und Bewegungen							
		N [kN]	V_x [kN]	V_y [kN]	M_x [kNm]	v_x [mm]	v_y [mm]	φ_x [mrad]	φ_y [mrad]
Lagerkräfte und Bewegungen im Grenzzustand der Tragfähigkeit (ständig und vorübergehend)									
Lagerkräfte für die Grundkombination nach Abschnitt NA.E.5									
1.1	max N_{Ed}	1540,0	0,0	0,0	0,0	4,4	0,0	0,00	4,31
1.2	min N_{Ed}	-74,7	0,0	0,0	0,0	0,5	0,0	0,00	2,11
1.3	max $V_{x,Ed}$	0,0	0,0	0,0	0,0	0,0	0,0	0,00	0,00
1.4	min $V_{x,Ed}$	0,0	0,0	0,0	0,0	0,0	0,0	0,00	0,00
1.5	max $V_{y,Ed}$	241,7	0,0	93,1	0,0	1,5	0,0	0,00	1,74
1.6	min $V_{y,Ed}$	255,3	0,0	-93,1	0,0	1,6	0,0	0,00	1,77
1.7	max $M_{x,Ed}$	0,0	0,0	0,0	0,0	0,0	0,0	0,00	0,00
1.8	min $M_{x,Ed}$	0,0	0,0	0,0	0,0	0,0	0,0	0,00	0,00
Bewegungen für die Grundkombination nach Abschnitt NA.E.5									
2.1	max $v_{x,d}$	248,5	0,0	0,0	0,0	9,1	0,0	0,00	1,75
2.2	min $v_{x,d}$	198,5	0,0	0,0	0,0	-4,8	0,0	0,00	3,89
2.3	max $v_{y,d}$	835,9	0,0	0,0	0,0	0,0	0,4	0,00	0,00
2.4	min $v_{y,d}$	797,5	0,0	0,0	0,0	0,0	-0,4	0,00	0,00
2.5	max $\varphi_{x,d}$	0,0	0,0	0,0	0,0	0,0	0,0	0,00	0,00
2.6	min $\varphi_{x,d}$	0,0	0,0	0,0	0,0	0,0	0,0	0,00	0,00
2.7	max $\varphi_{y,d}$	989,9	0,0	0,0	0,0	8,6	0,0	0,00	9,42
2.8	min $\varphi_{y,d}$	111,1	0,0	0,0	0,0	-2,0	0,0	0,00	-1,47
Lagerkräfte und Bewegungen im Grenzzustand der Gebrauchstauglichkeit									
Lagerkräfte für die charakteristische Kombination nach DIN EN 1990:2010-12, 6.5.3(2)									
3.1	max N_k	1113,0	0,0	0,0	0,0	2,8	0,0	0,00	2,88
3.2	min N_k	18,8	0,0	0,0	0,0	1,6	0,0	0,00	3,04
3.3	max $V_{x,k}$	243,9	62,1	0,0	0,0	1,5	0,0	0,00	1,74
3.4	min $V_{x,k}$	253,0	-62,1	0,0	0,0	1,6	0,0	0,00	1,76
3.5	max $V_{y,k}$	0,0	0,0	0,0	0,0	0,0	0,0	0,00	0,00
3.6	min $V_{y,k}$	0,0	0,0	0,0	0,0	0,0	0,0	0,00	0,00
3.7	max $M_{x,k}$	0,0	0,0	0,0	0,0	0,0	0,0	0,00	0,00
3.8	min $M_{x,k}$	0,0	0,0	0,0	0,0	0,0	0,0	0,00	0,00
Bewegungen für die charakteristische Kombination nach DIN EN 1990:2010-12, 6.5.3(2)									
4.1	max $v_{x,k}$	248,5	0,0	0,0	0,0	7,1	0,0	0,00	1,75
4.2	min $v_{x,k}$	198,5	0,0	0,0	0,0	-2,9	0,0	0,00	3,89
4.3	max $v_{y,k}$	829,5	0,0	0,0	0,0	0,0	0,2	0,00	0,00
4.4	min $v_{y,k}$	803,9	0,0	0,0	0,0	0,0	-0,2	0,00	0,00
4.5	max $\varphi_{x,k}$	0,0	0,0	0,0	0,0	0,0	0,0	0,00	0,00
4.6	min $\varphi_{x,k}$	0,0	0,0	0,0	0,0	0,0	0,0	0,00	0,00
4.7	max $\varphi_{y,k}$	695,3	0,0	0,0	0,0	6,2	0,0	0,00	7,20
4.8	min $\varphi_{y,k}$	171,0	0,0	0,0	0,0	-0,6	0,0	0,00	-0,18
Lagerkräfte und Bewegungen im Grenzzustand der Tragfähigkeit (außergewöhnlich)									
Lagerkräfte und Bewegungen für die außergewöhnliche Kombination nach DIN EN 1990:2010-12, 6.4.3.3(2)									
5.1	max N_k	1168,8	0,0	0,0	0,0	2,3	0,0	0,00	3,71
5.2	min N_k	-55,4	0,0	0,0	0,0	1,8	0,0	0,00	2,02
5.3	max $V_{y,k}$	503,4	0,0	109,6	0,0	2,6	0,0	0,00	3,97
5.4	min $V_{y,k}$	503,4	0,0	-109,6	0,0	2,6	0,0	0,00	3,97

Bei den Bewegungen sind die Bewegungszuschläge nach EN 1337-1:2001-02, 5.4, sowie die Mindestbewegungen nach EN 1337-1:2001-02, 5.5, nicht berücksichtigt.

Hinweis: Die gemäß ZTV-ING Teil 8 - Abschnitt 3 Kap. 2.3 (5) geforderte Lagerreibung von 3 % der Vertikalkraft für die Bemessung der Unterbauten wurde in dieser Zusammenstellung noch nicht berücksichtigt.

Tabelle 34 Lagerliste Achse 10 und 30 / Lagerreihe 2 - Kombinationen

Tabelle NA.E2 - Lagerliste mit Angabe der Lagerkräfte und Bewegungen für die Grenzzustände der Tragfähigkeit und der Gebrauchstauglichkeit

Bauvorhaben: Straßenbrücke bei Cavertitz
Lager Nr.: Achse 10 und 30 / LR 2 "frei bewegliches Lager"

Diese Liste beinhaltet alle Reaktionen und Bewegungen im Endzustand. Werden Lager während der Bauphase eingebaut und überschreiten dann die Reaktionen und Bewegungen die Werte des Endzustandes, müssen die maßgebenden Werte im Bauzustand separat ausgewiesen werden.

		zugehörige Bemessungswerte der Lagerkräfte und Bewegungen							
		N [kN]	V_x [kN]	V_y [kN]	M_x [kNm]	v_x [mm]	v_y [mm]	φ_x [mrad]	φ_y [mrad]
Lagerkräfte und Bewegungen im Grenzzustand der Tragfähigkeit (ständig und vorübergehend)									
Lagerkräfte für die Grundkombination nach Abschnitt NA.E.5									
1.1	max N_{Ed}	1540,0	0,0	0,0	0,0	4,4	0,0	0,00	4,31
1.2	min N_{Ed}	-74,7	0,0	0,0	0,0	0,5	0,0	0,00	2,11
1.3	max $V_{x,Ed}$	0,0	0,0	0,0	0,0	0,0	0,0	0,00	0,00
1.4	min $V_{x,Ed}$	0,0	0,0	0,0	0,0	0,0	0,0	0,00	0,00
1.5	max $V_{y,Ed}$	0,0	0,0	0,0	0,0	0,0	0,0	0,00	0,00
1.6	min $V_{y,Ed}$	0,0	0,0	0,0	0,0	0,0	0,0	0,00	0,00
1.7	max $M_{x,Ed}$	0,0	0,0	0,0	0,0	0,0	0,0	0,00	0,00
1.8	min $M_{x,Ed}$	0,0	0,0	0,0	0,0	0,0	0,0	0,00	0,00
Bewegungen für die Grundkombination nach Abschnitt NA.E.5									
2.1	max $v_{x,d}$	248,5	0,0	0,0	0,0	9,1	0,0	0,00	1,75
2.2	min $v_{x,d}$	198,5	0,0	0,0	0,0	-4,8	0,0	0,00	3,89
2.3	max $v_{y,d}$	0,0	0,0	0,0	0,0	0,0	0,0	0,00	0,00
2.4	min $v_{y,d}$	0,0	0,0	0,0	0,0	0,0	0,0	0,00	0,00
2.5	max $\varphi_{x,d}$	0,0	0,0	0,0	0,0	0,0	0,0	0,00	0,00
2.6	min $\varphi_{x,d}$	0,0	0,0	0,0	0,0	0,0	0,0	0,00	0,00
2.7	max $\varphi_{y,d}$	989,9	0,0	0,0	0,0	8,6	0,0	0,00	9,42
2.8	min $\varphi_{y,d}$	111,1	0,0	0,0	0,0	-2,0	0,0	0,00	-1,47
Lagerkräfte und Bewegungen im Grenzzustand der Gebrauchstauglichkeit									
Lagerkräfte für die charakteristische Kombination nach DIN EN 1990:2010-12, 6.5.3(2)									
3.1	max N_k	1113,0	0,0	0,0	0,0	2,8	0,0	0,00	2,88
3.2	min N_k	18,8	0,0	0,0	0,0	1,6	0,0	0,00	3,04
3.3	max $V_{x,k}$	0,0	0,0	0,0	0,0	0,0	0,0	0,00	0,00
3.4	min $V_{x,k}$	0,0	0,0	0,0	0,0	0,0	0,0	0,00	0,00
3.5	max $V_{y,k}$	0,0	0,0	0,0	0,0	0,0	0,0	0,00	0,00
3.6	min $V_{y,k}$	0,0	0,0	0,0	0,0	0,0	0,0	0,00	0,00
3.7	max $M_{x,k}$	0,0	0,0	0,0	0,0	0,0	0,0	0,00	0,00
3.8	min $M_{x,k}$	0,0	0,0	0,0	0,0	0,0	0,0	0,00	0,00
Bewegungen für die charakteristische Kombination nach DIN EN 1990:2010-12, 6.5.3(2)									
4.1	max $v_{x,k}$	248,5	0,0	0,0	0,0	7,1	0,0	0,00	1,75
4.2	min $v_{x,k}$	198,5	0,0	0,0	0,0	-2,9	0,0	0,00	3,89
4.3	max $v_{y,k}$	0,0	0,0	0,0	0,0	0,0	0,0	0,00	0,00
4.4	min $v_{y,k}$	0,0	0,0	0,0	0,0	0,0	0,0	0,00	0,00
4.5	max $\varphi_{x,k}$	0,0	0,0	0,0	0,0	0,0	0,0	0,00	0,00
4.6	min $\varphi_{x,k}$	0,0	0,0	0,0	0,0	0,0	0,0	0,00	0,00
4.7	max $\varphi_{y,k}$	695,3	0,0	0,0	0,0	6,2	0,0	0,00	7,20
4.8	min $\varphi_{y,k}$	171,0	0,0	0,0	0,0	-0,6	0,0	0,00	-0,18
Lagerkräfte und Bewegungen im Grenzzustand der Tragfähigkeit (außergewöhnlich)									
Lagerkräfte und Bewegungen für die außergewöhnliche Kombination nach DIN EN 1990:2010-12, 6.4.3.3(2)									
5.1	max N_k	1168,8	0,0	0,0	0,0	2,3	0,0	0,00	3,71
5.2	min N_k	-55,4	0,0	0,0	0,0	1,8	0,0	0,00	2,02
5.3	max $V_{y,k}$	0,0	0,0	0,0	0,0	0,0	0,0	0,00	0,00
5.4	min $V_{y,k}$	0,0	0,0	0,0	0,0	0,0	0,0	0,00	0,00

Bei den Bewegungen sind die Bewegungszuschläge nach EN 1337-1:2001-02, 5.4, sowie die Mindestbewegungen nach EN 1337-1:2001-02, 5.5, nicht berücksichtigt.

Hinweis: Die gemäß ZTV-ING Teil 8 - Abschnitt 3 Kap. 2.3 (5) geforderte Lagerreibung von 3 % der Vertikalkraft für die Bemessung der Unterbauten wurde in dieser Zusammenstellung noch nicht berücksichtigt.

Tabelle 35 Lagerliste Achse 20 / Lagerreihe 1 - Kombinationen

Tabelle NA.E2 - Lagerliste mit Angabe der Lagerkräfte und Bewegungen für die Grenzzustände der Tragfähigkeit und der Gebrauchstauglichkeit

Bauvorhaben: Straßenbrücke bei Cavertitz

Lager Nr.: Achse 20 / LR 1 "längsfestes Lager"

Diese Liste beinhaltet alle Reaktionen und Bewegungen im Endzustand. Werden Lager während der Bauphase eingebaut und überschreiten dann die Reaktionen und Bewegungen die Werte des Endzustandes, müssen die maßgebenden Werte im Bauzustand separat ausgewiesen werden.

		zugehörige Bemessungswerte der Lagerkräfte und Bewegungen							
		N	V_x	V_y	M_x	v_x	v_y	φ_x	φ_y
		[kN]	[kN]	[kN]	[kNm]	[mm]	[mm]	[mrad]	[mrad]
Lagerkräfte und Bewegungen im Grenzzustand der Tragfähigkeit (ständig und vorübergehend)									
Lagerkräfte für die Grundkombination nach Abschnitt NA.E.5									
1.1	max N_{Ed}	3072,6	0,0	0,0	0,0	0,0	0,0	0,00	0,12
1.2	min N_{Ed}	440,0	0,0	0,0	0,0	0,0	0,0	0,00	0,00
1.3	max $V_{x,Ed}$	816,7	652,8	0,0	0,0	0,0	0,0	0,00	-0,53
1.4	min $V_{x,Ed}$	816,7	-652,8	0,0	0,0	0,0	0,0	0,00	0,53
1.5	max $V_{y,Ed}$	0,0	0,0	0,0	0,0	0,0	0,0	0,00	0,00
1.6	min $V_{y,Ed}$	0,0	0,0	0,0	0,0	0,0	0,0	0,00	0,00
1.7	max $M_{x,Ed}$	0,0	0,0	0,0	0,0	0,0	0,0	0,00	0,00
1.8	min $M_{x,Ed}$	0,0	0,0	0,0	0,0	0,0	0,0	0,00	0,00
Bewegungen für die Grundkombination nach Abschnitt NA.E.5									
2.1	max $v_{x,d}$	0,0	0,0	0,0	0,0	0,0	0,0	0,00	0,00
2.2	min $v_{x,d}$	0,0	0,0	0,0	0,0	0,0	0,0	0,00	0,00
2.3	max $v_{y,d}$	0,0	0,0	0,0	0,0	0,0	0,0	0,00	0,00
2.4	min $v_{y,d}$	0,0	0,0	0,0	0,0	0,0	0,0	0,00	0,00
2.5	max $\varphi_{x,d}$	0,0	0,0	0,0	0,0	0,0	0,0	0,00	0,00
2.6	min $\varphi_{x,d}$	0,0	0,0	0,0	0,0	0,0	0,0	0,00	0,00
2.7	max $\varphi_{y,d}$	1743,2	0,0	0,0	0,0	0,0	0,0	0,00	1,61
2.8	min $\varphi_{y,d}$	1743,2	0,0	0,0	0,0	0,0	0,0	0,00	-1,61
Lagerkräfte und Bewegungen im Grenzzustand der Gebrauchstauglichkeit									
Lagerkräfte für die charakteristische Kombination nach DIN EN 1990:2010-12, 6.5.3(2)									
3.1	max N_k	2258,9	0,0	0,0	0,0	0,0	0,0	0,00	0,09
3.2	min N_k	590,8	0,0	0,0	0,0	0,0	0,0	0,00	0,00
3.3	max $V_{x,k}$	816,7	483,6	0,0	0,0	0,0	0,0	0,00	-0,40
3.4	min $V_{x,k}$	816,7	-483,6	0,0	0,0	0,0	0,0	0,00	0,40
3.5	max $V_{y,k}$	0,0	0,0	0,0	0,0	0,0	0,0	0,00	0,00
3.6	min $V_{y,k}$	0,0	0,0	0,0	0,0	0,0	0,0	0,00	0,00
3.7	max $M_{x,k}$	0,0	0,0	0,0	0,0	0,0	0,0	0,00	0,00
3.8	min $M_{x,k}$	0,0	0,0	0,0	0,0	0,0	0,0	0,00	0,00
Bewegungen für die charakteristische Kombination nach DIN EN 1990:2010-12, 6.5.3(2)									
4.1	max $v_{x,k}$	0,0	0,0	0,0	0,0	0,0	0,0	0,00	0,00
4.2	min $v_{x,k}$	0,0	0,0	0,0	0,0	0,0	0,0	0,00	0,00
4.3	max $v_{y,k}$	0,0	0,0	0,0	0,0	0,0	0,0	0,00	0,00
4.4	min $v_{y,k}$	0,0	0,0	0,0	0,0	0,0	0,0	0,00	0,00
4.5	max $\varphi_{x,k}$	0,0	0,0	0,0	0,0	0,0	0,0	0,00	0,00
4.6	min $\varphi_{x,k}$	0,0	0,0	0,0	0,0	0,0	0,0	0,00	0,00
4.7	max $\varphi_{y,k}$	1503,0	0,0	0,0	0,0	0,0	0,0	0,00	1,19
4.8	min $\varphi_{y,k}$	1503,0	0,0	0,0	0,0	0,0	0,0	0,00	-1,19
Lagerkräfte und Bewegungen im Grenzzustand der Tragfähigkeit (außergewöhnlich)									
Lagerkräfte und Bewegungen für die außergewöhnliche Kombination nach DIN EN 1990:2010-12, 6.4.3.3(2)									
5.1	max N_k	2106,0	0,0	0,0	0,0	0,0	0,0	0,00	0,02
5.2	min N_k	474,8	0,0	0,0	0,0	0,0	0,0	0,00	0,01
5.3	max $V_{y,k}$	0,0	0,0	0,0	0,0	0,0	0,0	0,00	0,00
5.4	min $V_{y,k}$	0,0	0,0	0,0	0,0	0,0	0,0	0,00	0,00

Bei den Bewegungen sind die Bewegungszuschläge nach EN 1337-1:2001-02, 5.4, sowie die Mindestbewegungen nach EN 1337-1:2001-02, 5.5, nicht berücksichtigt.

Hinweis: Die gemäß ZTV-ING Teil 8 - Abschnitt 3 Kap. 2.3 (5) geforderte Lagerreibung von 3 % der Vertikalkraft für die Bemessung der Unterbauten wurde in dieser Zusammenstellung noch nicht berücksichtigt.

Tabelle 36 Lagerliste Achse 20 / Lagerreihe 2 - Kombinationen

Tabelle NA.E2 - Lagerliste mit Angabe der Lagerkräfte und Bewegungen für die Grenzzustände der Tragfähigkeit und der Gebrauchstauglichkeit

Bauvorhaben: Straßenbrücke bei Cavertitz										
Lager Nr.: Achse 20 / LR 2 "frei bewegliches Lager"										
			Diese Liste beinhaltet alle Reaktionen und Bewegungen im Endzustand. Werden Lager während der Bauphase eingebaut und überschreiten dann die Reaktionen und Bewegungen die Werte des Endzustandes, müssen die maßgebenden Werte im Bauzustand separat ausgewiesen werden.							
			zugehörige Bemessungswerte der Lagerkräfte und Bewegungen							
			N	V_x	V_y	M_x	v_x	v_y	φ_x	φ_y
			[kN]	[kN]	[kN]	[kNm]	[mm]	[mm]	[mrad]	[mrad]
Lagerkräfte und Bewegungen im Grenzzustand der Tragfähigkeit (ständig und vorübergehend)										
Lagerkräfte für die Grundkombination nach Abschnitt NA.E.5										
1.1		max N_{Ed}	3072,6	0,0	0,0	0,0	0,0	0,0	0,00	0,12
1.2		min N_{Ed}	440,0	0,0	0,0	0,0	0,0	0,0	0,00	0,00
1.3		max $V_{x,Ed}$	0,0	0,0	0,0	0,0	0,0	0,0	0,00	0,00
1.4		min $V_{x,Ed}$	0,0	0,0	0,0	0,0	0,0	0,0	0,00	0,00
1.5		max $V_{y,Ed}$	0,0	0,0	0,0	0,0	0,0	0,0	0,00	0,00
1.6		min $V_{y,Ed}$	0,0	0,0	0,0	0,0	0,0	0,0	0,00	0,00
1.7		max $M_{x,Ed}$	0,0	0,0	0,0	0,0	0,0	0,0	0,00	0,00
1.8		min $M_{x,Ed}$	0,0	0,0	0,0	0,0	0,0	0,0	0,00	0,00
Bewegungen für die Grundkombination nach Abschnitt NA.E.5										
2.1		max $v_{x,d}$	0,0	0,0	0,0	0,0	0,0	0,0	0,00	0,00
2.2		min $v_{x,d}$	0,0	0,0	0,0	0,0	0,0	0,0	0,00	0,00
2.3		max $v_{y,d}$	0,0	0,0	0,0	0,0	0,0	0,0	0,00	0,00
2.4		min $v_{y,d}$	0,0	0,0	0,0	0,0	0,0	0,0	0,00	0,00
2.5		max $\varphi_{x,d}$	0,0	0,0	0,0	0,0	0,0	0,0	0,00	0,00
2.6		min $\varphi_{x,d}$	0,0	0,0	0,0	0,0	0,0	0,0	0,00	0,00
2.7		max $\varphi_{y,d}$	1743,2	0,0	0,0	0,0	0,0	0,0	0,00	1,61
2.8		min $\varphi_{y,d}$	1743,2	0,0	0,0	0,0	0,0	0,0	0,00	-1,61
Lagerkräfte und Bewegungen im Grenzzustand der Gebrauchstauglichkeit										
Lagerkräfte für die charakteristische Kombination nach DIN EN 1990:2010-12, 6.5.3(2)										
3.1		max N_k	2258,9	0,0	0,0	0,0	0,0	0,0	0,00	0,09
3.2		min N_k	590,8	0,0	0,0	0,0	0,0	0,0	0,00	0,00
3.3		max $V_{x,k}$	0,0	0,0	0,0	0,0	0,0	0,0	0,00	0,00
3.4		min $V_{x,k}$	0,0	0,0	0,0	0,0	0,0	0,0	0,00	0,00
3.5		max $V_{y,k}$	0,0	0,0	0,0	0,0	0,0	0,0	0,00	0,00
3.6		min $V_{y,k}$	0,0	0,0	0,0	0,0	0,0	0,0	0,00	0,00
3.7		max $M_{x,k}$	0,0	0,0	0,0	0,0	0,0	0,0	0,00	0,00
3.8		min $M_{x,k}$	0,0	0,0	0,0	0,0	0,0	0,0	0,00	0,00
Bewegungen für die charakteristische Kombination nach DIN EN 1990:2010-12, 6.5.3(2)										
4.1		max $v_{x,k}$	0,0	0,0	0,0	0,0	0,0	0,0	0,00	0,00
4.2		min $v_{x,k}$	0,0	0,0	0,0	0,0	0,0	0,0	0,00	0,00
4.3		max $v_{y,k}$	0,0	0,0	0,0	0,0	0,0	0,0	0,00	0,00
4.4		min $v_{y,k}$	0,0	0,0	0,0	0,0	0,0	0,0	0,00	0,00
4.5		max $\varphi_{x,k}$	0,0	0,0	0,0	0,0	0,0	0,0	0,00	0,00
4.6		min $\varphi_{x,k}$	0,0	0,0	0,0	0,0	0,0	0,0	0,00	0,00
4.7		max $\varphi_{y,k}$	1503,0	0,0	0,0	0,0	0,0	0,0	0,00	1,19
4.8		min $\varphi_{y,k}$	1503,0	0,0	0,0	0,0	0,0	0,0	0,00	-1,19
Lagerkräfte und Bewegungen im Grenzzustand der Tragfähigkeit (außergewöhnlich)										
Lagerkräfte und Bewegungen für die außergewöhnliche Kombination nach DIN EN 1990:2010-12, 6.4.3.3(2)										
5.1		max N_k	2106,0	0,0	0,0	0,0	0,0	0,0	0,00	0,02
5.2		min N_k	474,8	0,0	0,0	0,0	0,0	0,0	0,00	0,01
5.3		max $V_{y,k}$	0,0	0,0	0,0	0,0	0,0	0,0	0,00	0,00
5.4		min $V_{y,k}$	0,0	0,0	0,0	0,0	0,0	0,0	0,00	0,00
Bei den Bewegungen sind die Bewegungszuschläge nach EN 1337-1:2001-02, 5.4, sowie die Mindestbewegungen nach EN 1337-1:2001-02, 5.5, nicht berücksichtigt.										

Hinweis: Die gemäß ZTV-ING Teil 8 - Abschnitt 3 Kap. 2.3 (5) geforderte Lagerreibung von 3 % der Vertikalkraft für die Bemessung der Unterbauten wurde in dieser Zusammenstellung noch nicht berücksichtigt.

2.3.5 Verformungen im Bereich der Übergangskonstruktionen

Nachfolgend werden die zu erwartenden Verformungen der Übergangskonstruktionen ausgegeben. Die Weggrößen werden dabei direkt der elektronischen Berechnung entnommen.

Zusätzliche Wege in Längsrichtung im Bereich der ÜKO, die aus der Überbauverdrehung resultieren, werden händisch ermittelt und auf die vom Programm ermittelten Weggrößen aufaddiert.

Der maximale Abstand zwischen dem Schwerpunkt der Verbundquerschnitte und der Oberkante der Verbundplatte beträgt in den Achsen 10 und 30 $z_{c,o}$ = 52,0 cm. Zusätzlich wird die planmäßige Dicke des Belags mit 8 cm berücksichtigt. Es ergibt sich somit ein rechnerischer maximaler Abstand zwischen dem Schwerpunkt vom Verbundquerschnitt und der Oberkante des Fahrbahnbelags von z = 60 cm.

siehe Tabelle 8
$z_{c,o}$ = 52,06 cm

Die Ermittlung der Verformungen infolge Temperatur erfolgte unter der Annahme, dass die mittlere Bauwerkstemperatur T_0 gemäß DIN EN 1990 NA.E.5.2.2 bei der Montage der ÜKO gemessen wird. ΔT_0 wurde mit 0 °C berücksichtigt. Die Aufstelltemperatur wurde mit T_0 = 10 °C angenommen.

Alternativ kann manuell eine Anpassung der zu erwartenden Verformungen infolge Temperatur erfolgen. Je Kelvin konstanter Temperaturänderung ergibt sich in der Lagerachse:

$$\Delta L_k = \alpha_T \cdot L = 1{,}2 \cdot 10^{-5} \cdot 15400 = \pm 0{,}185 \text{ mm je K}$$

α_T = $1{,}2 \cdot 10^{-5}$ je K
L = 15400 mm

Der Zeitpunkt des Einbaus der Übergangskonstruktion wird mit t = 28 Tage abgeschätzt.

Tabelle 37 Char. Weggrößen im Bereich der Übergangskonstruktion

Bauvorhaben: Straßenbrücke bei Cavertitz ÜKO Nr.: Achse 10 und 30			v_x [mm] max	v_x [mm] min	
1.1	ständige Einwirkungen (G und P)	Eigengewicht	0,0		
1.2		Ausbaulast	0,0		
1.3		Kriechen	0,0	0,0	
1.4		Schwinden	2,8	0,0	
2.1	veränderliche Einwirkungen (Q)	Verkehrslasten UDL	0,4	-0,1	
2.2		Verkehrslasten TS	0,7	-0,2	
2.3		Anfahren und Bremsen	0,2	-0,2	
2.4		Temperatur	6,2	-6,0	
2.5		Wind mit Verkehr	0,0	0,0	
2.6		Baugrundbewegungen (10 mm)	0,6	-0,6	
		Σ	10,8	-7,0	[mm]
		Δ	17,8		[mm]

2.4 Nachweise im Grenzzustände der Tragfähigkeit (ohne Ermüdung)

2.4.1 Allgemeines

Die Teilsicherheitsbeiwerte γ_{M0} und γ_{M1} werden im Eurocode 4, Teil 2, 2.4.1.2 erläutert und für den Grenzzustand der Tragfähigkeit im Eurocode 3, Teil 2, 6.1 angegeben. Bei Stabilitätsversagen ist anstelle des Teilsicherheitsbeiwertes γ_{M0} für Baustahl der Teilsicherheitsbeiwert γ_{M1} maßgebend.

EC-4-2 2.4.1.2 4(P)
EC-3-2 6.1 1(P)
$\gamma_{M0} = 1,0$
$\gamma_{M1} = 1,1$

Anmerkung:

„Stabilitätsversagen" ist zu untersuchen, wenn der bezogene Schlankheitsgrad $\bar{\lambda}_{LT} > 0,2$ ist und deswegen Biegedrillknicken berücksichtigt werden muss oder wenn Querschnitte der Klasse 4 nachgewiesen werden.

EC-3-2 6.3.2.2 (4)

Für die Grundkombination wird γ_{Rd} in den entsprechenden Abschnitten angegeben; für die außergewöhnlichen Kombinationen gilt $\gamma_{Rd} = 1,0$.

γ_R Teilsicherheitsbeiwert des Materialwiderstands

Mit Ausnahme von Doppelverbundquerschnitten dürfen die Einflüsse aus dem Kriechen des Betons mit Hilfe von Reduktionszahlen n_L, die von der Beanspruchungsart (Indizes L) abhängig sind, berücksichtigt werden.

EC-4-2 5.4.2.2 (2)

Beim Nachweis der Tragsicherheit für Verbundplatten sind die Beanspruchungen aus Normalkräften, Biegemomenten und Torsionsmomenten aus Haupttragwerkswirkung sowie gegebenenfalls Beanspruchungen aus Querträgerwirkung zu berücksichtigen.

EC-4-2 9.3 (1)P

Die gleichzeitige Wirkung von örtlichen Beanspruchungen und Beanspruchungen aus Haupttragwerkswirkung braucht beim Nachweis der Verbundmittel nur beim Nachweis gegen Ermüdung sowie den Nachweisen in den Grenzzuständen der Gebrauchstauglichkeit berücksichtig zu werden.

EC-4-2 9.3 (4)
EC-4-2 9.4 (1)P

Die für die Nachweise notwendige mitwirkende Breite des Betongurts wurde für die Stellen End-, Zwischenauflager und Feldbereich im Kapitel 2.1.3.4.3 wie folgt ermittelt:

Endauflagerbereich: $b_{eff,0}$ = 2,44 m
Feldbereich: $b_{eff,1}$ = 3,00 m
Zwischenauflagerbereich: $b_{eff,2}$ = 2,23 m

Anmerkung:

Im Rahmen dieses Beispiels werden nur die Nachweise für die Längstragfähigkeit geführt. Nachweise für die Verbundplatte in Querrichtung sind nach Eurocode 2, Teil 2 zu führen und nicht Bestandteil des Beispiels. Jedoch wird im Rahmen der Nachweise der Verbundsicherung der Nachweis der Längsschubtragfähigkeit geführt.

2.4.2 Querschnittsklassen

2.4.2.1 Allgemeines

Die mitwirkenden Breiten der Teilquerschnitte und deren Auswirkungen auf das Plattenbeulen sind zu berücksichtigen, wenn dadurch die Grenzzustände der Tragfähigkeit, Gebrauchstauglichkeit oder Ermüdung wesentlich beeinflusst wird.

Zur Überprüfung, ob das Plattenbeulen die Beanspruchbarkeit beeinflusst, werden die Querschnitte in Querschnittsklassen eingestuft.

Für Verbundquerschnitte gelten hinsichtlich der Klassifizierung von Querschnitten die Regelungen des Eurocode 3, Teil 1-1, Punkt 5.5.2. EC-4-2 5.5.1 (1)P

Die Einstufung erfolgt nach den geometrischen Abmessungen (c/t-Verhältnisse) der auf Druck beanspruchten Querschnittsteile. Im Eurocode 3, Teil 1-1, Tab. 5.2 werden hierzu Grenzverhältnisse angegeben, nach denen die Einstufung erfolgt. Diese Grenzverhältnisse basieren auf der Berechnung der plastischen Ausnutzbarkeit von nicht ausgesteiften Beulfeldern. EC-3-1-1 5.5

Bei lokaler Lasteinleitung oder großen Querlasten sind ggf. zusätzliche (Beul)-Nachweise erforderlich.

Für die Einstufung eines Gesamtquerschnitts ist die ungünstigste Querschnittsklasse der Einzelquerschnitte (z. B. Steg oder Flansch) maßgebend. Die Querschnittsklasse des Querschnitts ist dabei vom Vorzeichen des Biegemomentes abhängig. EC-4-2 5.5.1 (2)

Bei Verbundquerschnitten ist zudem eine mögliche Rissbildung im Betongurt zu berücksichtigen. EC-4-2 5.5.1 (4)

Es werden vier Querschnittsklassen definiert: EC-3-1-1 5.5.2 (1)

Klasse 1:

Querschnitte der Klasse 1 können plastische Gelenke oder Fließzonen mit ausreichender plastischer Momententragfähigkeit und Rotationskapazität für die plastischen Berechnungen ausbilden.

Bei diesen Querschnitten besteht somit keine Beulgefahr unter Längsdruckspannungen. Die Querschnitte können plastisch voll ausgenutzt werden. Auf Grund des vorhandenen Rotationsvermögens ist prinzipiell eine plastische Schnittgrößenermittlung möglich. (Nachweisführung: plastisch-plastisch)

Klasse 2:

Querschnitte der Klasse 2 können bei eingeschränktem Rotationsvermögen die volle plastische Querschnittstragfähigkeit entwickeln.

Diese Querschnitte können zwar plastisch voll ausgenutzt werden, auf Grund des eingeschränkten Rotationsvermögens ist jedoch nur eine elastische Schnittgrößenermittlung möglich. (Nachweisführung: elastisch-plastisch)

Klasse 3:

Querschnitte der Klasse 3 können in der ungünstigsten Faser des Stahlquerschnitts bis zur Streckgrenze ausgenutzt werden. Plastische Reserven sind infolge örtlichen Beulens jedoch nicht vorhanden.

Bei diesen Querschnitten besteht aufgrund der Querschnittsgeometrie eine Beulgefahr unter Längsdruckspannungen. Die Ausnutzung des Querschnitts ist auf das Erreichen des Bemessungswertes der Streckgrenze an der am stärksten ausgenutzten Querschnittsfaser des Baustahls begrenzt. (Nachweisführung: elastisch-elastisch)

Klasse 4:

Querschnitte der Klasse 4 sind unter Berücksichtigung des örtlichen Querschnittsversagens infolge Beulens nachzuweisen.

Bei diesen Querschnitten besteht aufgrund der Querschnittsgeometrie eine Beulgefahr unter Längsdruckspannungen. Die Beanspruchbarkeit des Querschnitts wird unter Berücksichtigung von rechnerisch ausfallenden Querschnittsteilen ermittelt.

Alternativ kann der Querschnitt unter Einhaltung der in Eurocode 3; Teil 1-5, Abschnitt 10 angegebenen Grenzwerte wie ein Querschnitt der Klasse 3 berechnet werden. EC-3-1-5 2.4

2.4.2.2 Einstufung der Querschnitte

Die Klassifizierung erfolgt für den Feld- und Stützbereich sowie getrennt für positive und negative Momente.

a) Feldbereich:

Die Klassifizierung des Feldquerschnitts erfolgt getrennt für positive und negative Momentenbeanspruchung.

<u>positive Momentenbeanspruchung:</u>

Die Lage der plastischen Nulllinie wird im Abschnitt 2.4.3 im Detail ermittelt. Sie beträgt:

$z_{pl} = 0{,}307$ m siehe Abschnitt 2.4.3

Die plastische Nulllinie liegt somit im oberen Stahlträgerflansch. (vgl. Höhe der Betonplatte $h_c = 30$ cm)

Für die Einstufung in Querschnittsklasse 1 muss für die teilweise auf Druck beanspruchten Obergurte folgende Bedingung erfüllt sein:

$$\frac{c}{t} = \frac{(b_a - t_{wa}) \cdot 0{,}5 - r_a}{t_{fa}} \leq 9 \cdot \varepsilon$$

$$\frac{c}{t} = \frac{(453 - 21) \cdot 0{,}5 - 30}{40} = 4{,}7 \quad < 9 \cdot 0{,}81 = 7{,}3$$

EC-3-1-1 5.5.2 Tab. 5.2

für Stahlgüte S355J2
$\varepsilon = 0{,}81$

Walzradius r_a = 30 mm
Flanschdicke t_{fa} = 40 mm
Stegdicke t_{wa} = 21 mm
Flanschbreite b_a = 453 mm

Der Querschnitt kann somit in Querschnittsklasse 1 eingeordnet werden.

Anmerkung:

Da bei positiver Momentenbeanspruchung sowohl der Untergurt als auch der Trägersteg vollständig in der Zugzone liegen, erübrigen sich gesonderte Überprüfungen der c/t-Verhältnisse für Steg und Untergurt.

negative Momentenbeanspruchung:

Die Lage der plastischen Nulllinie wird im Abschnitt 2.4.3 im Detail ermittelt. Sie beträgt:

$$z_{pl} = 0{,}588 \text{ m}$$

siehe Abschnitt 2.4.3

Die plastische Nulllinie liegt somit im Stegquerschnitt. (vgl. Höhe der Betonplatte h_c = 30 cm)

Anmerkung:

Da bei negativer Momentenbeanspruchung der Obergurt vollständig in der Zugzone liegt, erübrigt sich eine gesonderte Überprüfung des c/t-Verhältnisses des Teilquerschnitts.

Im Folgenden werden der Trägersteg und der Untergurt gesondert klassifiziert.

EC-3-1-1 5.5.2 Tab. 5.2

für Stahlgüte S355J2
$\varepsilon = 0{,}81$

Wirksame Steghöhe „c“:

$$c = h_a - 2 \cdot (t_{fa} + r_a) = 1008 - 2 \cdot (40+30) = 868 \text{ mm}$$

Walzradius r_a = 30 mm
Flanschdicke t_{fa} = 40 mm
Stegdicke t_{wa} = 21 mm
Flanschbreite b_a = 453 mm

Steghöhe unter Druckspannung „αc“:

$$\alpha_c = c - (z_{pl} - h_c) - t_{fa} - r_a = 868 - (588+300) - 40 - 30 = 510 \text{ mm}$$

$$\alpha = \frac{\alpha_c}{c} = \frac{510}{868} = 0{,}59 > 0{,}5$$

Für die Einstufung des Stegs in Querschnittsklasse 1 muss gelten:

$$\frac{c}{t} \leq \frac{396 \cdot \varepsilon}{13 \cdot \alpha - 1}$$

$$\frac{c}{t} = \frac{868}{21} = 41{,}3 < \frac{396 \cdot \varepsilon}{13 \cdot \alpha - 1} = \frac{396 \cdot 0{,}81}{13 \cdot 0{,}59 - 1} = 48{,}1$$

Für die Einstufung des gedrückten Untergurts in Querschnittsklasse 1 muss wieder gelten:

EC-3-1-1 5.5.2 Tab. 5.2

$$\frac{c}{t} = \frac{(b_a - t_{wa}) \cdot 0{,}5 - r_a}{t_{fa}} \leq 9 \cdot \varepsilon$$

für Stahlgüte S355J2
$\varepsilon = 0{,}81$

$$\frac{c}{t} = \frac{(453 - 21) \cdot 0{,}5 - 30}{40} = 4{,}7 < 9 \cdot 0{,}81 = 7{,}3$$

Walzradius r_a = 30 mm
Flanschdicke t_{fa} = 40 mm
Stegdicke t_{wa} = 21 mm
Flanschbreite b_a = 453 mm

Der Gesamtquerschnitt ist auch bei negativer Momentenbeanspruchung in die Querschnittsklasse 1 einzustufen.

b) Stützbereich:

Die Klassifizierung des Stützquerschnitts erfolgt nur für negative Momentenbeanspruchung.

Die Lage der plastischen Nulllinie wird im Abschnitt 2.4.3 im Detail ermittelt. Sie beträgt:

$$z_{pl} = 0{,}414 \text{ m}$$

siehe Abschnitt 2.4.3

Die plastische Nulllinie liegt somit im Stegquerschnitt. (vgl. Höhe der Betonplatte h_c = 30 cm)

Anmerkung:

Da bei negativer Momentenbeanspruchung der Obergurt vollständig in der Zugzone liegt, erübrigt sich eine gesonderte Überprüfung des c/t-Verhältnisses des Teilquerschnitts.

Im Folgenden werden der Trägersteg und der Untergurt gesondert klassifiziert.

Wirksame Steghöhe „c“:

$$c = h_a - 2\cdot(t_{fa}+r_a) = 1008 - 2\cdot(40+30) = 868 \text{ mm}$$

EC-3-1-1 5.5.2 Tab. 5.2

für Stahlgüte S355J2
$\varepsilon = 0{,}81$

Steghöhe unter Druckspannung „αc“:

Walzradius r_a = 30 mm
Flanschdicke t_{fa} = 40 mm
Stegdicke t_{wa} = 21 mm
Flanschbreite b_a = 453 mm

$$\alpha_c = c - (z_{pl}-h_c)-t_{fa}-r_a = 868 - (414+300) - 40 - 30 = 684 \text{ mm}$$

$$\alpha = \frac{\alpha_c}{c} = \frac{684}{868} = 0{,}79 > 0{,}5$$

für die Einstufung des Stegs in Querschnittsklasse 2 muss gelten:

$$\frac{c}{t} \leq \frac{456\cdot\varepsilon}{13\cdot\alpha-1}$$

$$\frac{c}{t} = \frac{868}{21} = 41{,}3 \quad > \quad \frac{456\cdot\varepsilon}{13\cdot\alpha-1} = \frac{456\cdot 0{,}81}{13\cdot 0{,}79-1} = 39{,}4$$

Der Stegquerschnitt im Stützbereich kann somit bei negativer Momentenbeanspruchung nur elastisch ausgenutzt werden und ist in Querschnittsklasse 3 oder ggf. 4 einzustufen.

Die Einstufung des Stahlträgerstegs in die Querschnittsklasse 3 oder 4 erfolgt auf Grundlage der linear-elastischen Spannungsverteilung. Zur Ermittlung des gedrückten Steganteils wird sowohl der Zeitpunkt t_{28} als auch der Zeitpunkt t_∞ untersucht.

Zeitpunkt t_{28}:

Spannung an der Oberkante Stahlträgersteg:

$$\sigma_{a,st,o}^{t=28} = \frac{M_{Sd,a}}{W_{a,st,o}} + \frac{M_{Sd,v}}{w_{a,st,o}^{II}}$$

$$\sigma_{a,st,o}^{t=28} = \frac{-115260}{-21668} + \frac{-484040}{-44453} = 16{,}20 \text{ kN/cm}^2$$

Spannung an der Unterkante Stahlträgersteg:

$$\sigma_{a,st,u}^{t=28} = \frac{M_{Sd,a}}{W_{a,st,u}} + \frac{M_{Sd,v}}{w_{a,st,u}^{II}}$$

$$\sigma_{a,st,u}^{t=28} = \frac{-115260}{21668} + \frac{-484040}{25010} = -24{,}67 \text{ kN/cm}^2$$

Randspannungsverhältnis:

Für die Ermittlung des Randspannungsverhältnisses wird die ermittelte Randzugspannung mit der Randdruckspannung ins Verhältnis gesetzt.

$$\psi = \frac{\sigma_{a,st,o}^{t=28}}{\sigma_{a,st,u}^{t=28}} = \frac{16{,}20}{-24{,}67} = -0{,}66 \qquad \Rightarrow \qquad \psi > -1$$

Daraus folgt:

$$\frac{c}{t} \leq \frac{42 \cdot \varepsilon}{0{,}67 + 0{,}33 \cdot \psi}$$

$$\frac{c}{t} = 41{,}3 \;<\; \frac{42 \cdot 0{,}81}{0{,}67 + 0{,}33 \cdot -0{,}66} = 75{,}2$$

Der Steg ist zum Zeitpunkt t_{28} in die Querschnittsklasse 3 einzustufen.

Querschnittswerte (Tab.10):

für das Stahlprofil
$W_{a,st,o}$ = -21668 cm³
$W_{a,st,u}$ = 21668 cm³

Querschnittswerte (Tab.9):

für Zustand II Stützbereich
$W^{II}_{a,st,o}$ = -44453 cm³
$W^{II}_{a,st,u}$ = 25010 cm³

Schnittgrößen (Tab.26):

für Zwischenauflager t=28d
$M_{Ed,a}$ = -1152,6 kNm
$M_{Ed,v}$ = -4840,4 kNm

für Zwischenauflager t=∞
$M_{Ed,a}$ = -1152,6 kNm
$M_{Ed,v}$ = -5466,0 kNm

EC-3-1-1 5.5.2 Tab. 5.2

für Stahlgüte S355J2
ε = 0,81

Walzradius r_a = 30 mm
Flanschdicke t_{fa} = 40 mm
Stegdicke t_{wa} = 21 mm
Profilhöhe h_a = 1008 mm

Zeitpunkt t_∞:

Spannung an der Oberkante Stahlträgersteg:

$$\sigma_{a,st,o}^{t=\infty} = \frac{M_{Sd,a}}{W_{a,st,o}} + \frac{M_{Sd,v}}{w_{a,st,o}^{II}}$$

$$\sigma_{a,st,o}^{t=\infty} = \frac{-115260}{-21668} + \frac{-546600}{-44453} = 17{,}61 \text{ kN/cm}^2$$

Spannung an der Unterkante Stahlträgersteg:

$$\sigma_{a,st,u}^{t=\infty} = \frac{M_{Sd,a}}{W_{a,st,u}} + \frac{M_{Sd,v}}{w_{a,st,u}^{II}}$$

$$\sigma_{a,st,u}^{t=\infty} = \frac{-115260}{21668} + \frac{-546600}{25010} = -27{,}17 \text{ kN/cm}^2$$

Randspannungsverhältnis:

Für die Ermittlung des Randspannungsverhältnisses wird die ermittelte Randzugspannung mit der Randdruckspannung ins Verhältnis gesetzt.

$$\psi = \frac{\sigma_{a,st,o}^{t=\infty}}{\sigma_{a,st,u}^{t=\infty}} = \frac{17{,}61}{-27{,}17} = -0{,}65 \qquad => \qquad \psi > -1$$

Daraus folgt:

$$\frac{c}{t} \leq \frac{42 \cdot \varepsilon}{0{,}67+0{,}33 \cdot \psi}$$

$$\frac{c}{t} = 41{,}3 \quad < \quad \frac{42 \cdot 0{,}81}{0{,}67+0{,}33 \cdot -0{,}65} = 74{,}7$$

Der Steg ist zum Zeitpunkt t_∞ in die Querschnittsklasse 3 einzustufen.

Querschnittswerte (Tab.10):

für das Stahlprofil
$W_{a,st,o}$ = -21668 cm³
$W_{a,st,u}$ = 21668 cm³

Querschnittswerte (Tab.9):

für Zustand II Stützbereich
$W^{II}_{a,st,o}$ = -44453 cm³
$W^{II}_{a,st,u}$ = 25010 cm³

Schnittgrößen (Tab.26):

für Zwischenauflager t=28d
$M_{Ed,a}$ = -1152,6 kNm
$M_{Ed,v}$ = -4840,4 kNm

für Zwischenauflager t=∞
$M_{Ed,a}$ = -1152,6 kNm
$M_{Ed,v}$ = -5466,0 kNm

EC-3-1-1 5.5.2 Tab. 5.2

für Stahlgüte S355J2
ε = 0,81

Walzradius r_a = 30mm
Flanschdicke t_{fa} = 40mm
Stegdicke t_{wa} = 21mm
Profilhöhe h_a = 1008mm

Für die Einstufung des gedrückten Untergurts in Querschnittsklasse 1 muss wieder gelten:

$$\frac{c}{t} = \frac{(b_a - t_{wa}) \cdot 0{,}5 - r_a}{t_{fa}} \qquad \leq 9 \cdot \varepsilon$$

EC-3-1-1 5.5.2 Tab. 5.2

für Stahlgüte S355J2
$\varepsilon = 0{,}81$

$$\frac{c}{t} = \frac{(453 - 21) \cdot 0{,}5 - 30}{40} = 4{,}7 \quad < 9 \cdot 0{,}81 = 7{,}3$$

Walzradius r_a = 30 mm
Flanschdicke t_{fa} = 40 mm
Stegdicke t_{wa} = 21 mm
Flanschbreite b_a = 453 mm

Der Gesamtquerschnitt im Stützbereich ist in die Querschnittsklasse 3 einzustufen. Damit liegt in keinem Bemessungsschnitt eine Querschnittsklasse 4 vor. Eine Reduzierung der Querschnittswerte zur Berücksichtigung des Plattenbeulens ist damit nicht erforderlich.

Anmerkung:

Mitwirkende Breiten und die Auswirkungen von Plattenbeulen müssen berücksichtigt werden, wenn dadurch der Grenzzustand der Tragfähigkeit, Gebrauchstauglichkeit oder Ermüdung wesentlich beeinflusst wird.

EC-3-1-5 2.1 (1)P

Dies trifft auf Querschnitte der Querschnittsklasse 4 zu. Es wird im Regelfall nicht zur Anwendung von Querschnittsklasse 4 kommen.

2.4.3 Nachweis für Biegung

EC-4-2. 6.2.1

2.4.3.1 Allgemeines

Der Bemessungswert der Momententragfähigkeit darf nur dann vollplastisch ermittelt werden, wenn der wirksame Querschnitt die Bedingungen der Klasse 1 oder 2 erfüllt und keine Spanngliedvorspannung vorhanden ist. EC-4-2 6.2.1.1 (1)P

Eine elastische und nichtlineare Ermittlung der Momententragfähigkeit ist für alle Querschnittsklassen zulässig. EC-4-2 6.2.1.1 (2)

Bei elastischer und nichtlinearer Ermittlung der Momententragfähigkeit darf Ebenbleiben des Gesamtquerschnitts angenommen werden, wenn die Verdübelung und die Querbewehrung unter Berücksichtigung der Verteilung der Längsschubkräfte nach Eurocode 4, Teil 2, Abschnitt 6.6 bemessen werden. EC-4-2 6.2.1.1 (3)

Die Zugfestigkeit des Betons darf nicht berücksichtigt werden. EC-4-2 6.2.1.1 (4)P

Bei im Grundriss gekrümmten Stahlquerschnitten von Verbundbauteilen sind die Einflüsse aus der Krümmung in der Regel beim Nachweis zu berücksichtigen. EC-4-2 6.2.1.1 (5)

2.4.3.2 Ermittlung der Biegetragfähigkeit

Nachfolgend wird zwischen dem Feld- und Stützbereich sowie zwischen positiver und negativer Momentenbeanspruchung unterschieden.

a) Feldbereich:

Der Feldquerschnitt wurde in dem vorangegangenen Kapitel der Querschnittsklasse 1 zugeordnet. Die Momententragfähigkeit wird somit für den vollplastischen Zustand ermittelt.

Bei der Berechnung des plastischen Grenzmomentes $M_{pl,Rd}$ gelten folgende Annahmen: EC-4-2 6.2.1.2 (1)

- vollständiges Zusammenwirken von Baustahl, Bewehrung und Beton,
- im gesamten Baustahlquerschnitt wirken Zug- und/oder Druckspannungen mit dem Bemessungswert der Streckgrenze f_{yd},
- im Betonstahl wirken im Bereich der mittragenden Gurtbreite Zug- und/oder Druckspannungen mit dem Bemessungswert der Streckgrenze f_{sd}. Zur Vereinfachung darf der Betonstahl in der Druckzone des Querschnittes vernachlässigt werden,
- in der Druckzone des mittragenden Betonquerschnitts wirkt im Bereich zwischen der plastischen Nulllinie und der Randfaser der Druckzone eine konstante Spannung $0{,}85 \cdot f_{cd}$, wobei f_{cd} der Bemessungswert der Zylinderdruckfestigkeit des Betons ist.

<u>positive Momentenbeanspruchung (Zustand I):</u>

Zur Bestimmung der Momententragfähigkeit ist zunächst die Lage der plastischen Nulllinie z_{pl} zu bestimmen.

Die plastische Nulllinie kann im Betongurt, im Stahlträgerflansch oder im Stahlträgersteg liegen.

<u>Annahme:</u>

An dieser Stelle wird angenommen, dass die Nulllinie unterhalb des Betongurts, im Bereich des Trägerflansches liegt.

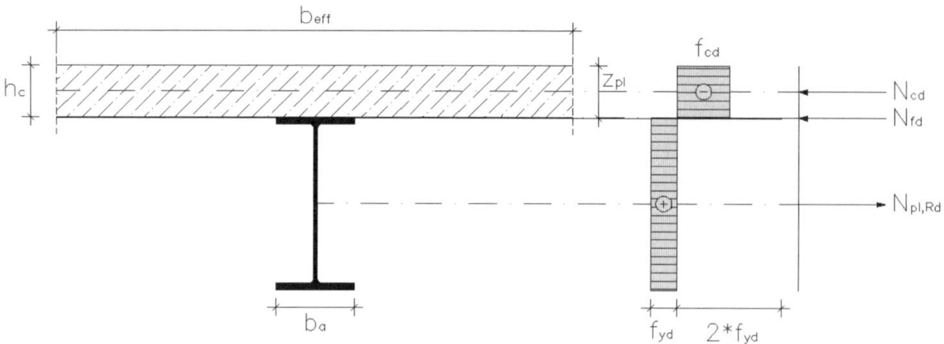

Abbildung 122 Plastische Querschnittsspannung (positive Momente)

Aus ΣH = 0 ergibt sich folgende Gleichgewichtsbedingung:

$$N_{pl,Rd} - N_{fd} = N_{cd} + N_{fd}$$

dabei ist:

$$N_{fd} = b_a \cdot (z_{pl} - h_c) \cdot \frac{f_{yk}}{\gamma_{M0}}$$ (Flanschdruckkraft)

$$N_{cd} = b_{eff} \cdot h_c \cdot \alpha_{cc} \cdot \frac{f_{ck}}{\gamma_c}$$ (Betondruckkraft)

$$N_{pl,Rd} = A_a \cdot \frac{f_{yk}}{\gamma_{M0}}$$ (plastische Normalkrafttragfähigkeit)

daraus folgt:

$$z_{pl} = h_c + \frac{\left(A_a \cdot \frac{f_{yk}}{\gamma_{M0}}\right) - b_{eff} \cdot h_c \cdot \alpha_{cc} \cdot \frac{f_{ck}}{\gamma_c}}{2 \cdot b_a \cdot \frac{f_{yk}}{\gamma_{M0}}}$$

$$z_{pl} = 30 + \frac{\left(565 \cdot \frac{35{,}5}{1{,}0}\right) - 300 \cdot 30 \cdot 0{,}85 \cdot \frac{3{,}5}{1{,}5}}{2 \cdot 45{,}3 \cdot \frac{35{,}3}{1{,}0}} = 30{,}7 \text{ cm}$$

Die Bedingung:

$$h_c < z_{pl} < (h_c + t_{fa})$$

ist erfüllt.

⇒ Die plastische Nulllinie liegt im Stahlträgerflansch.

Querschnittswerte Stahl:
t_{fa} = 4,0 cm
b_a = 45,3 cm
A_a = 565 cm²

Querschnittswerte Beton:
h_c = 30 cm
b_{eff} = 300 cm

Materialkennwerte Stahl:
f_{yk} = 35,5 kN/cm² (S355J2)

Materialkennwerte Beton:
f_{ck} = 3,5 kN/cm² (C35/45)
α_{cc} = 0,85

Teilsicherheitsbeiwerte:
γ_{M0} = 1,0
γ_c = 1,5

Aus dem Gleichgewicht der Momente um die Höhenlage der Betondruckkraft N_{cd} muss gelten:

$$M_{pl,Rd} = \sum (N_i \cdot e_i)$$

daraus folgt:

$$M_{pl,Rd} = N_{pl,Rd} \cdot \left(\frac{h_a}{2} + \frac{h_c}{2}\right) - 2 \cdot N_{fd} \cdot \left(\frac{z_{pl}}{2}\right)$$

$$M_{pl,Rd} = A_a \cdot \frac{f_{yk}}{\gamma_{M0}} \cdot \left(\frac{h_a}{2} + \frac{h_c}{2}\right) - 2 \cdot b_a \cdot \frac{f_{yk}}{\gamma_{M0}} \cdot (z_{pl} - h_c) \cdot \left(\frac{z_{pl}}{2}\right)$$

$$M_{pl,Rd} = \left(565 \cdot \frac{35,5}{1,0} \cdot \left(\frac{100,8}{2} + \frac{30}{2}\right) - 2 \cdot 45,3 \cdot \frac{35,5}{1,0} \cdot (30,7 - 30) \cdot \left(\frac{30,7}{2}\right)\right) \cdot 10^{-2}$$

$$M_{pl,Rd} = 12772,0 \text{ kNm}$$

<u>Anmerkung:</u>

Bei Blechdicken t > 40 mm ist die Streckgrenze des Stahls gemäß Eurocode 3, Teil 1-1, Tabelle 3.1 abzumindern. Dies ist hier jedoch nicht der Fall.

Bei Baustählen S420 und S460 ist ferner die Momententragfähigkeit ab einem Verhältnis von $x_{pl}/h > 0,15$ mit dem Faktor β abzumindern ist. (siehe Eurocode 4, Teil 2, Abschnitt 6.2.1.2 (2))

Für den Nachweis in Feldmitte für positive Momente gilt folgende Bedingung:

$$M_{Ed} \leq M_{pl,Rd}$$

Das einwirkende Moment in der ständigen und vorübergehenden Bemessungssituation nach Tabelle 25 beträgt für den maßgebenden Zeitpunkt ($t\infty$):

$$M_{Ed} = 5721,5 \text{ kNm}$$

Der Nachweis ist somit erfüllt. Der Ausnutzungsgrad beträgt:

$$\eta = \frac{M_{Ed}}{M_{pl,Rd}} = \frac{5721,5}{12772,0} = 0,45$$

Schnittgrößen (Tab.25):

t=∞; aus (S+V)
$M_{Ed,max}$ = 5721,5 kNm

t=28; aus (S+V)
$M_{Ed,max}$ = 5315,1 kNm

negative Momentenbeanspruchung (Zustand II):

Aufgrund der ungünstigen Laststellung der Verkehrslasten und der Lastfälle Temperatur und Stützensenkung am Endauflager sind auch im Feld negative Momentenbeanspruchungen zu berücksichtigen. Da der Betongurt dabei in der Zugzone liegt, ist der Nachweis mit den Querschnittswerten im Zustand II zu führen.

Zur Bestimmung der Momententragfähigkeit ist zunächst die Lage der plastischen Nulllinie z_{pl} zu bestimmen.

Annahme:

An dieser Stelle wird angenommen, dass die Nulllinie bei negativer Momentenbeanspruchung im Trägersteg liegt.

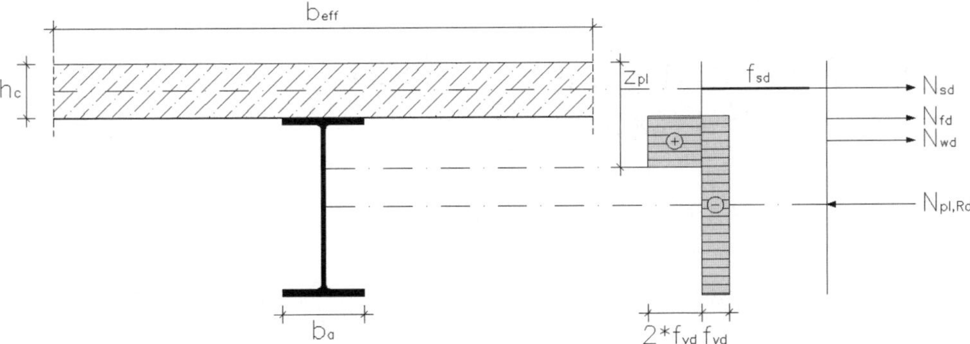

Abbildung 123 Plastische Querschnittsspannung (negative Momente)

Aus $\Sigma H = 0$ ergibt sich folgende Gleichgewichtsbedingung:

$$N_{pl,Rd} - N_{fd} - N_{wd} = N_{sd} + N_{fd} + N_{wd}$$

dabei ist:

$$N_{fd} = b_a \cdot t_{fa} \cdot \frac{f_{yk}}{\gamma_{M0}} \quad \text{(Flanschzugkraft)}$$

$$N_{wd} = t_{wa} \cdot \left(z_{pl} - h_c - t_{fa}\right) \cdot \frac{f_{yk}}{\gamma_{M0}} \quad \text{(Stegzugkraft)}$$

$$N_{sd} = A_s \cdot \frac{f_{yk}}{\gamma_s} \quad \text{(Tragfähigkeit des Betonstahls)}$$

$$N_{pl,Rd} = A_a \cdot \frac{f_{yk}}{\gamma_{M0}} \quad \text{(plastische Normalkrafttragfähigkeit)}$$

Querschnittswerte Baustahl:
t_{fa} = 4,0 cm
t_{wa} = 2,1 cm

b_a = 45,3 cm
A_a = 565 cm²

Querschnittswerte Betostahl:
A_s = 80,5 cm²

Materialkennwerte:
f_{yk} = 35,5 kN/cm² (S355J2)
f_{yk} = 50,0 kN/cm² (B500B)

Teilsicherheitsbeiwerte:
γ_{M0} = 1,0
γ_s = 1,15

daraus folgt:

$$z_{pl} = h_c + t_{fa} \frac{\left(A_a \cdot \frac{f_{yk}}{\gamma_{M0}}\right) - \left(A_s \cdot \frac{f_{yk}}{\gamma_s}\right) - 2 \cdot \left(b_a \cdot t_{fa} \cdot \frac{f_{yk}}{\gamma_{M0}}\right)}{2 \cdot \left(t_{wa} \cdot \frac{f_{yk}}{\gamma_{M0}}\right)}$$

$$z_{pl} = 30 + 4{,}0 \frac{\left(565 \cdot \frac{35{,}5}{1{,}0}\right) - \left(80{,}5 \cdot \frac{50}{1{,}15}\right) - 2 \cdot \left(45{,}3 \cdot 4{,}0 \cdot \frac{35{,}5}{1{,}0}\right)}{2 \cdot \left(2{,}1 \cdot \frac{35{,}5}{1{,}0}\right)}$$

$$z_{pl} = 58{,}8 \text{ cm}$$

Die Bedingung:

$$h_c + t_{fa} < z_{pl}$$

ist erfüllt.

⇒ Die plastische Nulllinie liegt im Stahlträgersteg.

Aus dem Gleichgewicht der Momente um die Querschnittsoberkante muss gelten:

$$M_{pl,Rd} = \sum (N_i \cdot e_i)$$

daraus folgt:

$$N_{sd} = \left(A_s \cdot \frac{f_{yk}}{\gamma_s}\right) = \left(80{,}5 \cdot \frac{50{,}0}{1{,}15}\right) = 3500{,}0 \text{ kN}$$

$$e_s = \frac{h_c}{2} = \frac{30}{2} = 15{,}0 \text{ cm}$$

$$N_{a,fl,o} = \left(b_a \cdot t_{fa} \cdot \frac{f_{yk}}{\gamma_{M0}}\right) = \left(45{,}3 \cdot 4{,}0 \cdot \frac{35{,}5}{1{,}0}\right) = 6432{,}6 \text{ kN}$$

$$e_{a,fl,o} = \left(h_c + \frac{t_{fa}}{2}\right) = \left(30 + \frac{4{,}0}{2}\right) = 32{,}0 \text{ cm}$$

$$N_{a,st,o} = \left(z_{pl} - h_c - t_{fa}\right) \cdot t_{wa} \cdot \frac{f_{yk}}{\gamma_{M0}} = (58{,}8 - 30 - 4{,}0) \cdot 2{,}1 \cdot \frac{35{,}5}{1{,}0} = 1848{,}8 \text{ kN}$$

$$e_{a,st,o} = \frac{(z_{pl} - h_c - t_{fa})}{2} + h_c + t_{fa} = \frac{(58{,}8 - 30 - 4{,}0)}{2} + 30 + 4{,}0 = 46{,}4 \text{ cm}$$

$$N_{a,st,u} = \left(h_a + h_c - z_{pl} - t_{fa}\right) \cdot t_{wa} \cdot \frac{f_{yk}}{\gamma_{M0}} = (100{,}8 + 30 - 58{,}8 - 4{,}0) \cdot 2{,}1 \cdot \frac{35{,}5}{1{,}0} = 5069{,}4 \text{ kN}$$

$$e_{a,st,o} = \frac{(h_a + h_c - z_{pl} - t_{fa})}{2} + z_{pl} = \frac{(100{,}8 + 30 - 58{,}8 - 4{,}0)}{2} + 58{,}8 = 92{,}8 \text{ cm}$$

$$N_{a,fl,u} = \left(b_a \cdot t_{fa} \cdot \frac{f_{yk}}{\gamma_{M0}}\right) = \left(45{,}3 \cdot 4{,}0 \cdot \frac{35{,}5}{1{,}0}\right) = 6432{,}6 \text{ kN}$$

$$e_{a,fl,u} = \left(h_a + h_c - \frac{t_{fa}}{2}\right) = \left(100{,}8 + 30 - \frac{4{,}0}{2}\right) = 128{,}8 \text{ cm}$$

$$M_{pl,Rd} = \left(-N_{sd} \cdot e_s - N_{a,fl,o} \cdot e_{a,fl,o} - N_{a,st,o} \cdot e_{a,st,o}\right) + \left(N_{a,st,ou} \cdot e_{a,st,u} + N_{a,fl,u} \cdot e_{a,fl,u}\right)$$

$$M_{pl,Rd} = \left((-3500 \cdot 15 - 6432{,}6 \cdot 32 - 1848{,}8 \cdot 46{,}4) + (5069{,}4 \cdot 92{,}8 + 6432{,}6 \cdot 128{,}8)\right) \cdot 10^{-2}$$

$$M_{pl,Rd} = -9548{,}3 \text{ kNm}$$

Für den Nachweis in Feldmitte für negative Momente gilt folgende Bedingung:

$$|M_{Ed}| \leq |M_{pl,Rd}|$$

Das einwirkende Moment in der ständigen und vorübergehenden Bemessungssituation nach Tabelle 25 beträgt für den maßgebenden Zeitpunkt (t = 28 Tage):

$$M_{Ed} = -1087{,}8 \text{ kNm}$$

Schnittgrößen (Tab.25):

t=∞; aus (S+V)
$M_{Ed,min}$ = -559,7 kNm

t=28; aus (S+V)
$M_{Ed,minx}$ = -1087,8 kNm

Der Nachweis ist somit erfüllt. Der Ausnutzungsgrad beträgt:

$$\eta = \frac{M_{Ed}}{M_{pl,Rd}} = \frac{-1087{,}8}{-9548{,}3} = 0{,}11$$

b) Stützbereich:

Die Lage der plastischen Nulllinie wird für die Querschnittseinstufung (siehe Kapitel 2.4.2) benötigt. Da an der Innenstütze die Querschnittsklasse 3 vorliegt, ist der Querschnitt mit den elastischen Querschnittsspannungen nachzuweisen.

Die plastische Nulllinie ergibt sich zu:

$$z_{pl} = h_c + t_{fa} \frac{\left(A_a \cdot \frac{f_{yk}}{\gamma_{M0}}\right) - \left(A_s \cdot \frac{f_{yk}}{\gamma_s}\right) - 2 \cdot \left(b_a \cdot t_{fa} \cdot \frac{f_{yk}}{\gamma_{M0}}\right)}{2 \cdot \left(t_{wa} \cdot \frac{f_{yk}}{\gamma_{M0}}\right)}$$

$$z_{pl} = 30 + 4{,}0 \frac{\left(565 \cdot \frac{35{,}5}{1{,}0}\right) - \left(140 \cdot \frac{50}{1{,}15}\right) - 2 \cdot \left(45{,}3 \cdot 4{,}0 \cdot \frac{35{,}5}{1{,}0}\right)}{2 \cdot \left(2{,}1 \cdot \frac{35{,}5}{1{,}0}\right)}$$

$$z_{pl} = 41{,}4 \text{ cm}$$

Die Bedingung:

$$h_c + t_{fa} < z_{pl}$$

ist erfüllt.

⇒ Die plastische Nulllinie liegt im Stahlträgersteg.

Im Folgenden wird die elastische Momententragfähigkeit des Stützquerschnitts ermittelt. EC-4-2 6.2.1.5

Die Spannungen sind in der Regel nach Elastizitätstheorie unter Berücksichtigung der mittragenden Gurtbreite des Betongurtes nach Eurocode 4, Teil 2, Abschnitt 6.1.2 zu ermitteln. EC-4-2 6.2.1.5 (1)

Bei der Ermittlung der elastischen Momententragfähigkeit sind für den wirksamen Querschnitt die nachfolgenden Grenzspannungen einzuhalten: EC-4-2 6.2.1.5 (2)

- f_{cd} für Beton unter Druckbeanspruchung,
- f_{yd} für Baustahl unter Zug- und Druckbeanspruchung,
- f_{sd} für Betonstahl unter Zug- und Druckbeanspruchung. Vereinfachend darf Betonstahl in der Druckzone vernachlässigt werden.

Spannungen infolge von Einwirkungen auf den Baustahlquerschnitt und zusätzlichen Einwirkungen auf den Verbundquerschnitt sind zu überlagern. EC-4-2 6.2.1.5 (3)P

Wenn keine genaueren Berechnungsverfahren verwendet werden, sind die Einflüsse aus dem Kriechen des Betons in der Regel mit Hilfe von Reduktionszahlen für die Betonfläche nach Eurocode 4,Teil 2, Abschnitt 5.4.2.2 zu berücksichtigen. siehe Abschnitt 2.1.3.4.2

Bei Querschnitten mit zugbeanspruchten Betongurten, die bei der Berechnung als gerissen angenommen werden, dürfen die aus den primären Einwirkungen resultierenden Spannungen vernachlässigt werden. EC-4-2 6.2.1.5 (5)

Für gedrückte Gurte ist in der Regel ein Nachweis gegen Biegedrillknicken nach Eurocode 4, Teil 2, Abschnitt 6.4 zu führen. EC-4-2 6.2.1.5 (6)

Anmerkung:

Die Stabilitätsnachweise werden in einem eigenen Kapitel geführt. (siehe Abschnitt 2.4.7)

Die Querschnittsspannungen unter der ständigen und vorübergehenden Bemessungssituation zum maßgebenden Zeitpunkt (t = ∞) ergeben sich wie folgt:

EC-4-2 6.2.1.5 (7)

Spannung an der Unterkante Stahlträgersteg:

$$\sigma_{a,fl,u}^{t=\infty} = \frac{M_{Ed,a}}{W_{a,flt,u}} + \frac{M_{Ed,v}}{w_{a,fl,u}^{II}}$$

$$\sigma_{a,fl,u}^{t=\infty} = \frac{-115260}{-19948} + \frac{-546600}{-23432} = 29{,}10 \text{ kN/cm}^2$$

Spannung im Betonstahl:

$$\sigma_{s}^{t=\infty} = \frac{M_{Ed,v}}{w_{s}^{II}}$$

$$\sigma_{s}^{t=\infty} = \frac{-546600}{-28338} = 19{,}28 \text{ kN/cm}^2$$

Die zulässigen Spannungen betragen:

$$f_{yd} = \frac{f_{yk}}{\gamma_{M0}} = \frac{35{,}5}{1{,}0} = 35{,}5 \text{ kN/cm}^2$$

$$f_{sd} = \frac{f_{yk}}{\gamma_{s}} = \frac{50{,}0}{1{,}15} = 43{,}5 \text{ kN/cm}^2$$

Der Nachweis ist somit erfüllt. Der Ausnutzungsgrad für den Baustahlquerschnitt beträgt:

$$\eta_a = \frac{|\sigma_{a,fl,u}^{t=\infty}|}{f_{yd}} = \frac{29{,}10}{35{,}5} = 0{,}82$$

Der Ausnutzungsgrad für den Betonstahlquerschnitt beträgt:

$$\eta_s = \frac{|\sigma_{s}^{t=\infty}|}{f_{sd}} = \frac{19{,}28}{43{,}5} = 0{,}44$$

Anmerkung:

Beim Nachweis gegen Biegedrillknicken (siehe Abschnitt 2.4.7) ist der Teilsicherheitsbeiwert γ_{M1} = 1,1 zu berücksichtigen.

Querschnittswerte (Tab.10):

für Stahlprofil
$W_{a,fl,u}$ = -19948 cm³

Querschnittswerte (Tab.9):

für Zustand II Stützbereich
$W^{II}_{a,fl,u}$ = 23432 cm³
W^{II}_{s} = -28338 cm³

Schnittgrößen (Tab.26):

für Zwischenauflager t=28d
$M_{Ed,a}$ = -1152,6 kNm
$M_{Ed,v}$ = -4840,4 kNm

für Zwischenauflager t=∞
$M_{Ed,a}$ = -1152,6 kNm
$M_{Ed,v}$ = -5466,0 kNm

2.4.4 Nachweis für Querkraft

EC-4-2 6.2.2

2.4.4.1 Allgemeines

Wenn die Mitwirkung des Betonquerschnittes bei der Ermittlung der Querkrafttragfähigkeit nicht gesondert nachgewiesen wird, ist für die Querkrafttragfähigkeit $V_{pl,Rd}$ in der Regel die Querkrafttragfähigkeit $V_{pl,a,Rd}$ des Baustahlquerschnitts zugrunde zu legen.

EC-4-2 6.2.2.2 (1)

Anmerkung:

Da der Betonquerschnitt in der Stütze planmäßig gerissen ist, wird hier keine Mitwirkung des Betons berücksichtigt.

Gemäß Eurocode 3, Teil 1-1, Abschnitt 6.2.6 (6) ist zunächst zu untersuchen ob der Nachweis gegen Schubbeulen für unausgesteifte Stegbleche zu führen ist. Der Nachweis wäre dann nach Eurocode 3, Teil 1-5, Abschnitt 5 zu führen. Die Grenzbedingung hierfür ergibt sich zu:

$$\frac{h_{wa}}{t_{wa}} \geq 72 \cdot \frac{\varepsilon}{\eta}$$

EC-3-1-1 6.2.6 Gl. (6.22)
und
EC3-1-5 5.1 (2)

dabei ist:

$$\varepsilon = \sqrt{\frac{235}{f_{yk}}}$$

$$\eta = 1{,}0$$

EC-3-1-5/NA NDP zu 5.1(2)
Anmerkung 2

Anmerkung:

Für ausgesteifte Stegbleche ist hingegen ab einem Verhältnis von:

$$\frac{h_{wa}}{t_{wa}} \geq \frac{31}{\eta} \cdot \varepsilon \sqrt{k_\tau}$$

EC3-1-5 5.1 (2)

ein Schubbeulnachweis zu führen.

2.4.4.2 Ermittlung der Querkrafttragfähigkeit

Die Querkrafttragfähigkeit wird für den maßgebenden Stützbereich ermittelt.

Im Folgenden wird zunächst die Grenzbedingung für unausgesteifte Stegbleche überprüft.

Querschnittswerte Baustahl:
h_{wa} = 92,8 cm
t_{wa} = 2,1 cm

$$\frac{h_{wa}}{t_{wa}} \geq 72 \cdot \frac{\varepsilon}{\eta}$$

$$\frac{92{,}8}{2{,}1} \geq 72 \cdot \frac{\sqrt{235/355}}{1{,}0}$$

$$44{,}2 < 58{,}6$$

Die Grenzschlankheit wird nicht überschritten. Es braucht somit kein Schubbeulnachweis geführt zu werden.

Der Bemessungswert der vollplastischen Querkrafttragfähigkeit des Baustahlquerschnitts ist in der Regel nach Eurocode 3, Teil 1-1, Abschnitt 6.2.6 zu ermitteln. EC-4-2 6.2.2.2 (2)

Liegt keine Torsion vor, so lautet der Bemessungswert der plastischen Querkraftbeanspruchbarkeit:

$$V_{pl,Rd} = \frac{A_v \cdot (f_y/\sqrt{3})}{\gamma_{M0}}$$

EC-3-1-1 6.2.6 Gl. (6.18)

Die wirksame Schubfläche darf für gewalzte Profile mit I- und H-Querschnitten und Lastrichtung parallel zum Steg wie folgt ermittelt werden: EC-3-1-1 6.2.6 (3)

$$A_v = A - 2 \cdot b_a \cdot t_{fa} + (t_{wa} + 2 \cdot r_a) \cdot t_{fa}$$

$$A_v = 565 - 2 \cdot 45{,}3 \cdot 4{,}0 + (2{,}1 + 2 \cdot 3{,}0) \cdot 4{,}0$$

$$A_v = 235 \text{ cm}^2$$

Querschnittswerte Baustahl:
t_{fa} = 4,0 cm
t_{wa} = 2,1 cm
b_a = 45,3 cm
r_a = 3,0 cm
A_a = 565 cm²

Die plastische Querkraftbeanspruchbarkeit ergibt sich somit zu:

$$V_{pl,Rd} = \frac{235 \cdot (35{,}5/\sqrt{3})}{1{,}0}$$

$$V_{pl,Rd} = 4816{,}5 \text{ kN}$$

Die maßgebende Querkraft zum Zeitpunkt t=∞ ergibt sich für das mittlere Auflager zu:

$$V_{Ed} = 1886{,}5 \text{ kN}$$

Schnittgrößen (Tab.26):

für Zwischenauflager t=28d
$V_{Ed,min}$ = -1844,8 kN

für Zwischenauflager t=∞
$V_{Ed,min}$ = -1886,5 kN

Die Bedingung $V_{Ed} < V_{pl,Rd}$ ist damit eingehalten. Der Nachweis ist erfüllt. Der Ausnutzungsgrad beträgt:

$$\eta = \frac{V_{Ed}}{V_{pl,Rd}} = \frac{1886{,}5}{4816{,}5} = 0{,}39$$

Anmerkung:

Auf einen gesonderten Nachweis der Querkrafttragfähigkeit an den Endauflagern wird verzichtet.

2.4.5 Nachweis für Biegung und Querkraft

EC-4-2 6.2.2.4

Überschreitet der Bemessungswert der einwirkenden Querkraft V_{Ed} den 0,5fachen Wert der Querkrafttragfähigkeit V_{Rd}, so ist in der Regel der Einfluss der Querkraft auf die Momententragfähigkeit zu berücksichtigen. Die maßgebende Querkrafttragfähigkeit ergibt sich jeweils aus dem kleineren Wert von $V_{pl,Rd}$ nach Eurocode 4, Teil 2, Abschnitt 6.2.2.2 oder $V_{b,Rd}$ nach Eurocode 4, Teil 2, Abschnitt 6.2.2.3.

EC-4-2 6.2.2.4 (1)

Anmerkung:

Da die Grenzschlankheit für unausgesteifte Stegbleche eingehalten wurde, muss kein Schubbeulen untersucht werden. Als Querkrafttragfähigkeit ist somit der Wert $V_{pl,Rd}$ anzusetzen.

$$\frac{V_{Ed}}{V_{pl,Rd}} < 0,5$$

siehe Abschnitt 2.4.4.2
V_{Ed} = 1886,5 kN
$V_{pl,Rd}$ = 4816,5 kN

$$\frac{1886,5}{4816,5} = 0,39 < 0,5$$

Die Bedingung ist erfüllt. Der Einfluss der Querkraft auf die Momententragfähigkeit darf vernachlässigt werden.

Anmerkung:

Sofern die Bedingung $V_{Ed}/V_{Rd} < 0,5$ nicht eingehalten wird, ist die Momententragfähigkeit abzumindern.

Bei Querschnitten der Klassen 1 und 2 wird der Anteil des Steges an der Momententragfähigkeit mit dem Faktor (1-ρ) abgemindert. ρ ergibt sich dabei zu:

EC-3-1-1 6.2.2.4 (2)

$$\rho=\left(2\cdot\frac{V_{Ed}}{V_{Rd}}-1\right)^2$$

EC-3-1-1 6.2.2.4 Gl. (6.5)

Die plastische Momententragfähigkeit ist dann mit der Spannungsverteilung nach Eurocode 4, Teil 2, Bild 6.7 zu ermitteln.

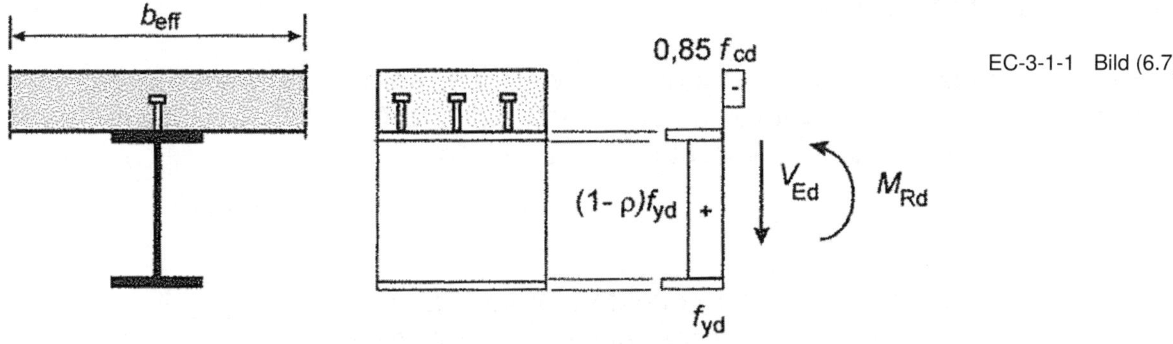

EC-3-1-1 Bild (6.7)

Abbildung 124 Vollplastische Spannungsverteilung bei gleichzeitiger Querkraftbeanspruchung nach Bild 6.7, EC4-2

Bei Querschnitten der Klassen 3 und 4 gelten die Regeln nach Eurocode 3, Teil 1-5, Abschnitt 7.1.

EC-3-1-1 6.2.2.4 (3)

Folgende Interaktionsbedingung muss erfüllt sein:

$$\bar{\eta}_1 + \left(1 - \frac{M_{f,Rd}}{M_{pl,Rd}}\right) \cdot (2 \cdot \bar{\eta}_3 - 1)^2 \leq 1{,}0$$

EC-3-1-5 Gl. (7.1)

mit:

$$\bar{\eta}_1 = \frac{M_{Ed}}{M_{pl,Rd}} \geq \frac{M_{f,Rd}}{M_{pl,Rd}}$$

$$\bar{\eta}_3 = \frac{V_{Ed}}{V_{bw,Rd}}$$

Dabei ist:

$M_{f,Rd}$ der Bemessungswert der plastischen Momentenbeanspruchbarkeit des Querschnitts, der nur mit der effektiven Querschnittsfläche der Flansche berechnet wird,

$M_{pl,Rd}$ der Bemessungswert der plastischen Momententragfähigkeit des Gesamtquerschnitts,

$V_{bw,Rd}$ der Querkrafttragfähigkeitsanteil, der nach Eurocode 3, Teil 1-5, Gleichung 5.2 auf den Trägersteg entfällt.

Die Interaktionsgleichung gilt jedoch nur für in Längsrichtung nicht ausgesteifte Stege. Für in Längsrichtung ausgesteifte Stege wäre statt $\bar{\eta}_1$ der Ausnutzungsgrad η_1 nach Eurocode 3, Teil 1-5, Gleichung 4.14 einzusetzen.

EC-3-1-5/NA NCI zu 6.2.2.4(3)

2.4.6 Stege mit Querbelastung

EC-4-2 6.5

Sofern Querbelastungen auftreten, ist der Nachweis bei kombinierten Beanspruchungen aus Querbelastung, Biegung und Normalkraft nach Eurocode 3, Teil 1-5, Abschnitt 7.2 zu führen. EC-4-2 6.5.1 (2)

Anmerkung:

Da größere Querlasten nur an den Lagerpunkten in die Stege eingeleitet werden, dort aber Quersteifen vorhanden sind, wäre an diesen Stellen ein Tragfähigkeitsnachweis nach Eurocode 3, Teil 1-5, Abschnitt 6 zu führen. Dieser wird im Rahmen dieses Beispiels nicht geführt.

Für flanschinduziertes Stegblechbeulen gelten die Regelungen nach Eurocode 3, Teil 1-5, Abschnitt 8. EC-4-2 6.5.2 (1)

Um das Einknicken des Druckflansches in den Steg zu vermeiden, sollte das Verhältnis h_{wa}/t_{wa} für den Steg das folgende Kriterium erfüllen: EC-3-1-5 8(1)

$$\frac{h_{wa}}{t_{wa}} \leq k \cdot \frac{E}{f_{yf}} \cdot \sqrt{\frac{A_{wa}}{A_{fc}}}$$

EC-3-1-5 Gl. (8.1)

dabei ist:

A_{wa} die Stegfläche
A_{fc} die effektive Querschnittsfläche des Druckflansches

Der Wert k ist wie folgt anzuwenden:

- bei Ausnutzung einer plastischen Rotation $k = 0{,}3$
- bei Ausnutzung der plastischen Momentenbeanspruchbarkeit $k = 0{,}4$
- bei Ausnutzung der elastischen Momentenbeanspruchbarkeit $k = 0{,}55$

Für A_{fc} ist der jeweils kleinere Wert aus der Querschnittsfläche, des nicht mit dem Betongurt verbundenen Gurts und der ideellen Querschnittsfläche des mit dem Betongurt verdübelten Gurtes einzusetzen. EC-3-1-5 8 (1)

Anmerkung:

Quersteifen sind nur an den Lagern vorhanden. Längssteifen sind nicht vorhanden.

Der Nachweis der Bedingung gegen flanschinduziertes Stegblechbeulen wird für den maßgebenden Zwischenauflagerbereich geführt. Da der Querschnitt dort der Querschnittsklasse 3 zugeordnet wurde, ergibt sich k zu 0,55.

somit ergibt sich:

Querschnittswerte Baustahl:
h_{wa} = 92,8 cm
t_{wa} = 2,1 cm
b_a = 45,3 cm
t_{fa} = 4,0 cm
E = 210000 N/mm²
f_{yf} = 355 N/mm²

$$\frac{h_{wa}}{t_{wa}} \leq k \cdot \frac{E}{f_{yf}} \cdot \sqrt{\frac{A_{wa}}{A_{fc}}}$$

$$\frac{92{,}8}{2{,}1} \leq 0{,}55 \cdot \frac{210.000}{355} \cdot \sqrt{\frac{92{,}8 \cdot 2{,}1}{45{,}3 \cdot 4{,}0}}$$

$$44{,}2 \leq 337{,}4$$

Der Nachweis ist erfüllt.

2.4.7 Nachweis gegen Biegedrillknicken

EC-4-2 6.4

2.4.7.1 Allgemeines

Gurte von Stahlträgern, die unmittelbar mit Betongurten, die als Vollbetonplatten oder Profilblechdecken ausgebildet sind, verdübelt sind und bei denen die Verdübelung nach Eurocode 4, Teil 4-2, Abschnitt 6.6 ausgeführt wird, dürfen als nicht biegedrillknickgefährdet angenommen werden, wenn für den Betongurt selbst keine Gefahr bezüglich eines seitlichen Ausweichens besteht. EC-4-2 6.4.1 (1)

Für alle anderen druckbeanspruchten Gurte ist in der Regel ein Biegedrillknicknachweis erforderlich. EC-4-2 6.4.1 (2)

Die Nachweisverfahren nach Eurocode 3, Teil 1-1, Abschnitt 6.3.2.1 bis 6.3.2.3 und das allgemeine Nachweisverfahren nach Eurocode 3, Teil 1-1, Abschnitt 6.3.4 dürfen verwendet werden, wobei für den Nachweis die Teilschnittgrößen des Baustahlquerschnittes zugrunde zu legen sind. Diese sind unter Berücksichtigung der Belastungsgeschichte in Übereinstimmung mit Eurocode 4, Teil 2, Abschnitt 5.4.2.4 zu ermitteln. Beim Nachweis darf angenommen werden, dass der Obergurt des Stahlträgers durch die Betonplatte seitlich unverschieblich und drehelastisch gehalten ist. EC-4-2 6.4.1 (3)

Für Träger mit Querschnitten der Klassen 1, 2 oder 3 und in Trägerlängsrichtung konstanten Baustahlquerschnitten, bei denen hinsichtlich der Lagerung die Bedingungen nach Eurocode 4, Teil 2, Abschnitt 6.4.2(5) eingehalten sind, ergibt sich der Bemessungswert der Momententragfähigkeit bei Biegedrillknicken zu: EC-4-2 6.4.2 (1)

$$M_{b,Rd} = \chi_{LT} \cdot M_{Rd}$$ EC-4-2 Gl. (6.6)

dabei ist:

χ_{LT} der vom Schlankheitsgrad $\bar{\lambda}_{LT}$ abhängige Abminderungsfaktor für Biegedrillknicken;

M_{Rd} der Bemessungswert der Momententragfähigkeit für negative Momentenbeanspruchung für den maßgebenden Querschnitt.

Der Abminderungsfaktor χ_{LT} kann nach Eurocode 3, Teil 1-1, Abschnitt 6.3.2.2 oder 6.3.2.3 ermittelt werden.

Nach Eurocode 3, Teil 1-1, Abschnitt 6.3.2.2 ergibt sich der Abminderungsbeiwert χ_{LT} wie folgt:

$$\chi_{LT} = \frac{1}{\Phi_{LT} + \sqrt{(\Phi_{LT})^2 - (\bar{\lambda}_{LT})^2}} \leq 1{,}0$$ EC-3-1-1 Gl. (6.56)

mit:

$$\Phi_{LT} = 0{,}5 \cdot \left[1 + \alpha_{LT} \cdot (\bar{\lambda}_{LT} - 0{,}2) + \bar{\lambda}_{LT}^{\,2}\right]$$

Bei Schlankheitsgraden $\bar{\lambda}_{LT} \leq 0{,}2$ oder für $M_{Ed}/M_{cr} \leq 0{,}04$ darf das Biegedrillknicken vernachlässigt werden. EC-3-1-1 6.3.2.2 (4)

Anmerkung:

Bei Schlankheitsgraden mit $\bar{\lambda}_{LT} \leq 0{,}2$ ergibt die Gleichung für χ_{LT} Werte $\geq 1{,}0$. Es ergibt sich somit keine zusätzliche Abminderung der Biegetragfähigkeit infolge Stabilitätsversagen.

Alternativ kann gemäß Eurocode 3, Teil 1-1, Abschnitt 6.3.2.3 für gewalzte oder gleichartige geschweißte Querschnitte unter Biegebeanspruchung der Wert χ_{LT} mit dem Schlankheitsgrad $\bar{\lambda}_{LT}$ aus der maßgebenden Biegedrillknicklinie nach folgender Gleichung ermittelt: EC-3-1-1 6.3.2.3 (1)

$$\chi_{LT} = \frac{1}{\Phi_{LT} + \sqrt{(\Phi_{LT})^2 - \beta \cdot (\bar{\lambda}_{LT})^2}} \leq 1{,}0 \leq \frac{1}{(\bar{\lambda}_{LT})^2}$$ EC-3-1-1 Gl. (6.57)

mit:

$$\Phi_{LT} = 0{,}5 \cdot \left[1 + \alpha_{LT} \cdot (\bar{\lambda}_{LT} - \bar{\lambda}_{LT,0}) + \beta \cdot \bar{\lambda}_{LT}^{\,2}\right]$$

Für $\bar{\lambda}_{LT,0}$ und β gelten folgende Begrenzungen:

$\bar{\lambda}_{LT,0} \leq 0{,}4$

$\beta \geq 0{,}75$

Der Imperfektionsbeiwert α_{LT} ergibt sich für die maßgebende Knicklinie des Querschnitts nach Eurocode 3, Teil 1-1, Tabelle 6.3.

Anmerkung:

Die Begrenzung von $\bar{\lambda}_{LT} \leq 0{,}2$ gilt für den Biegedrillknicknachweis nach Eurocode 3, Teil 1-1, Abschnitt 6.3.2.2. Für den Nachweis nach Abschnitt 6.3.2.3 gelten die zuvor genannten Grenzwerte $\bar{\lambda}_{LT,0}$ und β.

Anmerkung:

Das Verfahren nach Eurocode 3, Teil 1-1, Abschnitt 6.3.2.2 führt trotz günstigerer Knicklinien (vergl. Eurocode 3, Teil 1-1, Tab. 6.4 und 6.5) zu ungünstigeren Ergebnissen, und liegt damit auf der sicheren Seite.

Der Schlankheitsgrad $\bar{\lambda}_{LT}$ ergibt sich aus der Momententragfähigkeit und dem idealen Biegedrillknickmoment wie folgt:

$$\bar{\lambda}_{LT} = \sqrt{\frac{M_{Rk}}{M_{cr}}}$$

EC-4-2 Gl. (6.7)

bzw. zu:

$$\bar{\lambda}_{LT} = \sqrt{\frac{W_y \cdot f_{yk}}{M_{cr}}}$$

EC-3-1-1 Gl. (6.56)

Anmerkung:

Das ideale Biegedrillknickmoment M_{cr} wird hier nach dem Artikel **[U1]** „Zum Biegedrillknicken von Verbundträgern“ (Hanswille, Lindner, Münich, Stahlbau, Jahrgang Nr. 67, Heft 7, Ernst & Sohn, 1998) ermittelt. Weiterführende Erläuterungen sind auch dem Beitrag **[U3]** „Neue Verbundbaunorm E DIN 18800-5 mit Kommentar und Beispiel“ (Hanswille, Bergmann, Stahlbau-Kalender, Ernst & Sohn, 2000) und **[U4]** „Leitfaden zum DIN Fachbericht 104 Verbundbrücken“ (Hanswille, Stranghöner, Ernst & Sohn, 2003) zu entnehmen.

2.4.7.2 Ermittlung des Biegedrillknickmoments

Das ideale Biegedrillknickmoment M_{cr} ergibt sich nach **[U1]** wie folgt:

$$M_{cr} = \frac{1}{k_z} \cdot \left[\frac{\pi^2 \cdot E_a \cdot I_{\omega D}}{(\beta \cdot L)^2} + (G_a \cdot I_{Ta})_{eff} \right]$$

[U1] Gl. (22)

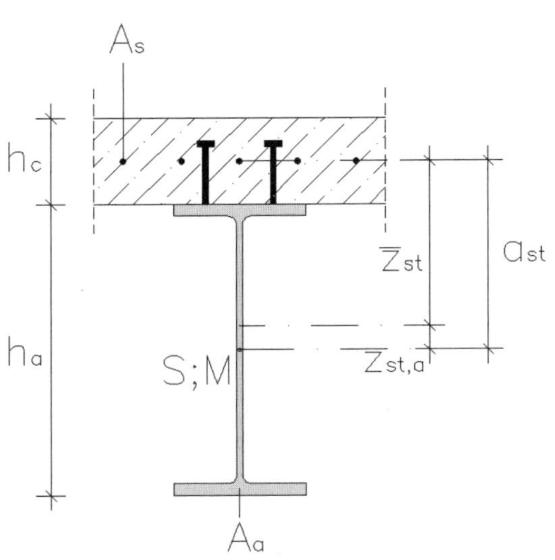

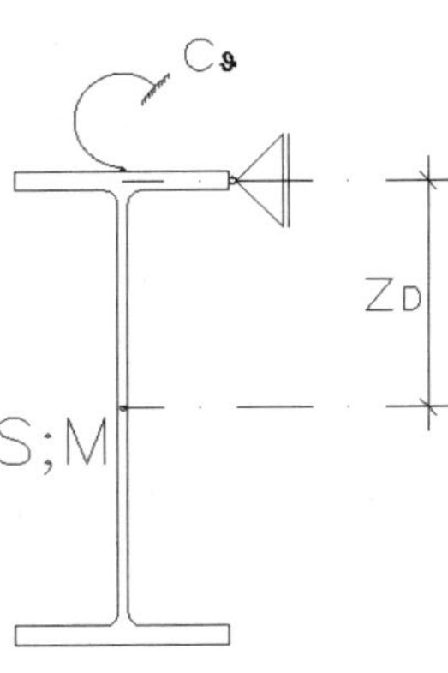

Abbildung 125 Parameter zur Ermittlung von M_{cr}

a) Querschnittskennwerte Baustahl:

A_a = 565 cm^2
I_{ya} = 100,54 cm^2m^2
I_{za} = 6,207 cm^2m^2
I_{Ta} = 0,235 cm^2m^2
$I_{\omega a}$ = 1,450 cm^2m^4 (aus Nebenrechnung)
i_p^2 = 0,189 m^2 (aus Nebenrechnung)

b) Querschnittskennwerte Baustahl und Betonstahl:

<u>Anmerkung:</u>

Als Betonstahlfläche wird hier nur der über alle Felder konstante Anteil (o/u ø16-15; b_{eff} = 3,00 m) von 80,5 cm² berücksichtigt. Die zusätzliche Stützbewehrung wird vernachlässigt.

Gesamtstahlquerschnitt:

$$A_{st} = A_a + A_s$$
$$A_{st} = 565 + 80{,}5$$
$$A_{st} = 645{,}5 \text{ cm}^2$$

Querschnittswerte Betonstahl:
A_s = 80,5 cm² (Feldbereich)

Querschnittswerte Beton:
h_c = 30 cm

Querschnittswerte Stahl:
h_a = 100,8 cm

Abstand zwischen der Schwerachsen des Beton- und Baustahls:

$$a_{st} = (h_a + h_c)/2$$
$$a_{st} = (1{,}008 + 0{,}3)/2$$
$$a_{st} = 0{,}654 \text{ m}$$

Flächenträgheitsmoment des Gesamtstahlquerschnitts:

$$I_{yst} = I_{ya} + \left(A_a \cdot A_s \cdot a_{st}^2\right)/A_{st}$$
$$I_{yst} = 100{,}54 + \left(565 \cdot 80{,}5 \cdot 0{,}654^2\right)/\,645{,}5$$
$$I_{yst} = 130{,}68 \text{ cm}^2\text{m}^2$$

Abstand der Schwerachse des Gesamtstahlquerschnitts zur Schwerachse des Betonstahlquerschnitts:

$$\bar{z}_{st} = A_a \cdot a_{st}/A_{st}$$
$$\bar{z}_{st} = 565 \cdot 0{,}654/645{,}5$$
$$\bar{z}_{st} = 0{,}572 \text{ m}$$

Abstand zwischen Schwerachse des Baustahl- und des Gesamtstahlquerschnitts:

$$z_{st,a} = -\,(a_{st} - \bar{z}_{st})$$
$$z_{st,a} = -\,(0{,}654 - 0{,}572)$$
$$z_{st,a} = -\,0{,}082 \text{ m}$$

c) Ermittlung der Drehbettung c_ϑ bzw. k_s:

Anmerkung:

Die Drehbettung wird nach Eurocode 4, Teil 2, Gleichung 6.8 ermittelt. c_ϑ wird dort als k_s bezeichnet.

$$k_s = \frac{k_1 \cdot k_2}{k_1 + k_2}$$

EC-4-2 Gl. (6.8)

Der Anteil der Betonplatte $c_{\vartheta,M}$ ist in Eurocode 4, Teil 2, Gleichung 6.9 als k_1 bezeichnet.

$$k_1 = \propto \cdot \frac{E_a \cdot I_2}{a}$$

EC-4-2 Gl. (6.9)

Der Anteil aus Flanschbiegung $c_{\vartheta,P}$ ist in Eurocode 4, Teil 2, Gleichung 6.10 als k_2 bezeichnet.

$$k_2 = \frac{E_a \cdot t_w^{\,3}}{4 \cdot (1 - v_a^2) \cdot h_s}$$

EC-4-2 Gl. (6.10)

Anmerkung:

Die Biegesteifigkeit der Betonplatte im Zustand II kann nach dem Artikel **[U2]** „Zur Frage des Biegedrillknickens bei Stahlverbundträgern" (Roik, Hanswille, Kina, Stahlbau 59 (1990) Heft 11 Seite 327-333, Verlag Ernst und Sohn) näherungsweise wie folgt bestimmt werden.

[U2] Gl. (21)

$$(E_c \cdot I_c)_{II} = (E_c \cdot I_c)_I \cdot 6{,}5 \cdot E_a/E_c \cdot \rho$$
$$(E_c \cdot I_c)_{II} = E_a \cdot I_c \cdot 6{,}5 \cdot \rho$$
$$(E_c \cdot I_c)_{II} = 210.000 \cdot 2{,}25 \cdot 10^{-3} \cdot 6{,}5 \cdot 0{,}0038$$
$$(E_c \cdot I_c)_{II} = 11{,}67 \text{ MNm}^2$$

Elastizitätsmodul
$E_a = 210.000$ MN/m²

Biegesteifigkeit Platte quer
$I_c = 1{,}0 \cdot 0{,}3^3/12 = 2{,}25 \cdot 10^{-3}$ m⁴

Bewehrungsgrad (quer)
(siehe Abschnitt 2.1.3.2.2)
o/u ø12-20 (11,31 cm²/m)
$\rho = 0{,}0038$

Anmerkung:

Zur Ermittlung des Bewehrungsgrades ρ wurde hier, auf der sicheren Seite liegend, die Grundbewehrung von oben und unten ø12-20 in Querrichtung angesetzt.

Der Drehbettungsanteil der Betonplatte $c_{\vartheta,M}$ bzw. k_1 ergibt sich somit wie folgt:

EC-4-2 Gl. (6.9)

$$k_1 = \alpha \cdot \frac{(E_c \cdot I_c)_{II}}{a} = 2 \cdot \frac{11{,}67}{3}$$
$$k_1 = 7{,}78 \text{ MNm/m}$$

Längsträgerabstand a
$a = 3{,}0$ m

Beiwert α
$\alpha = 2$ (für Randträger)

Der Drehbettungsanteil des Stahlprofils $c_{\vartheta,P}$ bzw. k_2 ergibt sich wie folgt:

EC-4-2 Gl. (6.10)

$$k_2 = \frac{E_a \cdot t_w^3}{4 \cdot (1 - v_a^2) \cdot h_s} = \frac{210.000 \cdot 0{,}021^3}{4 \cdot \left(1 - 0{,}3^2\right) \cdot 0{,}968}$$
$$k_2 = 0{,}55 \text{ MNm/m}$$

$t_{wa} = 0{,}021$ m
$E_a = 210.000$ MN/m²
$h_a = 1{,}008$ m $t_{fa} = 0{,}04$ m
$h_s = 0{,}968$ m (mit: $h_s = h_a - t_{fa}$)

Die Gesamtdrehbettung c_ϑ bzw. k_s ergibt sich wie folgt:

Querkontraktionszahl (Stahl)
$v_a = 0{,}3$

EC-4-2 Gl. (6.8)

$$k_s = \frac{k_1 \cdot k_2}{k_1 + k_2} = \frac{7{,}78 \cdot 0{,}55}{7{,}78 + 0{,}55}$$
$$k_s = 0{,}51 \text{ MNm/m}$$

d) Ermittlung des Beiwerts k_z:

[U1] Gl. (7)

$$k_z = \left(\frac{z_D^2 + i_p^2}{z_e} + 2 \cdot z_D\right) \cdot \frac{I_{ya}}{I_{yst}}$$
$$k_z = \left(\frac{0{,}464^2 + 0{,}189^2}{-2{,}17} - 2 \cdot 0{,}464\right) \cdot \frac{100{,}54}{130{,}68} = -0{,}857 \text{ m}$$

$h_s = 0{,}968$ m
$I_{ya} = 100{,}54$ cm²m²
$z_{ast} = -0{,}082$ m
$A_a = 565$ cm²
$I_{yst} = 130{,}68$ cm²m²
$i_p^2 = 0{,}189$ m²

mit:

$$z_D = -\frac{h_s}{2} = -\frac{0{,}928}{2} = -0{,}464 \text{ m}$$

$$z_e = \frac{I_{ya}}{z_{ast} \cdot A_a} = \frac{100{,}54}{-0{,}082 \cdot 565} = -2{,}17 \text{ m}$$

[U1] Gl. (5)

e) Ermittlung des Steifigkeitsparameters η:

$$\eta = \sqrt{\frac{c_\vartheta \cdot L^4}{E_a \cdot I_{\omega D}}}$$

$$\eta = \sqrt{\frac{510 \cdot 15^4}{21.000 \cdot 2{,}904}} = 20{,}57$$

[U1] Gl. (14b)

$L = 15{,}0$ m
$c_\vartheta = k_s = 510$ kNm/m
$E_a = 21.000$ kN/cm²

mit:

$$I_{\omega D} = I_{\omega a} + z_D{}^2 \cdot I_{za}$$
$$I_{\omega D} = 1{,}45 + 0{,}484^2 \cdot 6{,}207 = 2{,}904 \text{ cm}^2\text{m}^4$$

[U1] Gl. (3)

$I_{\omega a} = 1{,}450$ cm²m⁴
$I_{za} = 6{,}207$ cm²m²
$z_D = -0{,}484$ m

f) Ermittlung des Knicklängenbeiwerts β:

Der Beiwert β kann nach **[U1]** Gleichung 24 und Tabelle 5 ermittelt oder für den konkreten Fall aus Abbildung 126 abgelesen werden.

Anmerkung:

Für eine Momentenbeanspruchung aus einer Gleichstreckenlast beim vorliegenden Zweifeldträger ergeben sich die Beiwerte α und ψ zu:

$\alpha = 1{,}0$ Verhältnis $|M_{Stütze}|/ M_{Feld,\ EFT}$ (siehe Abb. 126)
$\psi = 0$ Randmomentenverhältnis (siehe Abb. 126)

$$\beta = \beta_0(\psi) \cdot \left[\frac{1}{1+\left(a/\pi \cdot \sqrt{\eta}\right)^{n_1}}\right]^{\frac{1}{n_2}}$$

$$\beta = 0{,}4 \cdot \left[\frac{1}{1+\left(1{,}13/\pi \cdot \sqrt{20{,}57}\right)^{4{,}5}}\right]^{\frac{1}{5{,}75}} = 0{,}27$$

[U1] Gl. (24)

$a = 1{,}13$
$n_1 = 4{,}5$
$n_2 = 5{,}75$
$\eta = 20{,}57$
$\beta_0(\psi) = 0{,}4$

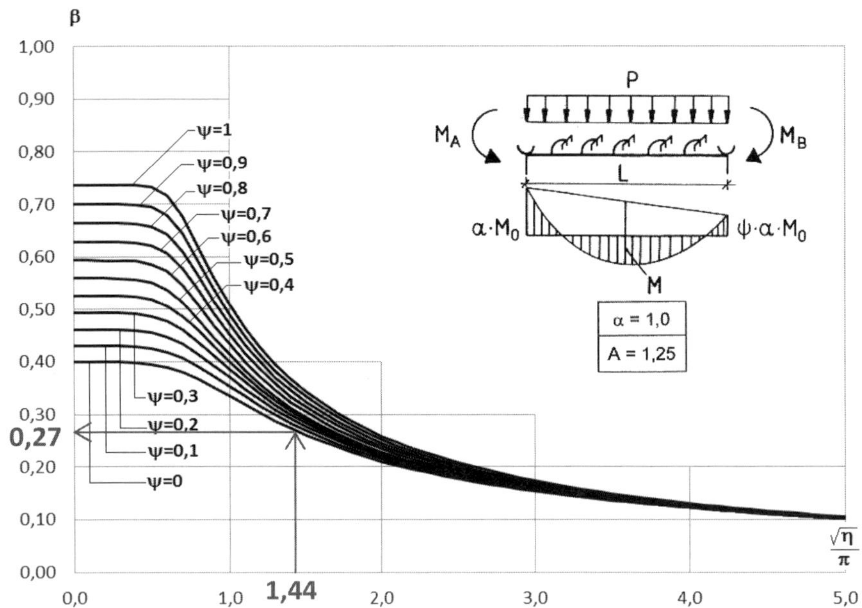

Abbildung 126 Knicklängenbeiwert β

g) Ermittlung des idealen Biegedrillknickmoment M_{cr}:

$$M_{cr} = \frac{1}{k_z} \cdot \left[\frac{\pi^2 \cdot E_a \cdot I_{\omega D}}{(\beta \cdot L)^2} + (G_a \cdot I_{Ta})_{eff}\right]$$

[U1] Gl. (22)

$$M_{cr} = \frac{1}{0{,}857} \cdot \left[\frac{\pi^2 \cdot 21.000 \cdot 2{,}904}{(0{,}27 \cdot 15)^2} + 3.569.1\right] = 46982{,}5 \text{ kNm}$$

k_z = - 0,857 m
E_a = 21.000 kN/cm²
G_a = 8.100 kN/cm²
$I_{\omega D}$ = 2,904 cm²m⁴
I_{Ta} = 0,235 cm²m²
β = 0,27
L = 15 m

mit:

$$(G_a \cdot I_{Ta})_{eff} = A \cdot (1{,}5 - 0{,}5 \cdot \psi) \cdot G_a \cdot I_{Ta}$$

[U1] Gl. (25)

$$(G_a \cdot I_{Ta})_{eff} = 1{,}25 \cdot 1{,}5 \cdot 8.100 \cdot 0{,}235 = 3569{,}1 \text{ kNm}^2$$

I_{Ta} = 0,235 cm²m²
A = 1,25 (für α=1; ψ=0)

h) Ermittlung des Schlankheitsgrades $\bar{\lambda}_{LT}$:

EC-3-1-1 Gl. (6.56)

$$\bar{\lambda}_{LT} = \sqrt{\frac{W_y \cdot f_{yk}}{M_{cr}}}$$

f_{yk} = 35,5 kN/cm²

Querschnittswerte (Tab.9):

$W^{II}_{a,fl,u}$ = 23432 cm³

$$\bar{\lambda}_{LT} = \sqrt{\frac{23.432 \cdot 35{,}5/100}{46982{,}5}} = 0{,}42$$

Anmerkung:

Bei Schlankheitsgraden $\bar{\lambda}_{LT} \leq 0{,}2$ oder für $M_{Ed}/M_{cr} \leq 0{,}04$ darf das Biegedrillknicken vernachlässigt werden. Da dies nicht erfüllt ist, ist ein Biegedrillknicknachweis zu führen.

EC-3-1-1 6.3.2.2 (4)

i) Ermittlung Abminderungsfaktor χ_{LT}:

Der Beiwert χ_{LT} wird auf der sicheren Seite liegend nach Eurocode 3, Teil 1-1, Abschnitt 6.3.2.2 ermittelt.

$$\chi_{LT} = \frac{1}{\Phi_{LT} + \sqrt{(\Phi_{LT})^2 - (\bar{\lambda}_{LT})^2}} \leq 1{,}0$$

EC-3-1-1 Gl. (6.56)

$$\chi_{LT} = \frac{1}{0{,}63 + \sqrt{(0{,}63)^2 - (0{,}42)^2}} \leq 1{,}0$$

$$\chi_{LT} = 0{,}92$$

mit:

h/b = 1,008/0,453 = 2,22

$$\Phi_{LT} = 0{,}5 \cdot \left[1 + \alpha_{LT} \cdot (\bar{\lambda}_{LT} - 0{,}2) + \bar{\lambda}_{LT}^2\right]$$

$$\Phi_{LT} = 0{,}5 \cdot [1 + 0{,}34 \cdot (0{,}42 - 0{,}2) + 0{,}42^2]$$

$$\Phi_{LT} = 0{,}63$$

Das h/b-Verhältnis beträgt 2,22. Gemäß Eurocode 3, Teil 1-1, Tabelle 6.4 ergibt sich für den gewalzten Träger somit die Knicklinie „b“.

Der Imperfektionsbeiwert α_{LT} ergibt sich gemäß Eurocode 3, Teil 1-1, Tabelle 6.3 somit zu:

$$\alpha_{LT} = 0{,}34$$

j) Nachweis gegen Biegedrillknicken:

Das Widerstandsmoment gegen Biegedrillknicken ergibt sich Gemäß Eurocode 4, Teil 2, Gleichung 6.6 zu:

$$M_{b,Rd} = \chi_{LT} \cdot M_{Rd}$$

EC-4-2 Gl. (6.6)

<u>Anmerkung:</u>

Maßgebende Nachweisstelle ist der Stützquerschnitt. Dieser ist gemäß Abschnitt 2.4.2 in die Querschnittsklasse 3 (Steg maßgebend) einzuordnen. Da sich der Gesamtnachweis aus Spannungsanteilen der Stahl- bzw. der Verbundschnittgrößen ergibt, wird an dieser Stelle vereinfachend der Bemessungswert der zulässigen Spannungen um den Teilsicherheitsbeiwert γ_{M1} und den Abminderungsbeiwert χ_{LT} korrigiert.

Für den maßgebenden Spannungsnachweis im Bereich des Stützquerschnitts zum Zeitpunkt (t = ∞) ergaben sich gemäß Abschnitt 2.4.3 folgende einwirkende Spannungen am unteren Trägerrand:

Spannung an der Unterkante Stahlträgersteg:

$$\sigma_{a,fl,u}^{t=\infty} = \frac{M_{Ed,a}}{W_{a,flt,u}} + \frac{M_{Ed,v}}{W_{a,fl,u}^{II}}$$

$$\sigma_{a,fl,u}^{t=\infty} = \frac{-115260}{19948} + \frac{-546600}{23432} = 29{,}10 \text{ kN/cm}^2$$

Die zulässigen Spannungen ergeben sich unter Berücksichtigung des Beiwerts χ_{LT} und des Teilsicherheitsbeiwerts γ_{M1} zu:

$$f_{yd} = \chi_{LT} \cdot \frac{f_{yk}}{\gamma_{M1}} = 0{,}92 \cdot \frac{35{,}5}{1{,}1} = 29{,}69 \text{ kN/m}^2$$

Der Nachweis ist somit erfüllt. Der Ausnutzungsgrad für den Baustahlquerschnitt beträgt:

$$\eta_a = \frac{\left|\sigma_{a,fl,u}^{t=\infty}\right|}{f_{yd}} = \frac{29{,}10}{29{,}69} = 0{,}98$$

Querschnittswerte (Tab.10):

$W_{a,fl,u}$ = 19948 cm³

Querschnittswerte (Tab.9):

$W^{II}_{a,fl,u}$ = 23432 cm³

Schnittgrößen (Tab.26):

für Zwischenauflager t=28d
$M_{Ed,a}$ = -1152,6 kNm
$M_{Ed,v}$ = -4840,4 kNm

für Zwischenauflager t=∞
$M_{Ed,a}$ = -1152,6 kNm
$M_{Ed,v}$ = -5466,0 kNm

Teilsicherheitsbeiwert:
γ_{M1} = 1,1

Anmerkung:

Eine Nebenberechnung hat ergeben, dass der Anteil der Normalkraft im biegedrillknickgefährdeten Bereich (Stützbereich; Fahrbahnplatte im Zustand II) für den Nachweis nicht ergebnisrelevant ist. Unabhängig davon werden die Längsträger im Zwischenauflagerbereich (Achse 20) durch einen Querträger im Bereich der Druckflansche konstruktiv gegen seitliches Ausweichen gehalten.

2.5 Nachweise der Grenzzustände der Tragfähigkeit (mit Ermüdung)

2.5.1 Allgemeines

Wenn Verbundtragwerke häufigen wiederholten Spannungswechseln ausgesetzt sind, ist ein Nachweis gegen Ermüdung erforderlich. EC-4-2 6.8.1 (1)P

Für den Baustahlquerschnitt ist kein Nachweis gegen Ermüdung erforderlich, wenn die Bedingungen nach Eurocode 3, Teil 2, Abschnitt 9.1.1 (2) erfüllt sind. EC-4-2 6.8.1 (4)

Für Betonquerschnittsteile sowie für die Bewehrung darf der Nachweis gegen Ermüdung entfallen, wenn die Bedingungen nach Eurocode 2, Teil 2, Abschnitt 6.8.1(102) erfüllt sind. EC-4-2 6.8.1 (5)

Anmerkung:

Die Bedingungen nach Eurocode 2, Teil 2, Abschnitt 6.8.1(102) und Eurocode 3, Teil 2, Abschnitt 9.1.1 (2) sind nicht erfüllt. Ein Nachweis gegen Ermüdung ist zu führen.

Für die Ermüdungsfestigkeit von Baustahl und geschweißten Konstruktionsdetails gelten die Regelungen nach Eurocode 3, Teil 1-9, Abschnitt 7. EC-4-2 6.8.3 (1)

Die Ermüdungsfestigkeit von Beton- und Spannstahl ist in Eurocode 2, Teil 1-1 geregelt. Für Beton gilt Eurocode 2, Teil 1-1, Abschnitt 6.8.5. EC-4-2 6.8.3 (2)

Anmerkung:
Die Ermüdungsfestigkeit für Kopfbolzendübel wird in Abschnitt 2.6.3 nachgewiesen.

2.5.2 Teilsicherheitsbeiwerte

Für die ermüdungswirksamen Lasten muss der Teilsicherheitsbeiwert γ_{Ff} nach Eurocode 3, Teil 2, Abschnitt 9.3 (1)P bzw. $\gamma_{F,fat}$ nach Eurocode 2, Teil 1-1, Abschnitt 2.4.2.3 verwendet werden.

EC-4-2 6.8.2 (2)
EC-4-2/NA NDP zu 6.8.2 (2)

γ_{Ff} = 1,0 (für Baustahlnachweise)
$\gamma_{F,fat}$ = 1,0 (für Beton- und Betonstahlnachweise)

Für die Ermüdungsfestigkeit muss der Teilsicherheitsbeiwert γ_{Mf} für Stahlbauteile von Straßenbrücken nach Eurocode 3, Teil 2/NA, NDP Zu 9.3(2)P und γ_c bzw. γ_s für Beton- und Betonstahl nach Eurocode 2, Teil 1-1/NA, NDP Zu 2.4.2.4 (1) verwendet werden.

EC-4-2 6.8.2 (1)
EC-3-2/NA NDP Zu 9.3(2)P
EC-2-1-1/NA NDP Zu 2.4.2.4(1)

γ_{Mf} = 1,0 für sekundäre Stahlbauteile
γ_{Mf} = 1,15 für Haupttragelemente aus Baustahl
γ_c = 1,5 für Beton
γ_s = 1,15 für Betonstahl

Anmerkung:

Bauteile sind als sekundär einzustufen:

- falls Risswachstum in dem kritischen Querschnitt die Spannungen im Restquerschnitt verringert (verformungsinduzierte Risse) und zum Stillstand kommt oder
- das Versagen eines Bauteils nicht zu einem Teil- oder Gesamtversagen der Brücke führt.

Haupttragelemente sind Elemente, deren Versagen zu einem Teil- oder Gesamtversagen der Brücke führt.

Für die Schnittgrößen- und Spannungsermittlung ist gemäß Eurocode 1, Teil 2/NA NDP Zu 4.6.1 (2) das Ermüdungslastmodell 3 anzuwenden.

EC-1-2/NA NDP Zu 4.6.1 (2)

2.5.3 Ermüdungswirksame Spannungen

EC-4-2 6.8.5

2.5.3.1 Allgemeines

Für die Berechnung der Spannungen gilt Eurocode 4, Teil 2, Abschnitt 7.2.1. EC-4-2 6.8.5.1 (1)

Bei der Berechnung der Spannungen müssen gegebenenfalls folgende Einflüsse berücksichtigt werden: EC-4-2 7.2.1 (1)P

- Schubverformungen breiter Gurte,
- Kriechen und Schwinden des Betons,
- Rissbildung und Mitwirkung des Betons zwischen den Rissen,
- Montageablauf und Belastungsgeschichte,
- Nachgiebigkeit der Verbundfuge bei signifikantem Schlupf der Verbundmittel
- nichtlineares Verhalten von Bau- und Betonstahl (sofern maßgebend)
- Verwölbung und Profilverformung des Querschnitts (sofern maßgebend).

Der Einfluss von Schubverformungen bei breiten Gurten darf nach Eurocode 4, Teil 2, Abschnitt 5.4.1.2 berücksichtigt werden. EC-4-2 7.2.1 (2)

Wenn keine genaueren Berechnungsverfahren verwendet werden, dürfen die Einflüsse aus dem Kriechen und Schwinden bei Anwendung des Gesamtquerschnittsverfahrens mit den Reduktionszahlen nach Eurocode 4, Teil 2, Abschnitt 5.4.2.2 ermittelt werden. EC-4-2 7.2.1 (3)

Bei Querschnitten mit Rissbildung im Betongurt dürfen die primären Beanspruchungen aus dem Schwinden vernachlässigt werden. EC-4-2 7.2.1 (4)

Beim Nachweis der Querschnitte ist die Zugfestigkeit des Betons zu vernachlässigen. EC-4-2 7.2.1 (5)P

Der Einfluss aus der Mitwirkung des Betons zwischen den Rissen ist bei der Ermittlung der Spannungen im Beton- und Spannstahl in der Regel zu berücksichtigen. EC-4-2 7.2.1 (6)

Wenn kein genauerer Nachweis geführt wird, darf bei der Ermittlung der Spannungen im Betonstahl der Einfluss aus der Mitwirkung des Betons zwischen den Rissen nach Eurocode 4, Teil 2, Abschnitt 6.8.5.4 ermittelt werden. EC-4-2 6.8.5.1 (3)

Der Einfluss aus der Mitwirkung des Betons zwischen den Rissen darf bei der Ermittlung der Spannungen für den Baustahlquerschnitt vernachlässigt werden. EC-4-2 6.8.5.1 (4) EC-4-2 7.2.1 (7)

Bei Betongurten sind die Beanspruchungen aus Haupttragwerkswirkung und aus lokaler Plattentragwirkung zu überlagern. EC-4-2 7.2.1 (8)

Für die Ermittlung der Spannungen in Betonquerschnittsteilen gelten die Regelungen nach Eurocode 2, Teil 1-1, Abschnitt 6.8.

Die schädigungsäquivalente Spannungsschwingbreite für die Beanspruchung aus Haupttragwirkung ergibt sich zu:

$$\Delta\sigma_E = \phi \cdot \lambda \cdot \left|\sigma_{max,f} - \sigma_{min,f}\right|$$ EC-4-2 Gl. (6.52)

Dabei ist:

$\sigma_{max,f}$ die maximale Spannung infolge der Einwirkungskombination nach EC-4-2, 6.8.4 und 6.8.5

$\sigma_{min,f}$ die minimale Spannung infolge der Einwirkungskombination nach EC-4-2, 6.8.4 und 6.8.5

λ der Schadensäquivalenzfaktor

ϕ der Schwingbeiwert

Bei kombinierten Beanspruchungen aus globalen und lokalen Wirkungen sind in der Regel beide Einflüsse zu berücksichtigen. Wenn kein genauerer Nachweis geführt wird, ist die aus beiden Einflüssen resultierende schädigungsäquivalente Spannungsschwingbreite in der Regel wie folgt zu ermitteln:

$$\Delta\sigma_E = \lambda_{glob} \cdot \phi_{glob} \cdot \Delta\sigma_{E,glob} + \lambda_{loc} \cdot \phi_{loc} \cdot \Delta\sigma_{E,loc}$$ EC-4-2 Gl. (6.53)

wobei die Indizes „glob“ und „loc“ jeweils die Einflüsse aus globalen und lokalen Einflüssen beschreiben.

Anmerkung:

Eine Spannungsschwingbreite infolge örtlicher Einwirkung kann z. B. entstehen, wenn die Fahrbahn durch eine orthotrope Stahlplatte gebildet wird.

Der Schadensäquivalenzfaktor λ ist vom Lastspektrum und von der Neigung der Ermüdungsfestigkeitskurve abhängig. EC-4-2 6.8.6.1 (4)

Für den Nachweis des Baustahls ergibt sich der Schadensäquivalenzfaktor λ für Straßenbrücken nach Eurocode 3, Teil 2, Abschnitt 9.5.2. EC-4-2 6.8.6.1 (5)

Der Faktor $\lambda = \lambda_s$ für Beton- und Spannstahl ist für Straßenbrücken nach Eurocode 2, Teil 2, Anhang NN.2 zu ermitteln.

Bei Straßenbrücken darf der Schwingbeiwert ϕ mit 1,0 angenommen werden. EC-4-2 6.8.6.1 (7)

2.5.3.2 Spannungen im Baustahlquerschnitt

2.5.3.2.1 Ermittlung der Spannungen infolge ELM3

Maßgebend sind die Schnittgrößen zum Zeitpunkt t=∞, da die Ermüdung nur unter häufig wiederholten Spannungswechseln auftritt.

Die Spannungen werden für Feld- und Stützbereich getrennt ermittelt.

a) Feldbereich:

maßgebende Biegemomente:

$M_{Ed,LM3,max}$ = 655,4 kNm
$M_{Ed,LM3,min}$ = -170,2 kNm

$M_{Ed,v,max}$ = 1974,1 kNm
$M_{Ed,v,min}$ = - 417,4 kNm

<u>Schnittgrößen (Tab.25):</u>

t=∞; aus LM3
$M_{Ed,LM3,max}$ = 655,4 kNm
$M_{Ed,LM3,min}$ = -170,2 kNm

$M_{Ed,v,max}$ = 1974,1 kNm (t=∞)
$M_{Ed,v,min}$ = -417,4 kNm (t=28)

$M_{Ed,v}$
auf den Verbundquerschnitt wirkendes Moment

<u>Anmerkung:</u>

In der maßgebenden Einwirkungskombination entstehen im Nutzungszeitraum Zugspannungen im Beton der Fahrbahnplatte. Der Betongurt befindet sich unter minimaler Momentenbeanspruchung daher im Zustand II. Die Ermittlung der Spannungen erfolgt mit den Querschnittswerten für den Zustand II.

Spannungen an der Oberkante Stahlträgerobergurt:

$$\sigma_{max,f} = \frac{M_{Ed,LM3,max}}{W^{II}_{a,fl,o}} = \frac{65.540}{-30.934} = -2{,}12 \text{ kN/cm}^2$$

$$\sigma_{min,f} = \frac{M_{Ed,LM3,max}}{W^{II}_{a,fl,o}} = \frac{-17.020}{-30.934} = 0{,}55 \text{ kN/cm}^2$$

Querschnittswerte (Tab.9):
Zustand 2; Querschnitt 4

$W^{II}_{a,fl,o}$ = -30934 cm³
$W^{II}_{a,st,o}$ = -34169 cm³
$W^{II}_{a,st,u}$ = 23953 cm³
$W^{II}_{a,fl,u}$ = 22317 cm³

Spannungen an der Unterkante Stahlträgerobergurt:

$$\sigma_{max,f} = \frac{M_{Ed,LM3,max}}{W^{II}_{a,st,o}} = \frac{65.540}{-34.169} = -1{,}92 \text{ kN/cm}^2$$

$$\sigma_{min,f} = \frac{M_{Ed,LM3,max}}{W^{II}_{a,st,o}} = \frac{-17.020}{-34.169} = 0{,}50 \text{ kN/cm}^2$$

Spannungen an der Oberkante Stahlträgeruntergurt:

$$\sigma_{max,f} = \frac{M_{Ed,LM3,max}}{W^{II}_{a,st,u}} = \frac{65.540}{23.953} = 2{,}74 \text{ kN/cm}^2$$

$$\sigma_{min,f} = \frac{M_{Ed,LM3,max}}{W^{II}_{a,st,u}} = \frac{-17.020}{23.953} = -0{,}71 \text{ kN/cm}^2$$

Spannungen an der Unterkante Stahlträgeruntergurt:

$$\sigma_{max,f} = \frac{M_{Ed,LM3,max}}{W^{II}_{a,fl,u}} = \frac{65.540}{22.317} = 2{,}94 \text{ kN/cm}^2$$

$$\sigma_{min,f} = \frac{M_{Ed,LM3,max}}{W^{II}_{a,fl,u}} = \frac{-17.020}{22.317} = -0{,}76 \text{ kN/cm}^2$$

b) Stützbereich:

maßgebende Biegemomente:

$M_{Ed,LM3,max}$ = 0 kNm
$M_{Ed,LM3,min}$ = -397,10 kNm

$M_{Ed,v,max}$ = -160,3 kNm
$M_{Ed,v,min}$ = -2.798,9 kNm

Schnittgrößen (Tab.26):

t=∞; aus LM3
$M_{Ed,LM3,max}$ = 0,0 kNm
$M_{Ed,LM3,min}$ = -397,1 kNm

$M_{Ed,v,max}$ = - 160,3 kNm (t=∞)
$M_{Ed,v,min}$ = -2798,9 kNm (t=∞)

$M_{Ed,v}$
auf den Verbundquerschnitt wirkendes Moment

Anmerkung:

Die Fahrbahnplatte befindet sich in der maßgebenden Kombination in der Zugzone (siehe Verbundschnittgröße $M_{Ed,v,min}$). Die Betonstahlspannungen werden über der Mittelstütze für den Zustand II ermittelt.

Im Stützbereich treten nur negative Momente infolge des Ermüdungslastmodells ELM3 auf. Es werden somit nur die Spannungen infolge der negativen Momentenbeanspruchung (Stützmoment aus ELM3) ermittelt.

Querschnittswerte (Tab.9):
Zustand 2; Querschnitt 3

$W^{II}_{a,fl,o}$ = -39700 cm³
$W^{II}_{a,st,o}$ = -44453 cm³
$W^{II}_{a,st,u}$ = 25010 cm³
$W^{II}_{a,fl,u}$ = 23432 cm³

Spannungen an der Oberkante Stahlträgerobergurt:

$$\sigma_{min,f} = \frac{M_{Ed,LM3,max}}{W^{II}_{a,fl,o}} = \frac{-39.710}{-38.700} = 1{,}00 \text{ kN/cm}^2$$

Spannungen an der Unterkante Stahlträgerobergurt:

$$\sigma_{min,f} = \frac{M_{Ed,LM3,max}}{W^{II}_{a,st,o}} = \frac{-39.710}{-44.453} = 0{,}89 \text{ kN/cm}^2$$

Spannungen an der Oberkante Stahlträgeruntergurt:

$$\sigma_{min,f} = \frac{M_{Ed,LM3,max}}{W^{II}_{a,st,u}} = \frac{-39.710}{25.010} = -1{,}58 \text{ kN/cm}^2$$

Spannungen an der Unterkante Stahlträgeruntergurt:

$$\sigma_{min,f} = \frac{M_{Ed,LM3,max}}{W^{II}_{a,fl,u}} = \frac{-39.710}{23.432} = -1{,}69 \text{ kN/cm}^2$$

2.5.3.2.2 Ermittlung des Anpassungsfaktors λ

EC-3-2 9.5.2

Für Stützweiten bis 80 m ist der Schadensäquivalenzfaktor wie folgt zu bestimmen.

$$\lambda = \lambda_1 \cdot \lambda_2 \cdot \lambda_3 \cdot \lambda_4 \leq \lambda_{max}$$

EC-3-2 Gl. (9.9)

Dabei ist:

λ_1 ein Spannweitenbeiwert
λ_2 ein Verkehrsstärkenbeiwert
λ_3 ein Nutzungsdauerbeiwert
λ_4 ein Fahrstreifenbeiwert zur Berücksichtigung etwaiger Nebenspuren
λ_{max} obere Begrenzung

a) Ermittlung des Spannweitenbeiwerts λ_1:

EC-3-2 Bild 9.5

Stützweite L = 15,0 m

$$\lambda_{1,\text{Feld}} = 2{,}55 - 0{,}7 \cdot \frac{L-10}{70} = 2{,}55 - 0{,}7 \cdot \frac{15-10}{70} = 2{,}50$$

$$\lambda_{1,\text{Stütze}} = 2{,}0 - 0{,}3 \cdot \frac{L-10}{20} = 2{,}0 - 0{,}3 \cdot \frac{15-10}{20} = 1{,}93$$

b) Ermittlung des Verkehrsstärkenbeiwerts λ_2:

$$\lambda_2 = \frac{Q_{m1}}{Q_0} \cdot \left[\frac{N_{obs}}{N_0}\right]^{\frac{1}{5}}$$

EC-3-2 Gl. (9.10)

mit:

$Q_0 = 480$ kN

Falls keine Verkehrsdaten vorliegen, kann mit $\lambda_2 = 1{,}10$ gerechnet werden. Dies entspricht einem durchschnittlichen Gesamtgewicht von 400 kN und einem N_{Obs} von $2 \cdot 10^6$.

EC-3-2/NA NDP Zu 9.5.2(3)

$$\lambda_2 = \frac{400}{470} \cdot \left[\frac{2}{0{,}5}\right]^{\frac{1}{5}} = 1{,}10$$

<u>Anmerkung:</u>

Gemäß ARS 22/2012 Anlage 5 ist λ_2 generell zu 1,10 zu setzen.

c) Ermittlung des Nutzungsdauerbeiwerts λ_3:

$$\lambda_3 = \left[\frac{t_{Ld}}{100}\right]^{\frac{1}{5}}$$ EC-3-2 Gl. (9.11)

Gemäß EC3-2/NA NDP Zu 9.5.2(5) ist für die Nutzungsdauer t_{Ld} ein Zeitraum von 100 Jahren anzusetzen. EC-3-2/NA NDP Zu 9.5.2(5)

$$\lambda_3 = \left[\frac{100}{100}\right]^{\frac{1}{5}} = 1{,}00$$

d) Ermittlung des Fahrstreifenbeiwerts λ_4:

$$\lambda_4 = (1+(k-1)\cdot 0{,}1)^{\frac{1}{5}}$$ EC-3-2/NA NDP Zu 9.5.2(6)

Die Anzahl der Schwerverkehrsfahrstreifen beträgt hier k = 1.

$$\lambda_4 = (1+(1-1)\cdot 0{,}1)^{\frac{1}{5}} = 1{,}0$$

e) Ermittlung des oberen Grenzwerts λ_{max}:

$$\lambda_{max,Feld} = 2{,}5 - 0{,}5 \cdot \frac{L-10}{15} = 2{,}5 - 0{,}5 \cdot \frac{15-10}{15} = 2{,}33$$

$$\lambda_{max,Stütze} = 1{,}80$$

EC-3-2 Bild 9.6

Stützweite L = 15,0 m

f) Ermittlung des Schadensäquivalenzfaktors λ:

Feldbereich:

$\lambda = \lambda_1 \cdot \lambda_2 \cdot \lambda_3 \cdot \lambda_4 \leq \lambda_{max}$ EC-3-2 Gl.(9.9)

$\lambda = 2{,}5 \cdot 1{,}1 \cdot 1{,}0 \cdot 1{,}0 \leq 2{,}33$

$\lambda = 2{,}33$

Stützbereich:

$\lambda = \lambda_1 \cdot \lambda_2 \cdot \lambda_3 \cdot \lambda_4 \leq \lambda_{max}$ EC-3-2 Gl.(9.9)

$\lambda = 1{,}93 \cdot 1{,}1 \cdot 1{,}0 \cdot 1{,}0 \leq 1{,}80$

$\lambda = 1{,}80$

2.5.3.2.3 Ermittlung der Spannungsschwingbreiten $\Delta\sigma_E$:

Die schädigungsäquivalente Spannungsschwingbreite für die Beanspruchung aus Haupttragwirkung ergibt sich zu:

$$\Delta\sigma_E = \phi \cdot \lambda \cdot |\sigma_{max,f} - \sigma_{min,f}|$$

EC-4-2 Gl. (6.52)

<u>Anmerkung:</u>

Für Straßenbrücken darf der Beiwert ϕ zu 1,0 gesetzt werden, da dieser bereits im jeweiligen Ermüdungslastmodell berücksichtigt ist.

siehe auchEC3-2 9.4.1(5)

Die Spannungsschwingbreiten ergeben sich für die Bemessungspunkte im Feld- und Stützbereich wie folgt:

a) Feldbereich:

an der Oberkante Stahlträgerobergurt:

$$\Delta\sigma_E = \phi \cdot \lambda \cdot |\sigma_{max,f} - \sigma_{min,f}|$$
$$\Delta\sigma_E = 1{,}0 \cdot 2{,}33 \cdot |-2{,}12 - 0{,}55|$$
$$\Delta\sigma_E = 6{,}27 \text{ kN/cm}^2$$

OK Stahlträgerobergurt (siehe 2.5.3.2.1)

$\sigma_{max,f}$ = -2,12 kN/cm²
$\sigma_{min,f}$ = 0,55 kN/cm²

an der Unterkante Stahlträgerobergurt:

$$\Delta\sigma_E = \phi \cdot \lambda \cdot |\sigma_{max,f} - \sigma_{min,f}|$$
$$\Delta\sigma_E = 1{,}0 \cdot 2{,}33 \cdot |-1{,}92 - 0{,}50|$$
$$\Delta\sigma_E = 5{,}64 \text{ kN/cm}^2$$

UK Stahlträgerobergurt (siehe 2.5.3.2.1)

$\sigma_{max,f}$ = -1,92 kN/cm²
$\sigma_{min,f}$ = 0,50 kN/cm²

an der Oberkante Stahlträgeruntergurt:

$$\Delta\sigma_E = \phi \cdot \lambda \cdot |\sigma_{max,f} - \sigma_{min,f}|$$
$$\Delta\sigma_E = 1{,}0 \cdot 2{,}33 \cdot |2{,}74 - (-0{,}71)|$$
$$\Delta\sigma_E = 8{,}04 \text{ kN/cm}^2$$

OK Stahlträgeruntergurt (siehe 2.5.3.2.1)

$\sigma_{max,f}$ = 2,74 kN/cm²
$\sigma_{min,f}$ = -0,71 kN/cm²

an der Unterkante Stahlträgeruntergurt:

$$\Delta\sigma_E = \phi \cdot \lambda \cdot |\sigma_{max,f} - \sigma_{min,f}|$$
$$\Delta\sigma_E = 1{,}0 \cdot 2{,}33 \cdot |2{,}94 - (-0{,}76)|$$
$$\Delta\sigma_E = 8{,}62 \text{ kN/cm}^2$$

UK Stahlträgeruntergurt (siehe 2.5.3.2.1)

$\sigma_{max,f}$ = 2,94 kN/cm²
$\sigma_{min,f}$ = -0,76 kN/cm²

b) Stützbereich:

an der Oberkante Stahlträgerobergurt:

$\Delta\sigma_E = \phi \cdot \lambda \cdot |\sigma_{max,f} - \sigma_{min,f}|$
$\Delta\sigma_E = 1{,}0 \cdot 1{,}8 \cdot |0 - 1{,}00|$
$\Delta\sigma_E = 1{,}80$ kN/cm²

OK Stahlträgerobergurt (siehe 2.5.3.2.1)

$\sigma_{max,f} = 0$
$\sigma_{min,f} = 1{,}00$ kN/cm²

an der Unterkante Stahlträgerobergurt:

$\Delta\sigma_E = \phi \cdot \lambda \cdot |\sigma_{max,f} - \sigma_{min,f}|$
$\Delta\sigma_E = 1{,}0 \cdot 1{,}8 \cdot |0 - 0{,}89|$
$\Delta\sigma_E = 1{,}60$ kN/cm²

UK Stahlträgerobergurt (siehe 2.5.3.2.1)

$\sigma_{max,f} = 0$
$\sigma_{min,f} = 0{,}89$ kN/cm²

an der Oberkante Stahlträgeruntergurt:

$\Delta\sigma_E = \phi \cdot \lambda \cdot |\sigma_{max,f} - \sigma_{min,f}|$
$\Delta\sigma_E = 1{,}0 \cdot 1{,}8 \cdot |0 - (-1{,}58)|$
$\Delta\sigma_E = 2{,}84$ kN/cm²

OK Stahlträgeruntergurt (siehe 2.5.3.2.1)

$\sigma_{max,f} = 0$
$\sigma_{min,f} = -1{,}58$ kN/cm²

an der Unterkante Stahlträgeruntergurt:

$\Delta\sigma_E = \phi \cdot \lambda \cdot |\sigma_{max,f} - \sigma_{min,f}|$
$\Delta\sigma_E = 1{,}0 \cdot 1{,}8 \cdot |0 - (-1{,}69)|$
$\Delta\sigma_E = 3{,}04$ kN/cm²

UK Stahlträgeruntergurt (siehe 2.5.3.2.1)

$\sigma_{max,f} = 0$
$\sigma_{min,f} = -1{,}69$ kN/cm²

2.5.3.3 Spannungen im Betonstahlquerschnitt

Wenn kein genauerer Nachweis geführt wird, darf bei der Ermittlung der Spannungen im Betonstahl der Einfluss aus der Mitwirkung des Betons zwischen den Rissen nach Eurocode 4, Teil 2, Abschnitt 6.8.5.4 berücksichtigt werden.

EC-4-2 6.8.5.1 (3)

Wenn infolge des Biegemomentes $M_{Ed,max,f}$ im Betongurt Zugspannungen entstehen und wenn kein genaueres Berechnungsverfahren verwendet wird, darf die unter Berücksichtigung der Mitwirkung des Betons zwischen den Rissen zu ermittelnde Betonstahlspannung $\sigma_{s,max,f}$ infolge des Momentes $M_{Ed,max,f}$ mit den Gleichungen Eurocode 4, Teil 2 (7.4) bis (7.6) nach Eurocode 4, Teil 2, Abschnitt 7.4.3(3) berechnet werden. In Gleichung (7.5) in Eurocode 4, Teil 2, Abschnitt 7.4.3(3) darf dabei anstelle des Faktors 0,4 der Wert 0,2 verwendet werden.

EC-4-2 6.8.5.4 (1)

<u>Anmerkung:</u>

Es wird auf der sicheren Seite liegend mit dem Wert von 0,4 gerechnet.

Wenn infolge des Biegemomentes $M_{Ed,min,f}$ im Betongurt ebenfalls Zugspannungen entstehen, ergibt sich die Spannungsschwingbreite $\Delta\sigma$ nach Eurocode 4, Teil 2, Bild 6.26 und die Spannung $\sigma_{s,min,f}$ infolge $M_{Ed,min,f}$ nach Eurocode, Teil 2, Gleichung (6.51). EC-4-2 6.8.5.4 (2)

$$\sigma_{s,min,f} = \sigma_{s,max,f} \cdot \frac{M_{Ed,min,f}}{M_{Ed,max,f}}$$ EC-4-2 Gl. (6.51)

Wenn infolge $M_{Ed,min,f}$ und $M_{Ed,max,f}$ oder nur infolge $M_{Ed,min,f}$ im Betongurt Druckspannungen entstehen, sind die Spannungen für diese Biegemomente in der Regel unter Annahme eines ungerissenen Querschnitts zu ermitteln. EC-4-2 6.8.5.4 (3)

Bei Verbundträgern ergeben sich bei Rissbildung im Betongurt infolge der Mitwirkung des Betons zwischen den Rissen im Vergleich zu einer Berechnung bei Vernachlässigung des Betons vergrößerte Betonstahlspannungen. Für Träger ohne Spanngliedvorspannung dürfen die Betonzugspannungen σ_s aus direkten Einwirkungen wie folgt berechnet werden: EC-4-2 7.4.3 (3)

$$\sigma_s = \sigma_{s,o} + \Delta\sigma_s$$ EC-4-2 Gl. (7.4)

mit:

$$\Delta\sigma_s = \frac{0{,}4 \cdot f_{ctm}}{\alpha_{st} \cdot \rho_s}$$ EC-4-2 Gl. (7.5)

$$\alpha_{st} = \frac{A \cdot I}{A_a \cdot I_a}$$ EC-4-2 Gl. (7.6)

Dabei ist:

- σ_s Betonstahlspannung unter Berücksichtigung der Mitwirkung des Betons zwischen den Rissen
- $\sigma_{s,o}$ Betonstahlspannung unter Vernachlässigung von zugbeanspruchten Betonquerschnitten
- f_{ctm} Mittelwert der Betonzugfestigkeit
- ρ_s Bewehrungsgehalt in der Zugzone des Betonquerschnitts unmittelbar vor der Rissbildung, vereinfachend darf die mittragende Fläche des Betongurtes angesetzt werden
- A, I Fläche und Flächenmoment zweiten Grades des Verbundquerschnitts
- A_a, I_a Fläche und Flächenmoment zweiten Grades des Baustahlquerschnitts

2.5.3.3.1 Ermittlung der Spannungen infolge ELM3

Es wird wieder zwischen Feld- und Stützbereich unterschieden.

a) Feldbereich:

maßgebende Biegemomente:

$$M_{Ed,LM3,max} = 655{,}40 \text{ kNm}$$
$$M_{Ed,LM3,min} = -170{,}20 \text{ kNm}$$

$$M_{Ed,v,max} = 1974{,}1 \text{ kNm}$$
$$M_{Ed,v,min} = -417{,}4 \text{ kNm}$$

Schnittgrößen (Tab.15):

t=∞; aus LM3
$M_{Ed,LM3,max}$ = 655,4 kNm
$M_{Ed,LM3,min}$ = -170,2 kNm

$M_{Ed,v,max}$ = 1974,1 kNm (t=∞)
$M_{Ed,v,min}$ = -417,4 kNm (t=28)

$M_{Ed,v}$
auf den Verbundquerschnitt wirkendes Moment

Anmerkung:

In der maßgebenden Einwirkungskombination entstehen im Nutzungszeitraum Zugspannungen im Beton der Fahrbahnplatte. Der Betongurt befindet sich unter minimaler Momentenbeanspruchung daher im Zustand II.

Die Spannungen im Betonstahl ergeben sich wie folgt:

$$\sigma_{max,f} = \frac{M_{Ed,LM3,max}}{W_s^{(I_i,0)}} = \frac{65.540}{-164.322} = -0{,}40 \text{ kN/cm}^2$$

$$\sigma_{min,f} = \sigma_{s,o} + \frac{0{,}4 \cdot f_{ctm}}{\alpha_{st} \cdot \rho_s}$$

mit:

$$\sigma_{s,o} = \frac{M_{Ed,LM3,min}}{W_s^{II}} = \frac{-17.020}{-22.828} = 0{,}75 \text{ kN/cm}^2$$

$$\alpha_{st} = \frac{A_{II} \cdot I_{II}}{A_a \cdot I_a} = \frac{645{,}5 \cdot 1.306.772}{565 \cdot 1.005.400} = 1{,}485$$

$$\rho_s = \frac{A_s}{A_c} = \frac{80{,}5}{9.000} = 0{,}009$$

Schnittgrößen (Tab.15):

t=∞; aus LM3
$M_{Ed,LM3,min}$ = -170,2 kNm

Querschnittswerte (Tab.9):

Zustand II
W_s^{II} = -22828 cm³
A_c = 9000 cm²
A_a = 565 cm²
I_a = 1005400 cm⁴
A_s = 80,5 cm²
A_{II} = 645,5 cm² ($A_a + A_s$)
I_{II} = 1306772 cm⁴

Materialkennwerte (siehe 2.1.3.3.2)
f_{ctm} = 3,2 N/mm²

Anmerkung:

Für die Ermittlung von ρ_s wird die mitwirkende Breite des Betongurts im Feldbereich (b_{eff} = 3,00 m) angesetzt.

$$\sigma_{min,f} = 0{,}75 + \frac{0{,}4 \cdot 0{,}32}{1{,}485 \cdot 0{,}009} = 10{,}32 \text{ kN/cm}^2$$

b) Stützbereich:

maßgebende Biegemomente:

$M_{Ed,LM3,max}$ = 0 kNm
$M_{Ed,LM3,min}$ = -397,10 kNm

$M_{Ed,v,max}$ = - 160,3 kNm
$M_{Ed,v,min}$ = -2.798,9 kNm

Schnittgrößen (Tab.16):

t=∞; aus LM3
$M_{Ed,LM3,max}$ = 0,0 kNm
$M_{Ed,LM3,min}$ = -397,1 kNm

$M_{Ed,v,max}$ = - 160,3 kNm (t=∞;)
$M_{Ed,v,min}$ = -2798,9 kNm (t=∞;)

$M_{Ed,v}$
auf den Verbundquerschnitt wirkendes Moment

Anmerkung:

Die Fahrbahnplatte befindet sich in der maßgebenden Kombination in der Zugzone (siehe Verbundschnittgröße $M_{Ed,v,min}$). Die Betonstahlspannungen werden über der Mittelstütze für den Zustand II ermittelt.

Die Spannungen im Betonstahl ergeben sich wie folgt:

$$\sigma_{max,f} = 0$$

$$\sigma_{min,f} = \sigma_{s,o} + \frac{0{,}4 \cdot f_{ctm}}{\alpha_{st} \cdot \rho_s}$$

mit:

$$\sigma_{s,o} = \frac{M_{Ed,LM3,min}}{W_s^{II}} = \frac{-39.710}{-28.338} = 1{,}40 \text{ kN/cm}^2$$

$$\alpha_{st} = \frac{A_{II} \cdot I_{II}}{A_a \cdot I_a} = \frac{705 \cdot 1.485.291}{565 \cdot 1.005.400} = 1{,}843$$

$$\rho_s = \frac{A_s}{A_c} = \frac{140}{6.690} = 0{,}021$$

Schnittgrößen (Tab.15):

t=∞; aus LM3
$M_{Ed,LM3,min}$ = -397,1 kNm

Querschnittswerte (Tab.9):

Zustand II
W_s^{II} = -28338 cm³

A_c = 6690 cm²
A_a = 565 cm²
I_a = 1005400 cm⁴
A_s = 140 cm²
A_{II} = 705 cm² ($A_a + A_s$)
I_{II} = 1485291 cm⁴

Materialkennwerte (siehe 2.1.3.3.2)
f_{ctm} = 3,2 N/mm²

Anmerkung:

Für die Ermittlung von ρ_s wird die mitwirkende Breite des Betongurts im Feldbereich (b_{eff} = 2,23 m) angesetzt.

$$\sigma_{min,f} = 1{,}40 + \frac{0{,}4 \cdot 0{,}32}{1{,}843 \cdot 0{,}021} = 4{,}70 \text{ kN/cm}^2$$

2.5.3.3.2 Ermittlung des Anpassungsfaktors λ_s

Der Faktor $\lambda = \lambda_s$ für Beton- und Spannstahl ist für Straßenbrücken in Eurocode 2, Teil 2, Anhang NN.2 (informativer Anhang) und für Eisenbahnbrücken in Eurocode 2, Teil 2, Anhang NN.3 (informativer Anhang) angegeben.

EC-4-2 6.8.6.1 (5)

Die Anhänge werden gem. Eurocode 2, Teil 2/NA, Anhang NN durch den Anhang NA.NN ersetzt.

Für die Berechnung der schädigungsäquivalenten Spannungsschwingbreite im Nachweis des Stahls sollten die Achslasten des Ermüdungslastmodells 3 mit folgenden Faktoren multipliziert werden:

EC-2-2/NA Anhang NA.NN.2 (101)P

1,75 für den Nachweis an Zwischenauflagern durchlaufender Brücken;
1,40 für den Nachweis anderer Bereiche.

Der Korrekturfaktor λ_s beinhaltet den Einfluss der Spannweite, das jährliche Verkehrsaufkommen, die Lebensdauer, die Fahrstreifenzahl, die Verkehrsart und die Oberflächenrauigkeit und kann wie folgt ermittelt werden:

EC-2-2/NA Anhang NA.NN.2 (103)P

$$\lambda_s = \varphi_{fat} \cdot \lambda_{s,1} \cdot \lambda_{s,2} \cdot \lambda_{s,3} \cdot \lambda_{s,4}$$

EC-2-2/NA Anhang NA.NN.2 Gl. (NA.NN.2)

mit:
$\lambda_{s,1}$ ein Spannweitenbeiwert
$\lambda_{s,2}$ ein Verkehrsstärkenbeiwert
$\lambda_{s,3}$ ein Nutzungsdauerbeiwert
$\lambda_{s,4}$ ein Spurbeiwert
φ_{fat} ein Beiwert der Oberflächenrauigkeit

a) Ermittlung des Spannweitenbeiwerts $\lambda_{s,1}$:

$\lambda_{s,1,Feld} = 1,11$
$\lambda_{s,1,Stütze} = 0,92$

EC-2-2/NA Anhang NA.NN.2 Bild NA.NN.1, NA.NN.2

Stützweite L = 15,0 m

b) Ermittlung des Verkehrsstärkenbeiwerts $\lambda_{s,2}$:

$$\lambda_{s,2} = \overline{Q} \cdot \sqrt[k_2]{\frac{N_{obs}}{2{,}0}}$$

EC-2-2/NA Anhang NA.NN.2 Gl. (NA.NN.3)

$$\lambda_{s,2} = 0{,}82 \cdot \sqrt[9]{\frac{0{,}05}{2{,}0}} = 0{,}54$$

mit:

$k_2 = 9$	(für gerade und gebogene Stäbe)	EC-2-1-1/NA Tab. 6.3DE
$\overline{Q} = 0{,}82$	(Verkehrsart „Lokalverkehr“)	EC-2-2/NA Tab. NA.NN.1
$N_{obs} = 0{,}05 \cdot 10^6$	(örtliche Straßen, geringem LKW-Anteil)	EC-1-2 Tab. 4.5

c) Ermittlung des Nutzungsdauerbeiwerts $\lambda_{s,3}$:

$$\lambda_{s,3} = \sqrt[k_2]{\frac{N_{years}}{100}}$$

EC-2-2/NA Anhang NA.NN.2 Gl. (NA.NN.4)

$$\lambda_{s,3} = \sqrt[9]{\frac{100}{100}} = 1{,}00$$

mit:

$k_2 = 9$	(für gerade und gebogene Stäbe)	EC-2-1-1/NA Tab. 6.3DE
$N_{years} = 100$	(Nutzungsdauer)	ARS 22/2012 $N_{years} = 100$

d) Ermittlung des Spurbeiwert $\lambda_{s,4}$:

$$\lambda_{s,4} = \sqrt[k_2]{\frac{\sum N_{obs,i}}{N_{obs,1}}}$$

EC-2-2/NA Anhang NA.NN.2 Gl. (NA.NN.5)

$$\lambda_{s,4} = \sqrt[9]{\frac{2 \cdot 0{,}05 \cdot 10^6}{0{,}05 \cdot 10^6}} = 1{,}08$$

mit:

$k_2 = 9$	(für gerade und gebogene Stäbe)	EC-2-1-1/NA Tab. 6.3DE
$N_{obs} = 0{,}05 \cdot 10^6$	(örtliche Straßen, geringer LKW-Anteil)	EC-1-2 Tab. 4.5

e) Ermittlung des Rauigkeitsbeiwerts φ_{fat}:

$$\varphi_{fat} = 1{,}2$$

EC-2-2/NA (108)P

ARS 12/2012 $\varphi_{fat} = 1{,}2$

f) Ermittlung des Schadensäquivalenzfaktors λ_s:

Feldbereich:

$$\lambda_s = \varphi_{fat} \cdot \lambda_{s,1} \cdot \lambda_{s,2} \cdot \lambda_{s,3} \cdot \lambda_{s,4}$$
$$\lambda_s = 1{,}2 \cdot 1{,}11 \cdot 0{,}54 \cdot 1{,}00 \cdot 1{,}08$$
$$\lambda_s = 0{,}78$$

EC-2-2/NA Anhang NA.NN.2 Gl. (NA.NN.2)

Stützbereich:

$$\lambda_s = \varphi_{fat} \cdot \lambda_{s,1} \cdot \lambda_{s,2} \cdot \lambda_{s,3} \cdot \lambda_{s,4}$$
$$\lambda_s = 1{,}2 \cdot 0{,}92 \cdot 0{,}54 \cdot 1{,}00 \cdot 1{,}08$$
$$\lambda_s = 0{,}64$$

EC-2-2/NA Anhang NA.NN.2 Gl. (NA.NN.2)

2.5.3.3.3 Ermittlung der Spannungsschwingbreite $\Delta\sigma_{s,equ}$

Der Nachweis gegen Ermüdung des Stahls nach Eurocode 2, Teil 2, Abschnitt 6.8.5(3), Gleichung (6.71) wird grundsätzlich im Knickpunkt der Wöhlerlinie bei N* Spannungszyklen geführt. Die schädigungsäquivalente Schwingbreite $\Delta\sigma_{s,equ}$ führt bei N* Spannungszyklen zur gleichen Schädigung wie das Schwingbreitenspektrum infolge fließenden Verkehrs während der rechnerischen Nutzungsdauer. Sie darf wie folgt berechnet werden:

EC-2-2/NA Anhang NA.NN.2 (102)P

$$\Delta\sigma_{s,equ} = \Delta\sigma_s \cdot \lambda_s$$

EC-2-2/NA Anhang NA.NN.2 Gl. (NA.NN.1)

Die Spannungsschwingbreiten ergeben sich unter Berücksichtigung der Faktoren nach Eurocode 2, Teil 2/NA, Anhang NA.NN.2 (101)P für die Bemessungspunkte im Feld- und Stützbereich wie nachfolgend ermittelt.

a) Feldbereich:

$$\Delta\sigma_{s,equ} = 1{,}40 \cdot \lambda_s \cdot |\sigma_{max,f} - \sigma_{min,f}|$$
$$\Delta\sigma_{s,equ} = 1{,}40 \cdot 0{,}78 \cdot |-0{,}40 - 10{,}32|$$
$$\Delta\sigma_{s,equ} = 11{,}70 \text{ kN/cm}^2$$

Feldbereich
$\sigma_{max,f}$ = -0,40 kN/cm²
$\sigma_{min,f}$ = 10,32 kN/cm²

Faktor nach EC-2-2/NA Anhang NA.NN.2 (101)P
1,40 für den übrigen Bereich

b) Stützbereich:

$$\Delta\sigma_{s,equ} = 1{,}75 \cdot \lambda_s \cdot |\sigma_{max,f} - \sigma_{min,f}|$$
$$\Delta\sigma_{s,equ} = 1{,}75 \cdot 0{,}64 \cdot |0{,}0 - 4{,}70|$$
$$\Delta\sigma_{s,equ} = 5{,}27 \text{ kN/cm}^2$$

Stützbereich
$\sigma_{max,f}$ = 0 kN/cm²
$\sigma_{min,f}$ = 4,70 kN/cm²

Faktor nach EC-2-2/NA Anhang NA.NN.2 (101)P
1,75 für Zwischenstützen

2.5.3.4 Spannungen im Betonquerschnitt

Für Betonquerschnittsteile darf der Nachweis gegen Ermüdung entfallen, wenn die Bedingungen nach Eurocode 2, Teil 2, Abschnitt 6.8.1(102) erfüllt sind. EC-4-2 6.8.1 (5)

Gemäß Eurocode 2, Teil 2/NA, NDP zu 6.8.1 (102) braucht für Beton unter Druckbeanspruchung kein Nachweis gegen Ermüdung geführt zu werden, wenn unter der seltenen EWK die Betondruckspannungen auf $0{,}6f_{ck}$ begrenzt werden. EC-2/NA NDP zu 6.8.1 (102)

Anmerkung:

Der Nachweis der Spannungsbegrenzung erfolgt im Kapitel „Nachweise im Grenzzustand der Gebrauchstauglichkeit“. Ein Ermüdungsnachweis für Beton kann somit entfallen.

2.5.4 Ermüdungswiderstände

2.5.4.1 Allgemeines

Für den Nachweis des Betonstahls gilt Eurocode 2, Teil 1-1, Abschnitt 6.8.5 oder 6.8.6. EC-4-2 6.8.7.1 (1)

Anmerkung:

Es wird der genauere Nachweis nach Eurocode 2, Teil 1-1, Abschnitt 6.8.5 geführt.

Für den Nachweis des Betons unter Druckbeanspruchung gilt Eurocode 2, Teil 2, Abschnitt 6.8.7. EC-4-2 6.8.7.1 (2)

Anmerkung:

Dieser Nachweis kann gemäß Eurocode 4, Teil 2, Abschnitt 6.8.1 (5) in Verbindung mit Eurocode 2, Teil 2/NA, NDP zu 6.8.1 (102) entfallen, wenn unter der seltenen Einwirkungskombination die Betondruckspannungen auf $0{,}6f_{ck}$ begrenzt werden.

Bei Brückentragwerken gilt für den Nachweis des Baustahls Eurocode 3, Teil 2, Abschnitt 9. EC-4-2 6.8.7.1 (3)

2.5.4.2 Ermüdungswiderstand des Baustahls

2.5.4.2.1 Allgemeines

Beim Ermüdungsnachweis sind in der Regel folgende Bedingungen zu erfüllen:

$$\gamma_{Ff} \cdot \Delta\sigma_E \leq \frac{\Delta\sigma_c}{\gamma_{Mf}}$$ EC-3-2 Gl. (9.7)

$$\gamma_{Ff} \cdot \Delta\tau_E \leq \frac{\Delta\tau_c}{\gamma_{Mf}}$$ EC-3-2 Gl. (9.7)

mit:

$\gamma_{Ff} = 1{,}0$ EC-3-2 9.3 (1)P

$\gamma_{Mf} = 1{,}15$ EC-3-2/NA NDP zu 9.3(2)P

Dabei ist:

$\Delta\sigma_c$ der charakteristische Wert der Ermüdungsfestigkeit für die maßgebende Ermüdungsfestigkeitskurve und der Lastwechselzahl N*. Für Baustahl ist $\Delta\sigma_C$ die Ermüdungsfestigkeit für $2 \cdot 10^6$ Spannungsspiele nach EC-3-1-9

$\Delta\sigma_E$ die schadensäquivalente Spannungsschwingbreite

2.5.4.2.2 Festlegung der Kerbgruppen

Für $\Delta\sigma_c$ werden die nachfolgenden Kerbgruppen gemäß Eurocode 3, Teil 1-9 für die Nachweisstellen im Feld- und Stützbereich angenommen.

Obergurt des Stahlträgers:

- Kerbgruppe 80 für den Einfluss geschweißter Kopfbolzendübel auf den Grundwerkstoff — EC3-1-9 Tab. 8.4
- Kerbgruppe 90 für Trägerbleche mit Querstößen — EC3-1-9 Tab. 8.1

maßgebend: Kerbgruppe 80
$\Delta\sigma_c = 80\ MN/m^2$

Anschluss des Stahlträgersteges an den Ober- und Untergurt

- Kerbgruppe 80 für an den Träger angeschweißte Vertikalsteifen — EC3-1-9 Tab. 8.4
- Kerbgruppe 90 für Trägerbleche mit Querstößen — EC3-1-9 Tab. 8.1
- Kerbgruppe 160 für Walzerzeugnisse

maßgebend: Kerbgruppe 80
$\Delta\sigma_c = 80\ MN/m^2$

Untergurt des Stahlträgers:

- Kerbgruppe 90 für Trägerbleche mit Querstößen — EC3-1-9 Tab. 8.1

<u>Anmerkung:</u>

Für Blechdicken über 25 mm ist die Kerbfallspannung mit dem Faktor $(25/t)^{0,2}$ abzumindern.

maßgebend: Kerbgruppe 90 — $t_{fa} = 40mm$
$\Delta\sigma_c = 90\ MN/m^2 \cdot (25/40)^{0,2}$
$\Delta\sigma_c = 8,19\ kN/cm^2$

2.5.4.2.3 Ermittlung des Ermüdungswiderstandes

Der Nachweis erfolgt getrennt für den Feld- und Stützbereich.

a) Feldbereich:

Oberkante Stahlträgerobergurt:

$$\gamma_{Ff} \cdot \Delta\sigma_E \leq \frac{\Delta\sigma_c}{\gamma_{Mf}}$$

$$1{,}0 \cdot 6{,}27 \; < \; \frac{8{,}0}{1{,}15} = 7{,}0$$

aus ELM3 Obergurt oben (siehe 2.5.3.2.3)

$\Delta\sigma_E$ = 6,27 kN/cm²

Der Nachweis ist erfüllt.

Oberkante Stahlträgersteg:

$$\gamma_{Ff} \cdot \Delta\sigma_E \leq \frac{\Delta\sigma_c}{\gamma_{Mf}}$$

$$1{,}0 \cdot 5{,}64 \; < \; \frac{8{,}0}{1{,}15} = 7{,}0$$

aus ELM3 Steg oben (siehe 2.5.3.2.3)

$\Delta\sigma_E$ = 5,64 kN/cm²

Der Nachweis ist erfüllt.

Unterkante Stahlträgersteg:

$$\gamma_{Ff} \cdot \Delta\sigma_E \leq \frac{\Delta\sigma_c}{\gamma_{Mf}}$$

$$1{,}0 \cdot 8{,}04 \; > \; \frac{8{,}0}{1{,}15} = 7{,}0$$

aus ELM3 Steg unten (siehe 2.5.3.2.3)

$\Delta\sigma_E$ = 8,04 kN/cm²

Der Nachweis ist nicht erfüllt.

Der Nachweis wird unter Berücksichtigung des Mitwirkens des Betons zwischen den Rissen erneut geführt.

Für positive Momente aus ELM3 ergibt sich folgende Spannung:

$$\sigma_{max,f} = \sigma_{max,f,II} + \frac{\Delta N_{ts}}{A_a} - \frac{\Delta N_{ts} \cdot (z_{ai}-z_{si})}{W_{a,st,u}}$$

$$\sigma_{max,f} = 2{,}74 + \frac{771}{565} - \frac{771 \cdot (80{,}4-15)}{21668} = 1{,}78 \text{ kN/cm}^2$$

mit:

$$\Delta N_{ts} = \frac{0{,}4 \cdot f_{ctm} \cdot A_s}{\alpha_{st} \cdot \rho_s} = \frac{0{,}4 \cdot 0{,}32 \cdot 80{,}5}{1{,}485 \cdot 0{,}009} = 771{,}0 \text{ kN}$$

$$\alpha_{st} = \frac{A_{II} \cdot I_{II}}{A_a \cdot I_a} = \frac{645{,}5 \cdot 1.306.772}{565 \cdot 1.005.400} = 1{,}485$$

$$\rho_s = \frac{A_s}{A_c} = \frac{80{,}5}{9.000} = 0{,}009$$

Für negative Momente aus LM3 ergibt sich folgende Spannung:

$$\sigma_{min,f} = \sigma_{min,f,II} - \frac{\Delta N_{ts}}{A_a} + \frac{\Delta N_{ts} \cdot (z_{ai}-z_{si})}{W_{a,st,u}}$$

$$\sigma_{min,f} = -0{,}71 - \frac{771}{565} + \frac{771 \cdot (80{,}4-15)}{21668} = 0{,}25 \text{ kN/cm}^2$$

Die Spannungsschwingbreite ergibt sich folglich zu:

$$\Delta\sigma_E = \phi \cdot \lambda \cdot |\sigma_{max,f} - \sigma_{min,f}|$$
$$\Delta\sigma_E = 1{,}0 \cdot 2{,}33 \cdot |1{,}78 - 0{,}25|$$
$$\Delta\sigma_E = 3{,}56 \text{ kN/cm}^2$$

Somit ergibt sich der Nachweis zu:

$$\gamma_{Ff} \cdot \Delta\sigma_E \leq \frac{\Delta\sigma_c}{\gamma_{Mf}}$$

$$1{,}0 \cdot 3{,}56 < \frac{8{,}0}{1{,}15} = 7{,}0$$

Der Nachweis ist erfüllt.

Spannungen Zustand II
(siehe 2.5.3.2.1)

$\sigma_{max,f,II} = 2{,}74$ kN/cm²
$\sigma_{min,f,II} = -0{,}71$ kN/cm²

Querschnittswerte (Tab.9):

Zustand II
$z_{ai} = 80{,}4$ cm
$z_{si} = 15{,}0$ cm
$A_c = 9000$ cm²
$A_a = 565$ cm²
$I_a = 1005400$ cm^4
$A_s = 80{,}5$ cm²
$A_{II} = 645{,}5$ cm² $(A_a + A_s)$
$I_{II} = 1306772$ cm^4

Querschnittswerte (Tab.10):

$W_{a,st,u} = 21668$ cm³

Materialkennwerte
(siehe 2.1.3.3.2)

$f_{ctm} = 0{,}32$ kN/cm²

Unterkante Stahlträgeruntergurt:

$$\gamma_{Ff} \cdot \Delta\sigma_E \leq \frac{\Delta\sigma_c}{\gamma_{Mf}}$$

$$1{,}0 \cdot 8{,}62 > \frac{8{,}19}{1{,}15} = 7{,}12$$

Der Nachweis ist nicht erfüllt.

Der Nachweis wird unter Berücksichtigung des Mitwirkens des Betons zwischen den Rissen erneut geführt.

aus ELM3 Untergurt unten (siehe 2.5.3.2.3)

$\Delta\sigma_E = 8{,}62$ kN/cm²

Für positive Momente aus LM3 ergibt sich folgende Spannung:

$$\sigma_{max,f} = \sigma_{max,f,II} + \frac{\Delta N_{ts}}{A_a} - \frac{\Delta N_{ts} \cdot (z_{ai} - z_{si})}{W_{a,fl,u}}$$

$$\sigma_{max,f} = 2{,}94 + \frac{771}{565} - \frac{771 \cdot (80{,}4-15)}{19948} = 1{,}78 \text{ kN/cm}^2$$

mit:

$$\Delta N_{ts} = \frac{0{,}4 \cdot f_{ctm} \cdot A_s}{\alpha_{st} \cdot \rho_s} = \frac{0{,}4 \cdot 0{,}32 \cdot 80{,}5}{1{,}485 \cdot 0{,}009} = 771{,}0 \text{ kN}$$

$$\alpha_{st} = \frac{A_{II} \cdot I_{II}}{A_a \cdot I_a} = \frac{645{,}5 \cdot 1.306.772}{565 \cdot 1.005.400} = 1{,}485$$

$$\rho_s = \frac{A_s}{A_c} = \frac{80{,}5}{9.000} = 0{,}009$$

<u>Spannungen Zustand II</u> (siehe 2.5.3.2.1)

$\sigma_{max,f,II} = 2{,}94$ kN/cm²
$\sigma_{min,f,II} = -0{,}76$ kN/cm²

<u>Querschnittswerte (Tab.9):</u>

Zustand II
$z_{ai} = 80{,}4$ cm
$z_{si} = 15{,}0$ cm
$A_c = 9000$ cm²
$A_a = 565$ cm²
$I_a = 1005400$ cm⁴
$A_s = 80{,}5$ cm²
$A_{II} = 645{,}5$ cm² ($A_a + A_s$)
$I_{II} = 1306772$ cm⁴

<u>Querschnittswerte (Tab.10):</u>

$W_{a,fl,u} = 19948$ cm³

Materialkennwerte (siehe 2.1.3.3.2)

$f_{ctm} = 0{,}32$ kN/cm²

Für negative Momente aus ELM3 ergibt sich folgende Spannung:

$$\sigma_{min,f} = \sigma_{min,f,II} - \frac{\Delta N_{ts}}{A_a} + \frac{\Delta N_{ts} \cdot (z_{ai} - z_{si})}{W_{a,fl,u}}$$

$$\sigma_{min,f} = -0{,}76 - \frac{771}{565} + \frac{771 \cdot (80{,}4-15)}{19948} = 0{,}40 \text{ kN/cm}^2$$

Die Spannungsschwingbreite ergibt sich folglich zu:

$$\Delta\sigma_E = \phi \cdot \lambda \cdot |\sigma_{max,f} - \sigma_{min,f}|$$

$$\Delta\sigma_E = 1{,}0 \cdot 2{,}33 \cdot |1{,}78 - 0{,}40|$$

$$\Delta\sigma_E = 3{,}21 \text{ kN/cm}^2$$

Somit ergibt sich der Nachweis zu:

$$\gamma_{Ff} \cdot \Delta\sigma_E \leq \frac{\Delta\sigma_c}{\gamma_{Mf}}$$

$$1{,}0 \cdot 3{,}21 < \frac{8{,}0}{1{,}15} = 7{,}0$$

Der Nachweis ist erfüllt.

Anmerkung:

Der erforderliche Trägerstoß in Brückenlängsrichtung kann somit in beliebiger Lage auch außerhalb des Momentennullpunkts angeordnet werden.

b) Stützbereich:

Oberkante Stahlträgerobergurt:

$$\gamma_{Ff} \cdot \Delta\sigma_E \leq \frac{\Delta\sigma_c}{\gamma_{Mf}}$$

$$1{,}0 \cdot 1{,}80 < \frac{8{,}0}{1{,}15} = 7{,}0$$

aus ELM3 Obergurt oben (siehe 2.5.3.2.3)

$\Delta\sigma_E$ = 1,80 kN/cm²

Der Nachweis ist erfüllt.

Oberkante Stahlträgersteg:

$$\gamma_{Ff} \cdot \Delta\sigma_E \leq \frac{\Delta\sigma_c}{\gamma_{Mf}}$$

$$1{,}0 \cdot 1{,}60 < \frac{8{,}0}{1{,}15} = 7{,}0$$

aus ELM3 Steg oben (siehe 2.5.3.2.3)

$\Delta\sigma_E$ = 1,60 kN/cm²

Der Nachweis ist erfüllt.

Unterkante Stahlträgersteg:

aus ELM3 Steg unten (siehe 2.5.3.2.3)

$\Delta\sigma_E$ = 2,84 kN/cm²

$$\gamma_{Ff} \cdot \Delta\sigma_E \le \frac{\Delta\sigma_c}{\gamma_{Mf}}$$

$$1{,}0 \cdot 2{,}84 < \frac{8{,}0}{1{,}15} = 7{,}0$$

Der Nachweis ist erfüllt.

Unterkante Stahlträgeruntergurt:

aus ELM3 Untergurt unten (siehe 2.5.3.2.3)

$\Delta\sigma_E$ = 3,04 kN/cm²

$$\gamma_{Ff} \cdot \Delta\sigma_E \le \frac{\Delta\sigma_c}{\gamma_{Mf}}$$

$$1{,}0 \cdot 3{,}04 < \frac{8{,}19}{1{,}15} = 7{,}12$$

Der Nachweis ist erfüllt.

2.5.4.3 Ermüdungswiderstand des Betonstahls

Bei Betonstahl darf ein ausreichender Widerstand gegen Ermüdung angenommen werden, wenn Eurocode 2, Teil 1-1, Gleichung (6.71) erfüllt wird.

EC-2-1-1 6.8.5 (1)

EC-2-1-1 Gl. (6.71)

$$\gamma_{F,fat} \cdot \Delta\sigma_{s,equ} \le \frac{\Delta\sigma_{Rsk}}{\gamma_{s,fat}}$$

mit:

$\gamma_{F,fat}$ = 1,00

$\gamma_{s,fat}$ = 1,15

EC-2-2/NA NDP zu 2.4.2.3 (1)
EC-2-2/NA Tab. 2.1DE

Dabei ist:

$\Delta\sigma_{Rsk}$ der charakteristische Wert der Ermüdungsfestigkeit für die maßgebende Ermüdungsfestigkeitskurve und der Lastwechselzahl N*. Für Betonstahl ist $\Delta\sigma_{Rsk}$ nach EC-2-1-1, 6.8 zu ermitteln.

$\Delta\sigma_{s,equ}$ die schadensäquivalente Spannungsschwingbreite

Der Nachweis erfolgt getrennt für den Feld- und Stützbereich.

a) Feldbereich:

EC-2-2/NA Tab. 6.3DE

für Betonstahl
$\Delta\sigma_{Rsk}$ = 17,5 kN/cm²

$\Delta\sigma_{s,equ}$ = 8,36 kN/cm² (Feld)
$\Delta\sigma_{s,equ}$ = 3,01 kN/cm² (Stütze)

$$\gamma_{s,fat} \cdot \Delta\sigma_{s,equ} \leq \frac{\Delta\sigma_{Rsk}}{\gamma_{s,fat}}$$

$$1{,}0 \cdot 11{,}70 \leq \frac{17{,}5}{1{,}15} = 15{,}21$$

Der Nachweis ist erfüllt.

b) Stützbereich:

$$\gamma_{s,fat} \cdot \Delta\sigma_{s,equ} \leq \frac{\Delta\sigma_{Rsk}}{\gamma_{s,fat}}$$

$$1{,}0 \cdot 5{,}27 \leq \frac{17{,}5}{1{,}15} = 15{,}21$$

Der Nachweis ist erfüllt.

2.5.4.4 Ermüdungswiderstand des Betons

Für Betonquerschnittsteile darf der Nachweis gegen Ermüdung entfallen, wenn die Bedingungen nach Eurocode 2, Teil 2, Abschnitt 6.8.1(102) erfüllt sind.

EC-4-2 6.8.1 (5)

Gemäß Eurocode 2, Teil 2/NA, NDP zu 6.8.1 (102) braucht für Beton unter Druckbeanspruchung kein Nachweis gegen Ermüdung geführt zu werden, wenn unter der seltenen EWK die Betondruckspannungen auf $0{,}6f_{ck}$ begrenzt werden.

EC-2/NA NDP zu 6.8.1 (102)

Anmerkung:

Der Nachweis der Spannungsbegrenzung erfolgt im Kapitel „Nachweise im Grenzzustand der Gebrauchstauglichkeit“. Ein Ermüdungsnachweis für Beton kann somit entfallen.

2.6 Nachweise im Grenzzustand der Gebrauchstauglichkeit

2.6.1 Allgemeines

Für den Nachweis des Grenzzustandes der Gebrauchstauglichkeit gelten die Anforderungen nach Eurocode 0, 3.4(3). EC-4-2 7.1 (2)

Die Kriterien an die Gebrauchstauglichkeit sind danach wie folgt gegliedert: EC-0 3.4 (3)

a) Verformungen und Verschiebungen, die
   - das Erscheinungsbild,
   - das Wohlbefinden der Nutzer oder
   - die Funktionen des Tragwerks (einschließlich der Funktionsfähigkeit von Maschinen und Installationen) beeinflussen oder
   - die Schäden an Belägen, Beschichtungen oder an nichttragenden Bauteilen hervorrufen;

b) Schwingungen,
   - die bei Personen körperliches Unbehagen hervorrufen oder
   - die Funktionsfähigkeit des Tragwerks einschränken;

c) Schäden, die voraussichtlich das
   - Erscheinungsbild,
   - die Dauerhaftigkeit oder
   - die Funktionsfähigkeit des Tragwerks nachteilig beeinflussen.

Nachfolgend werden hierfür folgende Nachweise geführt:

- Begrenzung der Spannungen
- Begrenzung der Rissbreite
- Begrenzung der Verformungen
- Begrenzung der Schwingungen

Für Brücken und Brückenteile sind die Anforderungen an die Gebrauchstauglichkeit für Bauzustände und für den Endzustand nachzuweisen. EC-4-2 7.1 (4)

Für Fahrbahnplatten in Verbundbauweise sind die erforderlichen Nachweise im Grenzzustand der Gebrauchstauglichkeit in Eurocode 4, Teil 2, Abschnitt 9 geregelt. EC-4-2 7.1 (6)

2.6.2 Begrenzung der Spannungen

2.6.2.1 Allgemeines

Im Grenzzustand der Gebrauchstauglichkeit müssen für Träger bei der Ermittlung der Spannungen die nachfolgend genannten Einflüsse – sofern maßgebend – berücksichtigt werden: EC-4-2 7.2.1 (1)P

- Schubverformungen bei breiten Gurten
- Kriechen und Schwinden des Betons
- Rissbildung und Mitwirkung des Betons zwischen den Rissen
- Montageablauf und Belastungsgeschichte
- Nachgiebigkeit der Verbundfuge bei signifikantem Schlupf der Verbundmittel
- nichtlineares Verhalten von Bau- und Betonstahl (sofern maßgebend)
- Verwölbung und Profilverformung des Querschnitts (sofern maßgebend)

Wenn keine genaueren Berechnungsverfahren verwendet werden, dürfen die Einflüsse aus dem Kriechen und Schwinden bei Anwendung des Gesamtquerschnittsverfahrens mit den Reduktionszahlen nach Eurocode 4, Teil 2, 5.4.2.2 ermittelt werden. EC-4-2 7.2.1 (3)

Anmerkung:

Die Schnittgrößen wurden unter Berücksichtigung der Reduktionszahlen nach Eurocode 4, Teil 2 ermittelt.

Bei Querschnitten mit Rissbildung im Betongurt dürfen die primären Beanspruchungen aus dem Schwinden vernachlässigt werden. EC-4-2 7.2.1 (4)

Beim Nachweis der Querschnitte ist die Zugfestigkeit des Betons zu vernachlässigen. EC-4-2 7.2.1 (5)P

2.6.2.2 Spannungsgrenzen und maßgebende EWK

Betondruckspannungen:

Übermäßiges Kriechen sowie Mikrorissbildung sind durch Begrenzung der Betondruckspannungen zu verhindern. EC-4-2 7.2.2 (1)P

Die Betondruckspannungen sind auf die in Eurocode 2, Teil 1-1, 7.2 und Eurocode 2, Teil 2 angegebenen Werte zu begrenzen. EC-4-2 7.2.2 (2)

Die Betondruckspannungen sind dabei unter der charakteristischen (seltenen) Einwirkungskombination auf den Wert 0,6 f_{ck} zu begrenzen. EC-2-2/NA NDP zu 7.2 (102)

Unter der quasi-ständigen Einwirkungskombination sind die Betondruckspannungen 0,45 f_{ck} zu begrenzen. Anderenfalls sind Einflüsse aus nichtlinearen Kriechen zu berücksichtigen. EC-2-1-1/NA NDP zu 7.2 (3)

Betonstahlspannungen:

Die Spannungen im Beton- und Spannstahl sind so zu begrenzen, dass ein nichtelastisches Verhalten vermieden wird. EC-4-2 7.2.2 (3)P

Der Einfluss aus der Mitwirkung des Betons zwischen den Rissen ist bei der Ermittlung der Spannungen im Beton- und Spannstahl in der Regel zu berücksichtigen. Wenn kein genaueres Berechnungsverfahren verwendet wird, sind zur Berücksichtigung dieses Einflusses die Spannungen im Allgemeinen nach Eurocode 4, Teil 2, 7.4.3 zu ermitteln. EC-4-2 7.2.1 (6)

Die Betonstahlspannungen sind unter der charakteristischen Einwirkungskombination auf den Wert 0,8 f_{yk} zu begrenzen. EC-2-1-1/NA NDP zu 7.2 (5)

Baustahlspannungen:

Für die Begrenzung der Spannungen im Baustahlquerschnitt gilt Eurocode 3, Teil 2, 7.3. EC-4-2 7.2.2 (3)P

In der Regel sind die Nennspannungen $\sigma_{Ed,ser}$ und $\tau_{Ed,ser}$ infolge der charakteristischen Lastkombinationen und unter Berücksichtigung von mittragenden Breiten und sekundären Effekten aus Verformungen (z. B. infolge sekundärer Biegemomente in Fachwerkträgern) zu berechnen und wie folgt zu begrenzen: EC-3-2 7.3 (1)

$$\sigma_{Ed,ser} \leq \frac{f_y}{\gamma_{M,ser}}$$ EC-3-2/NA Gl. (7.1)

$$\tau_{Ed,ser} \leq \frac{f_y}{\sqrt{3} \cdot \gamma_{M,ser}}$$ EC-3-2/NA Gl. (7.2)

$$\sqrt{\sigma_{Ed,ser}^2 + 3 \cdot \tau_{Ed,ser}^2} \leq \frac{f_y}{\gamma_{M,ser}}$$ EC-3-2/NA Gl. (7.3)

mit:

$\gamma_{M,ser} = 1{,}0$

Der Einfluss aus der Mitwirkung des Betons zwischen den Rissen darf bei der Ermittlung der Spannungen für den Baustahlquerschnitt vernachlässigt werden. EC-4-2 7.2.1 (7)

Die Längsschubkraft pro Dübel ist im Grenzzustand der Gebrauchstauglichkeit in der Regel auf den Wert nach EC-4-2, 6.8.1(3) zu begrenzen. EC-4-2 7.2.2 (6)

Anmerkung:

Die Gebrauchstauglichkeitsnachweise der Verbundmittel werden in einem separaten Kapitel geführt.

2.6.2.3 Begrenzung der Betondruckspannung

a) Begrenzung unter der seltenen Einwirkungskombination:

Für den maßgebenden Feldbereich ergeben sich die nachweisrelevanten Verbundschnittgrößen zum Zeitpunkt $t=\infty$ in der charakteristischen Einwirkungskombination wie folgt:

$M_{Ed,v,max} = 3813{,}5$ kNm

Schnittgrößen (Tab.27):

$t=\infty$
$M_{Ed,v,max} = 3813{,}5$ kNm

Die Gesamtschnittgröße setzt sich aus folgenden Teilschnittgrößen zusammen:

$M_{Ed,v,EG}$ = 211,1 kNm (Eigengewicht)
$M_{Ed,v,A}$ = 279,1 kNm (Setzungen)
$M_{Ed,v,V}$ = 2408,3 kNm (Verkehr)
$M_{Ed,v,T}$ = 345,7 kNm (Temperatur)
$M_{Ed,v,S}$ = 612,8 kNm (Schwinden)
$M_{Ed,v,PT}$ = - 43,5 kNm (Kriechen)

Die Spannungen an der Oberkante Betonplatte ergeben sich wie folgt:

$$\sigma_{cd} = \frac{M_{Ed,v,EG}}{W_{c,o}^{I_{i,B}}} + \frac{M_{Ed,v,A}}{W_{c,o}^{I_{i,A}}} + \frac{M_{Ed,v,V} + M_{Ed,v,T}}{W_{c,o}^{I_{i,0}}} + \frac{M_{Ed,v,S}}{W_{c,o}^{I_{i,s}}} + \frac{M_{Ed,v,PT}}{W_{c,o}^{I_{i,PT}}}$$

$$\sigma_{cd} = \frac{21.110}{-826.229} + \frac{27.910}{-906.906} + \frac{275.400}{-545.923} + \frac{61.280}{-810.197} + \frac{-4.350}{-703.437}$$

$$\sigma_{cd} = -0{,}63 \text{ kN/cm}^2$$

Die Betonspannungen sind unter der seltenen Einwirkungskombination wie folgt zu begrenzen:

$$f_{cd} = 0{,}60 \cdot f_{ck}$$
$$f_{cd} = 0{,}60 \cdot 3{,}5 = 2{,}1 \text{ kN/cm}^2$$

Der Ausnutzungsgrad für den Nachweis der Betondruckspannungen ergibt sich zu:

$$\eta = \frac{\sigma_{cd}}{f_{cd}} = \frac{-0{,}63}{-2{,}1} = 0{,}30$$

Der Nachweis ist erfüllt.

Querschnittswerte (Tab.4):
Zustand 1; Querschnitt 2
Kurzzeitlasten (Verkehr)

$W^{(I,0)}_{c,o}$ = - 545923 cm³

Querschnittswerte (Tab.5):
Zustand 1; Querschnitt 2
ständige Lasten

$W^{(I,B)}_{c,o}$ = - 826229 cm³

Querschnittswerte (Tab.6):
Zustand 1; Querschnitt 2
veränderl. Lasten

$W^{(I,PT)}_{c,o}$ = - 703437 cm³

Querschnittswerte (Tab.7):
Zustand 1; Querschnitt 2
Schwinden

$W^{(I,s)}_{c,o}$ = - 810197 cm³

Querschnittswerte (Tab.8):
Zustand 1; Querschnitt 2
Stützensenkung

$W^{(I,A)}_{c,o}$ = - 906906 cm³

EC-2-2/NA NDP zu 7.2 (102)

Für den maßgebenden Feldbereich ergeben sich die nachweisrelevanten Verbundschnittgrößen zum Zeitpunkt t=28 in der charakteristischen Einwirkungskombination wie folgt:

$M_{Ed,v,max}$ = 3376,2 kNm

Schnittgrößen (Tab.27):

t=28
$M_{Ed,v,max}$ = 3376,2 kNm

Die Gesamtschnittgröße setzt sich aus folgenden Teilschnittgrößen zusammen:

$M_{Ed,v,EG}$ = 211,1 kNm (Eigengewicht)
$M_{Ed,v,A}$ = 279,1 kNm (Setzungen)
$M_{Ed,v,V}$ = 2408,3 kNm (Verkehr)
$M_{Ed,v,T}$ = 345,7 kNm (Temperatur)
$M_{Ed,v,S}$ = 132,0 kNm (Schwinden)

Querschnittswerte (Tab.4):
Zustand 1; Querschnitt 2
Kurzzeitlasten (Verkehr)

$W^{(I,0)}_{c,o}$ = - 545923 cm³

Querschnittswerte (Tab.5):
Zustand 1; Querschnitt 2
ständige Lasten

$W^{(I,B)}_{c,o}$ = - 826229 cm³

Querschnittswerte (Tab.7):
Zustand 1; Querschnitt 2
Schwinden

$W^{(I,s)}_{c,o}$ = - 810197 cm³

Querschnittswerte (Tab.8):
Zustand 1; Querschnitt 2
Stützensenkung

$W^{(I,A)}_{c,o}$ = - 906906 cm³

Die Spannungen an der Oberkante Betonplatte ergeben sich wie folgt:

$$\sigma_{cd} = \frac{M_{Ed,v,EG}}{W^{I,B}_{c,o}} + \frac{M_{Ed,v,A}}{W^{I,A}_{c,o}} + \frac{M_{Ed,v,V} + M_{Ed,v,T}}{W^{I,0}_{c,o}} + \frac{M_{Ed,v,S}}{W^{I,s}_{c,o}}$$

$$\sigma_{cd} = \frac{21.110}{-826.229} + \frac{27.910}{-906.906} + \frac{275.400}{-545.923} + \frac{13.200}{-810.197}$$

$$\sigma_{cd} = -0{,}58 \text{ kN/cm}^2$$

Die Betonspannungen sind unter der seltenen Einwirkungskombination wie folgt zu begrenzen:

EC-2-2/NA NDP zu 7.2 (102)

$$f_{cd} = 0{,}60 \cdot f_{ck}$$
$$f_{cd} = 0{,}60 \cdot 3{,}5 = 2{,}1 \text{ kN/cm}^2$$

Der Ausnutzungsgrad für den Nachweis der Betondruckspannungen ergibt sich zu:

$$\eta = \frac{\sigma_{cd}}{f_{cd}} = \frac{-0{,}58}{-2{,}1} = 0{,}27$$

Der Nachweis ist erfüllt.

b) Begrenzung unter der quasi-ständigen Einwirkungskombination:

Für den maßgebenden Feldbereich ergeben sich die nachweisrelevanten Verbundschnittgrößen zum Zeitpunkt t=∞ in der quasiständigen Einwirkungskombination wie folgt:

$M_{Ed,v,max} = 1757{,}2$ kNm

Die Gesamtschnittgröße setzt sich aus folgenden Teilschnittgrößen zusammen:

$M_{Ed,v,EG} = 211{,}1$ kNm (Eigengewicht)
$M_{Ed,v,A} = 279{,}1$ kNm (Setzungen)
$M_{Ed,v,V} = 481{,}7$ kNm (Verkehr)
$M_{Ed,v,T} = 216{,}1$ kNm (Temperatur)
$M_{Ed,v,S} = 612{,}8$ kNm (Schwinden)
$M_{Ed,v,PT} = -43{,}5$ kNm (Kriechen)

Die Spannungen an der Oberkante Betonplatte ergeben sich wie folgt:

$$\sigma_{cd} = \frac{M_{Ed,v,EG}}{W^{I_{i,B}}_{c,o}} + \frac{M_{Ed,v,A}}{W^{I_{i,A}}_{c,o}} + \frac{M_{Ed,v,V} + M_{Ed,v,T}}{W^{I_{i,0}}_{c,o}} + \frac{M_{Ed,v,S}}{W^{I_{i,s}}_{c,o}} + \frac{M_{Ed,v,PT}}{W^{I_{i,PT}}_{c,o}}$$

$$\sigma_{cd} = \frac{21.110}{-826.229} + \frac{27.910}{-906.906} + \frac{69.780}{-545.923} + \frac{61.280}{-810.197} + \frac{-4.350}{-703.437}$$

$$\sigma_{cd} = -0{,}25 \text{ kN/cm}^2$$

Die Betonspannungen sind unter der seltenen Einwirkungskombination wie folgt zu begrenzen:

$$f_{cd} = 0{,}45 \cdot f_{ck}$$
$$f_{cd} = 0{,}45 \cdot 3{,}5 = 0{,}95 \text{ kN/cm}^2$$

Der Ausnutzungsgrad für den Nachweis der Betondruckspannungen ergibt sich zu:

$$\eta = \frac{\sigma_{cd}}{f_{cd}} = \frac{-0{,}25}{-0{,}95} = 0{,}26$$

Der Nachweis ist erfüllt.

Schnittgrößen (Tab.27):

t=∞
$M_{Ed,v,max}$ = 1757,2 kNm

Querschnittswerte (Tab.4):
Zustand 1; Querschnitt 2
Kurzzeitlasten (Verkehr)

$W^{(I,0)}_{c,o}$ = - 545923 cm³

Querschnittswerte (Tab.5):
Zustand 1; Querschnitt 2
ständige Lasten

$W^{(I,B)}_{c,o}$ = - 826229 cm³

Querschnittswerte (Tab.6):
Zustand 1; Querschnitt 2
veränderl. Lasten

$W^{(I,PT)}_{c,o}$ = - 703437 cm³

Querschnittswerte (Tab.7):
Zustand 1; Querschnitt 2
Schwinden

$W^{(I,s)}_{c,o}$ = - 810197 cm³

Querschnittswerte (Tab.8):
Zustand 1; Querschnitt 2
Stützensenkung

$W^{(I,A)}_{c,o}$ = - 906906 cm³

EC-2-1-1/NA NDP zu 7.2 (3)

Für den maßgebenden Feldbereich ergeben sich die nachweisrelevanten Verbundschnittgrößen zum Zeitpunkt t=28 in der quasiständigen Einwirkungskombination wie folgt:

$M_{Ed,v,max} = 1319{,}9 \text{ kNm}$

Schnittgrößen (Tab.27):
t=28
$M_{Ed,v,max} = 1319{,}9 \text{ kNm}$

Die Gesamtschnittgröße setzt sich aus folgenden Teilschnittgrößen zusammen:

$M_{Ed,v,EG} = 211{,}1 \text{ kNm}$ (Eigengewicht)
$M_{Ed,v,A} = 279{,}1 \text{ kNm}$ (Setzungen)
$M_{Ed,v,V} = 481{,}7 \text{ kNm}$ (Verkehr)
$M_{Ed,v,T} = 216{,}1 \text{ kNm}$ (Temperatur)
$M_{Ed,v,S} = 132{,}0 \text{ kNm}$ (Schwinden)

Querschnittswerte (Tab.4):
Zustand 1; Querschnitt 2
Kurzzeitlasten (Verkehr)

$W^{(I,0)}_{c,o} = -545923 \text{ cm}^3$

Querschnittswerte (Tab.5):
Zustand 1; Querschnitt 2
ständige Lasten

$W^{(I,B)}_{c,o} = -826229 \text{ cm}^3$

Querschnittswerte (Tab.7):
Zustand 1; Querschnitt 2
Schwinden

$W^{(I,s)}_{c,o} = -810197 \text{ cm}^3$

Querschnittswerte (Tab.8):
Zustand 1; Querschnitt 2
Stützensenkung

$W^{(I,A)}_{c,o} = -906906 \text{ cm}^3$

Die Spannungen an der Oberkante Betonplatte ergeben sich wie folgt:

$$\sigma_{cd} = \frac{M_{Ed,v,EG}}{W^{I,B}_{c,o}} + \frac{M_{Ed,v,A}}{W^{I,A}_{c,o}} + \frac{M_{Ed,v,V} + M_{Ed,v,T}}{W^{I,0}_{c,o}} + \frac{M_{Ed,v,S}}{W^{I,s}_{c,o}}$$

$$\sigma_{cd} = \frac{21.110}{-826.229} + \frac{27.910}{-906.906} + \frac{69.780}{-545.923} + \frac{13.200}{-810.197}$$

$$\sigma_{cd} = -0{,}20 \text{ kN/cm}^2$$

Die Betonspannungen sind unter der seltenen Einwirkungskombination wie folgt zu begrenzen:

$f_{cd} = 0{,}45 \cdot f_{ck}$
$f_{cd} = 0{,}45 \cdot 3{,}5 = 0{,}95 \text{ kN/cm}^2$

EC-2-1-1/NA NDP zu 7.2 (3)

Der Ausnutzungsgrad für den Nachweis der Betondruckspannungen ergibt sich zu:

$$\eta = \frac{\sigma_{cd}}{f_{cd}} = \frac{-0{,}20}{-0{,}95} = 0{,}21$$

Der Nachweis ist erfüllt.

2.6.2.4 Begrenzung der Betonstahlspannung

Nachfolgend wird für die Nachweise zwischen dem Feld- und Stützbereich unterschieden.

Bei Verbundträgern ergeben sich bei Rissbildung im Betongurt infolge der Mitwirkung des Betons zwischen den Rissen im Vergleich zu einer Berechnung bei Vernachlässigung des Betons vergrößerte Betonstahlspannungen. Für Träger ohne Spanngliedvorspannung dürfen die Betonzugspannungen σ_s aus direkten Einwirkungen wie folgt berechnet werden: EC-4-2 7.2.1 (6)

$$\sigma_s = \sigma_{s,o} + \Delta\sigma_s$$ EC-4-2 Gl. (7.4)

mit:

$$\Delta\sigma_s = \frac{0{,}4 \cdot f_{ctm}}{\alpha_{st} \cdot \rho_s}$$ EC-4-2 Gl. (7.5)

$$\alpha_{st} = \frac{A \cdot I}{A_a \cdot I_a}$$ EC-4-2 Gl. (7.6)

Dabei ist:

σ_s Betonstahlspannung unter Berücksichtigung der Mitwirkung des Betons zwischen den Rissen
$\sigma_{s,o}$ Betonstahlspannung unter Vernachlässigung von zugbeanspruchten Betonquerschnitten
f_{ctm} Mittelwert der Betonzugfestigkeit
ρ_s Bewehrungsgehalt in der Zugzone des Betonquerschnitts unmittelbar vor der Rissbildung, vereinfachend darf die mittragende Fläche des Betongurtes angesetzt werden
A, I Fläche und Flächenmoment zweiten Grades des Verbundquerschnitts
A_a, I_a Fläche und Flächenmoment zweiten Grades des Baustahlquerschnitts

a) Feldbereich:

Für den Feldbereich ergeben sich die nachweisrelevanten Verbundschnittgrößen in der charakteristischen Einwirkungskombination wie folgt:

Zeitpunkt t_{28}:
$M_{Ed,v,max}$ = 3376,2 kNm
$M_{Ed,v,min}$ = - 898,1 kNm (maßgebend)

Zeitpunkt t_∞:
$M_{Ed,v,max}$ = 3813,5 kNm
$M_{Ed,v,min}$ = - 396,9 kNm

Schnittgrößen (Tab.27):

t=28
$M_{Ed,v,max}$ = 3813,5 kNm
$M_{Ed,v,min}$ = - 396,9 kNm

t=∞
$M_{Ed,v,max}$ = 3376,2 kNm
$M_{Ed,v,min}$ = - 898,1 kNm

Anmerkung:

In der maßgebenden Einwirkungskombination entstehen im Nutzungszeitraum Zugspannungen im Beton der Fahrbahnplatte. Der Betongurt befindet sich unter minimaler Momentenbeanspruchung daher im Zustand II.

Maßgebend ist das negative Biegemoment zum Zeitpunkt t = 28 Tage.

Die Spannungen im Betonstahl ergeben sich unter Berücksichtigung der Mitwirkung des Betons wie folgt:

$$\sigma_s = \sigma_{s,o} + \frac{0{,}4 \cdot f_{ctm}}{\alpha_{st} \cdot \rho_s}$$

EC-4-2 Gl. (7.4) + Gl. (7.5)

mit:

$$\sigma_{s,o} = \frac{M_{Ed,v,min}}{W_s^{II}} = \frac{-89.810}{-22.828} = 3{,}93 \text{ kN/cm}^2$$

$$\alpha_{st} = \frac{A_{II} \cdot I_{II}}{A_a \cdot I_a} = \frac{645{,}5 \cdot 1.306.772}{565 \cdot 1.005.400} = 1{,}485$$

$$\rho_s = \frac{A_s}{A_c} = \frac{80{,}5}{9.000} = 0{,}009$$

Querschnittswerte (Tab.9):

Zustand II
W_s^{II} = -22828 cm³
A_c = 9000 cm²
A_a = 565 cm²
I_a = 1005400 cm⁴
A_s = 80,5 cm²
A_{II} = 645,5 cm² ($A_a + A_s$)
I_{II} = 1306772 cm⁴

Materialkennwerte
(siehe Abschnitt 2.1.3.3.2)
f_{ctm} = 3,2 N/mm²

Anmerkung:

Für die Ermittlung von ρ_s wird die mitwirkende Breite des Betongurts im Feldbereich (b_{eff} = 3,0 m) angesetzt.

$$\sigma_s = 3{,}93 + \frac{0{,}4 \cdot 0{,}32}{1{,}485 \cdot 0{,}009} = 13{,}50 \text{ kN/cm}^2$$

Die Betonstahlspannungen sind unter der seltenen Einwirkungskombination wie folgt zu begrenzen:

EC-2-1-1/NA NDP zu 7.2 (5)

$$f_{yd} = 0{,}8 \cdot f_{yk}$$
$$f_{yd} = 0{,}8 \cdot 50{,}0 = 40{,}0 \text{ kN/cm}^2$$

Der Ausnutzungsgrad für den Nachweis der Betondruckspannungen ergibt sich zu:

$$\eta = \frac{\sigma_s}{f_{yd}} = \frac{13{,}5}{40{,}0} = 0{,}34$$

Der Nachweis ist erfüllt.

b) Stützbereich:

Für den Feldbereich ergeben sich die nachweisrelevanten Verbundschnittgrößen in der charakteristischen Einwirkungskombination wie folgt:

Zeitpunkt t_{28}:
$M_{Ed,v,max}$ = 1212,6 kNm
$M_{Ed,v,min}$ = - 3334,6 kNm

Zeitpunkt t_∞:
$M_{Ed,v,max}$ = 395,6 kNm
$M_{Ed,v,min}$ = - 4016,9 kNm (maßgebend)

Schnittgrößen (Tab.28):

t=28
$M_{Ed,v,max}$ = 1212,6 kNm
$M_{Ed,v,min}$ = -3334,6 kNm

t=∞
$M_{Ed,v,max}$ = 395,6 kNm
$M_{Ed,v,min}$ = - 4016,9 kNm

Anmerkung:

In der maßgebenden Einwirkungskombination entstehen im Nutzungszeitraum Zugspannungen im Beton der Fahrbahnplatte. Der Betongurt befindet sich unter minimaler Momentenbeanspruchung daher im Zustand II.

Maßgebend ist das negative Biegemoment zum Zeitpunkt t=∞.

Die Spannungen im Betonstahl ergeben sich unter Berücksichtigung der Mitwirkung des Betons wie folgt:

$$\sigma_s = \sigma_{s,o} + \frac{0{,}4 \cdot f_{ctm}}{\alpha_{st} \cdot \rho_s}$$

EC-4-2 Gl. (7.4) + Gl. (7.5)

mit:

$$\sigma_{s,o} = \frac{M_{Ed,v,min}}{W_s^{II}} = \frac{-401.690}{-28.338} = 14{,}17 \text{ kN/cm}^2$$

$$\alpha_{st} = \frac{A_{II} \cdot I_{II}}{A_a \cdot I_a} = \frac{705 \cdot 1.485.291}{565 \cdot 1.005.400} = 1{,}843$$

$$\rho_s = \frac{A_s}{A_c} = \frac{140}{6.690} = 0{,}021$$

Querschnittswerte (Tab.9):

Zustand II
W_s^{II} = -28338 cm³

A_c = 6690 cm²
A_a = 565 cm²
I_a = 1005400 cm⁴
A_s = 140 cm²
A_{II} = 705 cm² ($A_a + A_s$)
I_{II} = 1485291 cm⁴

Materialkennwerte
(siehe Abschnitt 2.1.3.3.2)
f_{ctm} = 3,2 N/mm²

Anmerkung:

Für die Ermittlung von ρ_s wird die mitwirkende Breite des Betongurts im Feldbereich (b_{eff} = 2,23 m) angesetzt.

$$\sigma_s = 14{,}17 + \frac{0{,}4 \cdot 0{,}32}{1{,}843 \cdot 0{,}021} = 17{,}48 \text{ kN/cm}^2$$

Die Betonstahlspannungen sind unter der seltenen Einwirkungskombination wie folgt zu begrenzen:

$$f_{yd} = 0{,}8 \cdot f_{yk}$$
$$f_{yd} = 0{,}8 \cdot 50{,}0 = 40{,}0 \text{ kN/cm}^2$$

EC-2-1-1/NA NDP zu 7.2 (5)

Der Ausnutzungsgrad für den Nachweis der Betondruckspannungen ergibt sich zu:

$$\eta = \frac{\sigma_s}{f_{yd}} = \frac{17{,}5}{40{,}0} = 0{,}44$$

Der Nachweis ist erfüllt.

2.6.2.5 Begrenzung der Baustahlspannung

Nachfolgend wird für die Nachweise zwischen dem Feld- und Stützbereich unterschieden.

a) Feldbereich:

Zeitpunkt t_{28}:

Für den Feldbereich ergeben sich die nachweisrelevanten Verbundschnittgrößen in der charakteristischen Einwirkungskombination wie folgt:

$M_{Ed,a,max}$ = 446,0 kNm
$M_{Ed,v,max}$ = 3376,2 kNm

Schnittgrößen (Tab.27):

t=28
$M_{Ed,v,max}$ = 3376,2 kNm
$M_{Ed,a,max}$ = 446,0 kNm

Die Verbundschnittgröße gliedert sich wie folgt auf:

$M_{Ed,v,EG}$	= 211,1 kNm	(Eigengewicht)
$M_{Ed,v,A}$	= 279,1 kNm	(Setzungen)
$M_{Ed,v,V}$	= 2408,3 kNm	(Verkehr)
$M_{Ed,v,T}$	= 345,7 kNm	(Temperatur)
$M_{Ed,v,S}$	= 132,0 kNm	(Schwinden primär+sekundär)

Im Stahlträger ergibt sich infolge Schwindverkürzung der Stahlbetonplatte folgende Drucknormalkraft:

$N_{Ed,a,S}$ = -748,7 kN (zugehörig)

(siehe Abschnitt 2.2.1.4.2.1)
N_{cs28} = -748,7 kN

Anmerkung:

Die Lasten aus Anfahren und Bremsen (Lastgruppe „gr2“) werden hier vernachlässigt, da sie nicht Bestandteil der oben aufgeführten Biegemomente der Gruppe „gr1a“ sind.

Spannungen Unterkante Trägersteg:

$$\sigma_{Ed,ser}^{t=28} = \frac{M_{Ed,a}}{W_{a,st,u}} + \frac{M_{Ed,v,EG}}{W_{a,st,u}^{I_{i,B}}} + \frac{M_{Ed,v,A}}{W_{a,st,u}^{I_{i,A}}} + \frac{M_{Ed,v,V+T}}{W_{a,st,u}^{I_{i,0}}} + \frac{M_{Ed,v,S}}{W_{a,st,u}^{I_{i,s}}} + \frac{N_{Ed,a,S}}{A_i^{I_{i,s}}}$$

$$\sigma_{Ed,ser}^{t=28} = \frac{44.600}{21.668} + \frac{21.110}{28.701} + \frac{27.910}{28.300} + \frac{275.400}{30.590} + \frac{13.200}{28.787} + \frac{-749}{1222}$$

$$\sigma_{Ed,ser}^{t=28} = 12,63 \text{ kN/cm}^2$$

$$\tau_{Ed,ser,max}^{t=28} \approx 0$$

Querschnittswerte (Tab.4):
Q2, Kurzzeitlasten (Verkehr)

$W^{(I,0)}_{a,st,u}$ = 30590 cm³

Querschnittswerte (Tab.5):
Q2, ständige Lasten

$W^{(I,B)}_{a,st,u}$ = 28701 cm³

Querschnittswerte (Tab.6):
Q2, veränderl. Lasten
$W^{(I,PT)}_{a,st,u}$ = 29426 cm³

Querschnittswerte (Tab.7):
Q2, Schwinden

$W^{(I,s)}_{a,st,u}$ = 28787 cm³
$A^{(I,s)}_{i}$ = 1222 cm²

Querschnittswerte (Tab.8):
Q2, Stützensenkung
$W^{(I,A)}_{a,st,u}$ = 28300 cm³

Querschnittswerte (Tab.10):
Stahlträger
$W_{a,st,u}$ = 21668 cm³

Anmerkung:

Die Schubkraft in Feldmitte ist minimal und wird an dieser Stelle vernachlässigt.

$$\sigma_{Rd} = \frac{f_{yk}}{\gamma_{M,ser}} = \frac{35,5}{1,0} = 35,5 \text{ kN/cm}^2$$

$$\eta = \frac{\sigma_{ser}}{\sigma_{Rd}} = \frac{12,63}{35,5} = 0,36$$

Damit ist der Nachweis erbracht.

Spannungen Unterkante Trägeruntergurt:

$$\sigma_{Ed,ser}^{t=28} = \frac{M_{Ed,a}}{W_{a,fl,u}} + \frac{M_{Ed,v,EG}}{W_{a,fl,u}^{I_{i,B}}} + \frac{M_{Ed,v,A}}{W_{a,fl,u}^{I_{i,A}}} + \frac{M_{Ed,v,V+T}}{W_{a,fl,u}^{I_{i,0}}} + \frac{M_{Ed,v,S}}{W_{a,fl,u}^{I_{i,s}}} + \frac{N_{Ed,a,S}}{A_i^{I_{i,s}}}$$

$$\sigma_{Ed,ser}^{t=28} = \frac{44.600}{19.948} + \frac{21.110}{27.349} + \frac{27.910}{26.920} + \frac{275.400}{29.344} + \frac{13.200}{27.441} + \frac{-749}{1222}$$

$$\sigma_{Ed,ser}^{t=28} = 13,30 \text{ kN/cm}^2$$

$$\tau_{Ed,ser,max}^{t=28} \approx 0$$

Querschnittswerte (Tab.4):
Q2, Kurzzeitlasten
$W^{(I,0)}_{a,fl,u}$ = 29344 cm³

Querschnittswerte (Tab.5):
Q2, ständige Lasten
$W^{(I,B)}_{a,fl,u}$ = 27349 cm³

Querschnittswerte (Tab.6):
Q2, veränderl. Lasten
$W^{(I,PT)}_{a,fl,u}$ = 28122 cm³

Querschnittswerte (Tab.7):
Q2, Schwinden
$W^{(I,s)}_{a,fl,u}$ = 27441 cm³
$A^{(I,s)}_{i}$ = 1222 cm²

Querschnittswerte (Tab.8):
Q2, Stützensenkung
$W^{(I,A)}_{a,fl,u}$ = 26920 cm³

Querschnittswerte (Tab.10):
Stahlträger
$W_{a,fl,u}$ = 19948 cm³

Anmerkung:

Die Schubkraft in Feldmitte ist minimal und wird an dieser Stelle vernachlässigt.

$$\sigma_{Rd} = \frac{f_{yk}}{\gamma_{M,ser}} = \frac{35,5}{1,0} = 35,5 \text{ kN/cm}^2$$

$$\eta = \frac{\sigma_{ser}}{\sigma_{Rd}} = \frac{13,30}{35,5} = 0,37$$

Damit ist der Nachweis erbracht.

Zeitpunkt t_∞:

Für den Feldbereich ergeben sich die nachweisrelevanten Verbundschnittgrößen in der charakteristischen Einwirkungskombination wie folgt:

$M_{Ed,a,max}$ = 446,0 kNm
$M_{Ed,v,max}$ = 3813,5 kNm

Schnittgrößen (Tab.27):

$t=\infty$
$M_{Ed,v,max}$ = 3813,5 kNm
$M_{Ed,a,max}$ = 446,0 kNm

Die Verbundschnittgröße gliedert sich wie folgt auf:

$M_{Ed,v,EG}$ = 211,1 kNm (Eigengewicht)
$M_{Ed,v,A}$ = 279,1 kNm (Setzungen)
$M_{Ed,v,V}$ = 2408,3 kNm (Verkehr)
$M_{Ed,v,T}$ = 345,7 kNm (Temperatur)
$M_{Ed,v,S}$ = 612,8 kNm (Schwinden)
$M_{Ed,v,PT}$ = - 43,5 kNm (Kriechen)

Im Stahlträger ergibt sich infolge Schwindverkürzung der Stahlbetonplatte folgende Drucknormalkraft:

$N_{Ed,a,S}$ = -3478,0 kN (zugehörig)

(siehe Abschnitt 2.2.1.4.2.2)
$N_{cs\infty}$ = -3478,0 kN

Anmerkung:

Die Lasten aus Anfahren und Bremsen (Lastgruppe „gr2“) werden hier vernachlässigt, da sie nicht Bestandteil der oben aufgeführten Biegemomente der Gruppe „gr1a“ sind.

Spannungen Unterkante Trägersteg:

$$\sigma_{Ed,ser}^{t=\infty} = \frac{M_{Ed,a}}{W_{a,st,u}} + \frac{M_{Ed,v,EG}}{W_{a,st,u}^{I_{i,B}}} + \frac{M_{Ed,v,A}}{W_{a,st,u}^{I_{i,A}}} + \frac{M_{Ed,v,V+T}}{W_{a,st,u}^{I_{i,0}}} + \frac{M_{Ed,v,S}}{W_{a,st,u}^{I_{i,s}}} + \frac{M_{Ed,v,PT}}{W_{a,st,u}^{I_{i,PT}}} + \frac{N_{Ed,a,S}}{A_i^{I_{i,s}}}$$

$$\sigma_{Ed,ser}^{t=\infty} = \frac{44.600}{21.668} + \frac{21.110}{28.701} + \frac{27.910}{28.300} + \frac{275.400}{30.590} + \frac{61.280}{28.787} + \frac{-435}{29.426} + \frac{-3478}{1222}$$

$$\sigma_{Ed,ser}^{t=\infty} = 12{,}05 \text{ kN/cm}^2$$

$$\tau_{Ed,ser,max}^{t=\infty} \approx 0$$

Querschnittswerte (Tab.4):
Q2, Kurzzeitlasten (Verkehr)

$W^{(I,0)}_{a,st,u}$ = 30590 cm³

Querschnittswerte (Tab.5):
Q2, ständige Lasten

$W^{(I,B)}_{a,st,u}$ = 28701 cm³

Querschnittswerte (Tab.6):
Q2, veränderl. Lasten
$W^{(I,PT)}_{a,st,u}$ = 29426 cm³

Querschnittswerte (Tab.7):
Q2, Schwinden

$W^{(I,s)}_{a,st,u}$ = 28787 cm³
$A^{(I,s)}_{i}$ = 1222 cm²

Querschnittswerte (Tab.8):
Q2, Stützensenkung
$W^{(I,A)}_{a,st,u}$ = 28300 cm³

Querschnittswerte (Tab.10):
Stahlträger
$W_{a,st,u}$ = 21668 cm³

Anmerkung:

Die Schubkraft in Feldmitte ist minimal und wird an dieser Stelle vernachlässigt.

$$\sigma_{Rd} = \frac{f_{yk}}{\gamma_{M,ser}} = \frac{35{,}5}{1{,}0} = 35{,}5 \text{ kN/cm}^2$$

$$\eta = \frac{\sigma_{ser}}{\sigma_{Rd}} = \frac{12{,}05}{35{,}5} = 0{,}34$$

Damit ist der Nachweis erbracht.

Spannungen Unterkante Trägeruntergurt:

$$\sigma_{Ed,ser}^{t=\infty} = \frac{M_{Ed,a}}{W_{a,st,u}} + \frac{M_{Ed,v,EG}}{W_{a,st,u}^{I_{i,B}}} + \frac{M_{Ed,v,A}}{W_{a,st,u}^{I_{i,A}}} + \frac{M_{Ed,v,V+T}}{W_{a,st,u}^{I_{i,0}}} + \frac{M_{Ed,v,S}}{W_{a,st,u}^{I_{i,s}}} + \frac{M_{Ed,v,PT}}{W_{a,st,u}^{I_{i,PT}}} + \frac{N_{Ed,a,S}}{A_i^{I_{i,s}}}$$

$$\sigma_{Ed,ser}^{t=\infty} = \frac{44.600}{19.948} + \frac{21.110}{27.349} + \frac{27.910}{26.920} + \frac{275.400}{29.344} + \frac{61.280}{27.441} + \frac{-435}{28.122} + \frac{-3478}{1222}$$

$$\sigma_{Ed,ser}^{t=\infty} = 12{,}80 \text{ kN/cm}^2$$

$$\tau_{Ed,ser,max}^{t=\infty} \approx 0$$

Querschnittswerte (Tab.4):
Q2, Kurzzeitlasten
$W^{(I,0)}_{a,fl,u}$ = 29344 cm³

Querschnittswerte (Tab.5):
Q2, ständige Lasten
$W^{(I,B)}_{a,fl,u}$ = 27349 cm³

Querschnittswerte (Tab.6):
Q2, veränderl. Lasten
$W^{(I,PT)}_{a,fl,u}$ = 28122 cm³

Querschnittswerte (Tab.7):
Q2, Schwinden
$W^{(I,s)}_{a,fl,u}$ = 27441 cm³
$A^{(I,s)}_{i}$ = 1222 cm²

Querschnittswerte (Tab.8):
Q2, Stützensenkung
$W^{(I,A)}_{a,fl,u}$ = 26920 cm³

Querschnittswerte (Tab.10):
Stahlträger
$W_{a,fl,u}$ = 19948 cm³

Anmerkung:

Die Schubkraft in Feldmitte ist minimal und wird an dieser Stelle vernachlässigt.

$$\sigma_{Rd} = \frac{f_{yk}}{\gamma_{M,ser}} = \frac{35,5}{1,0} = 35,5 \text{ kN/cm}^2$$

$$\eta = \frac{\sigma_{ser}}{\sigma_{Rd}} = \frac{12,80}{35,5} = 0,36$$

Damit ist der Nachweis erbracht.

b) Stützbereich:

Zeitpunkt t_{28}:

Für den Stützbereich ergeben sich die nachweisrelevanten Verbundschnittgrößen in der charakteristischen Einwirkungskombination wie folgt:

Schnittgrößen (Tab.28):

t=28
$M_{Ed,v,max}$ = -3334,6 kNm
$M_{Ed,a,max}$ = -853,8 kNm

$M_{Ed,a,min}$ = - 853,8 kNm
$M_{Ed,v,min}$ = - 3334,6 kNm

$V_{Ed,a,min}$ = - 284,8 kN
$V_{Ed,v,min}$ = - 1058,6 kN

Anmerkung:

Der Querschnitt im Stützbereich befindet sich im Zustand II. Die Spannungen aus den Verbundschnittgrößen werden mit den Querschnittswerten im Zustand II ermittelt. Eine Aufteilung in die Teilschnittgrößen ist daher nicht erforderlich. Längsdruckkräfte aus Schwinden wirken hier nicht. Die Querkräfte werden vollständig dem Stegblech zugewiesen.

Spannungen Oberkante Trägerobergurt:

Querschnittswerte (Tab.9):
Q3, Zustand II

$W^{(II)}_{a,fl,o}$ = -39700 cm³

Querschnittswerte (Tab.10):
Stahlträger
$W_{a,fl,o}$ = -19948 cm³

$$\sigma_{Ed,ser}^{t=28} = \frac{M_{Ed,a}}{W_{a,fl,o}} + \frac{M_{Ed,v}}{W_{a,fl,o}^{II}} = \frac{-85.380}{-19.948} + \frac{-333.460}{-39.700} = 12{,}67 \text{ kN/cm}^2$$

$$\tau_{Ed,ser,max}^{t=28} \approx 0$$

Anmerkung:

Die Querkraft im Auflagerbereich wird dem Trägersteg zugewiesen.

$$\sigma_{Rd} = \frac{f_{yk}}{\gamma_{M,ser}} = \frac{35{,}5}{1{,}0} = 35{,}5 \text{ kN/cm}^2$$

$$\eta = \frac{\sigma_{ser}}{\sigma_{Rd}} = \frac{12{,}67}{35{,}5} = 0{,}36$$

Damit ist der Nachweis erbracht.

Spannungen Oberkante des Trägerstegs:

$$\sigma_{Ed,ser}^{t=28} = \frac{M_{Ed,a}}{W_{a,st,o}} + \frac{M_{Ed,v}}{W_{a,st,o}^{II}} = \frac{-85.380}{-21.668} + \frac{-333.460}{-44.453} = 11{,}44 \text{ kN/cm}^2$$

Querschnittswerte (Tab.9):
Q3, Zustand II

$W^{(II)}_{a,st,o}$ = -44453 cm³

Querschnittswerte (Tab.10):
Stahlträger

$W_{a,st,o}$ = -21668 cm³

(siehe Abschnitt 2.1.3.2.1)

Trägerhöhe h_a = 1008 mm
Stegdicke t_{wa} = 21 mm
Flanschdicke t_{fa} = 40 mm

$$\tau_{Ed,ser}^{t=28} = \frac{V_{Ed,a} + V_{Ed,v}}{(h_a - t_{fa}) \cdot t_{wa}} = \frac{284{,}8 + 1058{,}6}{96{,}8 \cdot 2{,}1} = 6{,}61 \text{ kN/cm}^2$$

Die Vergleichsspannung ergibt sich zu:

$$\sigma_{v,Ed,ser}^{t=28} = \sqrt{\sigma_{Ed,ser}^2 + 3 \cdot \tau_{Ed,ser}^2} = \sqrt{(11{,}44)^2 + 3 \cdot (6{,}61)^2}$$

$$\sigma_{v,Ed,ser}^{t=28} = 16{,}18 \text{ kN/cm}^2$$

$$\sigma_{Rd} = \frac{f_{yk}}{\gamma_{M,ser}} = \frac{35{,}5}{1{,}0} = 35{,}5 \text{ kN/cm}^2$$

$$\eta = \frac{\sigma_{ser}}{\sigma_{Rd}} = \frac{17{,}14}{35{,}5} = 0{,}48$$

Damit ist der Nachweis erbracht.

Spannungen Unterkante des Trägerstegs:

$$\sigma_{Ed,ser}^{t=28} = \frac{M_{Ed,a}}{W_{a,st,u}} + \frac{M_{Ed,v}}{W_{a,st,o}^{II}} = \frac{-85.380}{21.668} + \frac{-333.460}{25.010} = -17,27\ kN/cm^2$$

$$\tau_{Ed,ser}^{t=28} = \frac{V_{Ed,a} + V_{Ed,v}}{(h_a - t_{fa}) \cdot t_{wa}} = \frac{284,8 + 1058,6}{96,8 \cdot 2,1} = 6,61\ kN/cm^2$$

Querschnittswerte (Tab.9):
Q3, Zustand II

$W^{(II)}_{a,st,u}$ = 25010 cm³

Querschnittswerte (Tab.10):
Stahlträger

$W_{a,st,u}$ = 21668 cm³

(siehe Abschnitt 2.1.3.2.1)

Trägerhöhe h_a = 1008 mm
Stegdicke t_{wa} = 21 mm
Flanschdicke t_{fa} = 40 mm

Die Vergleichsspannung ergibt sich zu:

$$\sigma_{v,Ed,ser}^{t=28} = \sqrt{\sigma_{Ed,ser}^2 + 3 \cdot \tau_{Ed,ser}^2} = \sqrt{(-17,27)^2 + 3 \cdot (6,61)^2}$$

$$\sigma_{v,Ed,ser}^{t=28} = 20,72\ kN/cm^2$$

$$\sigma_{Rd} = \frac{f_{yk}}{\gamma_{M,ser}} = \frac{35,5}{1,0} = 35,5\ kN/cm^2$$

$$\eta = \frac{\sigma_{ser}}{\sigma_{Rd}} = \frac{20,72}{35,5} = 0,58$$

Damit ist der Nachweis erbracht.

Spannungen Oberkante Trägerobergurt:

Querschnittswerte (Tab.9):
Q3, Zustand II

$W^{(II)}_{a,fl,u}$ = 23432 cm³

Querschnittswerte (Tab.10):
Stahlträger

$W_{a,fl,u}$ = 19948 cm³

$$\sigma_{Ed,ser}^{t=28} = \frac{M_{Ed,a}}{W_{a,fl,u}} + \frac{M_{Ed,v}}{W_{a,fl,u}^{II}} = \frac{-85.380}{19.948} + \frac{-333.460}{23.432} = -18,51\ kN/cm^2$$

$$\tau_{Ed,ser,max}^{t=28} \approx 0$$

Anmerkung:

Die Querkraft im Auflagerbereich wird dem Trägersteg zugewiesen.

$$\sigma_{Rd} = \frac{f_{yk}}{\gamma_{M,ser}} = \frac{35,5}{1,0} = 35,5\ kN/cm^2$$

$$\eta = \frac{\sigma_{ser}}{\sigma_{Rd}} = \frac{18,51}{35,5} = 0,52$$

Damit ist der Nachweis erbracht.

Zeitpunkt t_∞:

Für den Stützbereich ergeben sich die nachweisrelevanten Verbundschnittgrößen in der charakteristischen Einwirkungskombination wie folgt:

Schnittgrößen (Tab.28):

$t=\infty$
$M_{Ed,v,max}$ = -4016,9 kNm
$M_{Ed,a,max}$ = -853,8 kNm

$$M_{Ed,a,min} = -853{,}8\ \text{kNm}$$
$$M_{Ed,v,min} = -4016{,}9\ \text{kNm}$$

$$V_{Ed,a,min} = -284{,}8\ \text{kN}$$
$$V_{Ed,v,min} = -1104{,}1\ \text{kN}$$

Anmerkung:

Der Querschnitt im Stützbereich befindet sich im Zustand II. Die Spannungen aus den Verbundschnittgrößen werden mit den Querschnittswerten im Zustand II ermittelt. Eine Aufteilung in die Teilschnittgrößen ist daher nicht erforderlich. Längsdruckkräfte aus Schwinden wirken hier nicht. Die Querkräfte werden vollständig dem Stegblech zugewiesen.

Spannungen Oberkante Trägerobergurt:

Querschnittswerte (Tab.9):
Q3, Zustand II

$W^{(II)}_{a,fl,o}$ = -39700 cm³

Querschnittswerte (Tab.10):
Stahlträger

$W_{a,fl,o}$ = -19948 cm³

$$\sigma^{t=\infty}_{Ed,ser} = \frac{M_{Ed,a}}{W_{a,fl,o}} + \frac{M_{Ed,v}}{W^{II}_{a,fl,o}} = \frac{-85.380}{-19.948} + \frac{-401.690}{-39.700} = 14{,}40\ \text{kN/cm}^2$$

$$\tau^{t=\infty}_{Ed,ser,max} \approx 0$$

Anmerkung:

Die Querkraft im Auflagerbereich wird dem Trägersteg zugewiesen.

$$\sigma_{Rd} = \frac{f_{yk}}{\gamma_{M,ser}} = \frac{35{,}5}{1{,}0} = 35{,}5\ \text{kN/cm}^2$$

$$\eta = \frac{\sigma_{ser}}{\sigma_{Rd}} = \frac{14{,}40}{35{,}5} = 0{,}41$$

Damit ist der Nachweis erbracht.

Spannungen Oberkante des Trägerstegs:

$$\sigma_{Ed,ser}^{t=\infty} = \frac{M_{Ed,a}}{W_{a,st,o}} + \frac{M_{Ed,v}}{W_{a,st,o}^{II}} = \frac{-85.380}{-21.668} + \frac{-401.690}{-44.453} = 13{,}04\ kN/cm^2$$

$$\tau_{Ed,ser}^{t=\infty} = \frac{V_{Ed,a} + V_{Ed,v}}{(h_a - t_{fa}) \cdot t_{wa}} = \frac{284{,}8 + 1104{,}1}{96{,}8 \cdot 2{,}1} = 6{,}83\ kN/cm^2$$

Querschnittswerte (Tab.9):
Q3, Zustand II

$W^{(II)}_{a,st,o}$ = -44453 cm³

Querschnittswerte (Tab.10):
Stahlträger

$W_{a,st,o}$ = -21668 cm³

(siehe Abschnitt 2.1.3.2.1)
Trägerhöhe h_a = 1008 mm
Stegdicke t_{wa} = 21 mm
Flanschdicke t_{fa} = 40 mm

Die Vergleichsspannung ergibt sich zu:

$$\sigma_{v,Ed,ser}^{t=\infty} = \sqrt{\sigma_{Ed,ser}^2 + 3 \cdot \tau_{Ed,ser}^2} = \sqrt{(13{,}04)^2 + 3 \cdot (6{,}83)^2}$$

$$\sigma_{v,Ed,ser}^{t=\infty} = 17{,}61\ kN/cm^2$$

$$\sigma_{Rd} = \frac{f_{yk}}{\gamma_{M,ser}} = \frac{35{,}5}{1{,}0} = 35{,}5\ kN/cm^2$$

$$\eta = \frac{\sigma_{ser}}{\sigma_{Rd}} = \frac{17{,}61}{35{,}5} = 0{,}50$$

Damit ist der Nachweis erbracht.

Spannungen Unterkante des Trägerstegs:

$$\sigma_{Ed,ser}^{t=\infty} = \frac{M_{Ed,a}}{W_{a,st,u}} + \frac{M_{Ed,v}}{W_{a,st,u}^{II}} = \frac{-85.380}{21.668} + \frac{-401.690}{25.010} = -20{,}00\ kN/cm^2$$

$$\tau_{Ed,ser}^{t=\infty} = \frac{V_{Ed,a} + V_{Ed,v}}{(h_a - t_{fa}) \cdot t_{wa}} = \frac{284{,}8 + 1104{,}1}{96{,}8 \cdot 2{,}1} = 6{,}83\ kN/cm^2$$

Querschnittswerte (Tab.9):
Q3, Zustand II

$W^{(II)}_{a,st,u}$ = 25010 cm³

Querschnittswerte (Tab.10):
Stahlträger

$W_{a,st,u}$ = 21668 cm³

(siehe Abschnitt 2.1.3.2.1)
Trägerhöhe h_a = 1008 mm
Stegdicke t_{wa} = 21 mm
Flanschdicke t_{fa} = 40 mm

Die Vergleichsspannung ergibt sich zu:

$$\sigma_{v,Ed,ser}^{t=\infty} = \sqrt{\sigma_{Ed,ser}^2 + 3 \cdot \tau_{Ed,ser}^2} = \sqrt{(20{,}00)^2 + 3 \cdot (6{,}83)^2}$$

$$\sigma_{v,Ed,ser}^{t=\infty} = 23{,}24\ kN/cm^2$$

$$\sigma_{Rd} = \frac{f_{yk}}{\gamma_{M,ser}} = \frac{35{,}5}{1{,}0} = 35{,}5\ kN/cm^2$$

$$\eta = \frac{\sigma_{ser}}{\sigma_{Rd}} = \frac{23,24}{35,5} = 0,65$$

Damit ist der Nachweis erbracht.

Spannungen Oberkante Trägerobergurt:

$$\sigma_{Ed,ser}^{t=\infty} = \frac{M_{Ed,a}}{W_{a,fl,u}} + \frac{M_{Ed,v}}{W_{a,fl,u}^{II}} = \frac{-85.380}{19.948} + \frac{-401.690}{23.432} = -21,42 \text{ kN/cm}^2$$

$$\tau_{Ed,ser,max}^{t=\infty} \approx 0$$

Querschnittswerte (Tab.9):
Q3, Zustand II

$W^{(II)}_{a,fl,u}$ = 23432 cm³

Querschnittswerte (Tab.10):
Stahlträger

$W_{a,fl,u}$ = 19948 cm³

Anmerkung:

Die Querkraft im Auflagerbereich wird dem Trägersteg zugewiesen.

$$\sigma_{Rd} = \frac{f_{yk}}{\gamma_{M,ser}} = \frac{35,5}{1,0} = 35,5 \text{ kN/cm}^2$$

$$\eta = \frac{\sigma_{ser}}{\sigma_{Rd}} = \frac{21,42}{35,5} = 0,60$$

Damit ist der Nachweis erbracht.

2.6.3 Nachweis der Begrenzung des Stegblechatmens

Der Nachweis gegen Stegblechatmen ist nach Eurocode 3, Teil 2, Abschnitt 7.4 zu führen. EC-3-2 7.2.3 (1)

In der Regel ist die Schlankheit ausgesteifter und nicht ausgesteifter Stegbleche zu begrenzen, damit übermäßiges Blechatmen, das zu Ermüdungsproblemen an den Steg-Flansch-Verbindungen führen könnte, vermieden wird. EC-3-2 7.4 (1)

Blechatmen darf für Stegblechfelder ohne Längssteifen oder für Einzelfelder ausgesteifter Blechfelder vernachlässigt werden, wenn das Kriterium EC-3-2 7.4 (2)

$b/t \le 30 + 4{,}0 \cdot L \le 300$ für Straßenbrücken EC-3-2 Gl. (7.5)

mit:
- b Stegblechbreite
- t Stegblechdicke
- L Spannweite in [m] mit ($L \ge 20$ m)

erfüllt ist.

Nachweis:

(siehe Abschnitt 2.1.3.2.1)
Stegdicke $t_{wa} = 21$ mm
Steghöhe $d_a = 868$ mm

$$b/t = \frac{d_a}{t_{wa}} \le 30 + 4{,}0 \cdot L \le 300$$

$$b/t = \frac{868}{21} \le 30 + 4{,}0 \cdot 20 \le 300$$

$$b/t = 41{,}3 \le 110 \le 300$$

Damit ist die Bedingung für einen Nachweisverzicht erfüllt.

Sofern diese Bedingung nicht eingehalten wird ist die Ausnutzung der Stegblechlängsspannungen in der häufigen Einwirkungskombination wie folgt zu begrenzen:

$$\sqrt{\left(\frac{\sigma_{Ed,ser}}{k_\sigma \cdot \sigma_E}\right)^2 + \left(\frac{1{,}1 \cdot \tau_{Ed,ser}}{k_\tau \cdot \sigma_E}\right)^2} \le 1{,}1$$

EC-3-2 Gl. (7.7)

mit:

$\sigma_{Ed,ser}$, $\tau_{Ed,ser}$ Spannungen infolge der häufigen EWK

k_σ, k_τ elastische Beulwerte unter der Annahme gelenkiger Beulfelder

$$\sigma_E = 190.000 \cdot \left(\frac{t}{b}\right)^2$$

2.6.4 Verformungen

Sofern maßgebend, gelten für Grenzzustände der Verformung Eurocode 0 Anhang A.2.4 und Eurocode 3, Teil 2 Abschnitt 7.5 bis 7.8 sowie 7.12. EC-4-2 7.3 (1)

Die Verformungen sind in der Regel auf der Grundlage der Elastizitätstheorie nach Eurocode 4, Teil 2, Abschnitt 5 zu berechnen. EC-4-2 7.3 (2)

Während der Montage sind die Verformungen so zu kontrollieren bzw. zu begrenzen, dass der Beton während des Abbindens nicht geschädigt wird und die Anforderungen an die Gradiente erfüllt werden. EC-4-2 7.3 (3)

Übermäßige Verformungen sind in der Regel zu vermeiden, wenn diese EC-3-2 7.8.1 (1)

- bei Eisglätte den Verkehr gefährden;
- die dynamische Belastung durch Stoßwirkung der Räder vergrößern;
- das dynamische Verhalten derart beeinflussen, dass der Nutzer Unbehagen verspürt;
- zu Rissen in der Asphaltdecke führen;
- die Entwässerung der Fahrbahn ungünstig beeinflussen.

Die Berechnung der Verformungen ist in der Regel mit der häufigen Lastkombination durchzuführen. EC-3-2 7.8.1 (2)

Für Straßenbrücken sollten gegebenenfalls Anforderungen und Kriterien für die Verformungen und Schwingungen festgelegt werden. EC-0 A2.4.2

Nachfolgend werden daher lediglich die Verformungen unter der häufigen Einwirkungskombination zum Zeitpunkt t=∞ ausgegeben.

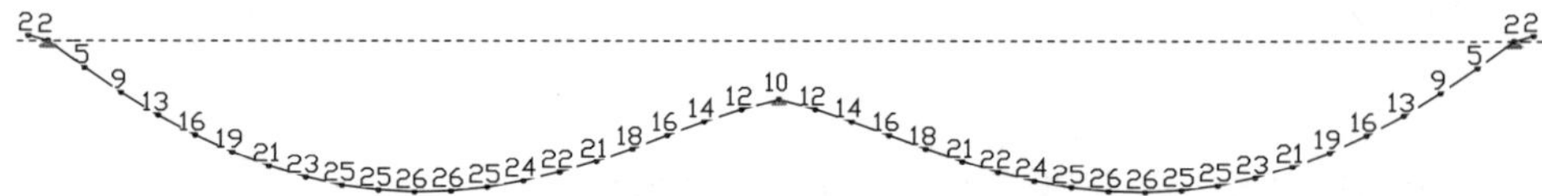

Abbildung 127 Durchbiegung unter der häufigen Einwirkungskombination

Die Durchbiegung in Feldmitte beträgt unter Berücksichtigung einer möglichen Stützensenkung:

δ_z = 25,8 mm entspricht L/581

Anmerkung:

Vom Bauherren wurden keine Grenzwerte für die Begrenzung der Durchbiegung angegeben.

Die Fahrbahn ist in der Regel so zu konstruieren, dass sich über die gesamte Länge gleichförmige Verformungen ohne abrupte Sprünge in der Steifigkeit und Ebenheit einstellen, die Stöße erzeugen könnten. Abrupte Neigungsänderungen der Fahrbahnoberfläche und Höhenversätze an Fahrbahnübergängen sind in der Regel auszuschließen. Endquerträger sind in der Regel so zu entwerfen, dass folgende Verformungen nicht überschritten werden: EC-3-2 7.8.2(1)

- die Verformungsgrenzen, die nach der technischen Spezifikation für die Funktionstüchtigkeit des Fahrbahnübergangs einzuhalten sind;
- 5 mm unter häufiger Belastung, es sei denn, geringere Werte werden in der technischen Spezifikation des Fahrbahnübergangs angegeben.

Anmerkung:

Die o. g. Anforderungen werden durch die Fahrbahnplatte aus Stahlbeton erfüllt.

2.6.5 Schwingungen

Sofern maßgebend, gelten hinsichtlich des Schwingungsverhaltens Eurocode 0, Anhang A.2.4, Eurocode 1, Teil 2, Abschnitt 5.7 und 6.4 sowie Eurocode 3, Teil 2, Abschnitt 7.7 bis 7.10. EC-4-2 7.3.2 (1)

Anmerkung 1 im Eurocode 0, A 2.4.2

Gebrauchstauglichkeitsnachweise mit Grenzzuständen der Verformungen und Schwingungen sind nur in Ausnahmefällen für Straßenbrücken zu führen. Für den Nachweis der Verformungen wird die häufige Kombination der Einwirkung empfohlen. EC-0 A2.4.2 (3)

Anmerkung 2 im Eurocode 0, A 2.4.2

Schwingungen von Straßenbrücken können unterschiedliche Ursachen haben, besonders Einwirkungen aus Verkehr und Wind. Zu Schwingungen aus Windeinwirkungen siehe Eurocode 1, Teil 1-4. Bei Schwingungen hervorgerufen durch Verkehr sollten die Komfortkriterien berücksichtigt werden. Ermüdung sollte gegebenenfalls berücksichtigt werden.

2.6.5.1 Dynamische Tragwerksanalyse

Nachfolgend werden mittels der Modalanalyse die Schnittgrößen und Beschleunigungen im Feld- und Stützbereich ermittelt.

Hierfür wird die Überfahrt des Tandemsystems des Lastmodells 1 in einem Geschwindigkeitsbereich von 10 bis 130 km/h mit dem EDV-Programm InfoCAD simuliert.

a) Ermittlung der Brückenmasse:

Die Brückenmasse kann aus den Eigengewichtslastfällen ermittelt werden und ergibt sich wie folgt:

Stahlträger: $g_{k,1}$ = 4,6 kN/m (einschl. Kopfbolzendübel) — siehe Abschnitt 2.2.1.1
Betonplatte: $g_{k,2+3}$ = 22,5 kN/m
Kappe: $g_{k,Kap.}$ = 8,3 kN/m
Geländer: $g_{k,Gel.}$ = 1,0 kN/m
Belag: $g_{k,Bel.}$ = 6,3 kN/m

Die Brückenmasse beträgt somit 4,27 t/m.

b) Tragwerksdämpfung:

Die Tragwerksdämpfung kann nach Eurocode 1, Teil 2, Abschnitt 6.4.6.3.1 abgeschätzt werden. Für Stahl- und Verbundbrücken mit einer Einzelstützweite von L < 20m ergibt sie sich wie folgt:

$\zeta = 0{,}5 + 0{,}125 \cdot (20 - L)$ — EC-1-2 6.4.6.3.1 Tab. 6.6

$\zeta = 0{,}5 + 0{,}125 \cdot (20 - 15)$

$\zeta = 1{,}125\ \%$

c) Lastmodell für Überfahrt:

Als Lastmodell für die dynamische Überfahrt in Brückenlängsrichtung werden die Lasten der Doppelachse des LM1 angesetzt.

Die maßgebende Belastung eines Längsträgers ergab sich nach Abschnitt 2.2.1.3.1.2 zu:

$\max Q_{k,A} = 280$ kN (im Abstand von 1,2 m)

Es wird eine Überfahrt der Doppelachse in einem Geschwindigkeitsbereich von 10 bis 130 km/h simuliert.

Die Entwurfsgeschwindigkeit von V_e = 100 km/h liegt innerhalb des Geschwindigkeitsspektrums.

siehe Abschnitt 1.2 Tab. 1
V_e = 100 km/h

d) Überprüfung der Schnittgrößen aus dynamischer Überfahrt:

Im Lastmodell 1 sind bereits die dynamischen Erhöhungsfaktoren enthalten. Zu deren Größe macht der Eurocode keine Angaben. Der im Lastmodell enthaltene Erhöhungsfaktor wird in Anlehnung an DIN 1072 wie folgt abgeschätzt.

DIN 1072 3.3.4 Gl. (1)

$\varphi = 1{,}4 - 0{,}008 \cdot L_\varphi \geq 1{,}0$

$\varphi = 1{,}4 - 0{,}008 \cdot 15{,}0 \geq 1{,}0$

$\varphi = 1{,}28$

Anmerkung:

Sofern die Schnittgrößen aus der dynamischen Überfahrt des LM1 nicht jene aus dem als quasi statisch angesetzten LM1 um den Faktor φ übersteigen, kann davon ausgegangen werden, dass eine Schnittgrößenermittlung unter dynamischer Fahrzeugüberfahrt entbehrlich ist.

Die Schnittgrößen aus dem als quasi statische Last angesetzten Tandemsystem des Lastmodells 1 ergeben sich wie in Abbildung 65 wie folgt:

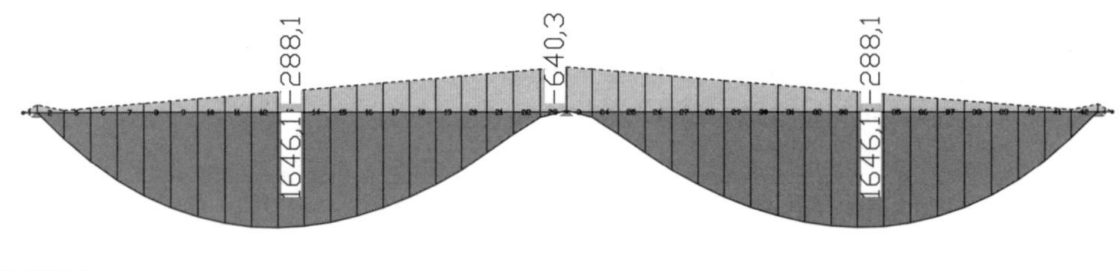

Abbildung 128 Biegemoment $M_{y,k}$ [kNm] infolge LM1 – TS (statisch, umhüllend)

Die überlagerten Schnittgrößen aus der Überfahrt des Tandemsystems in einem Geschwindigkeitsbereich von 10 bis 130 km/h ergeben sich wie folgt:

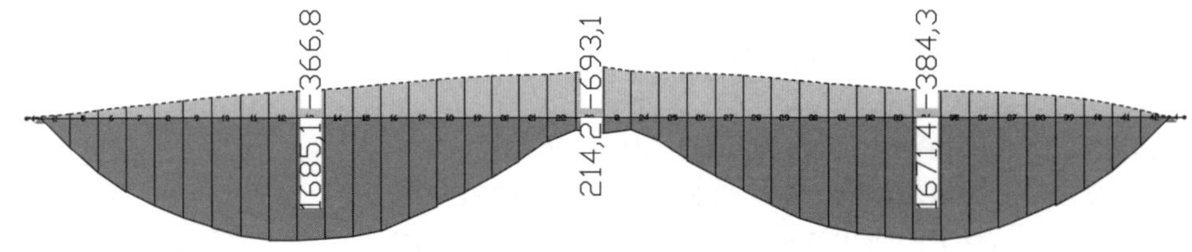

Abbildung 129 Biegemoment $M_{y,k}$ [kNm] infolge LM1 – TS (dynamisch, umhüllend)

Die maximale Erhöhung ergibt sich im Stützbereich zu:

$$\frac{M_{dyn}}{M_{stat}} = \frac{693,1}{640,3} = 1,08$$

Die maximale Erhöhung ergibt sich im Feldbereich zu:

$$\frac{M_{dyn}}{M_{stat}} = \frac{1685,1}{1646,1} = 1,02$$

Diese Erhöhung wird durch den abgeschätzten, im Lastmodell LM1 enthaltenen, Schwingbeiwert bereits abgedeckt.

e) Überprüfung der Beschleunigung:

Die maximale vertikale Beschleunigung wurde in Feldmitte für die Geschwindigkeit V = 130 km/h ermittelt. Sie ergibt sich zu:

$$a_{max} = 3,78 \text{ m/s}^2$$

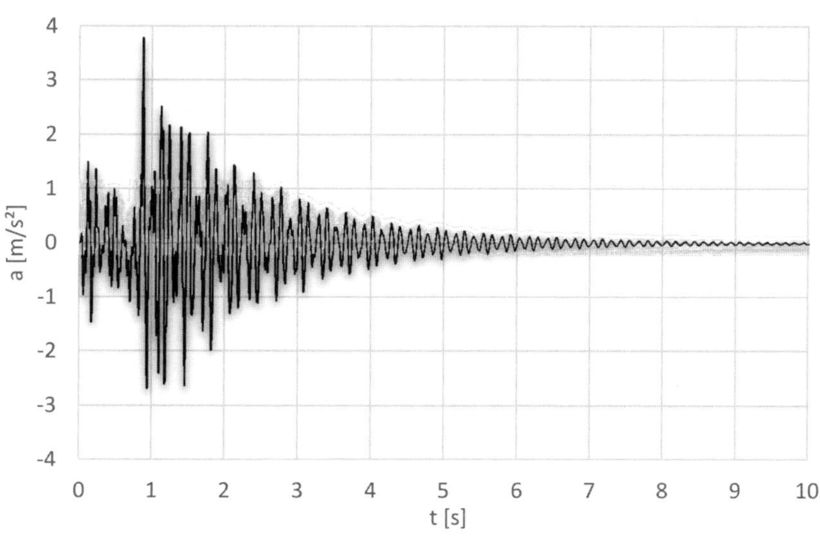

Abbildung 130 vertikale Beschleunigung Feldmitte (V=130 km/h)

Anforderungen an vertikale Beschleunigungen infolge dynamischer Lasten werden im Eurocode für Straßenbrücken nicht benannt. Als Orientierung können folgende Grenzwerte für Fußgänger- und Eisenbahnbrücken dienen.

Eisenbahnbrücken:

Schotterüberbau	$\gamma_{bt} = 3{,}5\ m/s^2$		EC-0 A.2.4.4.2.1 (4)P
feste Fahrbahn	$\gamma_{df} = 5{,}0\ m/s^2$		EC-0 A.2.4.4.3.1 Tab. A2.9
Reisendenkomfort	$b_v = 1{,}0\ m/s^2$	(sehr gut)	
	$b_v = 1{,}3\ m/s^2$	(gut)	
	$b_v = 2{,}0\ m/s^2$	(ausreichend)	

Fußgängerbrücken:

vertikale Schwingung	$b_v = 0{,}7\ m/s^2$	EC-0 A.2.4.3.2 (1)

<u>Anmerkung:</u>

Die ermittelten Beschleunigungen des Überbaus sind etwaigen Grenzwerten gegenüberzustellen. Diese Grenzwerte sind durch die Bauherrin festzulegen.

2.6.6 Rissbildung im Beton

EC-4-2 7.4

2.6.6.1 Allgemeines

Für den Nachweis der Rissbreitenbeschränkung gelten die in Eurocode 2, Teil 1-1, Abschnitt 7.3.1 angegebenen Grundlagen. Die zulässige Rissbreite ist dabei von der maßgebenden Expositionsklasse nach Eurocode 2, Teil 2, Abschnitt 4 abhängig. EC-4-2 7.4.1 (1)

Für die rechnerische Ermittlung der zu erwartenden Rissbreite gilt Eurocode 2, Teil 1-1, Abschnitt 7.3.4. Die Betonstahlspannung σ_s ist dabei unter Berücksichtigung der Einflüsse aus der Mitwirkung des Betons zwischen den Rissen zu berechnen. Wenn kein genaueres Berechnungsverfahren verwendet wird, darf σ_s nach Eurocode 2, Teil 1-1, 7.4.3(3) ermittelt werden. EC-4-2 7.4.1 (2)

Vereinfachend und auf der sicheren Seite liegend darf der Nachweis der Rissbreitenbeschränkung ohne direkte Berechnung erfolgen. Hierbei sind die Anforderungen an die Mindestbewehrung nach EC-4-2, 7.4.2 und die Bedingungen für die Begrenzung der Stabdurchmesser der Bewehrung oder die Höchstwerte für Stababstände nach 7.4.3 zu erfüllen. EC-4-2 7.4.1 (3)

Anwendungsregeln für die Begrenzung der Rissbreite auf den Rechenwert w_k werden in Eurocode 4, Teil 2, 7.4.2 und 7.4.3 angegeben. EC-4-2 7.4.1 (4)

Für Verbundbrücken (Deckbrücken oder Doppelverbundbrücken), bei denen keine Vorspannung mit im Verbund liegenden Spanngliedern in Längs- und/oder Querrichtung erfolgt, ist der Nachweis der Rissbreitenbeschränkung für die häufige Einwirkungskombination für w_k = 0,2 mm zu führen. EC-4-2/NA NDP zu 7.4.1 (4)

2.6.6.1 Mindestbewehrung

Wenn keine genauere Ermittlung der Mindestbewehrung nach Eurocode 2, Teil 1-1, 7.3.2(1) erfolgt, ist in der Regel in allen Betonquerschnittsteilen, die durch Zwangsbeanspruchungen (z. B. primäre und sekundäre Beanspruchungen aus Schwinden) und/oder direkte Beanspruchungen aus äußeren Einwirkungen auf Zug beansprucht werden, eine Mindestbewehrung erforderlich. Bei Verbundträgern ohne Spanngliedvorspannung ergibt sich die erforderliche Mindestbewehrung A_s zu: EC-4-2 7.4.2 (1)

$$A_s = \frac{k_s \cdot k_c \cdot k \cdot f_{ct,eff} \cdot A_{ct}}{\sigma_s}$$ EC-4-2 Gl. (7.1)

mit:

k Beiwert zur Berücksichtigung von nichtlinear verteilten Eigenspannungen, der mit 0,8 angenommen werden darf;

k_s ein Beiwert, der die Abminderung der Normalkraft des Betongurtes infolge Erstrissbildung und Nachgiebigkeit der Verdübelung erfasst und mit 0,9 angenommen werden darf;

k_c ein Beiwert zur Berücksichtigung der Spannungsverteilung im Betongurt unmittelbar vor der Erstrissbildung

$$k_c = \frac{1}{1 + h_c/(2 \cdot z_0)} + 0{,}3 \leq 1{,}0$$ EC-4-2 Gl. (7.2)

h_c die Dicke des Betongurtes ohne Berücksichtigung von Vouten und Rippen;

z_0 der vertikale Abstand zwischen der Schwerachse des ungerissenen Betongurtes und der ideellen Schwerachse des ungerissenen Verbundquerschnitts, wobei die ideelle Schwerachse des Verbundquerschnitts mit der Reduktionszahl n_0 für Kurzzeitbeanspruchung zu ermitteln ist;

$f_{ct,eff}$ der Mittelwert der wirksamen Betonzugfestigkeit zum erwarteten Zeitpunkt der Erstrissbildung. Für $f_{ct,eff}$ dürfen die Werte f_{ctm} nach Eurocode 2, Teil 1-1, Tabelle 3.1, bzw. f_{lctm}, nach Tabelle 11.3.1 angenommen werden, wobei jeweils die zum erwarteten Zeitpunkt der Rissbildung maßgebende Betonfestigkeitsklasse zugrunde zu legen ist. Wenn nicht zuverlässig vorhergesagt werden kann, dass die Rissbildung bereits vor Ablauf von 28 Tagen eintritt, ist in der Regel von einer Mindestzugfestigkeit von 3 N/mm^2 auszugehen;

A_{ct} die Fläche der Betonzugzone unmittelbar vor Erstrissbildung unter Berücksichtigung der Zugbeanspruchungen aus direkten Einwirkungen und Zwangsbeanspruchungen aus dem Schwinden. Näherungsweise darf die Fläche des mittragenden Betonquerschnitts angenommen werden;

σ_s die maximal zulässige Betonstahlspannung bei Erstrissbildung. Diese darf als die Streckgrenze der Bewehrung f_{sk} angenommen werden. Zur Einhaltung der Anforderungen an die Rissbreite sind die vom verwendeten Stabdurchmesser abhängigen Werte nach Eurocode 4, Teil 2, Tabelle 7.1 zu verwenden.

Anmerkung:

Aufgrund des Schwindens des Betons treten praktisch auf der gesamten Länge des Überbaus Zugspannungen in der Fahrbahnplatte auf.

a) Feldbereich:

Das maßgebende negative Feldmoment infolge der häufigen Einwirkungskombination beträgt zum Zeitpunkt t=28:

Zeitpunkt t_{28}:
$M_{Ed,v,max}$ = 2376,1 kNm
$M_{Ed,v,min}$ = - 520,7 kNm (maßgebend)

Zeitpunkt t_∞:
$M_{Ed,v,max}$ = 2813,3 kNm
$M_{Ed,v,min}$ = - 19,4 kNm

Schnittgrößen (Tab.27):

t=28
$M_{Ed,v,max}$ = 2376,1 kNm
$M_{Ed,v,min}$ = - 520,7 kNm

t=∞
$M_{Ed,v,max}$ = 2813,3 kNm
$M_{Ed,v,min}$ = - 19,4 kNm

Anmerkung:

Der Betonquerschnitt ist unter negativer Momentenbeanspruchung als gerissen anzunehmen, somit ist eine Mindestbewehrung erforderlich.

Für den Querschnitt in Feldmitte ergeben sich unter Kurzzeitbelastung folgende Querschnittswerte:

$h_c = 0{,}3$ m

Querschnittswerte (Tab.4):
Q2, Kurzzeitbelastung

$z_0 = z_i - h_c/2$
$z_0 = 32{,}55 - 30/2$
$z_0 = 17{,}55$ cm

$z_i = -32{,}55$ cm

zur Definition z_i siehe Abb. 9

$A_{ct} = 9000$ cm² (mitwirkende Breite $b_{eff} = 3{,}0$ m)

Der Beiwert k_c ergibt sich somit wie folgt:

$$k_c = \frac{1}{1 + h_c / (2 \cdot z_0)} + 0{,}3 \leq 1{,}0$$

$$k_c = \frac{1}{1 + 30 / (2 \cdot 17{,}55)} + 0{,}3 \leq 1{,}0$$

$$k_c = 0{,}84 \leq 1{,}0$$

Der Grenzdurchmesser ergibt sich nach Eurocode 4, Teil 2 durch Umstellen der Gleichung 7.3 wie folgt:

$$\phi^* = \phi \cdot \frac{f_{ct,0}}{f_{ct,eff}}$$

EC4-2 Gl. (7.3)

mit:
$f_{ct,eff} = 3{,}2$ N/mm² (effektive Betonzugfestigkeit)
$f_{ct,0} = 2{,}9$ N/mm² (normierter Bezugswert)

Materialkennwerte
(siehe 2.1.3.3.2)
$f_{ctm} = 3{,}2$ N/mm²

Anmerkung:

Bewehrungsquerschnitt und Durchmesser (siehe Tab. 3)

$\Phi = 16$ mm
$A_{s,vorh} = 80{,}5$ cm²

Für die effektive Betonzugfestigkeit wird auf der sicheren Seite liegend der Wert f_{ctm} angesetzt.

$$\phi^* = 16 \cdot \frac{2{,}9}{3{,}2} = 14{,}5 \text{ mm}$$

Die Stahlspannung ergibt sich nach Tabelle 7.1 für den Grenzdurchmesser ϕ^* und eine eizuhaltende Rissbreite von $w_k = 0{,}2$ mm durch lineares Interpolieren wie folgt:

$$\sigma_s = 215 \text{ N/mm}^2$$

Die erforderliche Mindestbewehrung ergibt sich somit zu:

$$A_{s,min} = \frac{k_s \cdot k_c \cdot k \cdot f_{ct,eff} \cdot A_{ct}}{\sigma_s}$$

$$A_{s,min} = \frac{0{,}9 \cdot 0{,}84 \cdot 0{,}8 \cdot 3{,}2 \cdot 9000}{215}$$

$$A_{s,min} = 81{,}0 \text{ cm}^2$$

Anmerkung:

Die Mindestbewehrung wird durch die vorhandene Bewehrung im Feldbereich von 80,5 cm² abgedeckt. Die geringfügige Unterschreitung wird toleriert. Die Bewehrung ist gemäß Eurocode 4, Teil 2, 7.4.2(3) mindestens hälftig oben und unten zu verteilen.

b) Stützbereich:

Das maßgebende negative Stützmoment infolge der häufigen Einwirkungskombination beträgt zum Zeitpunkt t=∞:

Zeitpunkt t_{28}:
$M_{Ed,v,max}$ = 669,4 kNm
$M_{Ed,v,min}$ = - 2393,1 kNm

Zeitpunkt t_∞:
$M_{Ed,v,max}$ = - 147,5 kNm
$M_{Ed,v,min}$ = -3075,3 kNm (maßgebend)

Schnittgrößen (Tab.28):

t=28
$M_{Ed,v,max}$ = 669,4 kNm
$M_{Ed,v,min}$ = - 2393,1 kNm

t=∞
$M_{Ed,v,max}$ = - 147,5 kNm
$M_{Ed,v,min}$ = - 3075,3 kNm

Anmerkung:

Der Betonquerschnitt ist unter negativer Momentenbeanspruchung als gerissen anzunehmen, somit ist eine Mindestbewehrung erforderlich.

Für den Querschnitt im Stützbereich ergeben sich unter Kurzzeitbelastung folgende Querschnittswerte:

$h_c = 0{,}3$ m

Querschnittswerte (Tab.4):
Q4, Kurzzeitbelastung

$z_0 = z_i - h_c/2$
$z_0 = 35{,}64 - 30/2$
$z_0 = 20{,}64$ cm

$z_i = -35{,}64$ cm

zur Definition z_i siehe Abb. 9

$A_{ct} = 66900\ cm^2$ (mitwirkende Breite $b_{eff} = 2{,}23$ m)

Der Beiwert k_c ergibt sich somit wie folgt:

$$k_c = \frac{1}{1 + h_c / (2 \cdot z_0)} + 0{,}3 \leq 1{,}0$$

$$k_c = \frac{1}{1 + 30 / (2 \cdot 20{,}64)} + 0{,}3 \leq 1{,}0$$

$$k_c = 0{,}88 \leq 1{,}0$$

Der Grenzdurchmesser ergibt sich nach Eurocode 4, Teil 2 durch Umstellen der Gleichung 7.3 wie folgt:

$$\phi^* = \phi \cdot \frac{f_{ct,0}}{f_{ct,eff}}$$

EC4-2 Gl. (7.3)

mit:
$f_{ct,eff} = 3{,}2\ N/mm^2$ (effektive Betonzugfestigkeit)
$f_{ct,0} = 2{,}9\ N/mm^2$ (normierter Bezugswert)

Materialkennwerte
(siehe 2.1.3.3.2)
$f_{ctm} = 3{,}2\ N/mm^2$

$$\phi^* = 20 \cdot \frac{2{,}9}{3{,}2} = 18{,}1 \text{ mm}$$

Bewehrungsquerschnitt und Durchmesser (siehe Tab. 3)

$\Phi = 20$ mm
$A_{s,vorh} = 140\ cm^2$

<u>Anmerkung:</u>

Für die effektive Betonzugfestigkeit wird auf der sicheren Seite liegend der Wert f_{ctm} angesetzt.

Die Stahlspannung ergibt sich nach Tabelle 7.1 für den Grenzdurchmesser ϕ^* und eine eizuhaltende Rissbreite von $w_k = 0{,}2$ mm durch lineares Interpolieren wie folgt:

$\sigma_s = 191\ N/mm^2$

Die erforderliche Mindestbewehrung ergibt sich somit zu:

$$A_{s,min} = \frac{k_s \cdot k_c \cdot k \cdot f_{ct,eff} \cdot A_{ct}}{\sigma_s}$$

$$A_{s,min} = \frac{0{,}9 \cdot 0{,}88 \cdot 0{,}8 \cdot 3{,}2 \cdot 6690}{191}$$

$$A_{s,min} = 71{,}0\ cm^2$$

Anmerkung:

Die Mindestbewehrung wird durch die vorhandene Bewehrung im Stützbereich von 140 cm² abgedeckt. Die Bewehrung ist gemäß Eurocode 4, Teil 2, 7.4.2(3) mindestens hälftig oben und unten zu verteilen.

2.6.6.3 Begrenzung der Rissbreite

Wenn die Anforderungen an die Mindestbewehrung nach Eurocode 4, Teil 2, 7.4.2 erfüllt sind, darf der Nachweis der Begrenzung der Rissbreite auf zulässige Werte durch Begrenzung der Stabdurchmesser oder durch Begrenzung der Stababstände erfolgen. Die maximal zulässigen Stabdurchmesser und Stababstände sind dabei von der Betonstahlspannung σ_s und der maximal zulässigen Rissbreite abhängig. Die maximal zulässigen Stabdurchmesser sind in Eurocode 4, Teil 2, Tabelle 7.1 und die Höchstwerte der Stababstände in Tabelle 7.2 angegeben. EC-4-2 7.4.3 (1)

Die Schnittgrößen sind in der Regel mit Hilfe einer elastischen Tragwerksberechnung nach Eurocode 4, Teil 2, Abschnitt 5 unter Berücksichtigung der Einflüsse aus der Rissbildung zu ermitteln. Bei der Ermittlung der Betonstahlspannungen sind im Allgemeinen die Einflüsse aus der Mitwirkung des Betons zwischen den Rissen zu berücksichtigen. EC-4-2 7.4.3 (2)

Bei Verbundträgern ergeben sich bei Rissbildung im Betongurt infolge der Mitwirkung des Betons zwischen den Rissen im Vergleich zu einer Berechnung bei Vernachlässigung des Betons vergrößerte Betonstahlspannungen. Für Träger ohne Spanngliedvorspannung dürfen die Betonzugspannungen σ_s aus direkten Einwirkungen wie folgt berechnet werden: EC-4-2 7.4.3 (3)

$$\sigma_s = \sigma_{s,o} + \Delta\sigma_s$$ EC-4-2 Gl. (7.4)

mit:

$$\Delta\sigma_s = \frac{0{,}4 \cdot f_{ctm}}{\alpha_{st} \cdot \rho_s}$$ EC-4-2 Gl. (7.5)

$$\alpha_{st} = \frac{A \cdot I}{A_a \cdot I_a}$$ EC-4-2 Gl. (7.6)

Dabei ist:

σ_s Betonstahlspannung unter Berücksichtigung der Mitwirkung des Betons zwischen den Rissen

$\sigma_{s,o}$ Betonstahlspannung unter Vernachlässigung von zugbeanspruchten Betonquerschnitten

f_{ctm} Mittelwert der Betonzugfestigkeit

ρ_s Bewehrungsgehalt in der Zugzone des Betonquerschnitts unmittelbar vor der Rissbildung, vereinfachend darf die mittragende Fläche des Betongurtes angesetzt werden

A, I Fläche und Flächenmoment zweiten Grades des Verbundquerschnitts

A_a, I_a Fläche und Flächenmoment zweiten Grades des Baustahlquerschnitts

a) Feldbereich:

Für den Feldbereich ergeben sich die nachweisrelevanten Verbundschnittgrößen in der häufigen Einwirkungskombination wie folgt:

Zeitpunkt t_{28}:
$M_{Ed,v,max}$ = 2376,1 kNm
$M_{Ed,v,min}$ = - 520,7 kNm (maßgebend)

Schnittgrößen (Tab.27):

t=28
$M_{Ed,v,max}$ = 2376,1 kNm
$M_{Ed,v,min}$ = - 520,7 kNm

Zeitpunkt t_∞:
$M_{Ed,v,max}$ = 2813,3 kNm
$M_{Ed,v,min}$ = - 19,4 kNm

t=∞
$M_{Ed,v,max}$ = 2813,3 kNm
$M_{Ed,v,min}$ = - 19,4 kNm

Anmerkung:

In der maßgebenden Einwirkungskombination entstehen im Nutzungszeitraum Zugspannungen im Beton der Fahrbahnplatte. Der Betongurt befindet sich unter minimaler Momentenbeanspruchung daher im Zustand II.

Maßgebend ist das negative Biegemoment zum Zeitpunkt t = 28 Tage.

Die Spannungen im Betonstahl ergeben unter Berücksichtigung der Mitwirkung des Betons wie folgt:

$$\sigma_s = \sigma_{s,o} + \frac{0{,}4 \cdot f_{ctm}}{\alpha_{st} \cdot \rho_s}$$

EC-4-2 Gl. (7.4) + Gl. (7.5)

mit:

$$\sigma_{s,o} = \frac{M_{Ed,v,min}}{W_s^{II}} = \frac{-52.070}{-22.828} = 2{,}28 \text{ kN/cm}^2$$

$$\alpha_{st} = \frac{A_{II} \cdot I_{II}}{A_a \cdot I_a} = \frac{645{,}5 \cdot 1.306.772}{565 \cdot 1.005.400} = 1{,}485$$

$$\rho_s = \frac{A_s}{A_c} = \frac{80{,}5}{9.000} = 0{,}009$$

Querschnittswerte (Tab.9):

Zustand II
W_s^{II} = -22828 cm³
A_c = 9000 cm²
A_a = 565 cm²
I_a = 1005400 cm⁴
A_s = 80,5 cm²
A_{II} = 645,5 cm² ($A_a + A_s$)
I_{II} = 1306772 cm⁴

Materialkennwerte
(siehe 2.1.3.3.2)
f_{ctm} = 3,2 N/mm²

Anmerkung:

Für die Ermittlung von ρ_s wird die mitwirkende Breite des Betongurts im Feldbereich (b_{eff} = 3,0 m) angesetzt.

$$\sigma_s = 2{,}28 + \frac{0{,}4 \cdot 0{,}32}{1{,}485 \cdot 0{,}009} = 11{,}86 \text{ kN/cm}^2$$

Der Höchstwert der Stababstände ergibt sich nach Tabelle 7.2 für die Stahlspannung σ_s und eine einzuhaltende Rissbreite von w_k = 0,2 mm durch lineares Interpolieren wie folgt:

s_{max} = 200 mm (für σ_s = 160 N/mm²)

Anmerkung:

Die errechnete Stahlspannung liegt unterhalb des kleinsten Werts für σ_s. Es wird daher der Ablesewert für σ_s = 160 N/mm² gewählt.

Bewehrungswahl (siehe Tab. 3)

Φ = 16 mm
$A_{s,vorh}$ = 80,5 cm²
s_{vorh} = 150 mm

Im Feldbereich beträgt der maximale Stababstand 150 mm. Der Nachweis ist somit erfüllt.

b) Stützbereich:

Für den Stützbereich ergeben sich die nachweisrelevanten Verbundschnittgrößen in der häufigen Einwirkungskombination wie folgt:

Zeitpunkt t_{28}:
$M_{Ed,v,max}$ = 669,4 kNm
$M_{Ed,v,min}$ = - 2393,1 kNm

Zeitpunkt t_{∞}:
$M_{Ed,v,max}$ = - 147,5 kNm
$M_{Ed,v,min}$ = - 3073,5 kNm (maßgebend)

Schnittgrößen (Tab.28):

t=28
$M_{Ed,v,max}$ = 669,4 kNm
$M_{Ed,v,min}$ = - 2393,1 kNm

t=∞
$M_{Ed,v,max}$ = -147,5 kNm
$M_{Ed,v,min}$ = - 3073,3 kNm

Anmerkung:

In der maßgebenden Einwirkungskombination entstehen im Nutzungszeitraum Zugspannungen im Beton der Fahrbahnplatte. Der Betongurt befindet sich unter minimaler Momentenbeanspruchung daher im Zustand II.

Maßgebend ist das negative Biegemoment zum Zeitpunkt t=∞.

Die Spannungen im Betonstahl ergeben sich unter Berücksichtigung der Mitwirkung des Betons wie folgt:

$$\sigma_s = \sigma_{s,o} + \frac{0{,}4 \cdot f_{ctm}}{\alpha_{st} \cdot \rho_s}$$

EC-4-2 Gl. (7.4) + Gl. (7.5)

mit:

$$\sigma_{s,o} = \frac{M_{Ed,v,min}}{W_s^{II}} = \frac{-307.350}{-28.338} = 10{,}84 \text{ kN/cm}^2$$

$$\alpha_{st} = \frac{A_{II} \cdot I_{II}}{A_a \cdot I_a} = \frac{705 \cdot 1.485.291}{565 \cdot 1.005.400} = 1{,}843$$

$$\rho_s = \frac{A_s}{A_c} = \frac{140}{6.690} = 0{,}021$$

Querschnittswerte (Tab.9):

Zustand II
W_s^{II} = -28338 cm³

A_c = 6690 cm²
A_a = 565 cm²
I_a = 1005400 cm⁴
A_s = 140 cm²
A_{II} = 705 cm² (A_a + A_s)
I_{II} = 1485291 cm⁴

Materialkennwerte
(siehe 2.1.3.3.2)
f_{ctm} = 3,2 N/mm²

Anmerkung:

Für die Ermittlung von ρ_s wird die mittwirkende Breite des Betongurts im Feldbereich (b_{eff} = 2,23 m) angesetzt.

$$\sigma_s = 10{,}84 + \frac{0{,}4 \cdot 0{,}32}{1{,}843 \cdot 0{,}021} = 14{,}14 \text{ kN/cm}^2$$

Der Höchstwert der Stababstände ergibt sich nach Tabelle 7.2 für die Stahlspannung σ_s und eine einzuhaltende Rissbreite von w_k = 0,2 mm durch lineares Interpolieren wie folgt:

s_{max} = 200 mm (für σ_s = 160 N/mm²)

Anmerkung:

Die errechnete Stahlspannung liegt unterhalb des kleinsten Werts für σ_s. Es wird daher der Ablesewert für σ_s=160 N/mm² gewählt.

Im Stützbereich beträgt der maximale Stababstand 150 mm. Der Nachweis ist somit erfüllt.

Bewehrungswahl (siehe Tab. 3)

Φ = 20 mm
$A_{s,vorh}$ = 140 cm²
s_{vorh} = 100 mm

2.6.7 Anforderungen nach ZTV-ING

Die ZTV-ING stellt in Teil 4, Abschnitt 2 zusätzliche Anforderungen hinsichtlich der Dauerhaftigkeit an den Bewehrungsgehalt und die Bewehrungsführung der Fahrbahnplatte.

Der Stababstand der Längs- und Querbewehrung darf 10 cm nicht unterschreiten und in den äußeren Lagen 15 cm nicht überschreiten.

ZTV-ING Teil 4, Abschnitt 2 5.5 b)

Feldbereich: s = 150 mm
Stützbereich: s = 100 mm

siehe Tabelle 3

Der Stababstand nach ZTV-ING ist eingehalten.

In Brückenlängsrichtung darf oben und unten eine ein- oder zweilagige Bewehrung mit Ø* ≤ 20 mm angeordnet werden.

ZTV-ING Teil 4, Abschnitt 2 5.5 c)

Feldbereich: ϕ = 16 mm / ϕ^* = 14,5 mm / 1-lagig
Stützbereich: ϕ = 20 mm / ϕ^* = 18,1 mm / 2-lagig

siehe Tabelle 3

Der Stabdurchmesser nach ZTV-ING ist eingehalten.

In Bereichen mit Übergreifungsstößen darf der Grundquerschnitt der Längsbewehrung 2,5 % des Betonquerschnittes und in Bereichen ohne Übergreifungsstöße 3 % nicht überschreiten.

ZTV-ING Teil 4, Abschnitt 2 5.5 c)

Feldbereich: $\rho = 0{,}009 < 0{,}025$
Stützbereich: $\rho = 0{,}021 < 0{,}025$

siehe Tabelle 3

2.7 Verbundsicherung

2.7.1 Allgemeines

Eurocode 4, Teil 2, Abschnitt 6.6 gilt für Verbundträger und vergleichbare Verbundbauteile. EC-4-2 6.6.1.1 (1)

Die Verbundmittel und die Querbewehrung müssen in Trägerlängsrichtung so angeordnet werden, dass die Längsschubkräfte in der Verbundfuge zwischen Stahlträger und Betongurt übertragen werden können, wobei der natürliche Haftverbund nicht berücksichtigt werden darf. EC-4-2 6.6.1.1 (2)P

2.7.1.1 Verformungsvermögen von Verbundmitteln

Verbundmittel müssen ein ausreichendes Verformungsvermögen aufweisen, um eine bei der Bemessung angenommene plastische Umlagerung von Längsschubkräften zu ermöglichen. EC-4-2 6.6.1.1 (3)P

Als duktil werden Verbundmittel mit einem Verformungsvermögen bezeichnet, das die Annahme eines ideal-plastischen Verhaltens in der Verbundfuge bei der Berechnung des Tragwerks rechtfertigt. EC-4-2 6.6.1.1 (4)P

Ein Verbundmittel darf als duktil eingestuft werden, wenn das charakteristische Verformungsvermögen δ_{uk} mindestens 6 mm beträgt. EC-4-2 6.6.1.1 (5)

Wenn bei einem Verbundträger innerhalb einer Stützweite Verbundmittel mit signifikant unterschiedlichem Verformungsverhalten verwendet werden, muss dies bei der Bemessung berücksichtigt werden. EC-4-2 6.6.1.1 (6)P

Anmerkung:

Es werden ausschließlich Kopfbolzendübel mit ausreichendem Verformungsverhalten eingesetzt.

2.7.1.2 Tragfähigkeit gegen Abheben der Betonplatte

Verbundmittel müssen eine ausreichende Tragfähigkeit gegen Abheben der Betonplatte aufweisen. Andernfalls ist das Abheben der Betonplatte durch andere Maßnahmen zu verhindern. EC-4-2 6.6.1.1 (7)P

Um ein Abheben der Betonplatte zu verhindern, sind Verbundmittel in der Regel für eine senkrecht zum Stahlträgergurt wirkende Zugkraft zu bemessen, die mindestens dem 0,1-fachen Bemessungswert der Längsschubtragfähigkeit des Verbundmittels entspricht. Falls erforderlich, sind zusätzliche Verankerungen vorzusehen. EC-4-2 6.6.1.1 (8)

Bei Kopfbolzendübeln nach Eurocode 4, Teil 2, Abschnitt 6.6.5.7 darf davon ausgegangen werden, dass sie ein Abheben des Betongurtes verhindern, wenn sie nicht durch planmäßige Zugkräfte beansprucht werden. EC-4-2 6.6.1.1 (9)

Anmerkung:

Es werden nur Kopfbolzendübel nach EC-4-2, 6.6.5.7 eingesetzt.

2.7.1.3 Längsschubkräfte

Ein Längsschubversagen sowie ein örtliches Versagen des Betongurtes infolge der konzentrierten Lasteinleitung durch die Verbundmittel müssen verhindert werden. EC-4-2 6.6.1.1 (10)P

Wenn die konstruktive Ausbildung der Verbundmittel nach Eurocode 4, Teil 2, Abschnitt 6.6.5 und die Querbewehrung in Übereinstimmung mit 6.6.6 erfolgt, darf vorausgesetzt werden, dass die Anforderungen nach 6.6.1.1(10)P erfüllt sind. EC-4-2 6.6.1.1 (11)

Wenn zur Übertragung der Längsschubkräfte in der Verbundfuge andere Verbundmittel als in Eurocode 4, Teil 2, Abschnitt 6.6 angegeben verwendet werden, ist in der Regel ein auf Versuchen basierendes Tragmodell der Bemessung zugrunde zu legen. Die weiteren Tragfähigkeitsnachweise für das Verbundbauteil sind im Allgemeinen so weit wie möglich in Übereinstimmung mit den Bemessungsregeln für Bauteile mit Verbundmitteln nach 6.6 zu führen. EC-4-2 6.6.1.1 (12)

Anmerkung:

Die bauliche Durchbildung der Verbundmittel erfolgt nach Eurocode 4, Teil 2, Abschnitt 6.6.5. Es kommen nur Verbundmittel nach Eurocode 4, Teil 2, Abschnitt 6.6 zum Einsatz.

2.7.1.4 Bauliche Durchbildung der Verdübelung

Es werden Kopfbolzendübel mit einem automatischen Schweißverfahren nach DIN EN ISO 14555 (2014-08) mit den Abmessungen $d/h_{sc}/h_{kopf}$= 22/125/8,8 mm verwendet. EC-4-2 6.6.3.1 (1)

Die Abmessungen der Kopfbolzendübel sowie des Schweißwulstes stimmen mit den Anforderungen der DIN EN ISO 13918 (2008-10) überein. EC-4-2 3.4.2 (1)

Im Folgenden werden die erforderlichen Nachweise beispielhaft für den Stützbereich geführt.

Die für die Verhinderung des Abhebens wirksame Verankerungsfläche eines Verbundmittels (z. B. die Unterseite des Kopfes eines Kopfbolzendübels) sollte mindestens 30 mm (lichter Abstand) über der unteren Bewehrung des Betongurtes liegen. Siehe hierzu auch Eurocode 4, Teil 2, Bild 6.14. EC-4-2 6.6.5.1 (1)

(siehe Abschnitt 2.1.3.2.2)
längs d_s = 20 mm (Stützbereich)
quer d_s = 12 mm

(siehe Abschnitt 2.1.3.2.1)
c_{nom}= 45 mm

$$h_{sc} - c_{nom} - d_{s,längs} - d_{s,quer} - h_{kopf} \geq 30 \text{ mm}$$
$$125 - 45 - 20 - 12 - 8{,}8 \geq 30 \text{ mm}$$
$$39{,}2 \text{ mm} \geq 30 \text{ mm}$$

Die Betondeckung von Kopfbolzendübeln darf nicht kleiner als die erforderlichen Werte für Betonstahl sein. EC-4-2 6.6.5.2 (2)

(siehe Abschnitt 2.1.3.2.2)
h_c = 300 mm

(siehe Abschnitt 2.1.3.2.1)
c_{nom}=45 mm

$$h_c - h_{sc} \geq c_{nom}$$
$$300 - 125 \geq 45 \text{ mm}$$
$$175 \text{ mm} \geq 45 \text{ mm}$$

Bei der Ausführung ist die Betonierreihenfolge so zu wählen, dass noch nicht vollständig abgebundener Beton infolge einer unplanmäßigen Verbundwirkung, die aus den Tragwerksverformungen infolge der nachfolgenden Betonierlasten resultiert, nicht geschädigt wird. In der Regel sollten Verbundmittel erst planmäßig beansprucht werden, wenn die Zylinderdruckfestigkeit des Betons mindestens 20 N/mm² beträgt. EC-4-2 6.6.5.2 (3)

Anmerkung:

Sofern die Erstbelastung der Dübel innerhalb von 28 Tagen nach Betonage erfolgt, sind die genauen Termine für Betonage und Ausschalen in einem Betonierkonzept festzulegen. Für den Beton müssen dann Werte der Festigkeitsentwicklung vorliegen.

Bei Randträgern ist eine Querbewehrung nach Eurocode 4, Teil 2, Abschnitt 6.6.6 erforderlich, die zwischen der dem freien Betonrand zugewandten Dübelreihe und dem freien Betonrand voll zu verankern ist. EC-4-2 6.6.5.3 (1)

Um eine örtliche Rissbildung in Trägerlängsrichtung zu verhindern, sind in der Regel bei Verbundträgern, bei denen der Abstand zwischen dem freien Betonrand und der Achse der benachbarten Dübelreihe kleiner als 300 mm ist, die nachfolgenden Konstruktionsregeln zu beachten: EC-4-2 6.6.5.3 (2)

a) Anordnung einer Schlaufenbewehrung, die um die Dübel greift,

b) bei Verwendung von Kopfbolzendübeln Einhalten eines Mindestabstandes von 6 d zwischen dem freien Betonrand und der Achse der benachbarten Dübelreihe, wobei d der Nennwert des Dübelschaftdurchmessers ist. Der Durchmesser der Schlaufenbewehrung sollte mindestens 0,5 d betragen und

c) die Schlaufenbewehrung sollte unter Beachtung der Betondeckung so tief wie möglich angeordnet werden.

An Kragarmenden muss eine ausreichende örtliche Querbewehrung zur Einleitung der aus den Dübeln resultierenden Längsschubkräfte in die Längsbewehrung angeordnet werden. EC-4-2 6.6.5.2 (3)P

Anmerkung:

Die angeordnete Längs- und Querbewehrung ist ausreichend, da der Abstand zwischen dem freien Betonrand und der benachbarten Dübelreihe größer als 300 mm ist.

Dübel mit einer Gesamthöhe kleiner als der 3fache Schaftdurchmesser d sind in der Regel nicht zulässig. — EC-4-2 6.6.5.7 (1)

$h_{sc} \geq 3 \cdot d$
$125\ mm \geq 3 \cdot 22 = 66\ mm$

Der Achsabstand einzelner Dübel darf in Trägerlängsrichtung den vierfachen Wert der Gurtdicke und 800 mm nicht überschreiten. — EC-4-2 6.6.5.5 (3)

$e_L \leq 4 \cdot h_c \qquad \leq 800\ mm$
$e_L \leq 4 \cdot 300\ mm \qquad \leq 800\ mm$
$e_L \leq 1200\ mm \qquad \leq 800\ mm$

(siehe Abschnitt 2.1.3.2.2)
$h_c = 300\ mm$

$e_L \leq 800\ mm$

Der Abstand e_D zwischen der Außenkante des Dübels und der Flanschaußenkante nach Eurocode 4, Teil 2, Bild 6.14 darf 25 mm nicht unterschreiten. — EC-4-2 6.6.5.6 (2)

$e_D \geq 25\ mm$

Der Achsabstand der Dübel in Kraftrichtung sollte nicht kleiner als 5d sein. Senkrecht zur Kraftrichtung sollte der Achsabstand bei Vollbetonplatten 2,5d und in allen anderen Fällen 4d nicht unterschreiten. — EC-4-2 6.6.5.7 (4)

$e_L \geq 5 \cdot d \qquad e_Q \geq 2{,}5 \cdot d$
$e_L \geq 5 \cdot 22\ mm \qquad e_Q \geq 2{,}5 \cdot 22\ mm$
$e_L \geq 110\ mm \qquad e_Q \geq 55\ mm$

Bei zugbeanspruchten Blechen und Gurten mit aufgeschweißten Dübeln sollte der Schaftdurchmesser des Dübels nicht größer als der 1,5fache Wert der Blech- bzw. Flanschdicke sein, wenn für diese Bauteile ein Nachweis der Ermüdung erforderlich ist Andernfalls ist mit Hilfe von Versuchen nachzuweisen, dass der Dübel eine ausreichende Ermüdungsfestigkeit aufweist Dies gilt auch, wenn die Dübel direkt über dem Steg angeordnet werden. — EC-4-2 6.6.5.7 (3)

$d \qquad \leq 1{,}5 \cdot t_{fa}$
$22\ mm \qquad \leq 1{,}5 \cdot 40\ mm$
$22\ mm \qquad \leq 60\ mm$

(siehe Abschnitt 2.1.3.2.1)
$t_{fa} = 40\ mm$

Werden die Dübel nicht direkt über dem Steg angeordnet, so sollte der Durchmesser des Dübels den 2,5fachen Wert der Flansch- bzw. Blechdicke nicht überschreiten. Andernfalls ist in der Regel eine ausreichende Tragfähigkeit des Dübels mit Hilfe von Versuchen nachzuweisen.

EC-4-2 6.6.5.7 (5)

$d \leq 2{,}5 \cdot t_{fa}$

$22\ mm \leq 2{,}5 \cdot 40\ mm$

$22\ mm \leq 100\ mm$

(siehe Abschnitt 2.1.3.2.1)
Flanschdicke t_{fa} = 40 mm

Für die Anordnung der Kopfbolzendübel ergeben sich somit folgende Vorgaben für den Feld- und Stützbereich.

a) Feldbereich:

Kopfbolzendübel: d = 22 mm, h = 125 mm, 5-reihig

mit:

e_L= 400,0 mm ($110\ mm \leq e_L \leq 800\ mm$)

e_Q= 88,7 mm ($55\ mm \leq e_Q$)

e_D= 49,1 mm ($25\ mm \leq e_D$)

(siehe Abschnitt 2.1.3.2.1)
Flanschbreite b_a = 453 mm

=> n_{vorh} = 12,5/m

b) Stützbereich:

Kopfbolzendübel: d = 22 mm, h = 125 mm, 5-reihig

mit:

eL= 200,0 mm ($110\ mm \leq e_L \leq 800\ mm$)

e_Q= 88,7 mm ($55\ mm \leq e_Q$)

e_D= 49,1 mm ($25\ mm \leq e_D$)

=> n_{vorh} = 25/m

2.7.2 Grenzzustand der Tragfähigkeit (ohne Ermüdung)

2.7.2.1 Allgemeines

Der Nachweis der Tragfähigkeit erfolgt über die Ermittlung der Längsschubkräfte und der Wahl der notwendigen Anzahl der Verbundmittel.

Die einwirkende Längsschubkraft je Längeneinheit $v_{L,Ed}$ in der Verbundfuge ist in der Regel für die jeweils maßgebenden Einwirkungskombinationen und Laststellungen aus der Änderung der Normalkräfte des Betongurtes oder des Baustahlquerschnittes zu ermitteln. Wenn die Querschnittstragfähigkeit elastisch ermittelt wird, darf die umhüllende Längsschubkraft-Grenzlinie für die jeweils betrachtete Wirkungsrichtung der Schubkraft der Bemessung zugrunde gelegt werden. EC-4-2 6.6.2. (1)

Anmerkung:
Wegen der großen Verkehrslasten, insbesondere der hohen Achslasten wird eine vereinfachte Querkraftgrenzlinie zugrunde gelegt. Dabei werden die Extrema der Querkraft an den Feldenden verbunden.

Eine abschnittsweise äquidistante Verteilung der Verbundmittel ist in den Bereichen zulässig, in denen der Bemessungswert der einwirkenden Längsschubkraft die Längsschubkrafttragfähigkeit um nicht mehr als 10 % überschreitet. Es ist zusätzlich nachzuweisen, dass die in dem Bereich mit äquidistanter Anordnung der Verbundmittel einwirkende gesamte Längsschubkraft nicht größer als die aus der Gesamtanzahl der Dübel in diesem Bereich resultierende Längsschubkrafttragfähigkeit ist. EC-4-2 6.6.1.2 (1)

Anmerkung:
Diese Vorgehensweise ist bei Nachweisen gegen Ermüdung nicht zulässig.

Die Längsschubkräfte in der Verbundfuge sind in der Regel auch dann mit den Querschnittskenngrößen des ungerissenen Querschnitts zu ermitteln, wenn bei der Schnittgrößenermittlung die Rissbildung im Betongurt berücksichtigt wird. Der Einfluss der Rissbildung auf die Längsschubkraft darf berücksichtigt werden, wenn bei der Schnittgrößenermittlung und bei der Ermittlung der Längsschubkraft die Einflüsse aus der Mitwirkung des Betons zwischen den Rissen und die Einflüsse aus möglichen Überfestigkeiten bei der Betonzugfestigkeit berücksichtigt werden. EC-4-2 6.6.2. (2)

Bezüglich einer Umlagerung der Längsschubkräfte infolge der Nachgiebigkeit der Verbundmittel bei konzentrierter Einleitung von Längskräften gelten Eurocde 4, Teil 2, Abschnitt 6.6.2.3 und 6.6.2.4. Andernfalls ist bei der Berechnung die Nachgiebigkeit der Verbundmittel zu vernachlässigen. EC-4-2 6.6.2 (3)

Bei Tragwerken mit Querschnitten der Klasse 1 oder 2 ist der nichtlineare Zusammenhang zwischen der Querkraft und der Längsschubkraft in den Trägerbereichen zu berücksichtigen, in denen das einwirkende Biegemoment $M_{Ed,max} = M_{a,Ed} + M_{c,Ed}$ den Bemessungswert der elastischen Momententragfähigkeit $M_{el,Rd}$ überschreitet. $M_{a,Ed}$ und $M_{c,Ed}$ sind in Eurocode 4, Teil 2, Abschnitt 6.2.1.4(6) angegeben. EC-4-2 6.6.2.1 (1)

In Trägerbereichen, in denen der Betongurt in der Druckzone liegt, ergeben sich die gesamte Längsschubkraft $V_{L,Ed}$ und die erforderliche Anzahl der Verbundmittel im nichtelastischen Bereich L_{A-B} nach Eurocode 4, Teil 2, Abbildung 6.11 aus der Differenz der Normalkräfte N_{cd} und $N_{c,el}$ des Betongurtes an den Nachweispunkten A und B. Die Momententragfähigkeit $M_{el,Rd}$ ergibt sich nach Eurocode 4, Teil 2, Abschnitt 6.2.1.4. Wenn das Moment $M_{Ed,max}$ kleiner als die vollplastische Momententragfähigkeit $M_{pl,Rd}$ ist, darf die Normalkraft N_{cd} des Betongurtes im Punkt B nach Eurocode 4, Teil 2, Abschnitt 6.2.1.4(6) und Eurocode 4, Teil 2, Bild 6.6 oder auf der sicheren Seite liegend mit der in Eurocode 4, Teil 2, Abbildung 6.11 angegebenen linearen Beziehung ermittelt werden. EC-4-2 6.6.2.1 (2)

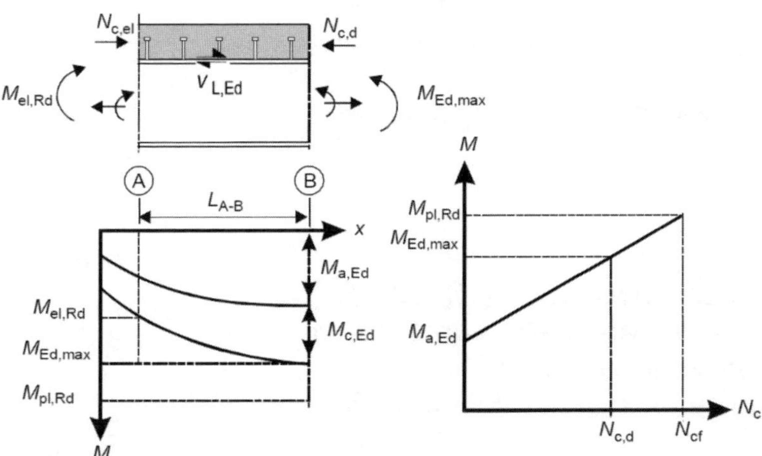

Abbildung 131 Längsschubkräfte bei plastischem Verhalten nach Bild 6.11, EC4-2

Wenn in Trägerbereichen mit zugbeanspruchten Betongurten das nichtelastische Verhalten der Querschnitte bei der Ermittlung der Längsschubkräfte berücksichtigt wird, sind die Längsschubkräfte und die Verteilung der Verbundmittel in der Regel aus der Differenz der Normalkräfte des zugbeanspruchten Betongurtes im Bereich des nichtelastischen Verhaltens zu ermitteln. Dabei sind in der Regel die Einflüsse aus der Mitwirkung des Betons zwischen den Rissen sowie die Einflüsse aus Überfestigkeiten bei der Betonzugfestigkeit zu berücksichtigen. Für die Ermittlung von $M_{el,Rd}$ gilt Eurocode 4, Teil 2, Abschnitt 6.2.1.4(7) und 6.2.1.5. EC-4-2 6.6.2.1 (3)

Wenn die Berechnung nicht nach Eurocode 4, Teil 2, Abschnitt 6.6.2.1 (3) erfolgt, sind die Längsschubkräfte in der Regel nach der Elastizitätstheorie unter der Annahme ungerissener Querschnitte sowie unter Berücksichtigung der Belastungsgeschichte zu ermitteln. EC-4-2 6.6.2.1 (4)

Anmerkung:

Im Feld wurde der Querschnitt in Klasse 1 und über der Stütze in Klasse 3 eingestuft.

Im Feldbereich ist somit zusätzlich zu überprüfen, ob ein nichtlinearer Zusammenhang zwischen Querkraft und Längsschubkraft zu berücksichtigen ist. Die Überprüfung erfolgt im Rahmen der nachfolgenden Ermittlung der einwirkenden Längsschubkräfte.

Im Stützbereich wird gem. Eurocode 4 Teil 2, Abschnitt 6.6.2.1 (4) mit den Querschnittswerten des ungerissenen Querschnitts gerechnet. Hierüber werden vereinfachend Effekte aus Überfestigkeiten und dem Mitwirken des Betons zwischen den Rissen berücksichtigt.

2.7.2.2 Ermittlung der Längsschubkräfte

Die Längsschubkraft ergibt sich aus der einwirkenden Querkraft $V_{Ed,v}$ des Verbundquerschnitts der einzelnen Teileinwirkungen zum maßgebenden Zeitpunkt und des zugehörigen zeitabhängigen Flächenmoments bzw. zeitabhängigen statischen Moments in der Verbundfuge wie folgt:

$$V_{L,Ed} = \sum V_{Ed,v,i} \cdot \frac{S_i}{I_i}$$

mit:

$$S_i = \left(A_s + A_{c,i}\right) \cdot (z_i - z_{si})$$

Dabei ist:

$V_{Ed,v,i}$ Querkraft der Teileinwirkung in der maßgebenden Einwirkungskombination

I_i reduktionszahlabhängiges last- und zeitabhängiges Flächenmoment zweiten Grades der zugehörigen Teilschnittgröße

S_i reduktionszahlabhängiges last- und zeitabhängiges statisches Moment in der Verbundfuge

A_s Fläche der Bewehrung des Betons

$A_{c,i}$ last- und zeitabhängige Fläche des Betonquerschnitts

$z_i - z_{si}$ Abstand zwischen der last- und zeitabhängigen Schwerelinie des Verbundträgers und des Betonquerschnittes bzw. des Betonstahlquerschnittes

Die Ermittlung erfolgt am ungerissenen Verbundquerschnitt im Feldbereich und an der Innenstütze.

a) Feldbereich:

Für den Feldbereich ergeben sich die nachweisrelevanten Verbundschnittgrößen in der ständigen und vorübergehenden Bemessungssituation wie folgt:

Zeitpunkt t_{28}:

$V_{Ed,v,max}$ = 413,5 kN

$V_{Ed,v,min}$ = - 600,1 kN

Zeitpunkt t_∞:

$V_{Ed,v,max}$ = 354,7 kN

$V_{Ed,v,min}$ = - 641,8 kN (maßgebend)

Schnittgrößen (Tab.25):

t=28

$V_{Ed,v,max}$ = 413,5 kN

$V_{Ed,v,min}$ = - 600,1 kN

t=∞

$V_{Ed,v,max}$ = 354,7 kN

$V_{Ed,v,min}$ = - 641,8 kN

Die maßgebende Gesamtschnittgröße setzt sich aus folgenden Teilschnittgrößen zusammen:

$V_{Ed,v,EG}$ = - 20,1 kN (Eigengewicht)
$V_{Ed,v,A}$ = - 78,4 kN (Setzungen)
$V_{Ed,v,V}$ = - 409,8 kN (Verkehr)
$V_{Ed,v,T}$ = - 78,6 kN (Temperatur)
$V_{Ed,v,S}$ = - 61,6 kN (Schwinden)
$V_{Ed,v,PT}$ = 6,7 kN (Kriechen)

Die zugehörigen statischen Momente in der Verbundfuge ergeben sich wie folgt:

ständige Lasten:

$$S_{i,B} = \left(A_s + A_{c,i,B}\right) \cdot \left(z_{i,B} - z_{si}\right)$$
$$S_{i,B} = (80{,}5 + 551{,}68) \cdot (45{,}87 - 15{,}0)$$
$$S_{i,B} = 19515{,}4\ \text{cm}^3$$

Querschnittswerte (Tab.5):
Zustand 1; Querschnitt 2
ständige Lasten

$A_s = 80{,}5$ cm²
$A_{c,i,B} = 551{,}68$ cm²
$z_{i,B} = 45{,}87$ cm
$z_{si} = 15{,}0$ cm

Setzungen:

$$S_{i,A} = \left(A_s + A_{c,i,A}\right) \cdot \left(z_{i,A} - z_{si}\right)$$
$$S_{i,A} = (80{,}5 + 449{,}88) \cdot (48{,}73 - 15{,}0)$$
$$S_{i,A} = 17889{,}7\ \text{cm}^3$$

Querschnittswerte (Tab.8):
Zustand 1; Querschnitt 2
Stützensenkung

$A_{c,i,A} = 449{,}88$ cm²
$z_{i,A} = 48{,}73$ cm

Verkehrslasten:
(+ Temperatur)

$$S_{i,0} = \left(A_s + A_{c,i,0}\right) \cdot \left(z_{i,0} - z_{si}\right)$$
$$S_{i,0} = (80{,}5 + 1460{,}45) \cdot (32{,}55 - 15{,}0)$$
$$S_{i,0} = 27043{,}7\ \text{cm}^3$$

Querschnittswerte (Tab.4):
Zustand 1; Querschnitt 2
Kurzzeitlasten (Verkehr)

$A_{c,i,0} = 1460{,}45$ cm²
$z_{i,0} = 32{,}55$ cm

Schwinden:

$$S_{i,S} = \left(A_s + A_{c,i,S}\right) \cdot \left(z_{i,S} - z_{si}\right)$$
$$S_{i,S} = (80{,}5 + 576{,}58) \cdot (45{,}24 - 15{,}0)$$
$$S_{i,S} = 19870{,}1\ \text{cm}^3$$

Querschnittswerte (Tab.7):
Zustand 1; Querschnitt 2
Schwinden

$A_{c,i,S} = 576{,}58$ cm²
$z_{i,S} = 45{,}24$ cm

Kriechen:

$$S_{i,PT} = \left(A_s + A_{c,i,PT}\right) \cdot \left(z_{i,PT} - z_{si}\right)$$
$$S_{i,PT} = (80{,}5 + 800{,}84) \cdot (40{,}55 - 15{,}0)$$
$$S_{i,PT} = 22518{,}2\ \text{cm}^3$$

Querschnittswerte (Tab.6):
Zustand 1; Querschnitt 2
veränderl. Lasten

$A_{c,i,PT} = 800{,}84$ cm²
$z_{i,PT} = 40{,}55$ cm

Damit ergibt sich die Längsschubkraft zum Zeitpunkt t=∞ wie folgt:

$$V_{L,Ed}^{t=\infty} = V_{Ed,v,EG} \cdot \frac{S_{i,B}}{I_{i,B}} + V_{Ed,v,A} \cdot \frac{S_{i,A}}{I_{i,A}} + \left(V_{Ed,v,V} + V_{Ed,v,T}\right) \cdot \frac{S_{i,0}}{I_{i,0}}$$

$$+ V_{Ed,v,S} \cdot \frac{S_{i,S}}{I_{i,S}} + V_{Ed,v,PT} \cdot \frac{S_{i,PT}}{I_{i,PT}}$$

Querschnittswerte (Tab.4 - 8):
Zustand 1; Querschnitt 2

$I_{i,0}$ = 2883187 cm⁴ (Tab.4)
$I_{i,B}$ = 2322876 cm⁴ (Tab.5)
$I_{i,PT}$ = 2538038 cm⁴ (Tab.6)
$I_{i,S}$ = 2347987 cm⁴ (Tab.7)
$I_{i,A}$ = 2209252 cm⁴ (Tab.8)

$$V_{L,Ed}^{t=\infty} = 20{,}1 \cdot \frac{19515{,}4}{2322876} + 78{,}4 \cdot \frac{17889{,}7}{2347987} + 488{,}4 \cdot \frac{27043{,}7}{2883187}$$

$$+ 61{,}6 \cdot \frac{19870{,}1}{2347987} + (-6{,}7) \cdot \frac{22518{,}2}{2209252}$$

$$V_{L,Ed}^{t=\infty} = 0{,}169 + 0{,}597 + 4{,}581 + 0{,}521 - 0{,}068$$

$$V_{L,Ed}^{t=\infty} = 5{,}8 \text{ kN/cm} = 580{,}0 \text{ kN/m}$$

Im Feldbereich ist noch zu überprüfen, ob ein nichtlinearer Zusammenhang zwischen Querkraft und Längsschubkraft ausgeschlossen werden kann.

Der Ausschluss erfolgt nach Eurocode 4, Teil 2, Abschnitt 6.6.2.1 (1) über einen Vergleich des einwirkenden Moments mit dem elastischen Widerstandsmoment.

$$M_{Ed,max} \leq M_{el,Rd}$$

$$M_{el,Rd} = M_{Ed,a} + k \cdot M_{Ed,v}$$

EC-4-2 Gl. (6.4)

Dabei ist:

$M_{Ed,a}$ der Anteil der Bemessungsmomente, der auf den Baustahlquerschnitt vor Herstellung des Verbunds entfällt.

$M_{Ed,v}$ der Anteil der Bemessungsmomente, der auf den Verbundquerschnitt wirkt.

k kleinster Faktor, der sich aus den für die jeweiligen Randfasern des Querschnitts maßgebenden Grenzspannungen nach Eurocode 4, Teil 2, Abschnitt 6.2.1.5(2) ergibt, wobei bei Trägern ohne Eigengewichtsverbund der Einfluss aus der Belastungsgeschichte zu berücksichtigen ist.

Der Beiwert k ergibt sich aus der Grenzspannung f_{yd} und den Spannungsanteilen aus der Verbund- und Stahlschnittgröße wie folgt:

Anmerkung:

Das maximale Biegemoment wirkt nicht zusammen mit der maximalen Querkraft. Es wird daher mit zugehörigen Schnittgrößen gerechnet.

$M_{Ed,a}$ = 602,2 kNm (Anteil Stahlschnittgröße)
$M_{Ed,v}$ = 2690,9 kNm (zugeh. zu $V_{Ed,v,min}$ für t=∞)

Schnittgröße nach (Tab. 25):
$M_{Ed,a}$ = 602,2 kNm

Die Verbundschnittgröße gliedert sich wie folgt auf:

$M_{Ed,v,EG}$ = 304,8 kNm (Eigengewicht)
$M_{Ed,v,A}$ = - 558,2 kNm (Setzungen)
$M_{Ed,v,V}$ = 2844,2 kNm (Verkehr)
$M_{Ed,v,T}$ = - 560,0 kNm (Temperatur)
$M_{Ed,v,S}$ = 612,7 kNm (Schwinden)
$M_{Ed,v,PT}$ = 47,4 kNm (Kriechen)

Die Spannungen an der unterkannte des Trägerflansches ergeben sich wie folgt:

$$\sigma_{fl,u}^{t=\infty} = \frac{M_{Ed,a}}{W_{a,fl,u}} + \left(\frac{M_{Ed,v,EG}}{W_{a,fl,u}^{I_{i,B}}} + \frac{M_{Ed,v,A}}{W_{a,fl,u}^{I_{i,A}}} + \frac{M_{Ed,v,V+T}}{W_{a,fl,u}^{I_{i,0}}} + \frac{M_{Ed,v,S}}{W_{a,fl,u}^{I_{i,s}}} + \frac{M_{Ed,v,PT}}{W_{a,fl,u}^{I_{i,PT}}}\right)$$

$$\sigma_{fl,u}^{t=\infty} = \frac{60.220}{19.948} + \left(\frac{30.480}{27.349} + \frac{-55.820}{26.920} + \frac{228.420}{29.344} + \frac{61.270}{27.441} + \frac{4.740}{28.122}\right)$$

$$\sigma_{fl,u}^{t=\infty} = 3{,}01 + 8{,}11 = 11{,}12 \text{ kN/cm}^2$$

Querschnittswerte (Tab.4):
Q2, Kurzzeitlasten
$W^{(I,0)}_{a,fl,u}$ = 29344 cm³

Querschnittswerte (Tab.5):
Q2, ständige Lasten
$W^{(I,B)}_{a,fl,u}$ = 27349 cm³

Querschnittswerte (Tab.6):
Q2, veränderl. Lasten
$W^{(I,PT)}_{a,fl,u}$ = 28122 cm³

Querschnittswerte (Tab.7):
Q2, Schwinden
$W^{(I,s)}_{a,fl,u}$ = 27441 cm³

Querschnittswerte (Tab.8):
Q2, Stützensenkung
$W^{(I,A)}_{a,fl,u}$ = 26920 cm³

Querschnittswerte (Tab.10):
Stahlträger
$W_{a,fl,u}$ = 19948 cm³

Der k-Wert ergibt sich aus Umstellen der nachfolgenden Gleichung zu:

$$f_{yd} = \sigma_{a,fl,u}^{t=\infty} + k \cdot \sigma_{v,fl,u}^{t=\infty}$$

$$35{,}5 = 3{,}01 + k \cdot 8{,}11 \quad => \quad k = 4{,}0$$

Das elastische Tragmoment ergibt sich über den ermittelten k-Wert wie folgt:

$M_{el,Rd} = M_{Ed,a} + k \cdot M_{Ed,v}$ EC-4-2 Gl. (6.4)
$M_{el,Rd} = 602{,}2 + 4{,}0 \cdot 2690{,}9$
$M_{el,Rd} = 11365{,}8$ kNm

$M_{Ed,max} \leq M_{el,Rd}$
$2690{,}9 \leq 11365{,}8$

Ein nichtlinearer Zusammenhang zwischen Längsschubkraft und Querkraft kann ausgeschlossen werden, da der k-Wert in der Kombination für $V_{Ed,max}$ größer als 1 ist. Das elastische Tragmoment wird somit nicht ausgenutzt.

b) Stützbereich:

Für den Stützbereich ergeben sich die nachweisrelevanten Verbundschnittgrößen in der ständigen und vorübergehenden Bemessungssituation wie folgt:

Zeitpunkt t_{28}:
$V_{Ed,v,max}$ = 75,7 kN
$V_{Ed,v,min}$ = - 1460,4 kN

Zeitpunkt t_{∞}:
$V_{Ed,v,max}$ = 75,7 kN
$V_{Ed,v,min}$ = - 1502,1 kN (maßgebend)

Schnittgrößen (Tab.26):

t=28
$V_{Ed,v,max}$ = 75,7 kN
$V_{Ed,v,min}$ = - 1460,4 kN

t=∞
$V_{Ed,v,max}$ = 16,9 kN
$V_{Ed,v,min}$ = - 1502,1 kN

Anmerkung:

Der Nachweis im Stützbereich gilt auch für die Nachweise an den Endauflagern.
Die maßgebende Gesamtschnittgröße setzt sich aus folgenden Teilschnittgrößen zusammen:

$V_{Ed,v,EG}$ = - -159,4 kN (Eigengewicht)
$V_{Ed,v,A}$ = - 78,4 kN (Setzungen)
$V_{Ed,v,V}$ = - 1130,8 kN (Verkehr)
$V_{Ed,v,T}$ = - 78,6 kN (Temperatur)
$V_{Ed,v,S}$ = - 61,6 kN (Schwinden)
$V_{Ed,v,PT}$ = 6,7 kN (Kriechen)

Die zugehörigen statischen Momente in der Verbundfuge ergeben sich wie folgt:

ständige Lasten:

$$S_{i,B} = (A_s + A_{c,i,B}) \cdot (z_{i,B} - z_{si})$$
$$S_{i,B} = (140 + 410{,}08) \cdot (48{,}14 - 15{,}0)$$
$$S_{i,B} = 18229{,}7 \text{ cm}^3$$

Querschnittswerte (Tab.5):
Zustand 1; Querschnitt 3
ständige Lasten

$A_s = 140$ cm²
$A_{c,i,B} = 410{,}08$ cm²
$z_{i,B} = 48{,}14$ cm
$z_{si} = 15{,}0$ cm

Setzungen:

$$S_{i,A} = (A_s + A_{c,i,A}) \cdot (z_{i,A} - z_{si})$$
$$S_{i,A} = (140 + 334{,}41) \cdot (50{,}55 - 15{,}0)$$
$$S_{i,A} = 16865{,}3 \text{ cm}^3$$

Querschnittswerte (Tab.8):
Zustand 1; Querschnitt 3
Stützensenkung

$A_{c,i,A} = 334{,}41$ cm²
$z_{i,A} = 50{,}55$ cm

Verkehrslasten:
(+ Temperatur)

$$S_{i,0} = (A_s + A_{c,i,0}) \cdot (z_{i,0} - z_{si})$$
$$S_{i,0} = (140 + 1085{,}6) \cdot (35{,}64 - 15{,}0)$$
$$S_{i,0} = 25296{,}3 \text{ cm}^3$$

Querschnittswerte (Tab.4):
Zustand 1; Querschnitt 3
Kurzzeitlasten (Verkehr)

$A_{c,i,0} = 1085{,}6$ cm²
$z_{i,0} = 35{,}64$ cm

Schwinden:

$$S_{i,S} = (A_s + A_{c,i,S}) \cdot (z_{i,S} - z_{si})$$
$$S_{i,S} = (140 + 428{,}59) \cdot (47{,}6 - 15{,}0)$$
$$S_{i,S} = 18536{,}0 \text{ cm}^3$$

Querschnittswerte (Tab.7):
Zustand 1; Querschnitt 3
Schwinden

$A_{c,i,S} = 428{,}59$ cm²
$z_{i,S} = 47{,}6$ cm

Kriechen:

$$S_{i,PT} = (A_s + A_{c,i,PT}) \cdot (z_{i,PT} - z_{si})$$
$$S_{i,PT} = (140 + 595{,}29) \cdot (43{,}42 - 15{,}0)$$
$$S_{i,PT} = 20896{,}9 \text{ cm}^3$$

Querschnittswerte (Tab.6):
Zustand 1; Querschnitt 3
veränderl. Lasten

$A_{c,i,PT} = 595{,}29$ cm²
$z_{i,PT} = 43{,}42$ cm

Damit ergibt sich die Längsschubkraft zum Zeitpunkt t=∞ wie folgt:

$$V_{L,Ed}^{t=\infty} = V_{Ed,v,EG} \cdot \frac{S_{i,B}}{I_{i,B}} + V_{Ed,v,A} \cdot \frac{S_{i,A}}{I_{i,A}} + \left(V_{Ed,v,V} + V_{Ed,v,T}\right) \cdot \frac{S_{i,0}}{I_{i,0}} + V_{Ed,v,S} \cdot \frac{S_{i,S}}{I_{i,S}} + V_{Ed,v,PT} \cdot \frac{S_{i,PT}}{I_{i,PT}}$$

Querschnittswerte (Tab.4 - 8):
Zustand 1; Querschnitt 2

$I_{i,0} = 2740891$ cm⁴ (Tab.4)
$I_{i,B} = 2228288$ cm⁴ (Tab.5)
$I_{i,PT} = 2416589$ cm⁴ (Tab.6)
$I_{i,S} = 2249673$ cm⁴ (Tab.7)
$I_{i,A} = 2133472$ cm⁴ (Tab.8)

$$V_{L,Ed}^{t=\infty} = 159{,}4 \cdot \frac{18229{,}7}{2228288} + 78{,}4 \cdot \frac{16865{,}3}{2133472} + 1052{,}2 \cdot \frac{25296{,}3}{2740891} + 61{,}6 \cdot \frac{18536{,}0}{2249673} + (-6{,}7) \cdot \frac{20896{,}9}{2416589}$$

$$V_{L,Ed}^{t=\infty} = 1{,}304 + 0{,}620 + 9{,}711 + 0{,}508 - 0{,}058$$

$$V_{L,Ed}^{t=\infty} = 12{,}08 \text{ kN/cm} = 1208{,}0 \text{ kN/m}$$

2.7.2.3 Ermittlung der Tragfähigkeit der Verbundmittel

Der Bemessungswert der Längsschubtragfähigkeit eines Kopfbolzendübels, bei dem ein automatisches Schweißverfahren nach EN 14555 verwendet wird, ergibt sich aus dem jeweils kleineren Wert der nachfolgenden Gleichungen: EC-4-2 6.6.3.1 (1)

$$P_{Rd,1} = 0{,}8 \cdot f_u \cdot \left(\frac{\pi \cdot d^2}{4}\right) \cdot \frac{1}{\gamma_v}$$ EC-4-2 Gl. (6.18)

$$P_{Rd,2} = 0{,}29 \cdot \alpha \cdot d^2 \cdot \sqrt{f_{ck} \cdot E_{cm}} \cdot \frac{1}{\gamma_v}$$ EC-4-2 Gl. (6.19)

mit:

$\alpha = 0{,}2 \cdot \left(\frac{h_{sc}}{d}+1\right)$ für $3 \leq h_{sc}/d \leq 4$ EC-4-2 Gl. (6.20)

$\alpha = 1$ für $h_{sc}/d > 4$ EC-4-2 Gl. (6.21)

Dabei ist:

d Schaftdurchmesser des Bolzens

f_u spezifizierte Zugfestigkeit des Bolzenmaterials, die jedoch höchstens mit 500 N/mm² in Rechnung gestellt werden darf

f_{ck} der im maßgebenden Alter vorhandene charakteristische Wert der Zylinderdruckfestigkeit des Betons mit einer Dichte nicht kleiner als 1750 kg/m³

E_{cm} Nennwert des Sekantenmoduls des Betons nach Eurocode 2, Teil 1-1, Tabelle 3.1 oder Tabelle 11.3.1

γ_v Teilsicherheitsbeiwert im Grenzzustand der Tragfähigkeit

h_{sc} der Nennwert der Gesamthöhe des Dübels

Für die Ermittlung des Bemessungswertes der Tragfähigkeit nach Gleichung (6.18) aus Eurocode 4, Teil 2 gilt der empfohlene Wert $\gamma_v = 1{,}25$ und für den Bemessungswert nach Gleichung (6.19) aus Eurocode 4, Teil 2 der Teilsicherheitsbeiwert $\gamma_v = 1{,}5$. EC-4-2/NA NDP zu 6.6.3.1 (1)

Für die Schweißwulste der Dübel gelten die Anforderungen nach DIN EN ISO 13918. EC-4-2 6.6.3.1 (2)

Wenn Dübel so angeordnet werden, dass Spaltzugkräfte in Gurtdickenrichtung entstehen, darf Eurocode 4, Teil 2, Abschnitt 6.6.3.1 (1) in der Regel nicht angewendet werden. EC-4-2 6.6.3.1 (3)

Für Kopfbolzendübel mit Schaftdurchmessern größer als 25 mm sowie für Kopfbolzendübel, bei denen die Schweißwulste nicht die Anforderungen nach DIN EN ISO 13918 erfüllen, ist die Anwendbarkeit der in Eurocode 4, Teil 2, Abschnitt 6.6.3.1 (1) angegebenen Beziehungen zur Ermittlung der Dübeltragfähigkeit in der Regel durch Versuche nach DIN EN 1994-1-1:2010-12, B.2 30, nachzuweisen. EC-4-2 6.6.3.1 (4)

<u>Anmerkung:</u>

Die Anforderungen der DIN EN ISO 13918 werden erfüllt.

Die Tragfähigkeit der Kopfbolzendübel ergibt sich wie folgt:

$h_{sc}/d = 125/22 = 5{,}68 \quad => \quad \alpha = 1$

(siehe Abschnitt 2.1.3.3.4)
$d = 22$ mm
$h_{sc} = 125$ mm
$f_u = 450$ N/mm²

(siehe Abschnitt 2.1.3.3.2)
$f_{ck} = 35$ N/mm²
$E_{cm} = 34000$ N/mm²

$$P_{Rd,1} = 0{,}8 \cdot 45 \cdot \left(\frac{\pi \cdot 2{,}2^2}{4}\right) \cdot \frac{1}{1{,}25} = 109{,}5 \text{ kN}$$

$$P_{Rd,2} = 0{,}29 \cdot 1{,}0 \cdot 2{,}2^2 \cdot \sqrt{3{,}5 \cdot 3400} \cdot \frac{1}{1{,}5} = 102{,}1 \text{ kN}$$

$$P_{Rd} = \min(P_{Rd,1}; P_{Rd,2}) = 102{,}10 \text{ kN}$$

Werden Kopfbolzendübel neben Längsschubkräften zusätzlich planmäßig durch Zugkräfte beansprucht, so ist in der Regel der aus dem Bemessungswert der Zugkraft F_{ten} resultierende Einfluss nachzuweisen. EC-4-2 6.6.3.2 (1)

Für $F_{ten} \leq 0{,}1\ P_{Rd}$ darf der Einfluss der Zugkraft vernachlässigt werden. Dabei ist P_{Rd} der Bemessungswert der Dübeltragfähigkeit nach Eurocode 4, Teil 2, Abschnitt 6.6.3.1. EC-4-2 6.6.3.2 (2)

Kopfbolzendübel mit Zugkräften $F_{ten} > 0{,}1\ P_{Rd}$ liegen nicht im Anwendungsbereich des Eurocode 4. EC-4-2 6.6.3.2 (3)

Anmerkung:
Planmäßige Zugkräfte werden nicht eingeleitet.
Wenn Kopfbolzendübel in Brückentragwerken nach Eurocode 4, Teil 2, Bild 6.13 in horizontaler Lage randnah angeordnet werden und aus den Schubkräften in Längsrichtung des Betongurtes Spaltzugkräfte in Gurtdickenrichtung entstehen, darf die Dübeltragfähigkeit nur dann nach Eurocode 4, Teil 2, Abschnitt 6.6.3.1(1) ermittelt werden, wenn die Dübel nicht zusätzlich durch vertikale Schubkräfte beansprucht werden und zusätzlich die Bedingungen nach Eurocode 4, Teil 2, Abschnitt 6.6.4 (2) und 6.6.4 (3) eingehalten sind.

EC-4-2 6.6.4 (1)

Anmerkung:
Es werden keine Kopfbolzendübel in horizontaler Lage angeordnet.

2.7.2.4 Erforderliche Dübelanzahl

Die erforderliche Dübelanzahl ergibt sich für den Feld- und Stützbereich wie folgt:

a) Feldbereich:

$V_{L,Ed}^{t=\infty} = 580{,}0$ kN/m (maßgebend t=∞)

(siehe Abschnitt 2.7.2.2) Feldbereich, Zeitpunkt t_∞ $V_{L,Ed} = 580$ kN/m

$P_{Rd} = 102{,}10$ kN

(siehe Abschnitt 2.7.1.4) Feldbereich $n_{vorh} = 12{,}5/m$

$$n_{erf} = \frac{V_{L,Ed}}{P_{Rd}} = \frac{580{,}0}{102{,}1} = 5{,}7/m \quad < n_{vorh} = 12{,}5/m$$

b) Stützbereich:

$V_{L,Ed}^{t=\infty} = 1208{,}0$ kN/m (maßgebend t=∞)

(siehe Abschnitt 2.7.2.2) Stützbereich, Zeitpunkt t_∞ $V_{L,Ed} = 1208$ kN/m

$P_{Rd} = 102{,}10$ kN

(siehe Abschnitt 2.7.1.4) Stützbereich $n_{vorh} = 25/m$

$$n_{erf} = \frac{V_{L,Ed}}{P_{Rd}} = \frac{1208{,}0}{102{,}1} = 11{,}8/m < n_{vorh} = 25/m$$

Anmerkung:
Für das Endauflager wurde kein Nachweis geführt. Die Querkräfte betragen dort ca. 80 % der Zwischenauflagerquerkraft. Im Bereich der Endauflager wird daher konstruktiv die gleiche Dübelzahl verbaut.

2.7.2.5 Längsschubtragfähigkeit des Betongurts

2.7.2.5.1 Allgemeines

Für den Betongurt und die Querbewehrung ist im Grenzzustand der Tragfähigkeit nachzuweisen, dass ein Versagen infolge Längsschub oder örtlicher Schubkrafteinleitung verhindert wird. EC-4-2 6.6.6.1 (1)P

Der Bemessungswert der einwirkenden Längsschubspannung muss in den für das Längsschubversagen maßgebenden Schnitten kleiner als die Längsschubkrafttragfähigkeit in dem jeweils betrachteten Schnitt sein. EC-4-2 6.6.6.1 (2)P

Bei der Ermittlung der einwirkenden Längsschubspannung v_{Ed} ergibt sich die Länge des Schnittes c-c nach Eurocode 4, Teil 2, Bild 6.15 bei einreihigen oder bei versetzt angeordneten Dübeln aus dem zweifachen Wert der Dübelhöhe zuzüglich des Kopfdurchmessers des Dübels. Bei zweireihiger Dübelanordnung resultiert die Länge des Schnittes b-b nach Bild 6.15 aus $(2 \cdot h_{sc}+s_t)$ zuzüglich des Kopfdurchmessers eines Dübels. Dabei ist h_{sc} die Höhe des Dübels und s_t der Achsabstand der Dübel in Querrichtung. EC-4-2 6.6.6.1 (3)

Die in der Verbundfuge einwirkende Längsschubkraft je Längeneinheit ist in Übereinstimmung mit Eurocode 4, Teil 2, Abschnitt 6.6.2 aus der erforderlichen Dübelanzahl unter Berücksichtigung der Verteilung der Dübel in Längsrichtung zu ermitteln. Der Verlauf der Längsschubkraft in Gurtquerrichtung darf bei der Bemessung berücksichtigt werden. EC-4-2 6.6.6.1 (4)

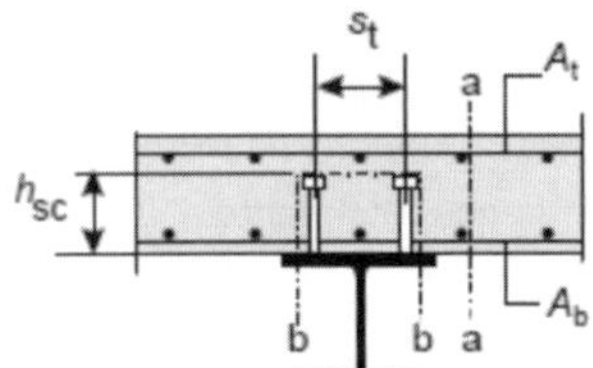

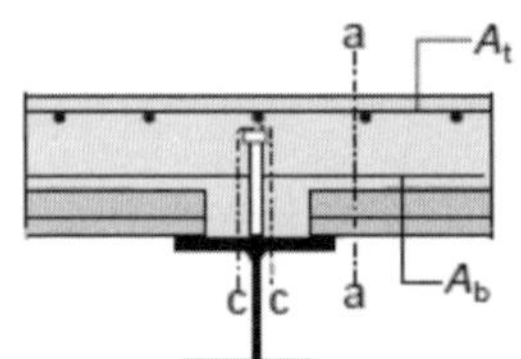

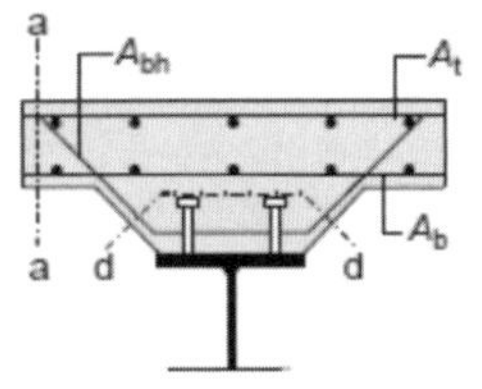

Schnitt	A_{sf}/s_f
a-a	$A_b + A_t$
b-b	$2\,A_b$
c-c	$2\,A_b$
d-d	$2\,A_{bh}$

Abbildung 132 Maßgebende Schnitte beim Nachweis der Längsschubkraft nach Bild 6.15, EC4-2

Der Bemessungswert der Längsschubkrafttragfähigkeit des Betongurtes im Schnitt a-a in Bild 6.15 ist in der Regel nach Eurocode 2, Teil 1-1, Abschnitt 6.2.4 zu ermitteln. EC-4-2 6.6.6.2 (1)

Wenn keine genauere Berechnung erfolgt, ist der Bemessungswert der Längsschubkrafttragfähigkeit für die Dübelumrissfläche sowie für Vouten mit der maßgebenden Länge h_f für die jeweilige Dübelumrissfläche (z. B. Schnitt b-b in Bild 6.15) nach Eurocode 2, Teil 1-1, Abschnitt 6.2.4(4) zu ermitteln. EC-4-2 6.6.6.2 (2)

Die Querbewehrung pro Abschnittslänge A_{sf}/s_f darf wie folgt bestimmt werden: EC-2-1-1 6.2.4 (4)

$$\left(A_{sf} \cdot f_{yd}/s_f\right) \geq v_{ed} \cdot h_f/\cot \Theta_f$$ EC-2-1-1 Gl. (6.21)

Um das Versagen der Druckstreben im Gurt zu vermeiden, ist in der Regel die folgende Anforderung zu erfüllen:

$$v_{Ed} \leq \nu \cdot f_{cd} \cdot \sin \Theta_f \cdot \cot \Theta_f$$ EC-2-1-1 Gl. (6.22)

Vereinfachend darf in Zuggurten $\cot\theta_f = 1{,}0$ und in Druckgurten $\cot\theta_f = 1{,}2$ gesetzt werden. Für ν ist ν_1 nach EC-2-1-1/NA NDP zu 6.2.3(103) zu verwenden. EC-2-2/NA NDP zu 6.2.4 (4)

EC-2-2/NA NDP zu 6.2.3 (103)

$$\nu_1 = 0{,}75$$

Für die anrechenbare Querbewehrung pro Längeneinheit A_{sf}/s_f nach Eurocode 2, Teil 1-1 gelten die Regelungen nach Bild 6.15, wobei A_b, A_t und A_{bh} die jeweiligen Querschnittsflächen der Querbewehrung je Längeneinheit sind. Für die Verankerungslängen der Querbewehrung gelten die Regelungen nach Eurocode 2, Teil 1-1, Abschnitt 8.4. EC-4-2 6.6.6.2 (3)

2.7.2.5.2 Ermittlung der Längsschubtragfähigkeit des Betons

Die Längsschubkraft im Grenzzustand der Tragfähigkeit wurde in Abschnitt 2.7.2.2 für den Feld- und Stützbereich zum Zeitpunkt t=∞ getrennt ermittelt und ergibt sich wie folgt:

$V_{L,Ed}^{t=\infty}$ = 580,0 kN/m (Feldbereich)
$V_{L,Ed}^{t=\infty}$ = 1208,0 kN/m (Stützbereich)

(siehe Abschnitt 2.7.2.2)

Für die Schnitte a-a und b-b nach Abbildung 132 sind folgende Werte zu berücksichtigen:

h_{sc} = 125 mm (Dübelhöhe)
s_t = 330 mm (Abstand der äußeren Dübelreihen)
h_c = 300 mm (Höhe des Betongurts)
A_b = 5,65 cm²/m (untere Bewehrung Querrichtung)
A_t = 5,65 cm²/m (obere Bewehrung Querrichtung)

(siehe Abschnitt 2.7.1.4)
e_Q = 82,5 mm (5-Reihig)
$s_t = 4^* e_Q$ = 330 mm

(siehe Abschnitt 2.1.3.2.2)
h_c = 300 mm
$A_b = A_t$ = 5,65 cm²/m (ø12-20)

Somit ergibt sich die maßgebende Länge h_f und der Bewehrungsgehalt A_{sf}/s_f für den Schnitt a-a (Betongurt) und b-b (Dübelumriss) wie folgt:

Schnitt a-a:
$h_f = 2 \cdot h_c$ $A_{sf}/s_f = A_b + A_t$
$h_f = 2 \cdot 0{,}3$ $A_{sf}/s_f = 5{,}65 + 5{,}65$
$h_f = 0{,}60$ m $A_{sf}/s_f = 11{,}31$ cm²/m

Schnitt b-b:
$h_f = 2 \cdot h_{sc} + s_t$ $A_{sf}/s_f = 2 \cdot A_b$
$h_f = 2 \cdot 0{,}125 + 0{,}33$ $A_{sf}/s_f = 2 \cdot 5{,}65$
$h_f = 0{,}58$ m $A_{sf}/s_f = 11{,}31$ cm²/m

Anmerkung:

Bei gleichem Bewehrungsgehalt in der oberen und unteren Lage wird hier der Schnitt b-b maßgebend.

Die Längsschubkraft v_{Ed} ergibt sich somit für den Feld- und Stützbereich zu:

$v_{Ed} = V_{L,Ed}^{t=\infty} / h_f = 580/58 \cdot 10^{-2} = 0{,}10$ kN/cm² (Feldbereich)
$v_{Ed} = V_{L,Ed}^{t=\infty} / h_f = 1208/58 \cdot 10^{-2} = 0{,}21$ kN/cm² (Stützbereich)

Im Folgenden wird der Nachweis für den maßgebenden Stützbereich geführt.

mit:

$\cot\theta_f$ = 1,00 (Zuggurt, Θ_f = 45°)

$\sin\theta_f$ = 0,71

ν_1 = 0,75

f_{yd} = 43,5 kN/cm²

f_{cd} = 1,98 kN/cm²

(siehe Abschnitt 2.1.3.3.1)
B500B mit γ_s = 1,15
f_{yk} = 500 N/mm²

(siehe Abschnitt 2.1.3.3.2)
C35/45 mit γ_c=1,5 und α=0,85
f_{ck} = 35 N/mm²

Nachweis der Betondruckstrebe:

EC-2-1-1 Gl. (6.22)

$$v_{Ed} \leq \nu_1 \cdot f_{cd} \cdot \sin\Theta_f \cdot \cot\Theta_f$$
$$0{,}21 \text{ kN/cm}^2 \leq 0{,}75 \cdot 1{,}98 \text{ kN/cm}^2 \cdot 0{,}71 \cdot 1{,}0$$
$$0{,}21 \text{ kN/cm}^2 \leq 1{,}05 \text{ kN/cm}^2$$

Nachweis der Zugstrebe:

EC-2-1-1 Gl. (6.21)

$$v_{Ed} \leq A_{sf}/s_f \cdot f_{yd} \cdot \cot\theta_f/h_f$$
$$0{,}21 \text{ kN/cm}^2 \leq 11{,}31 \cdot 43{,}5 \cdot 1{,}0/58 \cdot 10^{-2}$$
$$0{,}21 \text{ kN/cm}^2 > 0{,}08 \text{ kN/cm}^2$$

Anmerkung:

Die untere Grundbewehrung von ø12-20 ist somit im Stützbereich nicht ausreichend und muss für den Nachweis des Gurtanschlusses erhöht werden. Es wird hierfür eine Bewehrung von ø16-12^5 gewählt.

A_{sf}/s_f = 32,2 cm²/m (2*ø16-12^5)

$$v_{Ed} \leq A_{sf}/s_f \cdot f_{yd} \cdot \cot\theta_f/h_f$$
$$0{,}21 \text{ kN/cm}^2 \leq 32{,}2 \cdot 43{,}5 \cdot 1{,}0/58 \cdot 10^{-2}$$
$$0{,}21 \text{ kN/cm}^2 \leq 0{,}24 \text{ kN/cm}^2$$

Anmerkung:

Für das Endauflager wurde kein Nachweis geführt. Die Querkräfte betragen dort ca. 80% der Zwischenauflagerquerkraft. Im Bereich der Endauflager wird daher konstruktiv die gleiche Dübelzahl sowie die selbe Querbewehrung verbaut.

2.7.3 Grenzzustand der Tragfähigkeit (mit Ermüdung)

2.7.3.1 Allgemeines

Für Kopfbolzendübel ist bei Brücken unter der charakteristischen Kombination der Einwirkungen in der Regel nachzuweisen, dass die einwirkende Längsschubkraft je Dübel den Wert $k_s \cdot P_{Rd}$ nicht überschreitet, wobei P_{Rd} die Längsschubtragfähigkeit des Dübels nach Eurocode 4, Teil 2, 6.6.3.1 ist. — EC-4-2 6.8.1 (3)

Es gilt der Wert $k_s = 0{,}6$. — EC-4-2/NA NDP zu 6.8.1 (3)

Anmerkung:

Dieser Nachweis wird im Kapitel 2.7.4 separat geführt.

2.7.3.2 Teilsicherheitsbeiwerte

Für den Nachweis des Grenzzustandes der Ermüdung von Kopfbolzendübeln sind bei Brückentragwerken die Teilsicherheitsbeiwerte γ_{Mf} und $\gamma_{Mf,s}$ zu verwenden. — EC-4-2 2.4.1.2 (6)P; EC-3-2/NA NDP Zu 9.3(2)P

Für den Teilsicherheitsbeiwert γ_{Mf} gelten die Werte für Haupttragglieder nach DIN EN 1993-2 unter Beachtung von DIN EN 1993-2/NA. Für Kopfbolzendübel ist der Wert $\gamma_{Mf,s} = 1{,}25$ zu verwenden.

γ_{Mf} = 1,15 für Haupttragelemente aus Baustahl — EC-3-2/NA NDP Zu 9.3(2)P

$\gamma_{Mf,s}$ = 1,25 für Kopfbolzendübel — EC-4-2/NA NDP zu 2.4.1.2(6)

Bei der Ermüdungsbelastung ist in der Regel der Teilsicherheitsbeiwert γ_{Ff} zu berücksichtigen. — EC-4-2 6.8.2 (2); EC-4-2/NA NDP zu 6.8.2 (2)

γ_{Ff} = 1,0 für Baustahlnachweise

2.7.3.3 Einwirkende Spannungen

2.7.3.3.1 Allgemeines

Für die Berechnung der Spannungen gilt Eurocode 4, Teil 2, Abschnitt 7.2.1. EC-4-2 6.8.5.1 (1)

Für die Verbundfuge muss die Längsschubkraft je Längeneinheit auf der Grundlage der Elastizitätstheorie ermittelt werden. EC-4-2 6.8.5.5 (1)P

In Bereichen mit wahrscheinlicher Rissbildung in Betonquerschnittsteilen ist im Allgemeinen der Einfluss aus der Mitwirkung des Betons zwischen den Rissen zu berücksichtigen. Auf der sicheren Seite liegend darf die Längsschubkraft in der Verbundfuge unter der Annahme eines ungerissenen Querschnitts bestimmt werden. EC-4-2 6.8.5.5 (2)

Für den Nachweis von Kopfbolzendübeln mit Hilfe von Nennspannungsschwingbreiten ergibt sich die auf 2 Millionen Lastspiele bezogene schädigungsäquivalente Schubspannungsschwingbreite $\Delta\tau_{E,2}$ zu: EC-4-2 6.8.6.2 (1)

$$\Delta\tau_{E,2} = \lambda_v \cdot \Delta\tau$$ EC-4-2 Gl. (6.54)

Dabei ist:

λ_v der von der Neigung m der Ermüdungsfestigkeitskurve abhängige Schadensäquivalenzfaktor;

$\Delta\tau$ die Schubspannungsschwingbreite im Dübelschaft infolge der Ermüdungsbelastung, berechnet mit dem Nennwert des Schaftdurchmessers des Dübels.

Die schädigungsäquivalenten Spannungsschwingbreiten für geschweißte Details anderer Verbundmittel sind in der Regel nach Eurocode 3, Teil 1-9, Abschnitt 6 zu ermitteln. EC-4-2 6.8.6.2 (2)

Der Nachweis gegen Ermüdung ist in der Regel für Trägerbereiche, in denen Kopfbolzendübel auf Stahlträgergurte geschweißt werden, die unter der maßgebenden Einwirkungskombination nach Eurocode 4, Teil 2, Abschnitt 6.8.4(1) in der Druckzone liegen, mit der nachfolgenden Bedingung zu führen: EC-4-2 6.8.7.2 (1)

$$\gamma_{Ff} \cdot \Delta\tau_{E,2} \leq \Delta\tau_c / \gamma_{Mf,s}$$ EC-4-2 Gl. (6.55)

Dabei ist:

$\Delta\tau_{E,2}$ in Eurocode 4, Teil 2, Abschnitt 6.8.6.2(1) angegeben;

$\Delta\tau_c$ der auf zwei Millionen Spannungsspiele bezogene Bezugswert der Ermüdungsfestigkeit nach Eurocode 4, Teil 2, Abschnitt 6.8.3.

Die Spannungsschwingbreite $\Delta\tau$ im Dübel ist dabei mit der Querschnittsfläche des Dübelschaftes und dem Nenndurchmesser d des Dübelschaftes zu bestimmen.

Die Ermüdungsfestigkeitskurve für Kopfbolzendübel nach Eurocode 4, Teil 2, Abschnitt 6.6.3.1, die mit automatischen Schweißverfahren aufgeschweißt werden, ist in Eurocode 4, Teil 2, Bild 6.25 dargestellt und wird bei Verwendung von Normalbeton durch die nachfolgende Gleichung beschrieben. EC-4-2 6.8.3 (3)

$$(\Delta\tau_R)^m \cdot N_R = (\Delta\tau_{Rc})^m \cdot N_c$$ EC-4-2 Gl. (6.50)

Dabei ist:

$\Delta\tau_R$ die auf die Schaftfläche des Bolzens bezogene und mit dem Nenndurchmesser d ermittelte Ermüdungsfestigkeit

$\Delta\tau_c$ der Bezugswert der Ermüdungsfestigkeit bei $N_c = 2 \cdot 10^6$ Spannungsspielen mit $\Delta\tau_c = 90$ N/mm²

Wenn unter der maßgebenden Kombination im Gurt des Stahlträgers Zugspannungen auftreten, ist beim Nachweis von aufgeschweißten Kopfbolzendübeln in der Regel die gleichzeitige Wirkung von Schubspannungsschwingbreiten $\Delta\tau_E$ im Schweißwulst des Dübels und von Normalspannungsschwingbreiten $\Delta\sigma_E$ im Flansch des Trägers mit den nachfolgenden Bedingungen nachzuweisen: EC-4-2 6.8.7.2 (2)

$$\frac{\gamma_{Ff} \cdot \Delta\sigma_{E,2}}{\Delta\sigma_c / \gamma_{Mf}} + \frac{\gamma_{Ff} \cdot \Delta\tau_{E,2}}{\Delta\tau_c / \gamma_{Mf,s}} \le 1{,}3$$ EC-4-2 Gl. (6.56)

$$\frac{\gamma_{Ff} \cdot \Delta\sigma_{E,2}}{\Delta\sigma_c/\gamma_{Mf}} \leq 1{,}0$$

EC-4-2 Gl. (6.57)

$$\frac{\gamma_{Ff} \cdot \Delta\tau_{E,2}}{\Delta\tau_c/\gamma_{Mf,s}} \leq 1{,}0$$

Dabei ist:

$\Delta\sigma_C$ der Bezugswert der Ermüdungsfestigkeit nach Eurocode 3, Teil 1-9, Abschnitt 7, für die Kerbfallkategorie 80;

$\Delta\sigma_{E,2}$ die Spannungsschwingbreite im Flansch nach Eurocode 4, Teil 2, Abschnitt 6.8.6.1;

$\Delta\tau_{E,2}$, $\Delta\tau_C$ die nach Eurocode 4, Teil 2, Abschnitt 6.8.7.2 (1) beschriebenen Spannungsschwingbreiten.

Die Bedingung (6.56) ist in der Regel sowohl für die maximale Normalspannungsschwingbreite $\Delta\sigma_{E,2}$ und den zugehörigen Wert $\Delta\tau_{E,2}$ als auch für die maximale Schubspannungsschwingbreite und den zugehörigen Wert $\Delta\sigma_{E,2}$ nachzuweisen. Wenn der Einfluss aus der Mitwirkung des Betons zwischen den Rissen nicht mit genaueren Berechnungsverfahren berücksichtigt wird, ist der Nachweis mit den jeweils zugehörigen Spannungsschwingbreiten im Allgemeinen sowohl mit den Querschnittskenngrößen des ungerissenen als auch mit den Querschnittskenngrößen des gerissenen Querschnitts zu führen.

EC-4-2 6.8.7.2 (3)

2.7.3.3.2 Ermittlung der Spannungen infolge ELM3

Maßgebend sind die Schnittgrößen zum Zeitpunkt $t=\infty$, da die Ermüdung nur unter häufig wiederholten Spannungswechseln auftritt.

Die Schubspannungen im Dübel ergeben sich über die Längsschubkräfte aus ELM3, die Biegespannungen im Flansch über das Biegemoment aus ELM3. Die Spannungen werden für Feld- und Stützbereich sowohl für Zustand I als auch für den Zustand II getrennt ermittelt.

a) Feldbereich:

maßgebende Biegemomente:

$$M_{Ed,LM3,max} = 655{,}4 \text{ kNm}$$
$$M_{Ed,LM3,min} = -170{,}2 \text{ kNm}$$

$$V_{Ed,LM3,max} = 79{,}8 \text{ kN}$$
$$V_{Ed,LM3,min} = -77{,}1 \text{ kN}$$

Schnittgrößen (Tab.25):

t=∞; aus LM3
$M_{Ed,LM3,max}$ = 655,4 kNm
$M_{Ed,LM3,min}$ = -170,2 kNm

$V_{Ed,LM3,max}$ = 79,8 kN
$V_{Ed,LM3,min}$ = -77,1 kN

Längsspannungen in Oberkante Stahlträgerobergurt (Zustand I):

$$\sigma_{max,f} = \frac{M_{Ed,LM3,max}}{W^{li,0}_{a,fl,o}} = \frac{65.540}{-1.132.434} = -0{,}06 \text{ kN/cm}^2$$

$$\sigma_{min,f} = \frac{M_{Ed,LM3,max}}{W^{li,0}_{a,fl,o}} = \frac{-17.020}{-1.132.434} = 0{,}02 \text{ kN/cm}^2$$

Querschnittswerte (Tab.4):
Zustand 1; Kurzzeit; Querschnitt 2

$W^{(li,0)}_{a,fl,o}$ = -1132434 cm³

Längsschubspannungen im Dübelschaft (Zustand I):

$$\tau_{max,f} = \frac{V_{Ed,LM3,max} \cdot S_{i,0}}{I_{i,0} \cdot n_{vorh} \cdot \left(\frac{\pi \cdot d^2}{4}\right)} = \frac{79{,}8 \cdot 27.054 \cdot 100}{2.883.187 \cdot 12{,}5 \cdot \left(\frac{\pi \cdot 2{,}2^2}{4}\right)} = 1{,}58 \text{ kN/cm}^2$$

$$\tau_{min,f} = \frac{V_{Ed,LM3,min} \cdot S_{i,0}}{I_{i,0} \cdot n_{vorh} \cdot \left(\frac{\pi \cdot d^2}{4}\right)} = \frac{-77.1 \cdot 27.054 \cdot 100}{2.883.187 \cdot 12{,}5 \cdot \left(\frac{\pi \cdot 2{,}2^2}{4}\right)} = -1{,}52 \text{ kN/cm}^2$$

mit:
$$S_{i,0} = (A_s + A_{c,i,0}) \cdot (z_{i,0} - z_{si})$$
$$S_{i,0} = (80{,}5 + 1460{,}45) \cdot (32{,}55 - 15{,}0)$$
$$S_{i,0} = 27043{,}7 \text{ cm}^3$$

Querschnittswerte (Tab.4):
Zustand 1; Querschnitt 2
Kurzzeitlasten (Verkehr)

$I_{i,0}$ = 2883187 cm⁴
A_s = 80,5 cm²
$A_{c,i,0}$ = 1460,45 cm²
$z_{i,0}$ = 32,55 cm
z_{si} = 15,0 cm

(siehe Abschnitt 2.7.1.4)
n_{vorh} = 12,5/100 cm (Feld)
d = 22 mm

Längsspannungen in Oberkante Stahlträgerobergurt (Zustand II):

$$\sigma_{max,f} = \frac{M_{Ed,LM3,max}}{W^{II}_{a,fl,o}} = \frac{65.540}{-30.934} = -2{,}12 \text{ kN/cm}^2$$

$$\sigma_{min,f} = \frac{M_{Ed,LM3,max}}{W^{II}_{a,fl,o}} = \frac{-17.020}{-30.934} = 0{,}55 \text{ kN/cm}^2$$

Querschnittswerte (Tab.9):
Zustand 2; Querschnitt 2

$W^{II}_{a,fl,o}$ = -30934 cm³

Längsschubspannungen im Dübelschaft (Zustand II):

$$\tau_{max,f} = \frac{V_{Ed,LM3,max} \cdot S_{II}}{I_{II} \cdot n_{vorh} \cdot \left(\frac{\pi \cdot d^2}{4}\right)} = \frac{79{,}8 \cdot 4.608 \cdot 100}{1.306.772 \cdot 12{,}5 \cdot \left(\frac{\pi \cdot 2{,}2^2}{4}\right)} = 0{,}59 \text{ kN/cm}^2$$

$$\tau_{min,f} = \frac{V_{Ed,LM3,min} \cdot S_{i,0}}{I_{i,0} \cdot n_{vorh} \cdot \left(\frac{\pi \cdot d^2}{4}\right)} = \frac{-77.1 \cdot 4.608 \cdot 100}{1.306.772 \cdot 12{,}5 \cdot \left(\frac{\pi \cdot 2{,}2^2}{4}\right)} = -0{,}57 \text{ kN/cm}^2$$

mit: $S_{II} = A_s \cdot (z_{i,0} - z_{si})$

$S_{II} = 80{,}5 \cdot (72{,}24 - 15{,}0)$

$S_{II} = 4607{,}8 \text{ cm}^3$

Querschnittswerte (Tab.9):
Zustand 2; Querschnitt 2
Kurzzeitlasten (Verkehr)

$I_{II} = 1306772 \text{ cm}^4$
$A_s = 80{,}5 \text{ cm}^2$
$z_{i,II} = 72{,}24 \text{ cm}$
$z_{si} = 15{,}0 \text{ cm}$

(siehe Abschnitt 2.7.1.4)
$n_{vorh} = 12{,}5/100$ cm (Feld)
d = 22 mm

b) Stützbereich:

maßgebende Biegemomente:

$M_{Ed,LM3,max} = 0{,}0$ kNm
$M_{Ed,LM3,min} = -397{,}1$ kNm

$V_{Ed,LM3,max} = 0{,}0$ kN
$V_{Ed,LM3,min} = -292{,}2$ kN

Schnittgrößen (Tab.25):

t=∞; aus LM3
$M_{Ed,LM3,max} = 0{,}0$ kNm
$M_{Ed,LM3,min} = -397{,}1$ kNm

$V_{Ed,LM3,max} = 0{,}0$ kN
$V_{Ed,LM3,min} = -292{,}2$ kN

Längsspannungen in Oberkante Stahlträgerobergurt (Zustand I)

$$\sigma_{min,f} = \frac{M_{Ed,LM3,max}}{W^{Ii,0}_{a,fl,o}} = \frac{-39.710}{-486.310} = 0{,}08 \text{ kN/cm}^2$$

$\sigma_{max,f} = 0 \text{ kN/cm}^2$

Querschnittswerte (Tab.4):
Zustand 1; Kurzzeit; Querschnitt 3

$W^{(Ii,0)}_{a,fl,o} = -486310 \text{ cm}^3$

Längsschubspannungen im Dübelschaft (Zustand I):

$\tau_{max,f} = 0 \text{ kN/cm}^2$

$$\tau_{min,f} = \frac{V_{Ed,LM3,min} \cdot S_{i,0}}{I_{i,0} \cdot n_{vorh} \cdot \left(\frac{\pi \cdot d^2}{4}\right)} = \frac{-292{,}2 \cdot 25.296 \cdot 100}{2.740.891 \cdot 25 \cdot \left(\frac{\pi \cdot 2{,}2^2}{4}\right)} = -2{,}83 \text{ kN/cm}^2$$

mit: $S_{i,0} = (A_s + A_{c,i,0}) \cdot (z_{i,0} - z_{si})$

$S_{i,0} = (140 + 1085{,}6) \cdot (35{,}64 - 15{,}0)$

$S_{i,0} = 25296{,}3 \text{ cm}^3$

Querschnittswerte (Tab.4):
Zustand 1; Querschnitt 3
Kurzzeitlasten (Verkehr)

$I_{i,0} = 2740891 \text{ cm}^4$
$A_s = 140 \text{ cm}^2$
$A_{c,i,0} = 1085{,}6 \text{ cm}^2$
$z_{i,0} = 35{,}64 \text{ cm}$
$z_{si} = 15{,}0 \text{ cm}$

(siehe Abschnitt 2.7.1.4)
$n_{vorh} = 25/100$ cm (Stützbereich)
d = 22 mm

Längsspannungen in Oberkante Stahlträgerobergurt (Zustand II)

Querschnittswerte (Tab.9):
Zustand 2; Querschnitt 3

$W^{II}_{a,fl,o}$ = -39700 cm³

$$\sigma_{min,f} = \frac{M_{Ed,LM3,max}}{W^{II}_{a,fl,o}} = \frac{-39.710}{-38.700} = 1,00 \text{ kN/cm}^2$$

$$\sigma_{max,f} = 0 \text{ kN/cm}^2$$

Längsschubspannungen im Dübelschaft (Zustand II):

Querschnittswerte (Tab.9):
Zustand 2; Querschnitt 3
Kurzzeitlasten (Verkehr)

I_{II} = 1485291 cm⁴
A_s = 140 cm²
$z_{i,II}$ = 67,41 cm
z_{si} = 15,0 cm

(siehe Abschnitt 2.7.1.4)
n_{vorh} = 25/100 cm (Stützbereich)
d = 22 mm

$$\tau_{max,f} = 0 \text{ kN/cm}^2$$

$$\tau_{min,f} = \frac{V_{Ed,LM3,min} \cdot S_{i,0}}{I_{i,0} \cdot n_{vorh} \cdot \left(\frac{\pi \cdot d^2}{4}\right)} = \frac{-292,2 \cdot 7.337 \cdot 100}{1.485.291 \cdot 25 \cdot \left(\frac{\pi \cdot 2,2^2}{4}\right)} = -1,52 \text{ kN/cm}^2$$

mit:
$$S_{II} = A_s \cdot (z_{i,0} - z_{si})$$
$$S_{II} = 140 \cdot (67,41 - 15,0)$$
$$S_{II} = 7337,4 \text{ cm}^3$$

2.7.3.3.3 Ermittlungen des Anpassungsfaktors λ_v

Bei Brückentragwerken ergibt sich der Schadensäquivalenzfaktor λ_v für schubbeanspruchte Kopfbolzendübel zu $\lambda_v = \lambda_{v,1} \cdot \lambda_{v,2} \cdot \lambda_{v,3} \cdot \lambda_{v,4}$. Die Faktoren $\lambda_{v,1}$ bis $\lambda_{v,4}$ sind nachfolgend geregelt. EC-4-2 6.8.6.2 (3)

Für Straßenbrücken mit Stützweiten bis zu 100 m gilt für Kopfbolzendübel $\lambda_{v,1}$ = 1,55. Die Faktoren $\lambda_{v,2}$ bis $\lambda_{v,4}$ sind in der Regel nach Eurocode 3, Teil 2, Abschnitt 9.5.2(3) bis (6) zu ermitteln, wobei anstelle der dort angegebenen Exponenten die aus dem Neigungsexponenten m = 8 der Ermüdungsfestigkeitskurve für Kopfbolzendübel nach Eurocode 4, Teil 2, Abschnitt 6.8.3 resultierenden Exponenten 8 und 1/8 zu verwenden sind. EC-4-2 6.8.6.2 (4)

a) Ermittlung des Spannweitenbeiwerts $\lambda_{v,1}$:

$$\lambda_{v,1} = 1{,}55$$ EC-4-2 6.8.6.2 (4)

b) Ermittlung des Verkehrsstärkenbeiwerts $\lambda_{v,2}$:

$$\lambda_{v,2} = \frac{Q_{m1}}{Q_0} \cdot \left[\frac{N_{obs}}{N_0}\right]^{\frac{1}{8}}$$ EC-3-2 Gl. (9.10)

<u>Anmerkung:</u>

Gemäß ARS 22/2012 Anlage 5 ist λ_2 generell zu 1,10 zu setzen.

$$\lambda_{v,2} = 1{,}10$$

c) Ermittlung des Nutzungsdauerbeiwerts $\lambda_{v,3}$:

$$\lambda_{v,3} = \left[\frac{t_{Ld}}{100}\right]^{\frac{1}{8}}$$ EC-3-2 Gl. (9.11)

Gemäß EC3-2/NA NDP Zu 9.5.2(5) ist für die Nutzungsdauer t_{Ld} ein Zeitraum von 100 Jahren anzusetzen. EC-3-2/NA NDP Zu 9.5.2(5)

$$\lambda_{v,3} = \left[\frac{100}{100}\right]^{\frac{1}{8}} = 1{,}00$$

d) Ermittlung des Fahrstreifenbeiwerts $\lambda_{v,4}$:

$$\lambda_{v,4} = \left(1+\left(k-1\right)\cdot 0{,}1\right)^{\frac{1}{8}}$$

EC-3-2/NA NDP Zu 9.5.2(6)

Die Anzahl der Schwerverkehrsfahrstreifen beträgt hier k=1.

$$\lambda_{v,4} = (1+(1-1)\cdot 0{,}1)^{\frac{1}{5}} = 1{,}0$$

e) Ermittlung des Schadensäquivalenzfaktors λ_v:

$$\lambda_v = \lambda_{v,1}\cdot\lambda_{v,2}\cdot\lambda_{v,3}\cdot\lambda_{v.4}$$
$$\lambda_v = 1{,}55\cdot 1.1\cdot 1{,}0\cdot 1{,}0$$
$$\lambda_v = 1{,}71$$

EC-4-2 6.8.6.2 (4)

2.7.3.3.4 Ermittlung der Spannungsschwingbreiten $\Delta\sigma_E$ und $\Delta\tau_E$

Die schädigungsäquivalente Spannungsschwingbreite für die Beanspruchung aus Haupttragwirkung ergibt sich zu:

$$\Delta\sigma_{E,2} = \phi\cdot\lambda\cdot\left|\sigma_{max,f} - \sigma_{min,f}\right|$$

EC-4-2 Gl. (6.52)

Anmerkung:

Für Straßenbrücken darf der Beiwert ϕ zu 1,0 gesetzt werden, da dieser bereits im jeweiligen Ermüdungslastmodell berücksichtigt ist.

siehe auch EC3-2 9.4.1(5)

Die schädigungsäquivalente Schubspannungsschwingbreite für die Beanspruchung aus Haupttragwirkung ergibt sich zu:

$$\Delta\tau_{E,2} = \lambda_v\cdot\Delta\tau$$

EC-4-2 Gl. (6.54)

Die Spannungsschwingbreiten ergeben sich für die Bemessungspunkte im Feld- und Stützbereich für den Zustand I und II wie folgt:

a) Feldbereich:

an der Oberkante Stahlträgerobergurt (Zustand I):

$$\Delta\sigma_{E,2} = \phi\cdot\lambda_v\cdot\left|\sigma_{max,f} - \sigma_{min,f}\right|$$
$$\Delta\sigma_{E,2} = 1{,}0\cdot 1{,}71\cdot\left|-0{,}06 - 0{,}02\right|$$
$$\Delta\sigma_{E,2} = 0{,}14\ kN/cm^2$$

OK Stahlträgerobergurt (siehe Abschnitt 2.7.3.3.2)

$\sigma_{max,f}$ = -0,06 kN/cm²
$\sigma_{min,f}$ = 0,02 kN/cm²

Schub im Dübelschaft (Zustand I):

$\Delta\tau_{E,2} = \lambda_v \cdot |\tau_{max,f} - \tau_{min,f}|$
$\Delta\tau_{E,2} = 1{,}71 \cdot |1{,}58 - -1{,}52|$
$\Delta\tau_{E,2} = 5{,}30\ kN/cm^2$

OK Stahlträgerobergurt (siehe Abschnitt 2.7.3.3.2)

$\tau_{max,f} = 1{,}58\ kN/cm^2$
$\tau_{min,f} = -1{,}52\ kN/cm^2$

an der Oberkante Stahlträgerobergurt (Zustand II):

$\Delta\sigma_{E,2} = \phi \cdot \lambda_v \cdot |\sigma_{max,f} - \sigma_{min,f}|$
$\Delta\sigma_{E,2} = 1{,}0 \cdot 1{,}71 \cdot |-2{,}12 - 0{,}55|$
$\Delta\sigma_{E,2} = 4{,}55\ kN/cm^2$

OK Stahlträgerobergurt (siehe Abschnitt 2.7.3.3.2)

$\sigma_{max,f} = -2{,}12\ kN/cm^2$
$\sigma_{min,f} = 0{,}55\ kN/cm^2$

Schub im Dübelschaft (Zustand II):

$\Delta\tau_{E,2} = \lambda_v \cdot |\tau_{max,f} - \tau_{min,f}|$
$\Delta\tau_{E,2} = 1{,}71 \cdot |0{,}59 - -0{,}57|$
$\Delta\tau_{E,2} = 1{,}98\ kN/cm^2$

OK Stahlträgerobergurt (siehe Abschnitt 2.7.3.3.2)

$\tau_{max,f} = 0{,}59\ kN/cm^2$
$\tau_{min,f} = -0{,}57\ kN/cm^2$

b) Stützbereich:

an der Oberkante Stahlträgerobergurt (Zustand I):

$\Delta\sigma_{E,2} = \phi \cdot \lambda_v \cdot |\sigma_{max,f} - \sigma_{min,f}|$
$\Delta\sigma_{E,2} = 1{,}0 \cdot 1{,}71 \cdot |-0{,}08 - 0|$
$\Delta\sigma_{E,2} = 0{,}14\ kN/cm^2$

OK Stahlträgerobergurt (siehe Abschnitt 2.7.3.3.2)

$\sigma_{max,f} = 0{,}08\ kN/cm^2$
$\sigma_{min,f} = 0\ kN/cm^2$

Schub im Dübelschaft (Zustand I):

$\Delta\tau_{E,2} = \lambda_v \cdot |\tau_{max,f} - \tau_{min,f}|$
$\Delta\tau_{E,2} = 1{,}71 \cdot |0 - -2{,}83|$
$\Delta\tau_{E,2} = 4{,}83\ kN/cm^2$

OK Stahlträgerobergurt (siehe Abschnitt 2.7.3.3.2)

$\tau_{max,f} = 0\ kN/cm^2$
$\tau_{min,f} = -2{,}83\ kN/cm^2$

an der Oberkante Stahlträgerobergurt (Zustand II):

$\Delta\sigma_{E,2} = \phi \cdot \lambda_v \cdot |\sigma_{max,f} - \sigma_{min,f}|$
$\Delta\sigma_{E,2} = 1{,}0 \cdot 1{,}71 \cdot |1{,}0 - 0|$
$\Delta\sigma_{E,2} = 1{,}71\ kN/cm^2$

OK Stahlträgerobergurt (siehe Abschnitt 2.7.3.3.2)

$\sigma_{max,f} = 1{,}00\ kN/cm^2$
$\sigma_{min,f} = 0\ kN/cm^2$

Schub im Dübelschaft (Zustand II):

$\Delta\tau_{E,2} = \lambda_v \cdot |\tau_{max,f} - \tau_{min,f}|$
$\Delta\tau_{E,2} = 1{,}71 \cdot |0 - -1{,}52|$
$\Delta\tau_{E,2} = 2{,}60 \text{ kN/cm}^2$

OK Stahlträgerobergurt (siehe Abschnitt 2.7.3.3.2)

$\tau_{max,f} = 0 \text{ kN/cm}^2$
$\tau_{min,f} = -1{,}52 \text{ kN/cm}^2$

2.7.3.4 Ermüdungswiderstände

Der Nachweis gegen Ermüdung wird über die nachfolgenden drei Gleichungen geführt:

$$\frac{\gamma_{Ff} \cdot \Delta\sigma_{E,2}}{\Delta\sigma_c / \gamma_{Mf}} + \frac{\gamma_{Ff} \cdot \Delta\tau_{E,2}}{\Delta\tau_c / \gamma_{Mf,s}} \leq 1{,}3$$ EC-4-2 Gl. (6.56)

$$\frac{\gamma_{Ff} \cdot \Delta\sigma_{E,2}}{\Delta\sigma_c / \gamma_{Mf}} \leq 1{,}0$$ EC-4-2 Gl. (6.57)

$$\frac{\gamma_{Ff} \cdot \Delta\tau_{E,2}}{\Delta\tau_c / \gamma_{Mf,s}} \leq 1{,}0$$

Die schädigungsäquivalenten Spannungsschwingbreiten $\Delta\sigma_{E,2}$ und $\Delta\tau_{E,2}$ sind dem Abschnitt 2.7.3.3.4 zu entnehmen.

Die Teilsicherheitsbeiwerte sind dem Abschnitt 2.7.3.2 zu entnehmen.

$\gamma_{Mf} = 1{,}15$ für Haupttragelemente aus Baustahl — EC-3-2/NA NDP Zu 9.3(2)P
$\gamma_{Mf,s} = 1{,}25$ für Kopfbolzendübel — EC-4-2/NA NDP zu 2.4.1.2(6)

$\gamma_{Ff} = 1{,}0$ für Baustahlnachweise — EC-4-2 6.8.2 (2); EC-4-2/NA NDP zu 6.8.2 (2)

Die Bezugswerte $\Delta\sigma_c$ und $\Delta\tau_c$ ergeben sich wie folgt:

$\Delta\sigma_c = 80 \text{ N/mm}^2$ der Bezugswert der Ermüdungsfestigkeit nach Eurocode 3, Teil 1-9, Abschnitt 7, für die Kerbfallkategorie 80 — EC-4-2 6.8.7.2 (2)

$\Delta\tau_c = 90 \text{ N/mm}^2$ der Bezugswert der Ermüdungsfestigkeit der Kopfbolzendübel bei $N_c = 2 \cdot 10^6$ Spannungsspielen — EC-4-2 6.8.3 (2)

Im Folgenden wird zwischen Feld- und Stützbereich bzw. Zustand I und Zustand II unterschieden.

a) Feldbereich:

Zustand I:

$$\frac{\gamma_{Ff} \cdot \Delta\sigma_{E,2}}{\Delta\sigma_c / \gamma_{Mf,s}} = \frac{1{,}0 \cdot 0{,}14}{8{,}0/1{,}15} = 0{,}02 \leq 1{,}0$$

$$\frac{\gamma_{Ff} \cdot \Delta\tau_{E,2}}{\Delta\tau_c / \gamma_{Mf,s}} = \frac{1{,}0 \cdot 5{,}30}{9{,}0/1{,}25} = 0{,}74 \leq 1{,}0$$

$$\frac{\gamma_{Ff} \cdot \Delta\sigma_{E,2}}{\Delta\sigma_c / \gamma_{Mf,s}} + \frac{\gamma_{Ff} \cdot \Delta\tau_{E,2}}{\Delta\tau_c / \gamma_{Mf,s}} = 0{,}02 + 0{,}74 = 0{,}76 \leq 1{,}3$$

(siehe Abschnitt 2.7.3.3.4)
$\Delta\sigma_{E,2}$ = 0,14 kN/cm²
$\Delta\tau_{E,2}$ = 5,30 kN/cm²

(siehe Abschnitt 2.7.3.3.1)
$\Delta\sigma_c$ = 8,0 kN/cm²
$\Delta\tau_c$ = 9,0 kN/cm²

(siehe Abschnitt 2.7.3.2)
γ_{Ff} = 1,0
γ_{Mf} = 1,15
$\gamma_{Mf,s}$ = 1,25

Zustand II:

$$\frac{\gamma_{Ff} \cdot \Delta\sigma_{E,2}}{\Delta\sigma_c / \gamma_{Mf,s}} = \frac{1{,}0 \cdot 4{,}55}{8{,}0/1{,}15} = 0{,}65 \leq 1{,}0$$

$$\frac{\gamma_{Ff} \cdot \Delta\tau_{E,2}}{\Delta\tau_c / \gamma_{Mf,s}} = \frac{1{,}0 \cdot 1{,}98}{9{,}0/1{,}25} = 0{,}28 \leq 1{,}0$$

$$\frac{\gamma_{Ff} \cdot \Delta\sigma_{E,2}}{\Delta\sigma_c / \gamma_{Mf,s}} + \frac{\gamma_{Ff} \cdot \Delta\tau_{E,2}}{\Delta\tau_c / \gamma_{Mf,s}} = 0{,}65 + 0{,}28 = 0{,}93 \leq 1{,}3$$

(siehe Abschnitt 2.7.3.3.4)
$\Delta\sigma_{E,2}$ = 4,55 kN/cm²
$\Delta\tau_{E,2}$ = 1,98 kN/cm²

(siehe Abschnitt 2.7.3.3.1)
$\Delta\sigma_c$ = 8,0 kN/cm²
$\Delta\tau_c$ = 9,0 kN/cm²

(siehe Abschnitt 2.7.3.2)
γ_{Ff} = 1,0
γ_{Mf} = 1,15
$\gamma_{Mf,s}$ = 1,25

b) Stützbereich:

Zustand I:

$$\frac{\gamma_{Ff} \cdot \Delta\sigma_{E,2}}{\Delta\sigma_c / \gamma_{Mf,s}} = \frac{1{,}0 \cdot 0{,}14}{8{,}0/1{,}15} = 0{,}02 \leq 1{,}0$$

$$\frac{\gamma_{Ff} \cdot \Delta\tau_{E,2}}{\Delta\tau_c / \gamma_{Mf,s}} = \frac{1{,}0 \cdot 4{,}83}{9{,}0/1{,}25} = 0{,}68 \leq 1{,}0$$

$$\frac{\gamma_{Ff} \cdot \Delta\sigma_{E,2}}{\Delta\sigma_c / \gamma_{Mf,s}} + \frac{\gamma_{Ff} \cdot \Delta\tau_{E,2}}{\Delta\tau_c / \gamma_{Mf,s}} = 0{,}02 + 0{,}67 = 0{,}69 \leq 1{,}3$$

(siehe Abschnitt 2.7.3.3.4)
$\Delta\sigma_{E,2}$ = 0,14 kN/cm²
$\Delta\tau_{E,2}$ = 4,83 kN/cm²

(siehe Abschnitt 2.7.3.3.1)
$\Delta\sigma_c$ = 8,0 kN/cm²
$\Delta\tau_c$ = 9,0 kN/cm²

(siehe Abschnitt 2.7.3.2)
γ_{Ff} = 1,0
γ_{Mf} = 1,15
$\gamma_{Mf,s}$ = 1,25

Zustand II:

(siehe Abschnitt 2.7.3.3.4)
$\Delta\sigma_{E,2}$ = 1,71 kN/cm²
$\Delta\tau_{E,2}$ = 2,60 kN/cm²

(siehe Abschnitt 2.7.3.3.1)
$\Delta\sigma_c$ = 8,0 kN/cm²
$\Delta\tau_c$ = 9,0 kN/cm²

(siehe Abschnitt 2.7.3.2)
γ_{Ff} = 1,0
γ_{Mf} = 1,15
$\gamma_{Mf,s}$ = 1,25

$$\frac{\gamma_{Ff} \cdot \Delta\sigma_{E,2}}{\Delta\sigma_c / \gamma_{Mf,s}} = \frac{1{,}0 \cdot 1{,}71}{8{,}0/1{,}15} = 0{,}25 \leq 1{,}0$$

$$\frac{\gamma_{Ff} \cdot \Delta\tau_{E,2}}{\Delta\tau_c / \gamma_{Mf,s}} = \frac{1{,}0 \cdot 2{,}60}{9{,}0/1{,}25} = 0{,}36 \leq 1{,}0$$

$$\frac{\gamma_{Ff} \cdot \Delta\sigma_{E,2}}{\Delta\sigma_c / \gamma_{Mf,s}} + \frac{\gamma_{Ff} \cdot \Delta\tau_{E,2}}{\Delta\tau_c / \gamma_{Mf,s}} = 0{,}25 + 0{,}36 = 0{,}61 \leq 1{,}3$$

Anmerkung:

Für das Endauflager wurde kein Nachweis geführt. Die Querkräfte betragen dort ca. 80 % der Zwischenauflagerquerkraft. Im Bereich der Endauflager wird daher konstruktiv die gleiche Dübelzahl verbaut.

2.7.4 Grenzzustand der Gebrauchstauglichkeit

2.7.4.1 Allgemeines

Die Längsschubkraft pro Dübel ist im Grenzzustand der Gebrauchstauglichkeit in der Regel auf den Wert nach Eurocode 4, Teil 2, Abschnitt 6.8.1(3) zu begrenzen. EC-4-2 7.2.2 (6)

Für Kopfbolzendübel ist bei Brücken unter der charakteristischen Kombination der Einwirkungen in der Regel nachzuweisen, dass die einwirkende Längsschubkraft je Dübel den Wert $k_s \cdot P_{Rd}$ nicht überschreitet, wobei P_{Rd} die Längsschubtragfähigkeit des Dübels nach Eurocode 4, Teil 2, 6.6.3.1 ist. EC-4-2 6.8.1 (3)

Es gilt der Wert $k_s = 0{,}6$. EC-4-2/NA NDP zu 6.8.1 (3)

2.7.4.2 Ermittlung der Längsschubkräfte

Die Ermittlung der Längsschubkräfte erfolgt analog zu Kapitel 2.7.2.2 am ungerissenen Verbundquerschnitt im Feldbereich und an der Innenstütze.

a) Feldbereich:

Für den Feldbereich ergeben sich die nachweisrelevanten Verbundschnittgrößen in der charakteristischen Einwirkungskombination wie folgt:

Zeitpunkt t_{28}:
$V_{Ed,v,max}$ = 279,4 kN
$V_{Ed,v,min}$ = - 428,1 kN

Zeitpunkt t_∞:
$V_{Ed,v,max}$ = 225,0 kN
$V_{Ed,v,min}$ = - 473,6 kN (maßgebend)

Schnittgrößen (Tab.27):

t=28
$V_{Ed,v,max}$ = 279,4 kN
$V_{Ed,v,min}$ = - 428,1 kN

t=∞
$V_{Ed,v,max}$ = 225,0 kN
$V_{Ed,v,min}$ = - 473,6 kN

Die maßgebende Gesamtschnittgröße setzt sich aus folgenden Teilschnittgrößen zusammen:

$V_{Ed,v,EG}$ = - 13,9 kN (Eigengewicht)
$V_{Ed,v,A}$ = - 39,2 kN (Setzungen)
$V_{Ed,v,V}$ = - 303,6 kN (Verkehr)
$V_{Ed,v,T}$ = - 58,2 kN (Temperatur)
$V_{Ed,v,S}$ = - 61,6 kN (Schwinden)
$V_{Ed,v,PT}$ = 2,9 kN (Kriechen)

Die zugehörigen statischen Momente in der Verbundfuge ergeben sich wie folgt:

ständige Lasten:

$$S_{i,B} = (A_s + A_{c,i,B}) \cdot (z_{i,B} - z_{si})$$
$$S_{i,B} = (80{,}5 + 551{,}68) \cdot (45{,}87 - 15{,}0)$$
$$S_{i,B} = 19515{,}4 \text{ cm}^3$$

Querschnittswerte (Tab.5):
Zustand 1; Querschnitt 2
ständige Lasten

$A_s = 80{,}5 \text{ cm}^2$
$A_{c,i,B} = 551{,}68 \text{ cm}^2$
$z_{i,B} = 45{,}87 \text{ cm}$
$z_{si} = 15{,}0 \text{ cm}$

Setzungen:

$$S_{i,A} = (A_s + A_{c,i,A}) \cdot (z_{i,A} - z_{si})$$
$$S_{i,A} = (80{,}5 + 449{,}88) \cdot (48{,}73 - 15{,}0)$$
$$S_{i,A} = 17889{,}7 \text{ cm}^3$$

Querschnittswerte (Tab.8):
Zustand 1; Querschnitt 2
Stützensenkung

$A_{c,i,A} = 449{,}88 \text{ cm}^2$
$z_{i,A} = 48{,}73 \text{ cm}$

Verkehrslasten:
(+ Temperatur)

$$S_{i,0} = (A_s + A_{c,i,0}) \cdot (z_{i,0} - z_{si})$$
$$S_{i,0} = (80{,}5 + 1460{,}45) \cdot (32{,}55 - 15{,}0)$$
$$S_{i,0} = 27043{,}7 \text{ cm}^3$$

Querschnittswerte (Tab.4):
Zustand 1; Querschnitt 2
Kurzzeitlasten (Verkehr)

$A_{c,i,0} = 1460{,}45 \text{ cm}^2$
$z_{i,0} = 32{,}55 \text{ cm}$

Schwinden:

$$S_{i,S} = (A_s + A_{c,i,S}) \cdot (z_{i,S} - z_{si})$$
$$S_{i,S} = (80{,}5 + 576{,}58) \cdot (45{,}24 - 15{,}0)$$
$$S_{i,S} = 19870{,}1 \text{ cm}^3$$

Querschnittswerte (Tab.7):
Zustand 1; Querschnitt 2
Schwinden

$A_{c,i,S} = 576{,}58 \text{ cm}^2$
$z_{i,S} = 45{,}24 \text{ cm}$

Kriechen:

$$S_{i,PT} = (A_s + A_{c,i,PT}) \cdot (z_{i,PT} - z_{si})$$
$$S_{i,PT} = (80{,}5 + 800{,}84) \cdot (40{,}55 - 15{,}0)$$
$$S_{i,PT} = 22518{,}2 \text{ cm}^3$$

Querschnittswerte (Tab.6):
Zustand 1; Querschnitt 2
veränderl. Lasten

$A_{c,i,PT} = 800{,}84 \text{ cm}^2$
$z_{i,PT} = 40{,}55 \text{ cm}$

Damit ergibt sich die Längsschubkraft zum Zeitpunkt t=∞ wie folgt:

$$V_{L,Ed}^{t=\infty} = V_{Ed,v,EG} \cdot \frac{S_{i,B}}{I_{i,B}} + V_{Ed,v,A} \cdot \frac{S_{i,A}}{I_{i,A}} + \left(V_{Ed,v,V} + V_{Ed,v,T}\right) \cdot \frac{S_{i,0}}{I_{i,0}}$$
$$+ V_{Ed,v,S} \cdot \frac{S_{i,S}}{I_{i,S}} + V_{Ed,v,PT} \cdot \frac{S_{i,PT}}{I_{i,PT}}$$

Querschnittswerte (Tab.4 - 8):
Zustand 1; Querschnitt 2

$I_{i,0} = 2883187 \text{ cm}^4$ (Tab.4)
$I_{i,B} = 2322876 \text{ cm}^4$ (Tab.5)
$I_{i,PT} = 2538038 \text{ cm}^4$ (Tab.6)
$I_{i,S} = 2347987 \text{ cm}^4$ (Tab.7)
$I_{i,A} = 2209252 \text{ cm}^4$ (Tab.8)

$$V_{L,Ed}^{t=\infty} = 13{,}9 \cdot \frac{19515{,}4}{2322876} + 39{,}2 \cdot \frac{17889{,}7}{2347987} + 361{,}8 \cdot \frac{27043{,}7}{2883187} + 61{,}6 \cdot \frac{19870{,}1}{2347987} + (-2{,}9) \cdot \frac{22518{,}2}{2209252}$$

$$V_{L,Ed}^{t=\infty} = 0{,}117 + 0{,}300 + 3{,}393 + 0{,}521 - 0{,}029$$

$$V_{L,Ed}^{t=\infty} = 4{,}302 \text{ kN/cm} = 430{,}2 \text{ kN/m}$$

Anmerkung:

Dass kein nichtlinearer Zusammenhang zwischen Querkraft und Längsschubkraft im Feldbereich besteht, wurde bereits in Kapitel 2.7.2.2 untersucht. Auf eine erneute Überprüfung wird daher verzichtet.

b) Stützbereich:

Für den Stützbereich ergeben sich die nachweisrelevanten Verbundschnittgrößen in der charakteristischen Einwirkungskombination wie folgt:

Zeitpunkt t_{28}:

$V_{Ed,v,max}$ = 2,6 kN

$V_{Ed,v,min}$ = - 1056,8 kN

Zeitpunkt t_{∞}:

$V_{Ed,v,max}$ = 57,0 kN

$V_{Ed,v,min}$ = - 1104,1 kN (maßgebend)

Schnittgrößen (Tab.28):

t=28

$V_{Ed,v,max}$ = 2,6 kN

$V_{Ed,v,min}$ = - 1056,8 kN

t=∞

$V_{Ed,v,max}$ = 57,0 kN

$V_{Ed,v,min}$ = - 1104,1 kN

Die maßgebende Gesamtschnittgröße setzt sich aus folgenden Teilschnittgrößen zusammen:

$V_{Ed,v,EG}$ = - -110,4 kN (Eigengewicht)

$V_{Ed,v,A}$ = - 39,2 kN (Setzungen)

$V_{Ed,v,V}$ = - 837,6 kN (Verkehr)

$V_{Ed,v,T}$ = - 58,2 kN (Temperatur)

$V_{Ed,v,S}$ = - 61,6 kN (Schwinden)

$V_{Ed,v,PT}$ = 2,9 kN (Kriechen)

Die zugehörigen statischen Momente in der Verbundfuge ergeben sich wie folgt:

ständige Lasten:

$$S_{i,B} = (A_s + A_{c,i,B}) \cdot (z_{i,B} - z_{si})$$
$$S_{i,B} = (140 + 410{,}08) \cdot (48{,}14 - 15{,}0)$$
$$S_{i,B} = 18229{,}7 \text{ cm}^3$$

Querschnittswerte (Tab.5):
Zustand 1; Querschnitt 3
ständige Lasten

$A_s = 140$ cm²
$A_{c,i,B} = 410{,}08$ cm²
$z_{i,B} = 48{,}14$ cm
$z_{si} = 15{,}0$ cm

Setzungen:

$$S_{i,A} = (A_s + A_{c,i,A}) \cdot (z_{i,A} - z_{si})$$
$$S_{i,A} = (140 + 334{,}41) \cdot (50{,}55 - 15{,}0)$$
$$S_{i,A} = 16865{,}3 \text{ cm}^3$$

Querschnittswerte (Tab.8):
Zustand 1; Querschnitt 3
Stützensenkung

$A_{c,i,A} = 334{,}41$ cm²
$z_{i,A} = 50{,}55$ cm

Verkehrslasten:
(+ Temperatur)

$$S_{i,0} = (A_s + A_{c,i,0}) \cdot (z_{i,0} - z_{si})$$
$$S_{i,0} = (140 + 1085{,}6) \cdot (35{,}64 - 15{,}0)$$
$$S_{i,0} = 25296{,}3 \text{ cm}^3$$

Querschnittswerte (Tab.4):
Zustand 1; Querschnitt 3
Kurzzeitlasten (Verkehr)

$A_{c,i,0} = 1085{,}6$ cm²
$z_{i,0} = 35{,}64$ cm

Schwinden:

$$S_{i,S} = (A_s + A_{c,i,S}) \cdot (z_{i,S} - z_{si})$$
$$S_{i,S} = (140 + 428{,}59) \cdot (47{,}6 - 15{,}0)$$
$$S_{i,S} = 18536{,}0 \text{ cm}^3$$

Querschnittswerte (Tab.7):
Zustand 1; Querschnitt 3
Schwinden

$A_{c,i,S} = 428{,}59$ cm²
$z_{i,S} = 47{,}6$ cm

Kriechen:

$$S_{i,PT} = (A_s + A_{c,i,PT}) \cdot (z_{i,PT} - z_{si})$$
$$S_{i,PT} = (140 + 595{,}29) \cdot (43{,}42 - 15{,}0)$$
$$S_{i,PT} = 20896{,}9 \text{ cm}^3$$

Querschnittswerte (Tab.6):
Zustand 1; Querschnitt 3
veränderl. Lasten

$A_{c,i,PT} = 595{,}29$ cm²
$z_{i,PT} = 43{,}42$ cm

Damit ergibt sich die Längsschubkraft zum Zeitpunkt t=∞ wie folgt:

$$V_{L,Ed}^{t=\infty} = V_{Ed,v,EG} \cdot \frac{S_{i,B}}{I_{i,B}} + V_{Ed,v,A} \cdot \frac{S_{i,A}}{I_{i,A}} + \left(V_{Ed,v,V} + V_{Ed,v,T}\right) \cdot \frac{S_{i,0}}{I_{i,0}} + V_{Ed,v,S} \cdot \frac{S_{i,S}}{I_{i,S}} + V_{Ed,v,PT} \cdot \frac{S_{i,PT}}{I_{i,PT}}$$

Querschnittswerte (Tab.4 - 8):
Zustand 1; Querschnitt 2

$I_{i,0} = 2740891$ cm⁴ (Tab.4)
$I_{i,B} = 2228288$ cm⁴ (Tab.5)
$I_{i,PT} = 2416589$ cm⁴ (Tab.6)
$I_{i,S} = 2249673$ cm⁴ (Tab.7)
$I_{i,A} = 2133472$ cm⁴ (Tab.8)

$$V_{L,Ed}^{t=\infty} = 110{,}4 \cdot \frac{18229{,}7}{2228288} + 39{,}2 \cdot \frac{16865{,}3}{2133472} + 895{,}8 \cdot \frac{25296{,}3}{2740891} + 61{,}6 \cdot \frac{18536{,}0}{2249673} + (-2{,}9) \cdot \frac{20896{,}9}{2416589}$$

$$V_{L,Ed}^{t=\infty} = 0{,}903 + 0{,}310 + 8{,}268 + 0{,}508 - 0{,}025$$

$$V_{L,Ed}^{t=\infty} = 9{,}964 \text{ kN/cm} = 996{,}4 \text{ kN/m}$$

2.7.4.3 Ermittlung der Tragfähigkeit der Verbundmittel

Die Tragfähigkeit des Verbundmittels ergab sich nach Abschnitt 2.7.2.3 in der ständigen und vorübergehenden Situation zu:

$P_{Rd} = 102{,}10$ kN

Für Kopfbolzendübel ist bei Brücken unter der charakteristischen Kombination der Einwirkungen in der Regel nachzuweisen, dass die einwirkende Längsschubkraft je Dübel den Wert $k_s \cdot P_{Rd}$ nicht überschreitet, wobei P_{Rd} die Längsschubtragfähigkeit des Dübels nach Eurocode 4, Teil 2, 6.6.3.1 ist. EC-4-2 6.8.1 (3)

Es gilt der Wert $k_s = 0{,}6$. EC-4-2/NA NDP zu 6.8.1 (3)

Die Tragfähigkeit in der charakteristischen Kombination beträgt somit:

$P_{Rd} = 0{,}6 \cdot 102{,}10 \text{ kN} = 61{,}3 \text{ kN}$

2.7.4.4 Erforderliche Dübelanzahl

Die erforderliche Dübelanzahl ergibt sich für den Feld- und Stützbereich wie folgt: EC-4-2 6.6.3.1 (1)

a) Feldbereich:

$V_{L,Ed}^{t=\infty} = 430{,}2$ kN/m (maßgebend t=∞)

(siehe Abschnitt 2.7.4.2) Feldbereich, Zeitpunkt t_∞ $V_{L,Ed} = 430{,}2$ kN/m

$P_{Rd} = 61{,}3$ kN

(siehe Abschnitt 2.7.1.4) Feldbereich $n_{vorh} = 12{,}5$/m

$$n_{erf} = \frac{V_{L,Ed}}{P_{Rd}} = \frac{430{,}2}{61{,}3} = 7{,}0/\text{m} < n_{vorh} = 12{,}5/\text{m}$$

b) Stützbereich:

$V_{L,Ed}^{t=\infty} = 996{,}4$ kN/m (maßgebend t=∞)

(siehe Abschnitt 2.7.4.2) Stützbereich, Zeitpunkt t_∞ $V_{L,Ed} = 996{,}4$ kN/m

$P_{Rd} = 61{,}3$ kN

(siehe Abschnitt 2.7.1.4) Stützbereich $n_{vorh} = 25$/m

$$n_{erf} = \frac{V_{L,Ed}}{P_{Rd}} = \frac{996{,}4}{61{,}3} = 16{,}3/\text{m} < n_{vorh} = 25/\text{m}$$

Anmerkung:

Für das Endauflager wurde kein Nachweis geführt. Die Querkräfte betragen dort ca. 80 % der Zwischenauflagerquerkraft. Im Bereich der Endauflager wird daher konstruktiv die gleiche Dübelzahl verbaut.

2.8 Schlussblatt

Aufgestellt am 30.09.2018 in Magdeburg

A. Stoll

Verzeichnis der Tabellen

Verzeichnis der Abbildungen

TEIL 2: STATISCHE BERECHNUNG - VERBUNDÜBERBAU

BAUHER: DB Netz AG
Zentrale, Frankfurt am Main

BAUVORHABEN: Ersatzneubau einer Eisenbahnüberführung
Strecke 1234, km 56,789
(Wiesenburg – Calbe)

EÜ über die B184 bei Leitzkau

BAUTEIL: Überbau mit teilweise einbetonierten Stahlträgern (WIB)

AUFSTELLER: Planungsgemeinschaft

Hochschule Magdeburg – Stendal

DATUM: 30.09.2018

Bearbeiter:

Prof. Dr.-Ing. Thomas Bauer
Hochschule Magdeburg-Stendal
Breitscheidstr. 2
39114 Magdeburg

M. Eng. J. Leinweber
Hochschule Magdeburg-Stendal
Breitscheidstr. 2
39114 Magdeburg

Baumaßnahme: Kreuzungsbauwerk Leitzkau, Strecke 1234, km 56,789	Bauwerksnummer
Bauherr: DB Netz AG, Zentrale, Frankfurt am Main	1 2 3 4 5 6 7 8
Aufsteller: Planungsgemeinschaft Hochschule Magdeburg – Stendal	Datum: 30.09.2018

Inhaltsverzeichnis Teil 2

– Überbau mit einbetonierten Stahlträgern („Walzträger in Beton - WiB")

Das Inhaltsverzeichnis orientiert sich an den Vorgaben der Ril 804, Modul 804.0101 A 03, wurde jedoch aus redaktionellen Gründen angepasst.

Bauteil:	Überbau mit einbetonierten Stahlträgern („WiB")	Seite: **1**
Vorgang:	Inhaltsverzeichnis	Archiv Nr.:

1 Vorbemerkungen

1.1 Beschreibung des Tragwerkes und Entwurfsparameter

Das Bauwerk überführt die zweigleisige Strecke Nr. 1234 bei Streckenkilometer km 56,789 über die B 123 bei Leitzkau.

Bei dem Bauvorhaben handelt es sich um den Ersatzneubau einer bestehenden Eisenbahnüberführung.

Die Gesamtlänge des Überbaus beträgt L_{ges} = 18,00 m. Die Gleisachse folgt im Grundriss einem Radius von 3500 m. Als Entwurfsvorgabe wird eine Regelgleisüberhöhung von u = 81 mm angesetzt. Die Entwurfsgeschwindigkeit beträgt V_e = 200 km/h.

Die Brückenkonstruktion besteht aus 2 symmetrisch angeordneten eingleisigen Überbauten mit einbetonierten Stahlträgern („Walzträger in Beton"), die konstruktiv durch eine Raumfuge in Brückenmitte statisch voneinander entkoppelt sind.

siehe Bild 3
EC 4-2, Kap. 6.3 und 7.5
Ril 804.4302

Die beiden WIB-Überbauten bestehen jeweils aus einer einfeldrigen, mit Betonstahl bewehrten Verbundplatte aus Beton C30/37 und Walzträgern aus Baustahl S 235. Die Stützweite beträgt 16,00 m mit jeweils einem 1,00 m langen Kragarm in Längsrichtung an jeder Auflagerachse. Bei einer Konstruktionshöhe von h = 0,94 m ergibt sich eine Biegeschlankheit von $\lambda = 16{,}00 / 0{,}94 = 17{,}0$.

EC 4-2 Kap. 5
siehe Bild 1
siehe Bild 3

Als Entwurfsvorgabe wird der Überbau für das Lastmodell LM 71 und das Lastmodell SW/2 bemessen. Als Lastklassenbeiwert wird α = 1,0 angesetzt. Die Ermüdungsnachweise werden mit dem Lastmodell LM 71 geführt.

Da die Brücke im Sprühnebelbereich der überquerten Straße liegt und damit neben Frost auch Taumitteln ausgesetzt ist, wird der Überbau in die Expositionsklassen XC4 (Einwirkung: Korrosion, verursacht durch Karbonatisierung bei wechselnd nasser und trockener Umgebung), XD1 (Einwirkung: Korrosion, verursacht durch Chloride bei mäßig feuchter Umgebung) und XF2 (Einwirkung: Frostangriff mit Taumittel bei mäßiger Wassersättigung) eingeordnet.

EC 1-2, Kap. 6.3.2
EC 1-2, Kap. 6.3.3
EC 1-2, Kap. 6.3.2 (3)P
EC 2-1 Kap. 4.2 Tab. 4.1

Die Auflagerung erfolgt in Längsrichtung schwimmend und in Querrichtung fest.

Die kastenförmigen Widerlager werden flach gegründet. Sie sind nicht Gegenstand dieser statischen Berechnung.

Im Rahmen der vorliegenden statischen Berechnung werden die wesentlichen Nachweise für das Längssystem einer Überbauhälfte geführt. Das Quersystem und die Endquerträger werden in einem separaten Statikteil nachgewiesen.

siehe Ril 804.5101, Abs. 11

Bauzustände werden im Rahmen dieser statischen Berechnung nicht untersucht. Lagerlasten und -wege werden ebenfalls in einem gesonderten Berechnungsteil angegeben.

Es wird der in Bezug auf den Gleisradius kurvenäußere Überbau nachgewiesen.

Tabelle 1 zeigt eine Zusammenfassung der Entwurfsparameter.

Tabelle 1: Entwurfsparameter

Geometrie			
Gesamtlänge	L_{ges}	=	18,00 m
Stützweite	l	=	16,00 m
Kragarmlänge	$l_{ü}$	=	1,00 m
Gesamtbreite	B	=	5,77 m
Breite des Überbaus an der Unterseite	b	=	4,62 m
Bauhöhe	H	=	1,75 m
Konstruktionshöhe	h	=	0,94 m
Länge des Endquerträgers	l_E	=	4,62 m
Breite des Endquerträgers	b_E	=	2,00 m
Konstruktionshöhe des Endquerträgers	h_E	=	1,20 m
Radius der Gleisachse	R	=	3500 m
Regelgleisüberhöhung	u	=	0,081 m
Höhe über Gelände bez. auf SO	H_{SO}	=	6,50 m
Biegeschlankheit	λ	=	17,0
Walzträger			
Trägerbezeichnung	HE – 800 M		
Trägerhöhe	h_a	=	0,814 m
Trägerbreite	b_a	=	0,303 m
Stegdicke	t_w	=	0,021 m
Flanschdicke	t_f	=	0,040 m
Querschnittsfläche	A_a	=	0,0404 m²
Eigenlast lfd. m	$g_{k,a}$	=	3,17 KN/m
Anzahl	n_a	=	8

Baustoffe	
Beton	C30/37
Baustahl	S235
Betonstahl	B500B

Sonstige Randbedingungen	
Entwurfsgeschwindigkeit	V_e = 200 km/h
Expositionsklassen	XC4, XD1 und XF2
Eisenbahnspezifische Lasten	
Lastmodell 71	$\alpha = 1{,}0$
Lastmodell SW/2	
Lastmodell 71 für Ermüdungsnachweise	

Fortsetzung Tabelle 1: Entwurfsparameter

1.2 Technische Vorschriften und Literaturhinweise

Nachfolgend werden die im Rahmen dieser Berechnung zugrunde gelegten Regelwerke und verwendeten Unterlagen aufgeführt.

Tabelle 2: Normen, Vorschriften und Literaturhinweise

	verw. Abk.	**Bezeichnung**	**Fassung**
Eurocode 0	EC-0	Grundlagen der Tragwerksplanung	
	EC-0	Grundlagen der Tragwerksplanung	12/2010
	EC-0/NA	Grundlagen der Tragwerksplanung – NA	12/2010
	EC-0/NA/A1	Grundlagen der Tragwerksplanung – NA A1	08/2012
Eurocode 1	EC-1	Einwirkungen auf Tragwerke	
	EC-1-1-1	Wichten, Eigengewicht und Nutzlasten	12/2010
	EC-1-1-1/NA	Wichten, Eigengewicht und Nutzlasten – NA	12/2010
	EC-1-1-1/NA/A1	Wichten, Eigengewicht und Nutzlasten – NA A1	05/2015
	EC-1-1-4	Windeinwirkungen	12/2010
	EC-1-1-4/NA	Windeinwirkungen – NA	12/2010
	EC-1-1-5	Temperatureinwirkungen	12/2010
	EC-1-1-5/NA	Temperatureinwirkungen – NA	12/2010
	EC-1-1-7	Außergewöhnliche Einwirkungen	12/2010
	EC-1-1-7/A1	Außergewöhnliche Einwirkungen A1	08/2014
	EC-1-1-7/NA	Außergewöhnliche Einwirkungen – NA	12/2010
	EC-1-2	Verkehrslasten auf Brücken	12/2010
	EC-1-2/NA	Verkehrslasten auf Brücken – NA	08/2012
Eurocode 2	EC-2	Bemessung u. Konstruktion von Stahlbeton- und Spannbetonbauwerken	
	EC-2-1-1	Allg. Bemessungsregeln	01/2011
	EC-2-1-1/A1	Allg. Bemessungsregeln A1	03/2015
	verw. Abk.	**Bezeichnung**	**Fassung**

	EC-2-1-1/NA	Allg. Bemessungsregeln – NA	04/2013
	EC-2-1-1/NA/A1	Allg. Bemessungsregeln – NA A1	12/2015
	EC-2-2	Bemessung von Betonbrücken	12/2010
	EC-2-2/NA	Bemessung von Betonbrücken – NA	04/2013
Eurocode 3	EC-3	Bemessung u. Konstruktion von Stahlbauten	
	EC-3-1-1	Allg. Bemessungsregeln	12/2010
	EC-3-1-1/A1	Allg. Bemessungsregeln – A1	07/2014
	EC-3-1-1/NA	Allg. Bemessungsregeln – NA	09/2017
	EC-3-1-5	Anschlüsse	12/2010
	EC-3-1-5/NA	Anschlüsse – NA	12/2010
	EC-3-1-8	Plattenförmige Bauteile	12/2010
	EC-3-1-8/NA	Plattenförmige Bauteile – NA	04/2016
	EC-3-1-9/NA	Ermüdung – NA	12/2010
	EC-3-1-10	Stahlsortenauswahl	12/2010
	EC-3-1-10/NA	Stahlsortenauswahl – NA	04/2016
	EC-3-2	Bemessung von Stahlbrücken	12/2010
	EC-3-2/NA	Bemessung von Stahlbrücken – NA	10/2014
Eurocode 4	EC-4	Bemessung u. Konstruktion von Verbundtragwerken aus Stahl und Beton	
	EC-4-1-1	Allg. Bemessungsregeln	12/2010
	EC-4-1-1/NA	Allg. Bemessungsregeln – NA	12/2010
	EC-4-2	Bemessung von Verbundbrücken	12/2010
	EC-4-2/NA	Bemessung von Verbundbrücken – NA	12/2010
Beton	DIN EN 206-1	Festlegung, Eigenschaften, Herstellung und Konformität	01/2001
	DIN EN 206-1/A1	Festlegung, Eigenschaften, Herstellung und Konformität A1	10/2004
	DIN EN 206-1/A2	Festlegung, Eigenschaften, Herstellung und Konformität A2	09/2005
	DIN 1045-2	Beton – Festlegung, Eigenschaften, Herstellung und Konformität – Anwendungsregeln zu DIN EN 206-1	08/2008

	verw. Abk.	Bezeichnung	Fassung
Baustahl	DIN EN 10025	Warmgewalzte Erzeugnisse aus Baustahl	
	DIN EN 10025-1	Allgemeine technische Liefer-bedingungen	02/2005
	DIN EN 10025-2	Technische Lieferbedingungen für unlegierte Baustähle	04/2005
	DBS 918 002-02	Deutsche Bahn Standard – Technische Lieferbedingungen Warmgewalzte Erzeugnisse aus Baustählen	01/2013
ZTV-ING	ZTV-ING	Zusätzliche Technische Ver-tragsbedingungen und Richtli-nien für Ingenieurbauten	01/2018
DAfStb-Heft 600	Heft 600	Erläuterung zur DIN EN 1992-1-1 und NA	2012
DIN 1090-2	DIN 1090-2	Ausführung von Stahltragwer-ken und Aluminiumtragwerken – Teil 2: Technische Regeln für die Ausführung von Stahltrag-werken	10/2011
ELTB	ELTB	Eisenbahnspezifische Liste Technischer Baubestimmun-gen (Eisenbahn-Bundesamt)	01/2016
Richtlinie 804	Ril 804	Vorschrift für Eisenbahnbrü-cken und sonstige Ingenieur-bauwerke (VEI)	01/2013
Richtzeichnungen	Rz	Richtzeichnungen der DB AG	
EBO	EBO	Eisenbahn- Bau- und Betriebs-ordnung	2012
Normenreihe DIN EN 1337	DIN EN 1337	Lager im Bauwesen	
Literatur		„Leitfaden zum DIN Fachbe-richt 104 Verbundbrücken“ (Hanswille, Stranghöner, Ernst & Sohn, 2003)	2003

Fortsetzung Tabelle 2: Normen, Vorschriften und Literaturhinweise

1.3 Geometrisches System (Übersicht)

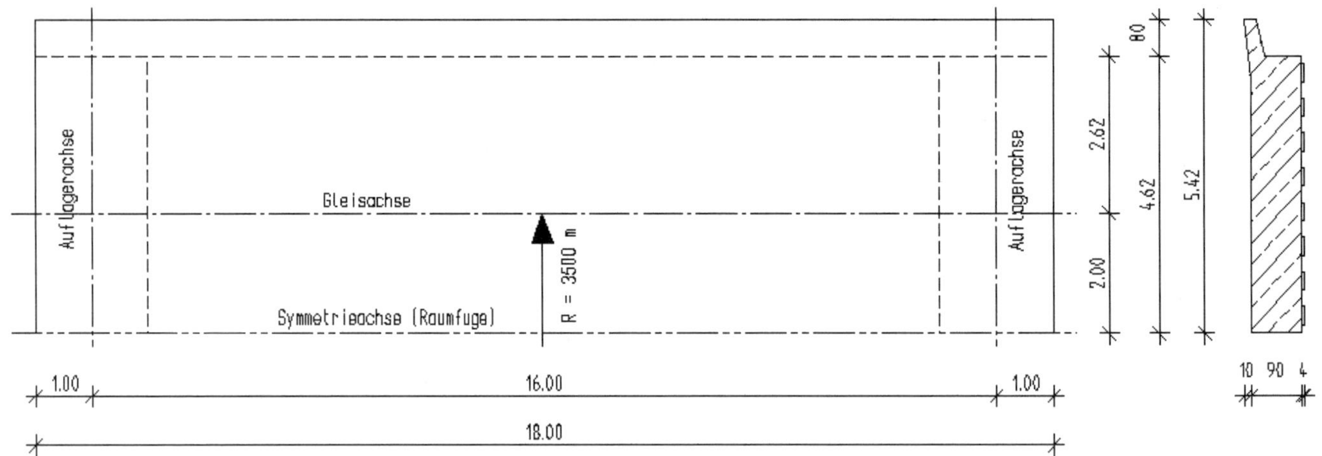

Bild 1 Grundriss des Tragwerks (ohne Kappe)

Die Gleisachse ist im Grundriss konstant mit einem Radius von 3500 m gekrümmt. Die sich aus dem Stich von $f = 1{,}2$ cm ergebende Exzentrizität der Gleisachse zur gerade verlaufenden Brückenachse wird bei der Bemessung vernachlässigt.

$f = |R| - [|R|^2 - (L_{ges} / 2)^2]^{0,5}$
$= 1{,}2$ cm

Die Regelbreite der Fahrbahn wird bei beiden Überbauten jeweils um 1,0 cm auf 4,21 m vergrößert. Der Bogenstich wird gemäß Ril 804 verteilt. Dies bedeutet, dass an den Überbauenden das Gleis um 2/3 des Bogenstichs gegenüber der Gesamttragwerksachse nach innen verschoben wird.

Ril 804.1101, Abs. 8

Baumaßnahme: Kreuzungsbauwerk Leitzkau, Strecke 1234, km 56,789		Bauwerksnummer
Bauherr:	DB Netz AG, Zentrale, Frankfurt am Main	1 2 3 4 5 6 7 8
Aufsteller:	Planungsgemeinschaft Hochschule Magdeburg – Stendal	Datum: 30.09.2018

1.4 Längs- und Querschnitt

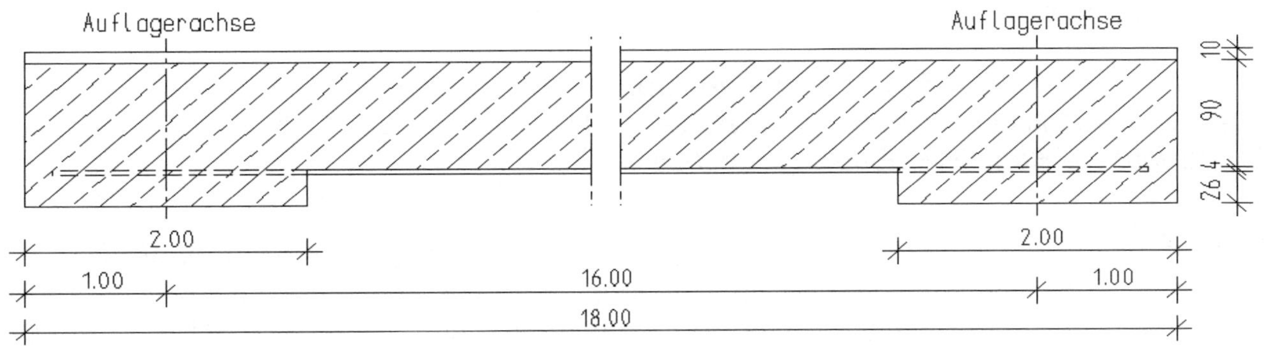

Bild 2 Längsschnitt des Tragwerks

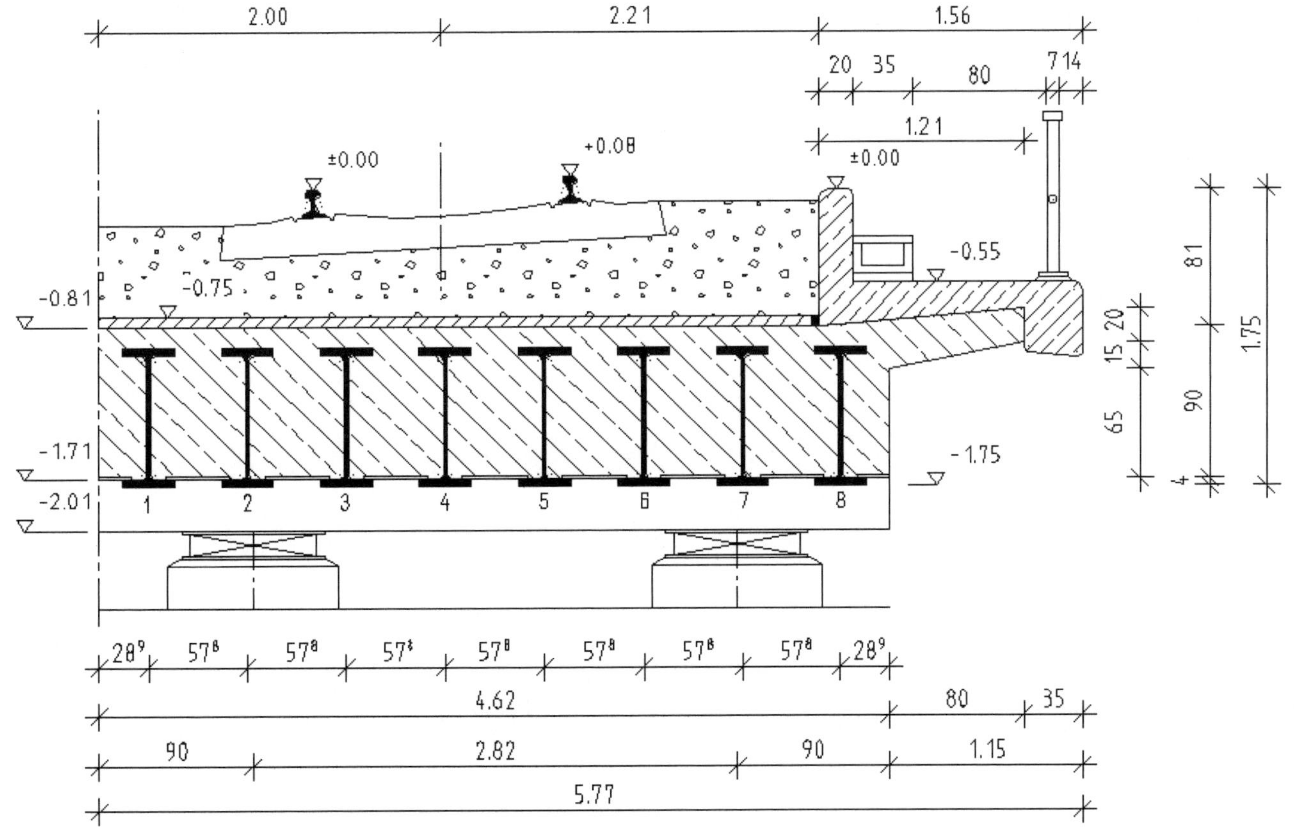

Bild 3 Querschnitt des Tragwerks (siehe Anmerkung)

Bauteil:	Überbau mit einbetonierten Stahlträgern („WiB")	Seite: **11**
Vorgang:	1 Vorbemerkungen 1.4 Längs- und Querschnitt	Archiv Nr.:

Dem Querschnitt mit einer Gesamtbreite B = 5,77 m liegen die einschlägigen eisenbahnspezifischen Regelungen für die vorgegebene Entwurfsgeschwindigkeit von V_e = 200 km/h und die Richtzeichnungen für WIB-Eisenbahnbrücken zugrunde.

Ril 804.1101, Abs. 4.2 (1) und Ril 804.1102 A01

Rz S-KAB in M 804.9010

Die Randkappen mit aufgesetztem Kabeltrog werden gemäß Konstruktionsrichtzeichnungen ausgeführt. Als Gleisüberhöhung wird die Regelüberhöhung angesetzt.

reg u $= 7{,}1 \cdot V_e^2 / |R|$
$= 81$ mm

Anmerkung:

Im Rahmen der Einführung der Ril 804 wurden aufgrund der Forderungen der für Arbeitssicherheit und Notfallmanagement zuständigen Stellen die Erreichbarkeit der Randwege restriktiver gefasst. Es wird zwischen Rand-/Rettungswegen und Dienstgehwegen unterschieden. Die vorliegende Planung erfüllt die Anforderungen an Rand-/Rettungswege.

Ril 804.1101 Abs. 4.4

Rand-/Rettungswege (u.a. für Brand- und Katastrophenfälle) müssen im Bereich der Lauffläche bis zu einer Höhe von 2,20 m ohne Einschränkung mindestens 80 cm breit sein.
Die Breite des Fußbereichs darf bei Dienstgehwegen bis zu einer Höhe von 0,5 m auf 0,55 m eingeschränkt werden.

1.5 Materialkennwerte

Betonstahl — EC 4-2 Kap. 3.2 (1)

Betonstahlsorte:	B500B	EC 2-1-1 Kap. 3.2.4 Anhang C Tab. C.1
Nennstreckgrenze:	f_{yk} = 500 MN/m²	
charakt. Zugfestigkeit:	f_{tk} = 550 MN/m²	EC 2-1-1 Kap. 3.2.1 DIN 488 T1, Tab. 1, bzw. EC 2-1-1 Anhang C
Rechenwert der charakt. Zugfestigkeit:	$f_{tk,cal}$ = 525 MN/m²	EC 2-2, NDP zu 3.2.7(2)
Duktilitätsklasse:	hoch (Klasse B)	EC 2-2, Kap. 3.2.4 EC 2-1-1 Anhang C ε_{uk} > 5% und $(f_t/f_y)_k$ > 1,08
Betondeckung (für Massivbrücken) allgemein:	c_{min} = 4,0 cm c_{nom} = 4,5 cm	EC 2-2, NDP zu 4.4.1.2(5), Tab. 4.3.1DE
Kappen bei Eisenbahnbrücken (nicht betonberührte Fläche)	c_{min} = 3,0 cm c_{nom} = 3,5 cm	
betonberührte Flächen	c_{min} = 2,0 cm c_{nom} = 2,5 cm	
bei chemischen Einflüssen (z. B. Taumittel)	c_{min} = 5,0 cm	
Teilsicherheitsbeiwert Grundkombination: außergew. Kombination:	 γ_s = 1,15 γ_s = 1,00	EC 2-2, NDP zu 2.4.2.4(1), Tab. 2.1DE ausgenommen Erdbeben
Elastizitätsmodul:	E_s = 210.000 MN/m²	EC 4-2 Kap. 3.2 (2) EC 3-1-1 Kap. 3.2.6

Baumaßnahme: Kreuzungsbauwerk Leitzkau, Strecke 1234, km 56,789	Bauwerksnummer
Bauherr: DB Netz AG, Zentrale, Frankfurt am Main	1 2 3 4 5 6 7 8
Aufsteller: Planungsgemeinschaft Hochschule Magdeburg – Stendal	Datum: 30.09.2018

Beton

Betonfestigkeitsklasse:	C 30/37	EC 4-2 Kap. 3.1 und EC 2-1-1 Kap. 3.1
charakt. Druckfestigkeit:	f_{ck} = 30 MN/m²	EC 2-1-1 Kap. 3.1 Tab. 3.1
Mittelwert der Zugfestigkeit:	f_{ctm} = 2,9 MN/m²	EC 2-1-1 Kap. 3.1 Tab. 3.1
Teilsicherheitsbeiwert ständig und verübergehend: außergew. Kombination:	 γ_c = 1,5 γ_c = 1,3	EC 2-2, NDP zu 2.4.2.4(1), Tab. 2.1DE ausgenommen Erdbeben
Elastizitätsmodul:	E_{cm} = 33.000 MN/m²	EC 2-1-1 Kap. 3.1.3 Tab. 3.1

Baustahl

Baustahlsorte:	S 235	EC 4-2 Kap. 3.3
Streckgrenze:	f_{yk} = 235 MN/m²	EC 3-1-1, Kap. 3.2.(1) Tab. 3.1
Teilsicherheitsbeiwert Grundkombination: außergew. Kombination:	 γ_a = 1,0 ; γ_{Rd} = 1,1 γ_a = 1,0 ; γ_{Rd} = 1,0	EC 2-2, NDP zu 2.4.2.4(1), Tab. 2.1DE ausgenommen Erdbeben
Elastizitätsmodul:	E_a = 210.000 MN/m²	EC 3-1-1 Kap. 3.2.6 (1)
Betonüberdeckung allgemein:	 $c_{st,min}$ = 7,0 cm $c_{st,max}$ = 15,0 cm $c_{st,max}$ = h_a / 2 = 40,7 cm	EC 4-2 Kap. 6.3.1(4) h_a = 814 mm c_{st} = $h - h_a$ c_{st} = 94,0 – 81,4 = 12,6 cm 7,0 cm ≤ 12,6 cm ≤ 15,0 cm
Stahlträgerhöhe:	$h_{a,min}$ = 210 mm $h_{a,max}$ = 1100 mm	EC 4-2 Kap. 6.3.1(4) 210 mm ≤ 814 mm ≤ 1100 mm
Achsabstand:	$s_{w,max}$ = h_a / 3 + 0,60 = 0,87 m $s_{w,max}$ = 0,75 m	EC 4-2 Kap. 6.3.1(4) s_w = b / n_a s_w = 4,62 / 8 = 0,5775 m ≤ 0,75
lichter Abstand der Flansche:	$s_{f,min}$ = 150 mm	EC 4-2 Kap. 6.3.1(4) s_f = $s_w - b_a$ = 578 – 303 = 275 mm ≥ 150 mm

Bauteil:	Überbau mit einbetonierten Stahlträgern („WiB“)	Seite: **14**
Vorgang:	1 Vorbemerkungen 1.5 Materialkennwerte	Archiv Nr.:

1.6 Ermittlung der Reduktionszahlen

Das Kriechverhalten des Betons wird bei Verbundbrücken mit Hilfe von Reduktionszahlen n_L berücksichtigt. *EC 4-2 Kap. 5.4.2.2 (2)*

Diese Reduktionszahlen dienen zur Ermittlung eines äquivalenten Stahlquerschnitts in Abhängigkeit vom betrachteten Zeitpunkt *t*, der Belastungsdauer, dem Belastungsbeginn und der Querschnittsgeometrie.

$$n_L = n_0 \cdot (1 + \psi_L \cdot \phi_t)$$

EC 4-2 Kap. 5.4.2.2 (2) Gl. (5.6)

Dabei ist:

n_0 $= \frac{E_a}{E_{cm}}$ die Reduktionszahl für kurzzeitige Belastung

φ_t die Kriechzahl φ_t (t, t_0) EN 1992-1-1:2004, 3.1 oder 11.3.3 in Abhängigkeit vom betrachteten Betonalter (t) und vom Alter (t_0) bei Belastungsbeginn

ψ_L ein von der Beanspruchungsart abhängiger Kriechbeiwert, der für ständige Beanspruchungen mit 1,10, für primäre und sekundäre Beanspruchungen aus dem Schwinden mit 0,55 und für Beanspruchungen aus Vorspannung mittels planmäßig eingeprägter Deformationen mit 1,50 angenommen werden darf

Reduktionszahl n_0 für Kurzzeitlasten:

$$n_0 = \frac{E_a}{E_{cm}} = \frac{210.000}{33.000} = 6{,}36$$

Reduktionszahl n_L für zeitl. konstante Lasten, $t = \infty$ (100 Jahre):

Der Einfluss aus Schwinden darf vernachlässigt werden.

Die Kriechzahl $\varphi(\infty, t_0)$ zum betrachteten Zeitpunkt kann nach EC 2-1-1 Kap. 3.1.4 wie folgt ermittelt werden:

Eingangswerte für Diagramm Bild 3.1:

- RH = 80 % (relative Feuchte der Umgebung für Außenbauteile)
- t_0 = 10 Tage (Betonalter bei Belastungsbeginn) — siehe Abschnitt 1.3.4
- Linie S, da angenommene Festigkeitsklasse des Zements 32,5N — EC 2-1-1 Kap. 3.1.4 Bild 3.1
- C 30/37
- $h_0 = 2\ A_c\ /\ u$

dabei ist:

A_c die Betonkernquerschnittsfläche (hier vereinfachend ohne Kragarm und ohne Abzug der Stahlträgerflächen)

A_c = 4,62 · 0,90 = 4,16 m²

u die Umfangslänge der dem Trocknen ausgesetzten Querschnittsflächen

u = 2 · 4,62 + 2 · 0,90 = 11,04 m

- h_0 = 754 mm

Nach EC 2-1-1 Kap 3.1.4 Bild. 3.1 kann somit eine Endkriechzahl $\varphi(\infty,t_0)$ = 2,00 abgelesen werden.

EC 2-1-1 Kap. 3.1.4

$\varphi(\infty,t_0)$ = 2,30

Damit ergibt sich für die Reduktionszahl n_L:

E_a = 210.000 MN/m²
E_{cm} = 33.000 MN/m²

$$n_L = n_0 \cdot (1 + \psi_L \cdot \varphi_t)$$

$$n_L = \frac{E_a}{E_{cm}} \cdot (1 + 1{,}1\ \cdot 2{,}30)$$

$$n_L = 22{,}50$$

Alternativ zur hier gezeigten Berechnungsmethode der Kriechzahl zum Zeitpunkt $t = \infty$ kann eine genauere Berechnung nach DAfStb-Heft 525 bzw. DAfStb-Heft 600 durchgeführt werden.

Im weiteren Verlauf dieser statischen Berechnung wird die nach EC 2-1-1 Kap. 3.1.4 Bild 3.1 ermittelte Kriechzahl und die daraus resultierende Reduktionszahl n_L verwendet.

1.7 Hinweise zum Herstellungs- und Bauverfahren

Die beiden eingleisigen Überbauten werden in Ortbetonbauweise mit jeweils 8 Walzträgern in Beton ausgeführt. Die Tragwerke werden längs zur Haupttragrichtung in Brückenmitte mit Hilfe einer Raumfuge statisch voneinander getrennt.

Zwischen den einzelnen Walzträgern werden Faserzementplatten angeordnet, die als verlorene Schalung für den aufzubringenden Ortbeton dienen. Im Tragwerk verbleibende Schalungselemente auf den Untergurten der Stahlträger dürfen rechnerisch nicht in Ansatz gebracht werden. EC 4-2 Kap. 5.4.2.9 (1)

Die untere Lage der Querbewehrung wird durch die vorgebohrten Stege der Walzträger geführt. Die vorhandenen Bohrlöcher müssen entgratet sein. EC 4-2 Kap. 6.3.1 (4)

Die Walzträger werden gemäß der Empfehlungen in Ril 804 für die quasi-ständigen Einwirkungen und einem Anteil der Verkehrslast überhöht eingebaut. Ril 804.1101 Abs.5(6)

Nachgewiesen wird im Rahmen dieser statischen Berechnung der Endzustand.
In dieser Hauptstatik werden keine Bauzustände untersucht.

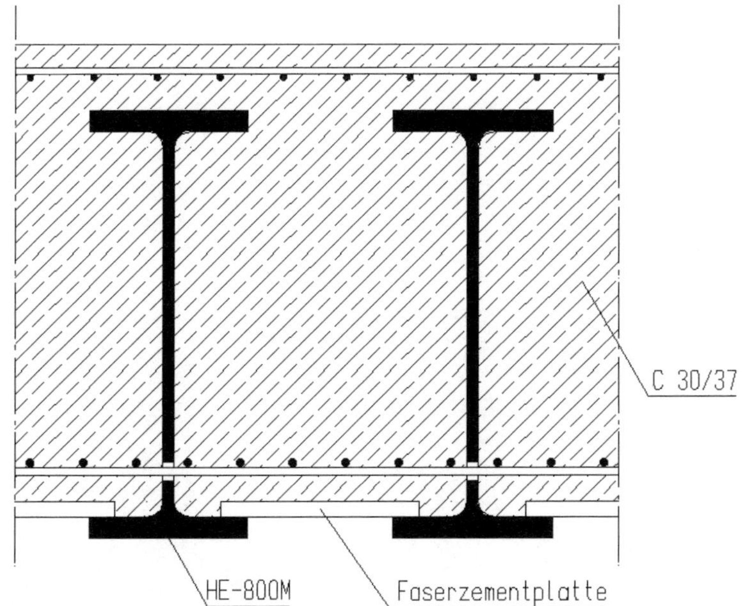

Bild 4 Herstellungsverfahren

1.8 Fahrbahnkonstruktion

Die Fahrbahn wird zweigleisig mit durchgehendem Schotterbett über beiden Überbauten ausgeführt. Die durchgehenden Schienen liegen auf Spannbetonschwellen.

Der Fahrbahnkonstruktion und der Querschnittsausbildung liegen die einschlägigen eisenbahnspezifischen Regelungen zugrunde.

Ril 804.1101, Abs. 2 (4) und Ril 804.1101 A01

2 Haupttragwerk

2.1 Berechnungsgrundlagen

Bei der untersuchten Konstruktion handelt es sich um einen einfeldrigen Verbundträger mit einbetonierten Stahlträgern (Walzträger in Beton). Die auftretenden Querkräfte und Torsionsmomente werden über die Endquerträger in die Lager eingeleitet. Die linear-elastische Schnittgrößenermittlung erfolgt am Haupttragwerk ohne Berücksichtigung der Rissbildung. Die plastische Bemessung wird für die maßgebenden Träger durchgeführt.

EC 4-2 Kap. 5.4.2.9

Die Nachweise für Biegung mit Längskraft werden im maßgebenden Schnitt 1–1 in Feldmitte ($x / l = 0{,}5$) geführt. Die Nachweise für die Querkraft erfolgen unter der Annahme einer indirekten Auflagerung des Längssystems auf den Endquerträgern. Der maßgebende Schnitt 2–2 für die Bestimmung der Bemessungsquerkraft befindet sich damit am Rand des Endquerträgers bei $x = 1{,}00$ m ($x / l = 0{,}063$). Dieser Abstand wird im Weiteren als b_V bezeichnet.

EC 4-2 Kap. 5.4.2.9 (4)

$x = l / 2 = 16{,}00 / 2 = 8{,}00$ m

$x = 2{,}00 - 1{,}00 = 1{,}00$ m
siehe Bild 2

Darstellung und Beschreibung des statischen Systems (Systemskizze)

Das statische System des Brückenüberbaus wird als Einfeldträger mit einer Stützweite von 16,00 m und 2 Kragarmen mit je 1,00 m Länge idealisiert.

Das System des Endquerträgers wird ebenfalls als Einfeldträger (Stützweite 2,82 m) mit Kragarmen (L = 0,90 m) angenommen.

Schnitte:
1-1 max. Biegebeanspruchung
2-2 max. Querkraftbeanspruchung

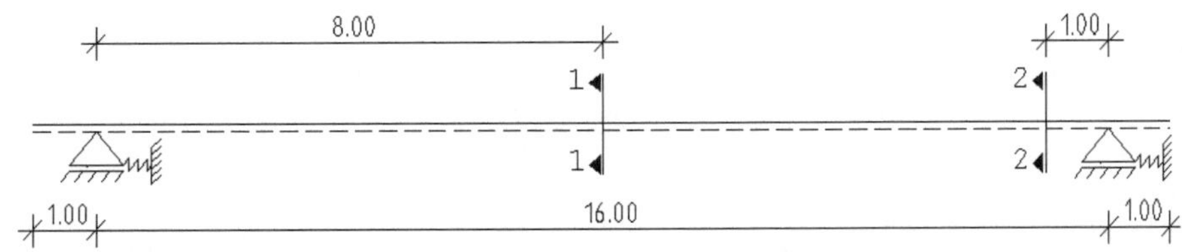

Bild 5 Systemskizze des statischen Systems in Längsrichtung

Bild 6 Systemskizze des statischen Systems des Endquerträgers

In Längsrichtung wird der Überbau „schwimmend“ gelagert. Gemäß den Regelungen in Ril 804 bezüglich der schwimmenden Lagerung werden die horizontalen Lagerkräfte aus Anfahren und Bremsen vereinfachend aus einer Überbauverschiebung von 4 mm in Anfahr- oder Bremsrichtung ermittelt. Ril 804.5101 2.2 (16)

Voraussetzungen für die „schwimmende“ Lagerung sind gemäß Ril 804-5101:

- Gesamtlänge des einteiligen Tragwerks bis 30 m
- durchgehend geschweißtes Gleis
- querfeste Lagerung in einer Bauwerkslängsachse

2.2 Charakteristische Werte der einwirkenden Last- und Weggrößen

EC 0 Kap. 4.1.2

2.2.1 Ständige Einwirkungen

Bestimmung der Betonquerschnittsfläche

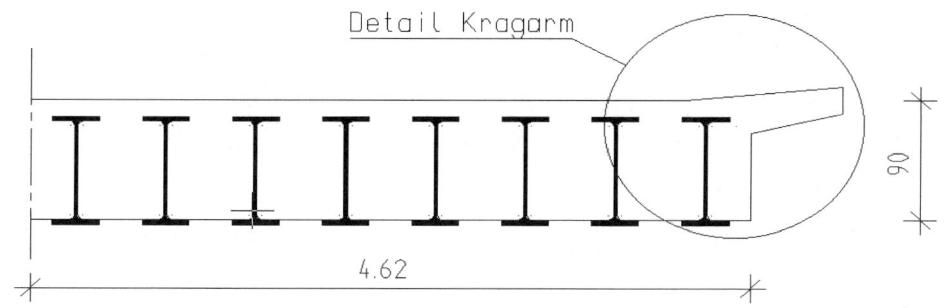

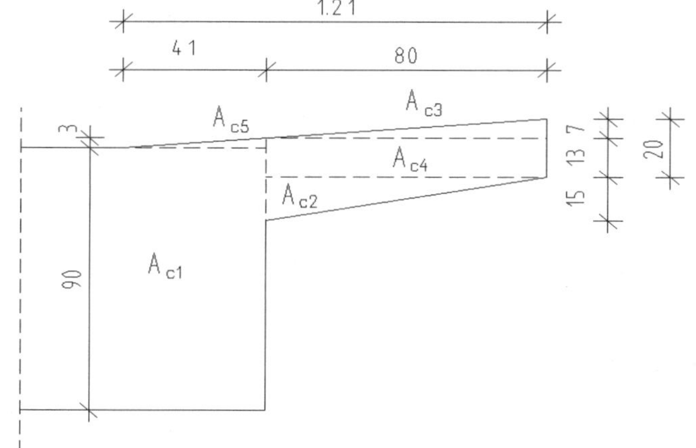

$A_{c1} = 4{,}62 \cdot 0{,}90 = 4{,}16\ m^2$
$A_{c2} = 0{,}5 \cdot 0{,}80 \cdot 0{,}15 = 0{,}06\ m^2$
$A_{c3} = 0{,}5 \cdot 0{,}07 \cdot 0{,}80 = 0{,}03\ m^2$
$A_{c4} = 0{,}80 \cdot 0{,}13 = 0{,}10\ m^2$
$A_{c5} = 0{,}5 \cdot 0{,}03 \cdot 0{,}41 = 0{,}01\ m^2$

$\Sigma = 4{,}36\ m^2$

Bild 7 Darstellung der Bruttobetonquerschnittsfläche mit Kragarm

Bruttobetonquerschnittsfläche (ohne Abzug der Walzträger):

$$
\begin{aligned}
A_{cb} &= A_{c1} + A_{c2} + A_{c3} + A_{c4} + A_{c5} \\
&= 4{,}16 + 0{,}06 + 0{,}03 + 0{,}10 + 0{,}01 \\
&= 4{,}36\ m^2
\end{aligned}
$$

Nettobetonquerschnittsfläche:

$$
\begin{aligned}
A_{cn} &= A_{cb} - 8 \cdot (A_a - b_a \cdot t_f) \\
&= 4{,}36 - 8 \cdot (0{,}0404 - 0{,}303 \cdot 0{,}04) \\
&= 4{,}36 - 0{,}23 \\
&= 4{,}13\ m^2
\end{aligned}
$$

Konstruktionseigenlast (inkl. Walzträgereigenlast):

Die Konstruktionseigenlast errechnet sich aus dem Eigengewicht des Betons zuzüglich dem Eigengewicht der einbetonierten Walzträger.

Beton + Walzträger: $4{,}13 \cdot 25 + 3{,}17 \cdot 8 = 128{,}6$ kN/m

$g_{k,1} = 128{,}6$ kN/m

$g_k = 3{,}17$ kN/m (Trägerlast)
$n_a = 8$ (Anzahl Träger)

Eigenlast der Fahrbahn (inkl. Schutzbeton):

Die mittlere Schotterbetthöhe ergibt sich aus Fahrbahnhöhe zuzüglich halber Überhöhung, abzüglich der Schienenhöhe und Ansatz einer Hebereserve von 0,10 m zu:

eingleisige Fahrbahn mit Schotterbett inkl. Schwellen und Schienen
5 cm Schutzbeton und
1 cm Abdichtung

$\bar{h}_{Schotterbett} = 0{,}75 + 0{,}081 / 2 - 0{,}20 + 0{,}10 = 0{,}69$ m

reg u = 81 mm

Schotterbett:	$4{,}21 \cdot 0{,}69 \cdot 20$	= 58,1 kN/m
bewehrter Schutzbeton:	$4{,}21 \cdot 0{,}06 \cdot 25$	= 6,3 kN/m
Schienen (UIC 60):		= 1,2 kN/m
Schwellenzuschlag:		= 1,0 kN/m
	$g_{k,2}$	= 66,7 kN/m

RIL 804.2101, 2.4 (1)
$\gamma_{Schotter} = 20$ kN/m³
$\gamma_{Beton} = 25$ kN/m³
RIL 804.2101, 2.4 (4)

RIL 804.2101, 2.4
Tab. 2
(ohne Schutzbeton)

Eigenlast der Kappe:

Kappenbeton:	$25 \cdot 0{,}550$	= 13,8 kN/m
Kabelkanal:		= 2,4 kN/m
Geländer:		= 0,5 kN/m
	$g_{k,3}$	= 16,7 kN/m

Kappe und Kabeltrog nach RZ DB M-RKP 1604
$A_{Kappe} = 0{,}550$ m²

Summe der ständigen Einwirkungen:

Konstruktionseigenlast	$g_{k,1}$:	= 128,6 kN/m
Eigenlast der Fahrbahn	$g_{k,2}$:	= 66,7 kN/m
Eigenlast der Kappe	$g_{k,3}$:	= 16,7 kN/m
	$g_{k,ges}$	= 211,9 kN/m

Anmerkung:

Das Zusatzgewicht des Endquerträgers ist für das Längssystem ohne Bedeutung und kann vernachlässigt werden. Bei den Nachweisen des Endquerträgers und der Ermittlung der Lagerlasten ist das Zusatzgewicht jedoch anzusetzen.

2.2.2 Veränderliche Einwirkungen

EC 1-2 Kap. 6 und EC 0 Kap. 4.1.1

2.2.2.1 Lastmodell 71

EC 1-2 Kap. 6.3.2

Das Lastmodell 71 stellt den statischen Anteil der Einwirkungen aus dem Regelverkehr dar und wirkt als Vertikallast auf das Gleis.

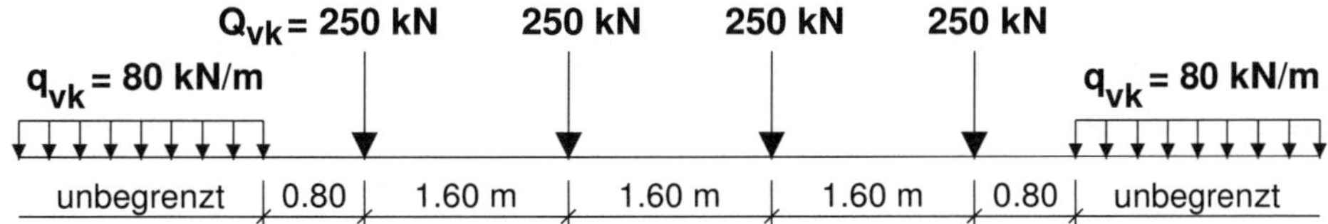

Bild 8 Lastmodell 71

Eine Klassifizierung des Lastmodells kann in diesem Beispiel unterbleiben, da gegenüber dem normalen Verkehr seitens der zuständigen Behörde weder ein schwererer noch ein leichterer Verkehr anzunehmen ist.

EC 1-2 Kap. 6.3.2 (3)P
Beiwerte für klassifizierte Vertikallasten:
schwerer Verkehr:
$\alpha = 1{,}10 ; 1{,}21 ; 1{,}33 ; 1{,}46$
leichter Verkehr:
$\alpha = 0{,}75 ; 0{,}83 ; 0{,}91$
(gilt auch für Lastmodell SW/0, Zentrifugal-, Anfahr- und Bremslasten sowie für außergewöhnliche Einwirkungen)
Falls kein Beiwert festgelegt wird, ist $\alpha = 1{,}00$ anzunehmen.

$$\alpha = 1{,}00$$

Die seitliche Exzentrizität der Vertikallasten aus dem Lastbild LM 71 ist durch ein Verhältnis der beiden Radlasten einer Achse von

EC 1-2 Kap. 6.3.5 (1)P
Bild 6.3

$$\frac{q_{v2}}{q_{v1}}; \frac{Q_{v2}}{Q_{v1}} \leq 1{,}25$$

zu berücksichtigen. Die daraus resultierende Exzentrizität beträgt

$$e \leq \frac{r}{18}$$

mit:

Q_{v1}, Q_{v2}	Radlasten
e	Exzentrizität der Vertikallasten gegenüber der Gleisachse
r	Radabstand (auf Laufkreis bezogen)
q_{v1}, q_{v2}	Vertikallast (gleichmäßig verteilt)

Mit einem Radabstand von r = 1,50 m ergibt sich eine maximale Lastexzentrizität gegenüber der planmäßigen Gleisachse von:

e = 1,50 / 18 = ± 0,083 m

Die Achslasten Q_{vk} des Lastmodells 71 werden in Brückenlängsrichtung als gleichmäßig verteilt angenommen. — EC 1-2 Kap. 6.3.6.2

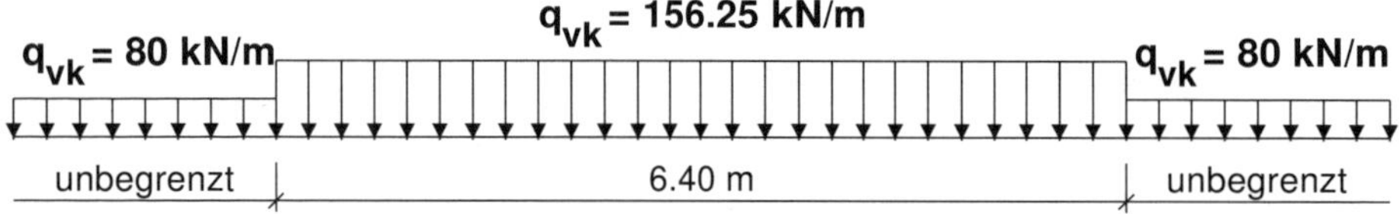

Bild 9 Vereinfachtes Lastmodell 71

Grundlast: q_{vk} = 80,00 kN/m
Überlast: Δq_{vk} = 76,25 kN/m

Dynamische Effekte – Überprüfung des Resonanzrisikos

Der dynamische Beiwert Φ berücksichtigt die dynamische Vergrößerung von Beanspruchungen und Schwingungen im Tragwerk, aber nicht Resonanzerscheinungen und übermäßige Schwingungen des Überbaus. — EC 1-2 Kap. 6.4.5.1 (1); siehe auch Ril 804.3101

Falls die Kriterien aus DIN EN 1991-2 Kap. 6.4.4 nicht erfüllt werden können, besteht das Risiko, dass Resonanz oder übermäßige Schwingungen der Brücke auftreten können. In solchen Fällen ist eine dynamische Berechnung durchzuführen, um die Auswirkung der Erregung und der Resonanz zu ermitteln. — EC 1-2 Kap. 6.4.5.1(2)P

Auf eine dynamische Berechnung darf verzichtet werden, wenn eine der folgenden Bedingungen erfüllt ist: — Ril 804.3101 Abs. 2

- bei S-Bahnen
- $v_ö \leq 90$ km/h ($v_ö$: örtliche Geschwindigkeit)
- $v_ö \leq 160$ km/h, wenn gleichzeitig die Radsatzlasten $Q_{RSL} \leq 225$ kN und die Linienlast $m' \leq 80$ kN/m sind
- bei einfeldrigen Rahmentragwerken
- bei Durchlaufträgern

Da keine der Bedingungen erfüllt ist, muss das Resonanzrisiko überprüft werden.

Auf eine dynamische Berechnung darf weiterhin verzichtet werden, wenn für ein Tragwerk die erste Eigenfrequenz der Biegeschwingung innerhalb festgelegter Grenzen liegt und zusätzlich eine der folgenden Bedingungen erfüllt ist:

Ril 804.3101 Abs. 3 (3)

EC 1-2 Kap. 6.4.4 (1) oder Ril 804.3101, Bild 3

a) $v_ö \leq 200$ km/h ($v_ö$: örtliche Geschwindigkeit)
b) Das Tragwerk ist ein balkenartiger Einfeldträger mit einer Stützweite $L \geq 40$ m.
c) Das Tragwerk ist ein balkenartiger Durchlaufträger in Betonbauart mit einer kleinsten Stützweite $min\ L \geq 40$ m und einer größten Stützweite $max\ L \leq 1{,}5\ min\ L$.

Bedingung a) ist erfüllt, es ist die Eigenfrequenz zu überprüfen.

Bei Brücken werden die Eigenfrequenzen eines Bauteils aus der Biegelinie unter ständigen Einwirkungen ohne quasiständigen Verkehrslastanteil berechnet.

EC 1-2 Kap. 6.4.4 Anmerkung 8

Für einen auf Biegung beanspruchten Einfeldträger kann die Eigenfrequenz n_0 mit folgender Gleichung ermittelt werden:

Ril 804.3101, Abs. 3

$$n_0 = \frac{17{,}75}{\sqrt{\delta_0}}\ [\text{Hz}] \qquad \text{(a)}$$

siehe auch EC 1-2 Kap. 6.4.4 Gl. (6.3)

oder

$$n_0 = \frac{\pi}{2 \cdot L^2}\sqrt{\frac{E \cdot I}{m}} \qquad \text{(b)}$$

Ril 804.3301 Abs.3

mit:

δ_0 [mm] Durchbiegung in Feldmitte infolge ständiger Einwirkungen in mm (einschließlich Oberbau)

δ_0 ist im Endzustand mit dem Kurzzeit E-Modul zu ermitteln. Dies bedeutet, dass bei Verbundbrücken mit einbetonierten Stahlträgern der Elastizitätsmodul für Verkehrslasten und das Trägheitsmoment des Verbundquerschnitts anzusetzen sind.

und

L Stützweite

$L = l = 16{,}00$ m

E Kurzzeit-E-Modul

$E_a = 210.000$ MN/m²

I Biegeträgheitsmoment (ideelles Flächenträgheitsmoment des ungerissenen Verbundträgers für Kurzzeitlasten)

$I_{i,0} = 0{,}00980$ m^4, siehe Abschn. 2.3.1

m Masse pro Längeneinheit, einschl. Oberbau (z.B. in [t/m]); $m = g_{k,ges} / g$

$g = 9{,}81$ m/s²
$g_{k,ges} = g_{k,1} + g_{k,2} + g_{k,3} = 0{,}2119$ MN/m
siehe Abschn. 2.2.1

Bei dem hier vorliegenden WIB-Tragwerk ergibt sich somit die Biegesteifigkeit $E \cdot I$ für die Berechnung der Eigenfrequenz n_0 zu $E \cdot I = n_a \cdot E_a \cdot I_{i,0}$.

$n_a = 8$
(Anzahl der Verbundträger)
Wirkung des Kragarms wird vernachlässigt

$$n_0 = \frac{\pi}{2 \cdot l^2} \sqrt{\frac{n_a \cdot E_a \cdot I_{i,0}}{m}} = \frac{\pi}{2 \cdot 16{,}0^2} \cdot \sqrt{\frac{8 \cdot 210000 \cdot 0{,}00980}{0{,}2119/9{,}81}}$$

$$n_0 = 5{,}36 \text{ Hz}$$

Anmerkung:
Eine Vergleichsberechnung zeigt, dass der Nachweis auch mit einer geringeren Querschnittshöhe bzw. kleineren Stahlprofilen erbracht werden kann. Auf eine Optimierung wird hier jedoch verzichtet.

Oberer Grenzwert der Eigenfrequenz:

$n_0 = 94{,}76 \cdot L^{-0{,}748}$ (n_0 in Hz)
$n_0 = 11{,}9$ Hz

Grenze (1) nach Ril 804.3101, Abs.3 oder EC 1-2 Kap. 6.4.4 Gl. (6.1)

$L = l = 16$ m

Unterer Grenzwert der Eigenfrequenz:

$n_0 = 80 / L$ (n_0 in Hz)
$n_0 = 5{,}0$ Hz

Grenze (2) nach Ril 804.3101, Abs.3 oder EC 1-2 Kap. 6.4.4 Gl. (6.2)
$L = l = 16$ m

$5{,}0 \text{ Hz} \leq n_0 = 5{,}36 \text{ Hz} \leq 11{,}9 \text{ Hz}$

Es liegt demnach keine Gefahr der Resonanzbildung und der Bildung übermäßiger Schwingungen vor.

Dieser Nachweis wird in der Regel für die Ermittlung der erforderlichen Überbauhöhe maßgebend. Lassen andere geometrische bzw. örtliche Randbedingungen eine entsprechende Überbauhöhe nicht zu, und liegt somit die Eigenfrequenz unterhalb bzw. oberhalb der Grenzwerte, sind genauere dynamische Analysen erforderlich. Hinweise dazu liefert Ril 804.3301 „Dynamische Effekte bei Resonanzgefahr".

In Abhängigkeit von der geforderten Streckenwartung ist für die sorgfältige Unterhaltung der Gleise der Schwingbeiwert Φ_2 anzusetzen.

EC 1-2 Kap. 6.4.5.2 (2)

Sorgfältiger Unterhaltungszustand: EC 1-2 Kap. 6.4.5.2 Gl. 6.4

$$\Phi_2 = \frac{1{,}44}{\sqrt{L_\Phi} - 0{,}2} + 0{,}82 = \frac{1{,}44}{\sqrt{16{,}00} - 0{,}2} + 0{,}82$$

maßgebende Länge $L_\Phi = l$ nach EC 1-2 Kap. 6.4.5.3 Tab. 6.2, Fall 5.2; Überstände des Überbaus werden vernachlässigt

$\Phi_2 = 1{,}20$ mit $1{,}00 \leq \Phi_2 \leq 1{,}67$

Mit diesem dynamischen Beiwert sind die vertikalen Lasten der Lastmodelle LM 71, SW/0 und SW/2 zu multiplizieren. EC 1-2 Kap. 6.4.5.2. (1)P

2.2.2.2 Lastmodell SW/0

EC 1-2 Kap. 6.3.3 und Tab. 6.1

Alle **Durchlaufträger**, die für das Lastmodell 71 bemessen werden, sind zusätzlich für das Lastmodell SW/0 zu untersuchen. EC 1-2 Kap. 6.8.1 (8)P

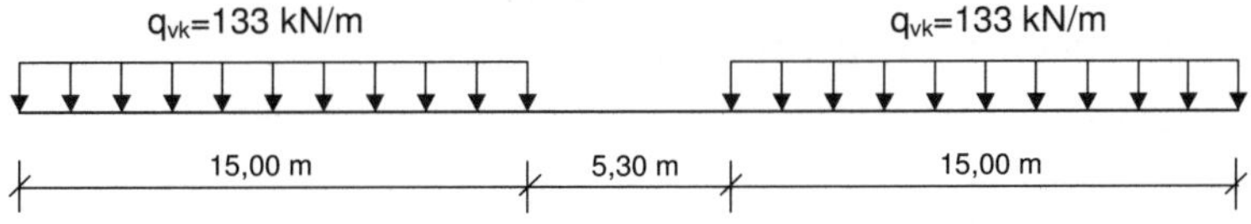

Bild 10 Lastmodell SW/0

Für den vorliegenden Fall eines Einfeldträgers ist somit die Anwendung dieses zusätzlichen Lastmodells nicht erforderlich.

2.2.2.3 Lastmodell SW/2

EC 1-2 Kap. 6.3.3 und Tab. 6.1

Das Lastmodell SW/2 stellt den statischen Anteil des Schwerverkehrs dar. Die Lastanordnung ist mit den charakteristischen Werten der Vertikallasten anzunehmen. EC 1-2 Kap. 6.3.3 (2) EC 1-2 Kap. 6.3.3,(3)P Bild 6.2 und Tab. 6.1

Strecken oder Streckenabschnitte mit Schwerverkehr sind zu benennen. Die Benennung sollte durch das Eisenbahninfrastrukturunternehmen erfolgen. EC 1-2 Kap. 6.3.3,(4)P

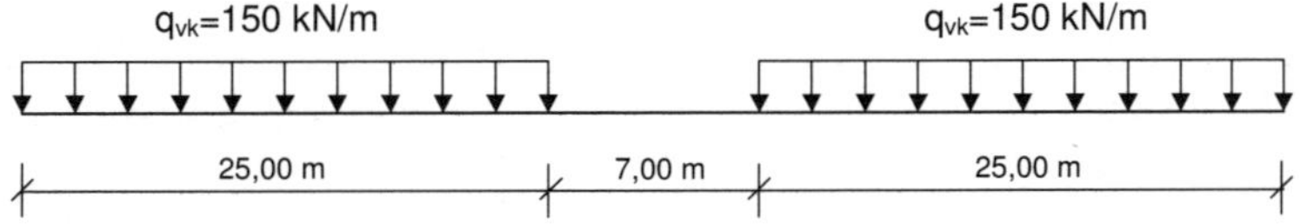

EC 1-2 Kap. 6.3.3 Tab. 6.1

Bild 11 Lastmodell SW/2

2.2.2.4 Unbeladener Zug

EC 1-2 Kap. 6.3.4 (1)

Für einige spezielle Nachweise wird ein gesondertes Lastmodell, der „Unbeladene Zug", verwendet.

EC 1-2 Kap. 6.4.5.2

Zum Nachweis der Gesamtstabilität ist die Kombination Unbeladener Zug ohne dynamischen Beiwert mit voller Windlast anzusetzen. Es handelt sich dabei um eine vertikale, gleichmäßig verteilte Belastung mit einem Nennwert von:

EC 1-2 Kap. 6.3.4 (1)

q_{vk} = 10,0 kN/m

2.2.2.5 Verkehrslast auf Dienstwegen

EC 1-2 Kap. 6.3.7

Lasten aus Fußgänger- und Radverkehr sind durch eine gleichmäßig verteilte Belastung mit einem charakteristischen Wert q_{fk} = 5,0 kN/m² zu berücksichtigen.

EC 1-2 Kap. 6.3.7 (2)

Die Breite des Dienstgehweges beträgt b = 1,15 m. Damit ergibt sich eine Streckenlast für den Dienstweg von:

q_{fk} = 1,15 · 5,0 = 5,75 kN/m

siehe Abschn. 1.4

2.2.2.6 Verkehrslast bei Gleis- und Brückenunterhaltung

EC 1-2 Kap. 6.8.4

Es sind Verkehrslasten für vorübergehende Bemessungssituationen zu definieren.

EC 1-2 Kap. 6.8.4 (1)P
EC 1-2 Anhang J
Regelung gilt, soweit nicht anderweitig festgelegt

Es sind für dieses eingleisige Tragwerk die Vertikallasten mit dem Faktor ψ'_1 = 0,8 anzusetzen. Alle anderen charakteristischen, häufigen und quasi-ständigen Werte sind dieselben wie in der ständigen Bemessungssituation.

Grundlast: q_{vk} = 80,00 kN/m (EC 0 A2.2.6 Tab. A2.3)
Überlast: q_{vk} = 76,25 kN/m (siehe Abschn. 2.2.2.1)

Exzentrizität: e = ± 0,083 m

2.2.2.7 Ermüdungslastmodell

EC 1-2, Kap. 6.9

Für normalen Verkehr, für den die charakteristischen Werte des Lastmodells 71, einschließlich des dynamischen Beiwertes Φ benutzt werden, ist der Nachweis der Ermüdungssicherheit auf der Grundlage der Verkehrszusammensetzungen „Regelverkehr" oder „Schwerverkehr mit 250 kN-Achsen" oder „Nahverkehr" zu führen, je nachdem, ob das Tragwerk durch Mischverkehr oder vorwiegend durch schweren Güterverkehr beansprucht wird.

EC 1-2, Kap. 6.9 (2)

Alternativ kann der Nachweis der Ermüdungssicherheit anhand einer Verkehrszusammensetzung geführt werden.

EC 1-2, Kap. 6.9 (7)

Die besondere Verkehrszusammensetzung kann entweder im NA oder für das Einzelprojekt festgelegt werden.

Die Nachweisführung auf Grundlage einer prognostizierten Verkehrszusammensetzung stellt für Brückenneubauten nicht den Regelfall dar.

Bei Neubauten ist das Lastmodell 71 mit dynamischem Beiwert zugrunde zu legen. Der maßgebende Lastfall ist das fahrende Lastmodell 71.

EC 1-2, Kap. 6.9 (2)

Grundlast: $q_{vk} = 80{,}00$ kN/m
Überlast: $q_{vk} = 76{,}25$ kN/m

siehe Abschn. 2.2.2.1

dynamischer Beiwert: $\Phi = 1{,}20$

2.2.2.8 Fliehkräfte

Bei Brücken, die ganz oder teilweise in einer Gleiskrümmung liegen, sind die Fliehkräfte und die Überhöhung zu berücksichtigen. Die Fliehkräfte sind 1,80 m über Schienenoberkante horizontal nach außen wirkend anzunehmen. — EC 1-2 Kap. 6.5.1 (1)P; EC 1-2 Kap. 6.5.1 (2)

Die Zentrifugallast ist immer mit der Vertikalbelastung zu kombinieren. Die Fliehkraft ist nicht mit dem dynamischen Beiwert Φ zu multiplizieren. — EC 1-2 Kap. 6.5.1 (3)P

Die charakteristischen Werte der Fliehkräfte ergeben sich für die Achslasten: — EC 1-2 Kap. 6.5.1 (4)P

$$Q_{tk} = \frac{V^2}{127 \cdot r} \cdot f \cdot Q_{vk}$$

EC 1-2 Kap. 6.5.1 (4)P Gl. (6.17)

und für die Streckenlasten:

$$q_{tk} = \frac{V^2}{127 \cdot r} \cdot f \cdot q_{vk}$$

EC 1-2 Kap. 6.5.1 (4)P Gl. (6.18)

mit:

$$f = \left[1 - \frac{V-120}{1000} \cdot \left(\frac{814}{V} + 1{,}75\right) \cdot \left(1 - \sqrt{\frac{2{,}88}{L_f}}\right)\right]$$

EC 1-2 Kap. 6.5.1 (8)P Gl. (6.19) sowie Tab. 6.7

wobei:

Q_{tk}, q_{tk}	charakteristische Werte der Fliehkräfte in [kN], [kN/m]
Q_{vk}, q_{vk}	charakteristische Werte der Vertikallasten des jeweiligen Lastmodells in [kN], [kN/m]
V	maximal festgelegte Geschwindigkeit in [km/h]
r	Radius des Gleisbogens in [m]
L_f	Einflusslänge in [m] des belasteten Teils der Gleiskrümmung auf der Brücke, die am ungünstigsten für die Bemessung des jeweils betrachteten Bauteils ist
f	Abminderungsfaktor für $V \leq 120$ km/h und $L_f \leq 2{,}88$ m

Bei Ansatz des Lastmodells 71 und Entwurfsgeschwindigkeiten von mehr als 120 km/h sind zwei Fälle zu berücksichtigen: — EC 1-2 Kap. 6.5.1 (7)

- Lastmodell 71 mit Schwingbeiwert und der Zentrifugallast für $V = 120$ km/h und $f = 1{,}0$
- ein abgemindertes Lastmodell 71 ($f \cdot Q_{vk}$ bzw. $f \cdot q_{vk}$) und die Zentrifugallast für die maximal festgelegte Geschwindigkeit
- Der Abminderungsfaktor f ergibt sich mit $V_{max} = 200$ km/h und $L_f = 18{,}00$ m zu $f = 0{,}72$ — f nach EC 1-2 Kap. 6.5.1 (8) Gl. (6.19)

Im Fall des Lastmodells SW ist für die Ermittlung der Zentrifugallasten eine Geschwindigkeit von 80 km/h anzunehmen. — EC 1-2 Kap. 6.5.1 (5)P

Damit ergeben sich folgende zu kombinierende charakteristische Werte der Einwirkungen:

<u>Lastmodell 71</u>:

Zentrifugallasten:

Grundlast:	$q_{tk} = 2{,}59$ kN/m	für $V = 120$ km/h, $f = 1{,}0$	
Überlast:	$q_{tk} = 2{,}47$ kN/m	für $V = 120$ km/h, $f = 1{,}0$	

zu kombinieren mit:

Vertikallasten:

Grundlast:	$\Phi \cdot q_{vk} = 96{,}00$ kN/m	$\emptyset = \emptyset_2 = 1{,}20$ siehe Abschnitt 2.2.2.1
Überlast:	$\Phi \cdot q_{vk} = 91{,}50$ kN/m	q_{vk} siehe Abschnitt 2.2.2.1

<u>reduziertes Lastmodell 71</u>:

Zentrifugallasten:

Grundlast:	$q_{tk} = 5{,}18$ kN/m	für $V_e = 200$ km/h, $f = 0{,}72$
Überlast:	$q_{tk} = 4{,}94$ kN/m	für $V_e = 200$ km/h, $f = 0{,}72$

zu kombinieren mit:

Vertikallasten:

Grundlast:	$f \cdot \Phi \cdot q_{vk} = 69{,}12$ kN/m	mit $f = 0{,}72$	$\emptyset = \emptyset_2 = 1{,}20$ siehe Abschnitt 2.2.2.1
Überlast:	$f \cdot \Phi \cdot q_{vk} = 65{,}88$ kN/m	mit $f = 0{,}72$	q_{vk} siehe Abschnitt 2.2.2.1

Lastmodell SW/2:

q_{tk} = 2,2 kN/m — für V = 80 km/h, f = 1,00

zu kombinieren mit: $\Phi \cdot q_{vk}$ = 180,0 kN/m — $\phi = \phi_2 = 1{,}20$ siehe Abschnitt 2.2.2.1; q_{vk} siehe Abschnitt 2.2.2.3

Lastmodell Unbeladener Zug:

q_{tk} = 1,12 kN/m — für V_e = 200 km/h, f = 1,00

zu kombinieren mit: q_{vk} = 10,0 kN/m — q_{vk} siehe Abschnitt 2.2.2.4

Für die Lastmodelle SW/2 und „Unbeladener Zug" sollte der Abminderungsfaktor mit f = 1,0 angenommen werden.

2.2.2.9 Seitenstoß

EC 1-2 Kap. 6.5.2

Der Seitenstoß ist als horizontal in Schienenoberkante angreifende Einzellast rechtwinklig zur Gleisachse anzusetzen. Er ist sowohl bei geraden als auch bei gebogenen Gleisen anzusetzen. *(EC 1-2 Kap. 6.5.2 (1)P)*

Der charakteristische Wert des Seitenstoßes ist mit Q_{sk} = 100 kN anzusetzen. Er ist weder mit dem Klassifizierungsbeiwert ϕ noch mit dem Beiwert f zu multiplizieren. *(EC 1-2 Kap. 6.5.2 (2)P)*

Der charakteristische Wert des Seitenstoßes sollte mit dem Beiwert α für Werte von α ≥ 1 multipliziert werden. *(EC 1-2 Kap. 6.5.2 (3))*

Der Seitenstoß ist immer mit den vertikalen Verkehrslasten zu kombinieren. *(EC 1-2 Kap. 6.5.2 (4)P)*

2.2.2.10 Einwirkungen aus Anfahren und Bremsen

EC 1-2 Kap. 6.5.3

Die charakteristischen Werte der Einwirkungen aus Anfahren und Bremsen sind wie folgt anzunehmen: *(EC 1-2 Kap. 6.5.3 (2)P)*

Anfahrkraft: für Lastmodell 71 und die Lastmodelle SW *(EC 1-2 Kap. 6.5.3 (2)P, Gl. (6.20); $L_{a,b}$ - maßgebende Belastungslänge)*

$Q_{lak} = 33 \cdot L_{a,b} \leq 1000$ kN — mit L = 18,00 m

Q_{lak} = 594,0 kN ≤ 1000 kN

Bremskraft: für Lastmodell 71 und Lastmodell SW/0

EC 1-2 Kap. 6.5.3 (2)P Gl. (6.21) Anfahren für LM 71 maßgebend

$Q_{lbk} = 20 \cdot L_{a,b} \leq 6000$ kN mit L = 18,00 m

$Q_{lbk} = 360{,}0$ kN ≤ 6000 kN

für Lastmodell SW/2

EC 1-2 Kap. 6.5.3 (2)P Gl. (6.22)

$Q_{lbk} = 35 \cdot L$ mit L = 18,00 m

$Q_{lbk} = 630{,}0$ kN

Brems- und Anfahrkräfte wirken auf Höhe der Schienenoberkante in Längsrichtung des Gleises. Sie sind als gleichmäßig verteilt über die zugehörige Einflusslänge $L_{a,b}$ der Anfahr- und Bremseinwirkung für das jeweilige Bauteil anzunehmen. Sie sind jeweils mit den zugehörigen Vertikallasten zu kombinieren.

EC 1-2 Kap. 6.5.3 (1)P

EC 1-2 Kap. 6.5.3 (7)P

Gemäß den Regelungen in Ril 804 bezüglich der schwimmenden Lagerung werden die horizontalen Lagerkräfte aus Anfahren und Bremsen vereinfachend aus einer Überbauverschiebung von 4 mm in Anfahr- oder Bremsrichtung ermittelt.

Ril 804.5101 (16)

2.2.2.11 Einwirkungen auf Geländer

EC 1-2 Kap. 4.8

Es ist eine horizontal wirkende Linienlast von q_k = 0,8 kN/m in Oberkante Geländer, horizontal nach außen oder innen wirkend, anzunehmen.

2.2.2.12 Temperatureinwirkungen

EC 1-1-5 Kap. 4

Das Temperaturprofil in einem einzelnen Bauteil kann in vier Anteile aufgespalten werden.

EC 1-1-5 Kap. 4 (3)

a) konstanter Temperaturanteil, ΔT_u

b) linear veränderlicher Temperaturanteil über die z-z-Achse, ΔT_{My}

c) linear veränderlicher Temperaturanteil über die y-y-Achse, ΔT_{Mz}

d) nichtlineare Temperaturverteilung, ΔT_E

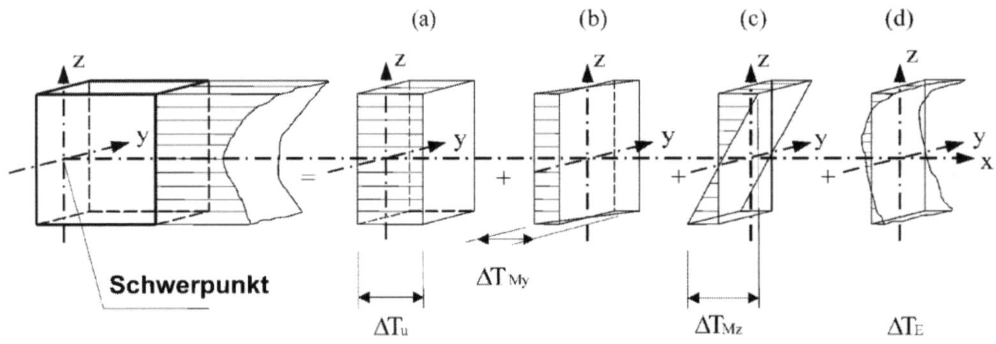

Abbildung 12 Diagramm zur Darstellung der einzelnen Anteile eines Temperaturprofils nach Bild 4.1, EC-1-1-5

Der betrachtete Verbundüberbau ist in die Überbaugruppe Typ 3 (Betonkonstruktion: Betonplatte) nach EC 1-1-5 Kap. 6.1.1 einzustufen.

Bei Brücken sollten in der Regel nur der konstante Temperaturanteil und die linearen Temperaturunterschiede mit ihren entsprechenden repräsentativen Werten berücksichtigt werden.

a) Konstanter Temperaturanteil — EC 1-1-5 6.1.3

Die minimale Außenlufttemperatur T_{min} beträgt –24 °C und die maximale Außenlufttemperatur T_{max} beträgt +37 °C. — EC 1-1-5 NDP zu 6.1.3.2 (1)

Der minimale und maximale konstante Temperaturanteil für den Überbau $T_{e,min}$ und $T_{e,max}$ kann aus Bild 6.1 von EC-1-1-5 abgelesen werden oder über nachfolgende Gleichungen für den Überbautyp 3 ermittelt werden:

$$T_{e,min} = T_{min} + 8 = -24 + 8 = -16\ K$$
$$T_{e,max} = T_{max} + 2 = +37 + 4 = +39\ K$$

Die Aufstelltemperatur der Brücke T_0, bei der die Zwängung des Tragwerks eintritt, darf zur Berechnung der Verkürzung infolge des minimalen konstanten Temperaturanteils dem Anhang A entnommen werden. — EC 1-1-5 6.1.3.3 (2)

Anmerkung: — EC 1-1-5 NDP zu A.1 (3)
Der Wert von T_0 darf projektbezogen festgelegt werden. Falls keine Informationen verfügbar sind, kann T_0 zu 10 °C angenommen werden.

Der charakteristische Wert der maximalen negativen Änderung (Verkürzung) des konstanten Temperaturanteils $\Delta T_{N,con}$ ergibt sich zu:

$$\Delta T_{N,con} = T_0 - T_{e,min} = 10 - (-16) = 26\ K$$ — EC 1-1-5 6.1.3.3 Gl. (6.1)

Der charakteristische Wert der maximalen positiven Änderung (Ausdehnung) des konstanten Temperaturanteils $\Delta T_{N,exp}$ ergibt sich zu:

$$\Delta T_{N,exp} = T_{e,max} - T_0 = 39 - 10 = 29\ K$$ — EC 1-1-5 6.1.3.3 Gl. (6.2)

Die gesamte Schwankung des konstanten Temperaturanteils ist dann definiert als:

$$\Delta T_N = T_{e,max} - T_{e,min} = 39 - (-16) = 55\ K$$

Hinweis:
Für die Tragwerksbemessung werden für die konstanten Temperaturanteile die Werte $\Delta T_{N,con}$ und $\Delta T_{N,exp}$ berücksichtigt.

Die bei der Einlagerung des Tragwerks bestehenden Unsicherheiten der genauen Position der beweglichen Lager, bezogen auf die Position der festen Lager, hängen von folgenden Punkten ab:

EC 0 NA.E.5.2.2 (1)

(a) der Art und Weise des Lagereinbaus,
(b) der mittleren Bauwerkstemperatur (Aufstelltemperatur T_0) beim Einbau der Lager,
(c) der Genauigkeit, mit der die mittlere Bauwerkstemperatur bestimmt wird.

Die Bemessungswerte des maximalen $T_{ed,max}$ und des minimalen konstanten Temperaturanteils $T_{ed,min}$ ergeben sich für den Nachweis von Lagern und Fahrbahnübergängen zu:

EC 0 NA.E.5.2.2 (2)

$$T_{ed,min} = T_0 - \gamma_F \cdot \Delta T_{N,con} - \Delta T_0 = 10 - 1{,}35 \cdot 26 - 10 = -34{,}1\ \text{K}$$

EC 0 NA.E.5.2.2 Gl. (NA.E.1)

$$T_{ed,max} = T_0 + \gamma_F \cdot \Delta T_{N,exp} + \Delta T_0 = 10 + 1{,}35 \cdot 29 + 10 = +59{,}2\ \text{K}$$

EC 0 NA.E.5.2.2 Gl. (NA.E.2)

$\gamma_F = 1{,}35$

$\Delta T_0 = 10$ K
Mit Temperaturschätzung für die mittlere Bauwerkstemperatur T_0 und ohne Korrektur der Lager

mit:

γ_F: Teilsicherheitsbeiwert für klimatische Temperatureinwirkungen

ΔT_0: zusätzliches Sicherheitselement zur Erfassung der Unsicherheiten der Lagerposition bei der Aufstelltemperatur T_0 nach Tab NA.E.4 von EC 0

b) Linear veränderlicher Temperaturanteil (horizontal)

EC 1-1-5 6.1.4.3

Im Allgemeinen ist ein veränderlicher Temperaturanteil nur in vertikaler Richtung zu berücksichtigen. In bestimmten Fällen (z. B. wenn die Ausrichtung oder die Gestaltung der Brücke dazu führt, dass eine Seite stärker der Sonneneinstrahlung ausgesetzt ist als die andere) sollte jedoch auch ein horizontaler Temperaturanteil berücksichtigt werden.

EC 1-1-5 6.1.4.3 (1)

Falls keine anderen Informationen verfügbar sind und keine Hinweise für höhere Werte vorhanden sind, ist ein linear veränderlicher Temperaturunterschied von 5 °C zwischen den äußeren Rändern der Brücke unabhängig von der Brückenbreite anzunehmen.

EC 1-1-5 NDP Zu 6.1.4.3 (1)

Anmerkung:

Im vorliegenden Fall braucht, aufgrund der statisch bestimmten Lagerung vom Überbau in Querrichtung, keine lineare Temperatureinwirkung in horizontaler Richtung angesetzt zu werden.

c) Linear veränderlicher Temperaturanteil (vertikal) EC 1-1-5 6.1.4.1

Während einer vorgegebenen Zeitspanne verursacht die Erwärmung und Abkühlung des oberen Beitrags des Brückenüberbaues eine maximale Temperaturveränderung infolge Erwärmung (Oberseite wärmer) und eine maximale Temperaturveränderung infolge Abkühlung (Unterseite wärmer). EC 1-1-5 6.1.4 (1)

Die Effekte sollten durch gleichwertige positive und negative lineare Temperaturunterschiede nach EC-1-1-5 Tabelle 6.1 erfasst werden.

Für den Überbautyp 3 (Betonkonstruktion) ergibt sich:

$\Delta T_{M,heat}$ = 15 K (Oberseite wärmer als Unterseite)
$\Delta T_{M,cool}$ = 8 K (Unterseite wärmer als Oberseite)

Die linear veränderlichen Temperaturunterschiede sind zwischen Ober- und Unterseite des Brückenüberbaues anzusetzen.

Die im EC-1-1-5 Tabelle 6.1 angegebenen Werte der Temperaturunterschiede wurden für Straßen- und Eisenbahnbrücken mit einer Belagsdicke von 50 mm ermittelt. Für andere Belagsdicken sind diese Werte mit einem im ARS 22/2012 Anlage 3 angegebenen Faktor k_{sur} zu multiplizieren.

Für die Belagsdicke von 750 mm (Schotter) ergeben sich folgende k_{sur}-Werte:

k_{sur} = 0,6 (Oben wärmer als unten) ELTB Anlage Ei 8.2/1
k_{sur} = 1,00 (Unten wärmer als oben)

Damit ergeben sich die linearen Temperaturunterschiede zu:

$\Delta T_{M,heat} = 0{,}6 \cdot 15 = 9\ K$
$\Delta T_{M,cool} = 1{,}00 \cdot 8 = 8\ K$

d) Nichtlineare Temperaturverteilung

Die nichtlineare Temperaturverteilung führt zu einem System von Eigenspannungen, die im Gleichgewicht sind und im Bauteil keine äußeren Beanspruchungen erzeugen. EC 1-1-5 4 (3)

e) Kombination der Temperaturanteile

Neben den einzelnen konstanten und linear veränderlichen vertikalen Temperaturanteilen sind diese ebenfalls in Kombination nach EC-1-1-5 Kapitel 6.1.5 anzusetzen.

Es gilt:

$\Delta T_{M,heat}$ (oder $\Delta T_{M,cool}$) + $\omega_N \cdot \Delta T_{N,exp}$ (oder $\Delta T_{N,con}$) EC 1-1-5 6.1.5 Gl. (6.3)

oder

$\omega_M \cdot \Delta T_{M,heat}$ (oder $\Delta T_{M,cool}$) + $\Delta T_{N,exp}$ (oder $\Delta T_{N,con}$) EC 1-1-5 6.1.5 Gl. (6.4)

Der ungünstigere Fall ist maßgebend.

Als Kombinationsfaktoren sind folgenden Werte zu wählen:

$\omega_N = 0{,}35$ EC 1-1-5 NDP Zu 6.1.5 (1)
$\omega_M = 0{,}75$

Anmerkung: EC 4-2 Kap. 5.4.2.9 (8)

Einflüsse aus linearen Temperaturunterschieden dürfen im Allgemeinen vernachlässigt werden. Bei Eisenbahnbrücken ohne Schotterbett sind die Einflüsse aus Temperaturunterschieden bei der Ermittlung der Verformungen jedoch zu berücksichtigen.

2.2.2.13 Windlasten

Es wird hier nur die maßgebende Bemessungssituation „Endzustand mit Verkehr oder mit Lärmschutzwand" für die angenommene Höhenlage der Windresultierenden von $z_e \leq 20$ m über Gelände untersucht. EC 1-1-4

Die Höhe des Verkehrsbandes beträgt $h_W = 4{,}0$ m. EC 1-1-4 Kap. 8.3.1 (5)b

Für die Ermittlung der Windlasten wird auf der sicheren Seite liegend nur eine Überbauhälfte der Brückenkonstruktion betrachtet.

Eingangswerte:

$b / d = 5{,}77 / 5{,}75 = 1{,}0$ — EC 1-1-4 NA.N.2 Tab. NA.N5

b Gesamtbreite einer Überbauhälfte — $b = B = 5{,}77$ m, siehe Bild 3

d Höhe von OK Verkehrsband bis UK Tragkonstruktion — $d = h_W + H$; $d = 4{,}0 + 1{,}75 = 5{,}75$ m

z_e größte Höhe der Windresultierenden über der Geländeoberfläche oder dem mittleren Wasserstand

$z_e = 4{,}80 + (4{,}0 + 1{,}75) / 2 = 7{,}68 \text{ m} < 20 \text{ m}$

Abstand GOK bis UK Überbau: 4,80 m

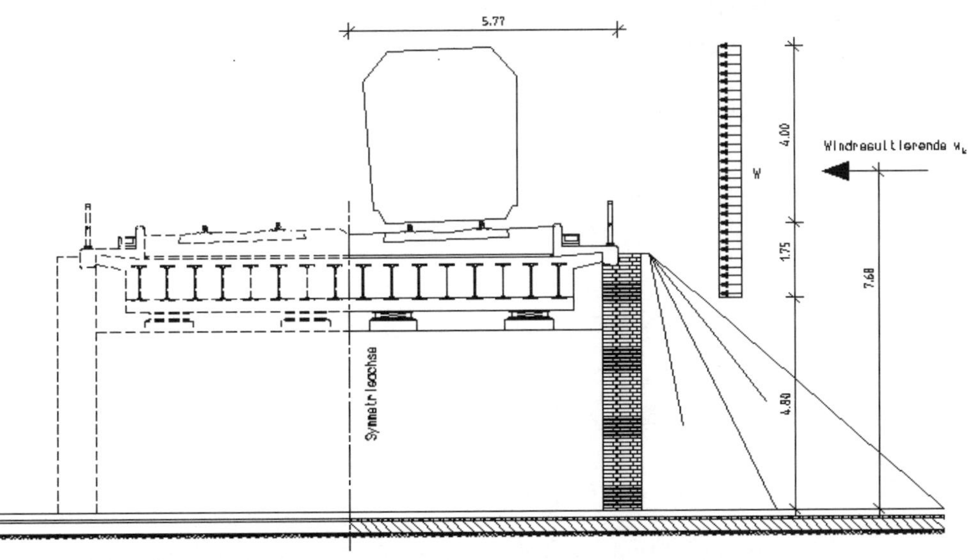

Bild 13 Schematische Darstellung der Windbeanspruchung

Es ergibt sich folgende Windeinwirkung (es wurde linear interpoliert):

$$w_k = W \cdot d = 1{,}36 \cdot 5{,}75 = 7{,}80 \text{ kN/m}$$

W Windeinwirkung EC 1-1-4 NA.N.2 Tab. NA.N.5 (Spalte 5, linear interpoliert)

Die Exzentrizität der Windresultierenden bezüglich des Schwerpunktes des Überbaus beträgt:

$$
\begin{aligned}
e_w &= d / 2 - (h - z_{i,0}) \\
&= 5{,}75 / 2 - (0{,}94 - 0{,}48) \\
&= 2{,}42 \text{ m}
\end{aligned}
$$

$z_{i,0}$ Abstand des Schwerpunktes des Gesamtkernquerschnitts von der Oberkante Beton (Zustand I für Kurzzeitlasten)

2.2.2.14 Druck-Sog Einwirkungen aus Zugverkehr

EC 1-2 Kap. 6.6

Die Vorbeifahrt der Züge erzeugt für jedes Bauwerk in der Nähe eines Gleises eine wandernde Welle mit abwechselnder Druck- und Sogwirkung. Für Tragsicherheits- und Ermüdungsnachweise dürfen diese Einwirkungen durch Ersatzlasten am Kopf und Ende des Zugs angenähert werden.

EC 1-2 Kap. 6.6 (2)

EC 1-2 Kap. 6.6 (3)

Diese aerodynamischen Einwirkungen sind im Wesentlichen bei der Bemessung von beispielsweise Bahnsteigdächern, Schutzeinrichtungen oder Lärmschutzwänden von Bedeutung. Sie brauchen bei der Bemessung des Überbaus wegen ihres geringen Einflusses nicht berücksichtigt zu werden.

2.2.2.15 Einwirkungen aus Erddruck

Der durch das Schotterbett und die Hinterfüllung hervorgerufene Erdruhedruck wirkt an beiden Enden des Überbaus in entgegengesetzter Richtung. Er wird deshalb zur Bemessung der Lager nicht angesetzt.

Steht ein Zug unmittelbar vor dem Überbau, wirkt ein einseitiger Verkehrserddruck auf den Überbau. Die hieraus resultierende Last wird zum Teil von den Lagern aufgenommen.
Der maximale Verkehrserddruck tritt unter dem Lastmodell 71 auf.

Mit den Eingangswerten:

$q_{\text{LM71,k}} = 156{,}25$ kN/m

$h_{\text{Erddruck}} = 0{,}30 + 0{,}90 + 0{,}85 + 0{,}08/2 = 2{,}09$ m

siehe Bilder 2 und 3

$\varphi' = 30°$

$k_0 = 1 - \sin\varphi'$

ermittelt sich die charakteristische Erddrucklast Q_{ek} auf der sicheren Seite liegend zu:

Der Ansatz des vollen Erddrucks liegt deutlich auf der sicheren Seite. Bei der Bemessung der Unterbauten und Lager sollte er genauer ermittelt werden.

$$Q_{\text{ek}} = q_{\text{LM71,k}} \cdot k_0 \cdot h_{\text{Erddruck}} = 156{,}25 \cdot (1 - \sin 30°) \cdot 2{,}09 = 163{,}28 \text{ kN}$$

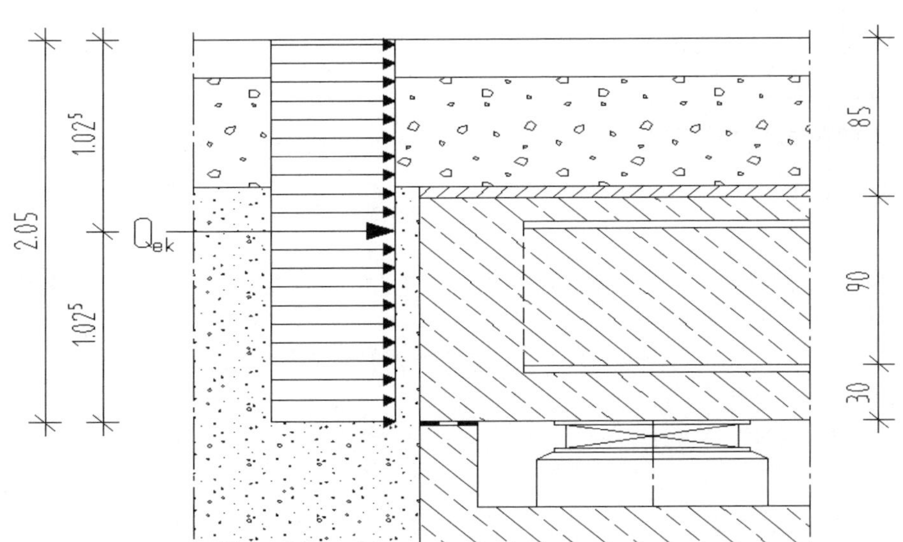

Bild 14 Einwirkungen aus Erddruck

2.2.3 Entgleisung und andere Einwirkungen für Eisenbahnbrücken

EC 1-2 Kap. 6.7

Die Entgleisung des Zugverkehrs auf einer Brücke ist als zusätzliche und außergewöhnliche Bemessungssituation zu betrachten.

EC 1-2 Kap. 6.7.1 (1)P

2.2.3.1 Einwirkungen infolge Entgleisung

Eisenbahnbrücken und Betriebsbauten sind derart zu bemessen, dass im Falle einer Entgleisung der Schaden für das Bauwerk (im Besonderen das Umkippen oder der Einsturz des Bauwerks als Ganzes) auf ein Minimum begrenzt bleibt.
Gemäß EC 1-2 Kap. 6.7.1 (5)P sind bei der Entgleisung auf Brücken zwei Bemessungssituationen jeweils gesondert zu untersuchen.

EC 1-2 Kap. 6.7

EC 1-2 Kap. 6.7 (1)P

Bemessungssituation I:

EC 1-2 Kap. 6.7.1 (2)P

Entgleisung von Eisenbahnfahrzeugen, wobei das entgleiste Fahrzeug im Gleisbereich des Überbaus bleibt und von der benachbarten Schiene oder dem Randbalken zurückgehalten wird

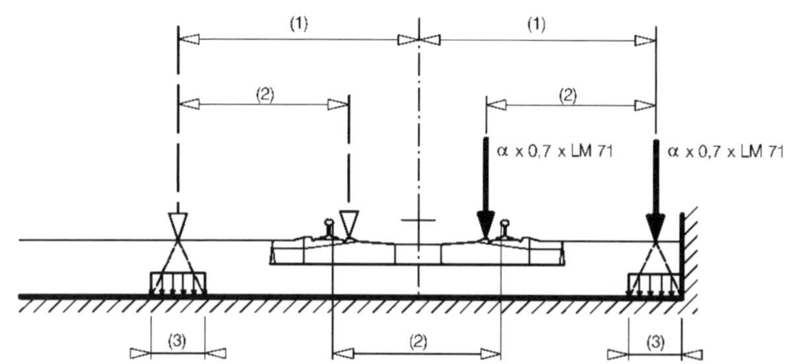

EC 1-2 Kap. 6.7.1
Bild 6.26

Bild 15 Bemessungssituation I

Die betroffenen Bauwerksteile sind für folgende Ersatzlasten bei den außergewöhnlichen Belastungen zu bemessen:

α x 1,4 x LM71 (sowohl die Einzellasten als auch die gleichmäßig verteilte Belastung, Q_{A1d} und q_{A1d}) parallel zum Gleis in der ungünstigsten Stellung innerhalb eines Bereichs mit einer Breite der 1,5-fachen Spurweite beiderseits der Gleisachse. Die Linienlast außerhalb des Gleises darf dabei in Höhe der Oberkante der Fahrbahnkonstruktion auf eine Breite von 0,45 m verteilt werden (siehe Bild 14).

EC 1-2 Kap. 6.7.1 (3)P
1-fache Spurweite: s = 1,40 m
1,5-fache Spurweite:
1,5 s = 1,5 · 1,40 = 2,10 m

q_{A1d} = 1,40 · 0,5 · 80,00 = 56,0 kN/m
$\Delta\, q_{A1d}$ = 1,40 · 0,5 · 76,25 = 53,38 kN/m (auf 6,4 m Länge)
e = 2,10 – 1,40 / 2 = 1,40 m

Bemessungssituation II:

EC 1-2 Kap. 6.7.1
Bild 6.27

Entgleisung von Eisenbahnfahrzeugen, wobei das entgleiste Fahrzeug auf der Brückenkante balanciert und die Kante des Überbaus belastet (ausschließlich nichttragende Bauteile wie Randwege).

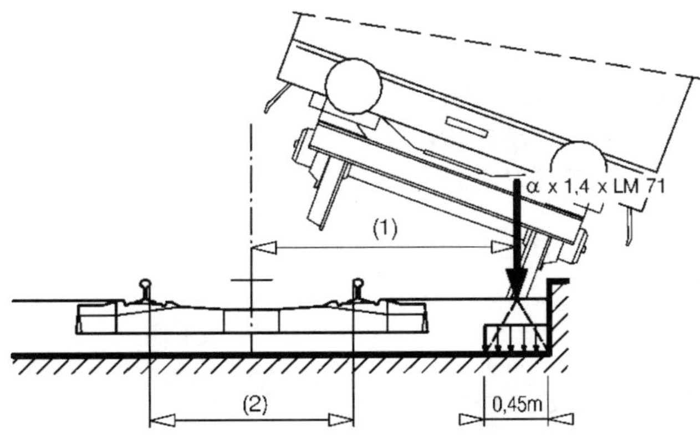

Bild 16 Bemessungssituation II

In der Bemessungssituation II sollte die Brücke weder umkippen noch einstürzen. Für die Bestimmung der Gesamtstabilität ist auf eine Länge von 20 m eine gleichmäßig verteilte Vertikallast von $q_{A2d} = \alpha$ x 1,4 x LM71 zu betrachten, die an der seitlichen Grenze des Fahrbahnbereichs angreift.

EC 1-2 Kap. 6.7.1 (4)P
1,5-fache Spurweite:
1,5 s = 1,5 · 1,40 = 2,10 m

Anmerkung:

Die oben angegebene Ersatzlast sollte nur bei der Bestimmung des Grenzzustandes der Tragfähigkeit oder beim Nachweis der Stabilität des Tragwerkes als Ganzes berücksichtigt werden.

Randträger, Konsolen etc. bedürfen keiner Bemessung für diese Belastung.

q_{A2d} = 112,0 kN/m (auf 20,0 m Länge)
e = 2,10 m

In Ril 804 heißt es in Modul 4302, Abschnitt 2 (4) ergänzend:

Ein Nachweis für die außergewöhnliche Bemessungssituation I (Entgleisung von Eisenbahnfahrzeugen, bei denen die entgleisten Fahrzeuge im Gleisbereich auf der Brücke bleiben) ist nicht erforderlich.

und weiter:

Die außergewöhnliche Bemessungssituation II (Entgleisen von Eisenbahnfahrzeugen, bei denen die entgleisten Fahrzeuge im Gleisbereich auf der Kante liegen bleiben) ist nachzuweisen.

2.2.3.2 Einwirkungen infolge Oberleitungsbruch

RIL 804.2101 Abs. 2.2 (2)

Dieser Lastfall entfällt, da sich keine Fahrleitungsmaste auf dem Überbau befinden.

2.3 Querschnittsgrößen

Der Überbau wird für die Ermittlung der Schnittgrößen und für die Bemessung in 8 identische Verbundträger aufgeteilt.
Die Querschnittsgrößen werden im Folgenden für die eines Verbundträgers ermittelt.

2.3.1 Verbundträger

Anmerkung:

In der Ril 804 werden im Modul 4302 Hinweise und Formeln für ein vereinfachtes Berechnungsverfahren in Anlehnung an DS 804 (B 6), Anlage 8 gegeben. Im Weiteren wird die Vorgehensweise nach EC 4 verwendet.

Die Querschnittswerte des ideellen Verbundquerschnittes der einzelnen Verbundträger werden auf den Elastizitätsmodul des Baustahls bezogen. Dabei wird der Betonanteil mit last- und zeitabhängigen Reduktionszahlen in ideelle Stahlflächen umgerechnet. Der so entstandene ideelle Stahlquerschnitt kann nach den bekannten Beziehungen der Elastizitätstheorie berechnet werden.
Des Weiteren wird die Bernoulli-Hypothese vom Ebenbleiben des (Verbund-)Querschnitts der Berechnung der Querschnittswerte zugrunde gelegt.
Der Betonstahl wird im Folgenden vernachlässigt.

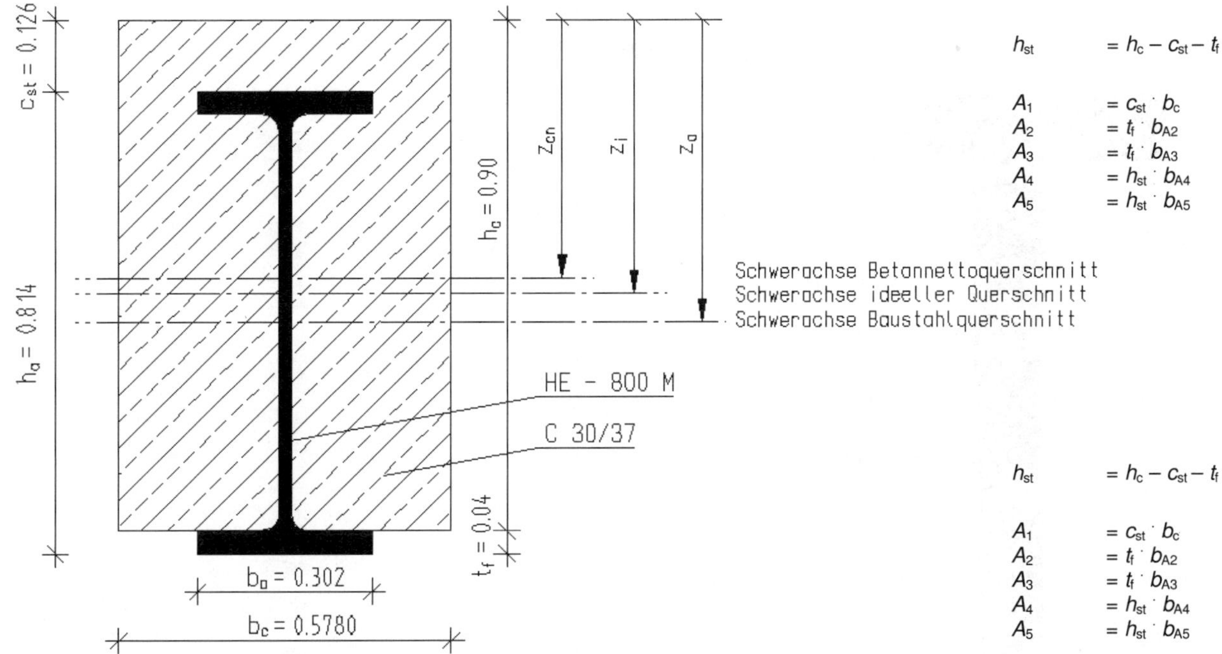

$h_{st} = h_c - c_{st} - t_f$

$A_1 = c_{st} \cdot b_c$
$A_2 = t_f \cdot b_{A2}$
$A_3 = t_f \cdot b_{A3}$
$A_4 = h_{st} \cdot b_{A4}$
$A_5 = h_{st} \cdot b_{A5}$

$h_{st} = h_c - c_{st} - t_f$

$A_1 = c_{st} \cdot b_c$
$A_2 = t_f \cdot b_{A2}$
$A_3 = t_f \cdot b_{A3}$
$A_4 = h_{st} \cdot b_{A4}$
$A_5 = h_{st} \cdot b_{A5}$

Bild 17 Verbundträgerquerschnitt

Trägheitsmoment I_{cn} und Schwerpunkt z_{cn} für den Nettobetonquerschnitt

Für die Berechnung des Trägheitsmoments und des Schwerpunkts wird der Verbundquerschnitt in 5 Teilflächen aufgeteilt (Bild 18). Außerdem ermittelt man den Abstand z von der Oberkante bis zum Schwerpunkt der einzelnen Teilflächen. Für die endgültige Berechnung des Trägheitsmoments wird das Flächenträgheitsmoment der einzelnen Flächen berechnet und der Steiner-Anteil ($A_i \cdot z_{si}^2$) addiert.

Um den Schwerpunkt z_{cn} zu ermitteln, wird die Summe der Teilflächen durch die Summe der Ergebnisse der Spalte 3 dividiert. Der Wert z_s berechnet sich, indem man z_{cn} von dem jeweiligen Abstand z der Spalte 2 subtrahiert.

Das Trägheitsmoment I_{cn} ergibt sich aus der Addition der Summe der Flächenträgheitsmomente (Spalte I_{yi}) und des Steiner-Anteils (Spalte $A_i \cdot z_{si}^2$).

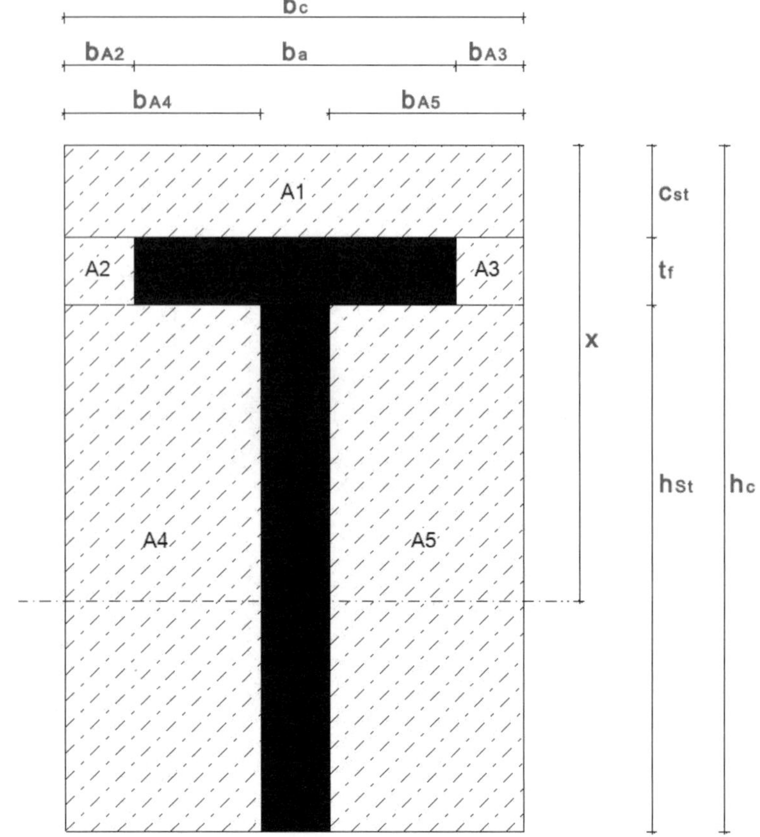

Bild 18 Skizzierung der Teilflächen

Tabelle 3 Trägheitsmoment und Schwerpunkt im Zustand I für Kurzzeitlasten, *t* = 0, reine Biegebeanspruchung

Q_s	A_i	z_i	$z_i \cdot A_i$	z_{cn}	z_{si}	I_{yi}	$A_i \cdot z_{si}^2$	I_{cn}
1	0,0728	0,0630	0,0046		-0,3919	9,63E-05	0,0112	
2	0,0055	0,1460	0,0008		-0,3089	7,32E-07	0,0005	
3	0,0055	0,1460	0,0008		-0,3089	7,32E-07	0,0005	
4	0,2042	0,5330	0,1088		0,0781	9,17E-03	0,0012	
5	0,2042	0,5330	0,1088		0,0781	9,17E-03	0,0012	
	0,4922		0,2239	0,4549		1,84E-02	0,0147	0,0332

Tabelle 4 Trägheitsmoment und Schwerpunkt im Zustand II für Kurzzeitlasten, *t* = 0, reine Biegebeanspruchung

Q_s	A_i	z_i	$z_i \cdot A_i$	z_{cn}	z_{si}	I_{yi}	$A_i \cdot z_{si}^2$	I_{cn}
1	0,0728	0,0630	0,0046		-0,1277	9,63E-05	0,0012	
2	0,0055	0,1460	0,0008		-0,0447	7,32E-07	0,0000	
3	0,0055	0,1460	0,0008		-0,0447	7,32E-07	0,0000	
4	0,0595	0,2729	0,0162		0,0822	2,27E-04	0,0004	
5	0,0595	0,2729	0,0162		0,0822	2,27E-04	0,0004	
	0,2028		0,0387	0,1907		5,52E-04	0,0020	0,0026

Tabelle 5 Trägheitsmoment und Schwerpunkt im Zustand II für Langzeitlasten, *t* = ∞, reine Biegebeanspruchung

Q_s	A_i	z_i	$z_i \cdot A_i$	z_{cn}	z_{si}	I_{yi}	$A_i \cdot z_{si}^2$	I_{cn}
1	0,0728	0,0630	0,0046		-0,1725	9,63E-05	0,0022	
2	0,0055	0,1460	0,0008		-0,0895	7,32E-07	0,0000	
3	0,0055	0,1460	0,0008		-0,0895	7,32E-07	0,0000	
4	0,0837	0,3164	0,0265		0,0809	6,31E-04	0,0005	
5	0,0837	0,3164	0,0265		0,0809	6,31E-04	0,0005	
	0,2512		0,0592	0,2355		1,36E-03	0,0033	0,0047

Eingangswerte – Baustahl (Walzträger HE-8200 M)

Betonüberdeckung	c_{st} =	0,126	m	$c_{st} = h_c + t_f - h_a$ (siehe Bild 17)
Walzträgerhöhe	h_a =	0,814	m	h_a – siehe Abschn. 1.3
Querschnittsfläche	A_a =	0,0404	m^2	A_a – siehe Abschn. 1.3
Trägheitsmoment	I_a =	0,004426	m^4	
Schwerpunkt	z_a =	0,533	m	$z_a = h_a / 2 + c_{st}$ (siehe Bild 17)
E–Modul	E_a =	210.000	MN/m^2	E_a – siehe Abschn. 1.3
Widerstandsmoment	$W_{a,o}$ =	-0,0109	m^3	
Widerstandsmoment	$W_{a,u}$ =	0,0109	m^3	

Eingangswerte – Beton (Nettoquerschnittswerte)

Höhe	h_c =	0,90	m	$h_c = h - t_f$
Breite	b_c =	0,5775	m	b_c = Achsabstand der Träger $= b / n_a$
Querschnittsfläche	A_{cn} =	0,491	m^2	$A_{cn} = A_c - (A_a - b_a \cdot t_f)$
Trägheitsmoment	I_{cn} =	0,03315	m^4	I_{cn} = siehe Abschn. 2.3.1 Tab. 3
Schwerpunkt	z_{cn} =	0,455	m	z_{cn} = siehe Abschn. 2.3.1 Tab. 3
E–Modul	E_{cm} =	33.000	MN/m^2	E_{cm} – siehe Abschn. 1.3 Kurzzeitmodul als Mittelwert

Verbundquerschnitt im Zustand I für Kurzzeitlasten

Reduktionszahl $n_0 = 6,36$

n_0 – lt. EC 2-1 Kap. 3.1.3 Tab. 3.1 s. Abschnitt 1.4

Verbundquerschnittsfläche

$$A_{i,0} = \frac{A_{cn}}{n_0} + A_a = 0,12\ m^2$$

Schwerpkt. Verbundquerschnitt

$$z_{i,0} = \frac{\frac{A_{cn} \cdot z_{cn}}{n_0} + A_a \cdot z_a}{A_{i,0}} = 0,48\ m$$

Trägheitsmoment um die y-Achse

$$I_{i,0} = I_a + A_a \cdot (z_{i,0} - z_a)^2 + \frac{I_{cn}}{n_0} + \frac{A_{cn}}{n_0} \cdot (z_{i,0} - z_{cn})^2$$

$$I_{i,0} = 0{,}00980 \text{ m}^4$$

Widerstandsmomente des Verbundquerschnitts:

Oberkante Beton	$W_{c,o}$ =	-0,1294 m³		$W_{c,o} = -\frac{I_{i,0}}{z_{i,0}} \cdot n_0$
Unterkante Beton	$W_{c,u}$ =	0,1491 m³		$W_{c,u} = -\frac{I_{i,0}}{z_{i,0} - h_c} \cdot n_0$
Oberkante Walzträger	$W_{a,o}$ =	-0,0275 m³		$W_{a,o} = -\frac{I_{i,0}}{z_{i,0} - c_{st}}$
Unterkante Walzträger	$W_{a,u}$ =	0,0214 m³		$W_{a,u} = -\frac{I_{i,0}}{z_{i,0} - (c_{st} + h_a)}$

Verbundquerschnitt im Zustand I für Langzeitlasten, *t* = ∞

Berechnungsschema: siehe Ermittlung der Querschnittswerte für Langzeitlasten
n_L – lt. EC 2-1 Kap. 3.1.4
s. Abschnitt 1.4

Reduktionszahl	n_L =	22,46
Verbundquerschnittsfläche	$A_{i,L}$ =	0,0623 m²
Schwerpkt. Verbundquerschnitt	$z_{i,L}$ =	0,506 m
Trägheitsmoment um die y-Achse	$I_{i,L}$ =	0,00599 m⁴

Widerstandsmomente des Verbundquerschnitts:

Oberkante Beton	$W_{c,o}$ =	-0,2661 m³	$W_{c,o} = -\frac{I_{i,L,l}}{z_{i,L}} \cdot n_L$
Unterkante Beton	$W_{c,u}$ =	0,3410 m³	$W_{c,u} = -\frac{I_{i,L,l}}{z_{i,L} - h_c} \cdot n_L$
Oberkante Walzträger	$W_{a,o}$ =	-0,0158 m³	$W_{a,o} = -\frac{I_{i,L,l}}{z_{i,L} - c_{st}}$
Unterkante Walzträger	$W_{a,u}$ =	0,0138 m³	$W_{a,u} = -\frac{I_{i,L,l}}{z_{i,L} - (c_{st} + h_a)}$

Verbundquerschnitt im Zustand II für Kurzzeitlasten, *t* = 0, reine Biegebeanspruchung

Im Zustand II wirken die zugbeanspruchten Betonquerschnittsteile, d.h. Betonfasern, die einer Spannung $\sigma_c > 0$ kN/m^2 ausgesetzt sind, im Verbundquerschnitt nicht mit. Beim Restverbundquerschnitt wird deshalb nur der gedrückte Beton angesetzt.

Bei reiner Biegebeanspruchung fällt die Spannungsnulllinie mit der Schwerachse des gerissenen Verbundquerschnittes zusammen. Wird der Querschnitt durch ein positives Moment beansprucht, wirkt deshalb nur der Beton oberhalb der Schwerelinie (Druckzone) mit.

Die geringen Normalkräfte infolge Erddruck und Lagerrückstellkräften werden vernachlässigt.

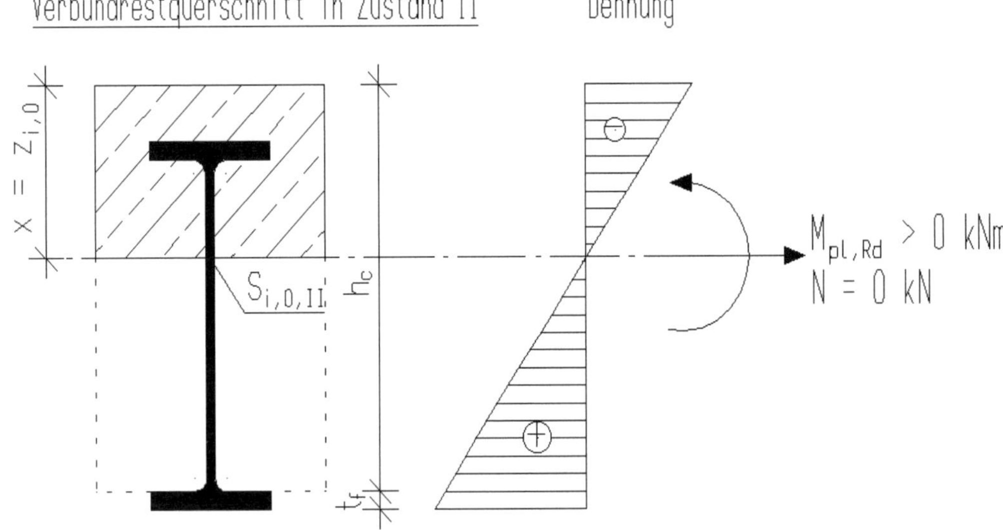

Bild 19 Verbundträgerquerschnitt im Zustand II

Aus der Bedingung, dass der Schwerpunktsabstand des Restverbundquerschnitts $z_{i,0,II}$ mit der Druckzonenhöhe x übereinstimmt, ergibt sich folgende Gleichung zur Bestimmung von x:

Es wirkt nur der Beton oberhalb der Schwerachse mit: $\rightarrow z_{i,0} = x$

$$z_{i,0} = \frac{\dfrac{A_{c,n}}{n_0} \cdot \dfrac{x}{2} + A_a \cdot z_a}{\dfrac{A_{c,n}}{n_0} + A_a} = \frac{\dfrac{b_c \cdot x - b_a \cdot t_f}{n_0} \cdot \dfrac{x}{2} + A_a \cdot z_a}{\dfrac{b_c \cdot x - b_a \cdot t_f}{n_0} + A_a} = x$$

Diese einfache geschlossene Lösung ist nur bei N = 0 kN gültig.

Bei der Bestimmung der Nettobetonfläche $A_{c,n} = b_c \cdot x - b_a \cdot t_f$ wird in obiger Gleichung die Bruttoquerschnittsfläche nur um den oberen Stahlträgerflansch verringert. Die im Beton liegende

Stegfläche wird vereinfachend und wegen geringfügiger Auswirkungen nicht abgezogen.

Damit ergibt sich:

$$\frac{b_c}{2 \cdot n_0} \cdot x^2 - \frac{b_a \cdot t_f}{2 \cdot n_0} \cdot x + A_a \cdot z_a = \frac{b_c}{n_0} \cdot x^2 - \frac{b_a \cdot t_f}{n_0} \cdot x + A_a \cdot x$$

$A_{cn,II}$ = $x \cdot b_c - b_a \cdot t_f - t_w \cdot (x - c_{st} - t_f)$
$I_{cn,II}$ = siehe Abschn. 2.3.1 Tab. 4
$z_{cn,II}$ = siehe Abschn. 2.3.1 Tab. 4

$$\left(-\frac{0{,}5 \cdot b_c}{n_0}\right) \cdot x^2 + \left(\frac{0{,}5 \cdot b_a \cdot t_f}{n_0} - A_a\right) \cdot x + A_a \cdot z_a = 0$$

$$\left(-\frac{0{,}5 \cdot 0{,}5775}{6{,}36}\right) \cdot x^2 + \left(\frac{0{,}5 \cdot 0{,}303 \cdot 0{,}04}{6{,}36} - 0{,}0404\right) \cdot x + 0{,}0404 \cdot 0{,}533 = 0$$

Dies führt zu folgender quadratischer Gleichung:

$$-0{,}04540 * x^2 + (-0{,}03944) * x + 0{,}02153 = 0$$

Berechnungsschema siehe Kurzzeitlasten, Zustand I

n_0 – lt. EC 2-1 Kap. 3.1.3 Tab. 3.1 s. Abschnitt 1.4

Für die gesuchte Druckzonenhöhe ergibt sich:

$x \quad = 0{,}380 \text{ m} = z_{i,0,II}$

$$W_{c,o,II} = -\frac{I_{i,0,II}}{z_{i,0,II}} \cdot n_0$$

$$W_{a,o,II} = -\frac{I_{i,0,II}}{z_{i,0,II} - c_{st}}$$

$$W_{a,u,II} = -\frac{I_{i,0,II}}{z_{i,0,II} - (c_{st} + h_a)}$$

Mit der verbleibenden Restbetonquerschnittshöhe von $x = 0{,}393$ m werden im Folgenden die ideellen Querschnittswerte bestimmt.

<u>Anmerkung:</u>

Kontrolle durch Bestimmung des ideellen Schwerpunkts des Restverbundquerschnitts (mitwirkende Betonhöhe $x = 0{,}393$ m):

$$z_{i,0,II} = \frac{\frac{0{,}5775 \cdot 0{,}393 - 0{,}303 \cdot 0{,}04}{6{,}36} \cdot \frac{0{,}393}{2} + 0{,}0404 \cdot 0{,}533}{\frac{0{,}5775 \cdot 0{,}393 - 0{,}303 \cdot 0{,}04}{6{,}36} + 0{,}0404} = 0{,}380\ m \ = x$$

Ausgangswerte – Beton (Nettoquerschnittswerte)

Höhe	x =	0,380	m
Breite	$b_{c,II}$ =	0,5775	m
Querschnittsfläche	$A_{cn,II}$ =	0,210	m^2
Trägheitsmoment	$I_{cn,II}$ =	0,00256	m^4
Schwerpunkt	$z_{cn,II}$ =	0,191	m

Verbundquerschnittswerte

Reduktionszahl	n_0 =	6,36	
Verbundquerschnittsfläche	$A_{i,0,II}$ =	0,0723	m^2
Schwerpkt. Verbundquerschnitt	$z_{i,0,II}$ =	0,382	m
Trägheitsmoment um die y-Achse	$I_{i,0,II}$ =	0,00747	m^4

Widerstandsmomente des Verbundquerschnitts

Oberkante Beton	$W_{c,o,II}$ =	-0,1244	m^3
Oberkante Walzträger	$W_{a,o,II}$ =	-0,0292	m^3
Unterkante Walzträger	$W_{a,u,II}$ =	0,0134	m^3

Das Widerstandsmoment für die Betonunterkante (Zugzone) wird nicht berechnet, da sich hier die Betonspannung zu null ergibt.

Verbundquerschnitt im Zustand II für Langzeitlasten, $t = \infty$, reine Biegebeanspruchung

Berechnungsschema siehe Verbundquerschnitt im Zustand II für Kurzzeitlasten

Ausgangswerte – Beton (Nettoquerschnittswerte)

Höhe	x =	0,467	m
Breite	$b_{c,II}$ =	0,5775	m
Querschnittsfläche	$A_{cn,II}$ =	0,255	m^2
Trägheitsmoment	$I_{cn,II}$ =	0,00471	m^4
Schwerpunkt	$z_{cn,II}$ =	0,236	m

$I_{cn,II}$ = siehe Abschn. 2.3.1 Tab. 5

zcn,II = siehe Abschn. 2.3.1 Tab. 5

Verbundquerschnittswerte

Reduktionszahl	n_L =	22,46	
Verbundquerschnittsfläche	$A_{i,L,II}$ =	0,0517	m^2
Schwerpkt. Verbundquerschnitt	$z_{i,L,II}$ =	0,468	m
Trägheitsmoment um die y-Achse	$I_{i,L,II}$ =	0,00541	m^4

Widerstandsmomente des Verbundquerschnitts

Oberkante Beton	$W_{c,o,II}$ =	-0,2598	m^3
Oberkante Walzträger	$W_{a,o,II}$ =	-0,0158	m^3
Unterkante Walzträger	$W_{a,u,II}$ =	0,0115	m^3

Das Widerstandsmoment für die Betonunterkante (Zugzone) wird nicht berechnet, da die Betonspannung sich hier zu null ergibt.

2.3.2 Einstufung in die Querschnittsklasse

Die in EN 1993-1-1 Kap. 5.5.2 angegebenen Regelungen zur Klassifizierung von Querschnitten gelten auch für Verbundträger. EC 4-2 Kap. 5.5.1 (1)P

Die vier Querschnittsklassen sind wie folgt definiert: EC 3-1-1 Kap. 5.5.2 (1)

Querschnitte der Klasse 1:
können plastische Gelenke oder Fließzonen mit ausreichender plastischer Momententragfähigkeit und Rotationskapazität für die plastische Berechnung ausbilden;

Querschnitte der Klasse 2:
können die plastische Momententragfähigkeit entwickeln, haben aber aufgrund örtlichen Beulens nur eine begrenzte Rotationskapazität;

Querschnitte der Klasse 3:
erreichen für eine elastische Spannungsverteilung die Streckgrenze in der ungünstigsten Querschnittsfaser, können aber wegen örtlichen Beulens die plastische Momententragfähigkeit nicht entwickeln;

Querschnitte der Klasse 4:
sind solche, bei denen örtliches Beulen vor Erreichen der Streckgrenze in einem oder mehreren Teilen des Querschnitts auftritt.

Die maßgebende Querschnittsklasse eines Verbundquerschnitts ergibt sich in der Regel aus der ungünstigsten Klasse der druckbeanspruchten Einzelquerschnittsteile. Die Querschnittsklasse des Verbundquerschnitts ist dabei vom Vorzeichen des Biegemomentes abhängig. EC 4-2 Kap. 5.5.1 (2)

Bei dem hier vorliegenden Einfeldträger mit Kragarm wird der untere Flansch im Feldbereich auf Zug beansprucht. Er kann damit in die Querschnittsklasse 1 eingeordnet werden.

Der Obergurt des Walzträgers wird ohne weiteren Nachweis ebenfalls in Querschnittsklasse 1 eingeordnet, da er durch den Beton am örtlichen Beulen gehindert wird.

Bei der Einstufung des Verbundquerschnitts in die Querschnittsklassen ist zu berücksichtigen, dass die Stege einbetoniert sind.

Die nicht einbetonierten Stahlflansche sollten bei Druckbeanspruchung ein maximales Breiten-zu-Höhen-Verhältnis nach EC 4-2 Kap. 5.5.3 Tab. 5.2 besitzen. Der Nachweis wird hier exemplarisch geführt, da zwar hier die unteren Flansche im Kragarmbereich auf Druck beansprucht werden, aber im Endquerträgerbereich vollständig einbetoniert sind.

2.3.3 Einstufung der nicht einbetonierten Flansche

EC 4-2 Kap. 5.5.3 Tab. 5.2
oder EC 3-1-1 Kap. 5.5.2
$\varepsilon = (235 / f_y)^{0,5}$
für S235: $\varepsilon = 1,0$

$$c / t_f = (0,303 / 2) / 0,04 = 3,8 \quad < \quad 9 \cdot \varepsilon = 9 \cdot 1,0 = 9$$

Damit ist der nicht einbetonierte Flansch des auf Druck beanspruchten Verbundträgers in die Klasse 1 einzustufen.

2.3.4 Einstufung der Stege

EC 3-1-1 Kap. 5.5.2 Tab. 5.2

Der Einstufung der Stege sollten die Grenzverhältnisse nach EC 3-1-1 Kap. 5.5.2 zu Grunde gelegt werden.
Der Verbundträger wird bei Vernachlässigung der geringen Lagerrückstellkräfte und des Erddrucks auf reine Biegung beansprucht. Durch die Exzentrizität des Walzträgers im Verbundquerschnitt ergibt sich jedoch im Steg des Walzträgers eine Spannungsverteilung, die einer kombinierten Biege-Druckbeanspruchung entspricht. Dies ist bei der Einstufung der Stege zu berücksichtigen.

a) ständige und vorübergehende Bemessungssituation

c – rechnerische Steghöhe
t – Stegdicke
z_{pl} – siehe Abschnitt 2.5.1.1
c_{st} – Betonüberdeckung, siehe Abschnitt 2.3.1
t_f – Flanschdicke, s. Abs. 2.3.1
h_a – Walzträgerhöhe, siehe Abschnitt 2.3.1

$\varepsilon = (235 / f_y)^{0,5}$
für S 235: $\varepsilon = 1,0$

$$c / t = 0,674 / 0,021 = 32,10$$

$$\alpha = \frac{z_{pl} - c_{st} - t_f}{d} = \frac{0,289 - 0,126 - 0,04}{0,674} = 0,18 < 0,5$$

$$\Rightarrow c / t = 32,10 \quad < \quad 36 \cdot \varepsilon / \alpha = 36 \cdot 1,0 / 0,18 = 200,00$$

Die Stege der Verbundträger sind in der ständigen Bemessungssituation in die Klasse 1 einzustufen.

b) außergewöhnliche Bemessungssituation

c – Steghöhe
t – Stegdicke
z_{pl} – siehe Abschnitt 2.5.1.1
c_{st} – Betonüberdeckung, siehe Abschnitt 2.3.1
t_f – Flanschdicke, s. Abs. 2.3.1
h_a – Walzträgerhöhe, siehe Abschnitt 2.3.1

$$c / t = 0,674 / 0,021 = 32,10$$

$$\alpha = \frac{z_{pl} - c_{st} - t_f}{d} = \frac{0,270 - 0,126 - 0,04}{0,674} = 0,15 < 0,5$$

$$\Rightarrow c / t = 32,10 \quad < \quad 36 \cdot \varepsilon / \alpha = 36 \cdot 1,0 / 0,15 = 240,05$$

Die Stege der Verbundträger sind in der außergewöhnlichen Bemessungssituation in die Klasse 1 einzustufen. Damit kann der gesamte Querschnitt in Querschnittsklasse 1 eingestuft werden.

2.4 Schnittgrößen

Die Schnittgrößenermittlung erfolgt getrennt für die charakteristischen Werte F_k der einzelnen Einwirkungen. Die Berücksichtigung der Kombinationsbeiwerte für die veränderlichen Einwirkungen und der Teilsicherheitsbeiwerte wird in Abhängigkeit von der jeweiligen Einwirkungskombination im Zuge der Nachweisführung in den Grenzzuständen der Tragfähigkeit und in den Grenzzuständen der Gebrauchstauglichkeit vorgenommen.

EC 4-2 Kap. 5.4

Die für die Bemessung maßgebenden Schnittgrößen (M_{yk} in Feldmitte, V_{zk} am Endquerträgeranschnitt) werden im Weiteren zunächst für den Gesamtquerschnitt ermittelt und anschließend nach folgenden Vorgaben auf die einzelnen Verbundträger aufgeteilt:

a) Das Eigengewicht und die anderen ständigen Einwirkungen werden gleichmäßig auf alle Verbundträger verteilt.
b) Alle Lastexzentrizitäten werden auf den Schwerpunkt des Kernverbundquerschnitts bezogen.
c) Die vertikale Verkehrslast aus den Lastmodellen LM 71 und SW/2 wird gleichmäßig auf die Verbundträger innerhalb der mitwirkenden Breite b_m verteilt.
d) Den Verbundträgern außerhalb der mitwirkenden Breite b_m wird auf der sicheren Seite liegend eine anteilige Verkehrslast ($1/n_{tot}$ der Gesamtverkehrslast) zugeschlagen.
e) Die aus den Lastexzentrizitäten entstehenden Torsionsmomente werden auf alle 8 Verbundträger vereinfacht nach der „Schraubenformel“ verteilt.

Kernverbundquerschnitt: Kernquerschnitt 4,62 m x 0,90 m, bestehend aus 8 Verbundträgern (Kragarm wird vernachlässigt, siehe Bild 22)

siehe Bild 20

n_{tot} – Gesamtanzahl der Verbundträger

siehe Bild 21

Ermittlung des Schwerpunktes des Kernverbundquerschnitts:

Bei den Verkehrslasten handelt es sich um Kurzzeitlasten, die nicht den Kriecheinflüssen unterliegen.
Als z-Koordinate des Kernverbundquerschnitts ergibt sich somit $z_{i,0}$ (ideeller Schwerpunkt des Verbundträgers für Kurzzeitlasten, mit n_0 bestimmt).

siehe Abschnitt 2.1.1

$$z_S = z_{i,0} = 0{,}48 \text{ m}$$

Kragarm wird vernachlässigt

Als y-Koordinate des Kernverbundquerschnitts ergibt sich:

$$y_S = 4{,}62 / 2 = 2{,}31 \text{ m}$$

Alle Einwirkungen werden auf diesen Schwerpunkt bezogen.

Ermittlung der Lastausbreitung in Querrichtung:

Ril 804.4302, Abs. 5

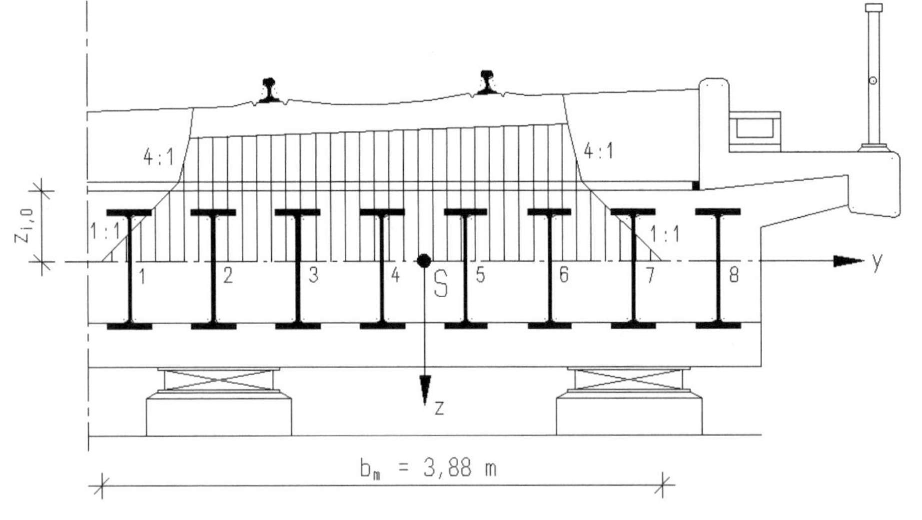

S – Schwerpunkt des Kernverbundquerschnitts

Bild 20 Lastausbreitung in Querrichtung durch Schwellen, Schotter und Konstruktionsbeton für die Lastmodelle LM 71 und SW/2

Die mitwirkende Breite b_m wird über die Lastausbreitung unter den Schwellen im Schotter und Konstruktionsbeton ermittelt. Im Schotter wird vereinfachend eine Lastausbreitung unter einem Winkel von 4:1 angesetzt, im Schutzbeton und dem Konstruktionsbeton eine Verteilung unter einem Winkel von 1:1 bis zur Schwerachse des Überbaus.

EC 1-2 Kap. 6.3.6.3 (3)

$$b_m = b_{Schwelle} + 2 \cdot \frac{h_{Schotterbett} - h_{Schwelle}}{4} + 2 \cdot h_{Schutzbeton} + 2 \cdot z_S$$

$$= 3{,}88 \text{ m}$$

$b_{Schwelle}$ = 2,60 m
$h_{Schotterbett}$ = 0,75 + 0,08/2 - 0,20 = 0,59 m
$h_{Schwelle}$ = 0,20 m
$h_{Schutzbeton}$ = 0,06 m

z_S = Abstand der Schwerachse von der Oberkante des Verbundquerschnitts für Kurzzeitlasten = 0,48 m

Wie Bild 20 zu entnehmen ist, befinden sich die Träger 1 bis 7 innerhalb der mitwirkenden Breite b_m und sind unmittelbar am Lastabtrag der Vertikallasten infolge Schienenverkehr beteiligt.

Verteilung der Torsionsmomente:

Die infolge Lastexzentrizitäten entstehenden Torsionsmomente werden mit Hilfe der „Schraubenformel" auf die Verbundträger verteilt. Der Drehpunkt des Querschnittes fällt näherungsweise mit dem Schwerpunkt des Kernquerschnitts zusammen.

Die Torsionsmomente infolge Lastexzentrizitäten werden wie folgt auf die einzelnen Verbundträger verteilt:

y_i – Abstand der Schwerpunkte des i-ten Verbundträgers und des Kernverbundquerschnitts

Linientorsionsmoment: $q_{ik} = \frac{y_i}{\sum y_i^2} \cdot t_k$

Einzeltorsionsmoment: $Q_{ik} = \frac{y_i}{\sum y_i^2} \cdot T_k$

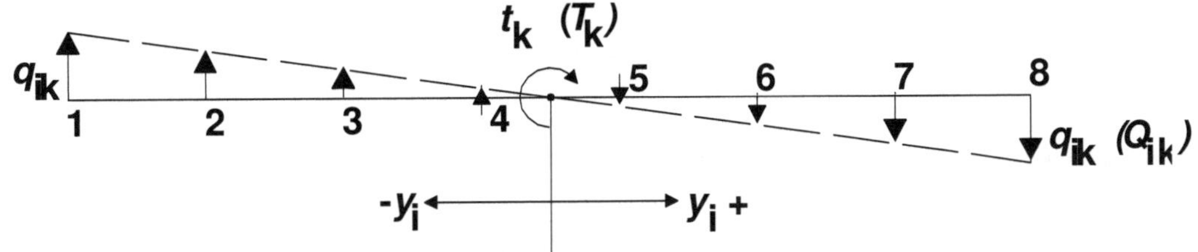

Bild 21 Verteilung der Torsionsmomente

mit:

t_k	Linientorsionsmoment
q_{ik}	vertikale Linienlast des *i*-ten Verbundträgers im Abstand y_i vom Drehpunkt
T_k	Einzeltorsionsmoment
Q_{ik}	vertikale Einzellast des *i*-ten Verbundträgers im Abstand y_i vom Drehpunkt

Anmerkung:

Bei dieser vereinfachten Berechnungsmethode wird eine starre Querverteilung vorausgesetzt. Auf eine genauere Modellierung als orthotrope Platte, ebener Trägerrost oder eine Berechnung nach der Finiten-Element-Methode (FEM) kann nach Einschätzung der Aufsteller bei eingleisigen Überbauten verzichtet werden. In der Regel liefern diese Berechnungsverfahren allerdings eine etwas günstigere Schnittgrößenverteilung, insbesondere bei der Beanspruchung infolge Zentrifugallast und Seitenstoß.

EC 4-2 Kap. 5.4.2.9 (2)

EC 4-2 Kap. 5.4.2.9 (2)

Erläuterungen zu den nachfolgenden Tabellen

Es werden die für die weitere Bemessung maßgebenden Schnittgrößen M_{yk} in Feldmitte sowie V_{zk} am Endquerträgeranschnitt für den Kernverbundquerschnitt und die einzelnen Verbundträger ermittelt.

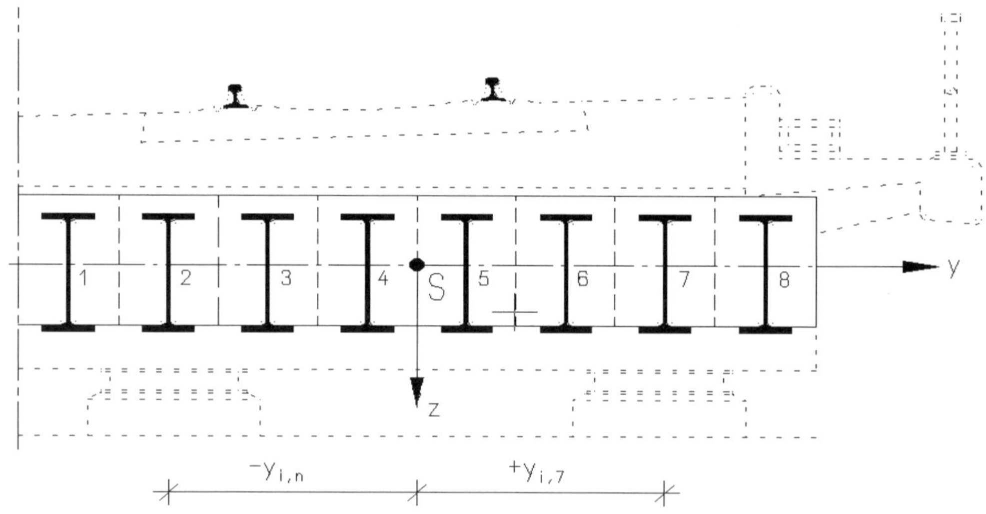

Bild 22 Begriffserläuterungen zur Schnittgrößenermittlung

Begriffe:

i	Nummer des betrachteten Walzträgers
y_i	Koordinate der Walzträgerlängsachse des *i*-ten Trägers bezogen auf den Schwerpunkt des Kernverbundquerschnitts (Vorzeichen beachten)
ja	mitwirkender Walzträger für die vertikalen Verkehrslasten
nein	Walzträger ist nicht unmittelbar mitwirkend für die vertikalen Verkehrslasten, angesetzt wird die $1/n_{tot}$-fache Verkehrslast
V_{tk} ; M_{tk}	die aus ständigen Lasten und Verkehrslasten entstehende zusätzliche Torsionsbeanspruchung wird nach der „Schraubenformel" auf die Träger verteilt

<u>Anmerkung:</u>

Für die Bemessung werden nicht relevante Schnittgrößen zur besseren Übersicht nicht aufgeführt.

2.4.1 Ständige Einwirkungen

Für den Kernverbundquerschnitt können die maßgebenden Schnittgrößen nach folgenden Gleichungen ermittelt werden:

$$M_{gk,tot} = \frac{g_k \cdot l^2}{8} - \frac{g_k \cdot l_ü^2}{2} \quad ; \quad V_{gk,tot} = \frac{g_k \cdot (l - 2 \cdot b_V)}{2}$$

$M_{gk,tot}$ Biegemoment in Feldmitte infolge g_k (Vertikallastanteil)
$V_{gk,tot}$ Querkraft am Endquerträgeranschnitt infolge g_k (Vertikallastanteil)

Bei der Schnittgrößenermittlung werden die entlastenden Trägerüberstände ($l_ü$ = 1,00 m) an den Überbauenden berücksichtigt.

Für die einzelnen Verbundträger können die Schnittgrößen nach folgenden Gleichungen ermittelt werden:

$$M_{gk,i} = \frac{g_k \cdot (l^2 - 4 \cdot l_ü^2)}{8 \cdot n_{tot}} \quad ; \quad M_{t,gk,i} = \frac{g_k \cdot (l^2 - 4 \cdot l_ü^2)}{8} \cdot \frac{e_g \cdot y_i}{\sum y_i^2}$$

$$V_{gk,i} = \frac{g_k \cdot (l - 2 \cdot b_V)}{2 \cdot n_{tot}} \quad ; \quad V_{t,gk,i} = \frac{g_k \cdot (l - 2 \cdot b_V)}{2} \cdot \frac{e_g \cdot y_i}{\sum y_i^2}$$

$g_{k,i}$ ständige Einwirkungen nach Abschnitt 2.2.1
l Stützweite
$l_ü$ Überstand
e_g Lastexzentrizität der ständigen Einwirkungen bzgl. des Schwerpunkts des Kernverbundquerschnitts
y_i Koordinate des i-ten Verbundträgers bzgl. des Schwerpunktes des Kernverbundquerschnitts
n_{tot} Gesamtanzahl der Verbundträger
b_V Abstand Lagerachse - Endquerträgeranschnitt

$M_{gk,i}$ Biegemoment des i-ten Verbundträgers infolge g_k (Vertikallastanteil)

$M_{t,gk,i}$ Biegemoment des i-ten Verbundträgers infolge der Zusatzvertikallast aus Torsion

$V_{gk,i}$ Querkraft am Endquerträgeranschnitt des i-ten Verbundträgers infolge g_k (Vertikallastanteil)

$V_{t,gk,i}$ Querkraft am Endquerträgeranschnitt des i-ten Verbundträgers infolge der Zusatzvertikallast aus Torsion

$M_{gk,i,ges} = M_{gk,i} + M_{t,gk,i}$

$V_{gk,i,ges} = V_{gk,i} + V_{t,gk,i}$

a) Eigengewicht Verbundkonstruktion

siehe Abschnitt 2.2.1

Das Eigengewicht $g_{k,1}$ wird zur Berechnung der Exzentrizität wie folgt aufgeteilt:

$$A_{cKragarm} = A_{c2} + A_{c3} + A_{c4} + A_{c5}$$

$$g_{k,Kragarm} = 25\ \text{kN/m}^3 \cdot A_{c,Kragarm} = 25 \cdot 0{,}198 = 4{,}95\ \text{kN/m}$$

Konstruktionslast Kragarm $g_{k,Kragarm}$ = 4,95 kN/m

Konstruktionslast Überbau $g_{k,1,Kern}$ = 123,68 kN/m

Konstruktionslast Überbau $g_{k,1}$ = 128,63 kN/m

$$g_{k,1,Kern} = g_{k1} - g_{k,Kragarm} = 128{,}60 - 4{,}95 = 123{,}65\ \text{kN/m}$$

(siehe Bild 7)

Durch den einseitig angeordneten Kragarm ergeben sich Torsionsmomente bezüglich des Kernverbundquerschnitts, die wie folgt ermittelt werden:

Schwerpunkt des Kragarms:

$$y_{S,Kragarm} = b + \frac{\sum A_{c,i} \cdot y_i}{\sum A_{c,i}}$$

$$= b + \frac{A_{c,2} \cdot y_2 + A_{c,3} \cdot y_3 + A_{c,4} \cdot y_4 + A_{c,5} \cdot y_5}{A_{c,Kragarm}}$$

$$= 4{,}62 + \frac{0{,}06 \cdot 0{,}267 + 0{,}03 \cdot 0{,}533 + 0{,}10 \cdot 0{,}40 - 0{,}01 \cdot 0{,}137}{0{,}198}$$

$$= 4{,}99\ \text{m}$$

$A_{c2} = 0{,}5 \cdot 0{,}80 \cdot 0{,}15 = 0{,}06\ \text{m}^2$

$A_{c3} = 0{,}5 \cdot 0{,}07 \cdot 0{,}80 = 0{,}03\ \text{m}^2$

$A_{c4} = 0{,}80 \cdot 0{,}13 = 0{,}10\ \text{m}^2$

$A_{c5} = 0{,}5 \cdot 0{,}03 \cdot 0{,}41 = 0{,}01\ \text{m}^2$

$y_2 = 1/3 \cdot 0{,}80 = 0{,}267\ \text{m}$

$y_3 = 2/3 \cdot 0{,}80 = 0{,}533\ \text{m}$

$y_4 = 1/2 \cdot 0{,}80 = 0{,}400\ \text{m}$

$y_5 = 1/3 \cdot 0{,}41 = -0{,}137\ \text{m}$

y–Werte bezogen auf den inneren Rand, siehe Bild 7

b Breite des Überbaus an der Unterseite (s. Abschn. 1.3)

Exzentrizität:

$$e_{gk,Kragarm} = y_{S,Kragarm} - y_S = 4{,}99 - 2{,}31 = 2{,}68\ \text{m}$$

Torsionsmoment:

$$t_{gk,Kragarm} = g_{k,Kragarm} \cdot e_{gk,Kragarm} = 4{,}95 \cdot 2{,}68 = 13{,}28\ \text{kNm/m}$$

Die Exzentrizität bezogen auf die Gesamtlast g_{k1} ergibt sich wie folgt:

$$e_{gk1} = 13{,}23 \,/\, 128{,}6 = 0{,}103\ \text{m}$$

Infolge $g_{k,1}$ ergeben sich zusätzlich zu den Torsionsschnittgrößen folgende auf den Kernverbundquerschnitt bezogene Schnittgrößen:

$$M_{gk,1,tot} = \frac{g_{k,1} \cdot l^2}{8} - \frac{g_{k,1} \cdot l_{ü}^2}{2} \quad = \quad 4051{,}9 \text{ kNm}$$

$$V_{gk,1,tot} = \frac{g_{k,1} \cdot (l - 2 \cdot b_V)}{2} \quad = \quad 900{,}4 \text{ kN}$$

In Tabelle 6 sind die Schnittgrößen der einzelnen Verbundträger infolge der Verteilung der Gesamtschnittgrößen aus $g_{k,1}$ dargestellt:

Tabelle 6 Schnittgrößen der Verbundträger 1 – 8 infolge des charakteristischen Wertes der Einwirkung $g_{k,1}$

Eigengewicht Verbundquerschnitt (Konstruktionslast)				Anschnitt Querträger x/l = 0,0063 x = 1,00 m			Mitte Tragwerk x/l = 0,5 x = 8,0m		
i	yi [m]	∑ yi²	yi / ∑ yi²	Vgk1,i [kN]	Vt,gk1,i [kN]	∑Vgk1 [kN]	Mgk1,i [kNm]	Mt,gk1,i [kNm]	∑Mgk1 [kNm]
1	-2,021	14,0	-0,1443	112,6	-13,41	99,14	506,5	-60,35	446,1
2	-1,444	14,0	-0,1031	112,6	-9,58	102,97	506,5	-43,11	463,4
3	-0,866	14,0	-0,0618	112,6	-5,75	106,80	506,5	-25,87	480,6
4	-0,289	14,0	-0,0206	112,6	-1,92	110,64	506,5	-8,62	497,9
5	0,289	14,0	0,0206	112,6	1,92	114,47	506,5	8,62	515,1
6	0,866	14,0	0,0618	112,6	5,75	118,30	506,5	25,87	532,4
7	1,444	14,0	0,1031	112,6	9,58	122,13	506,5	43,11	549,6
8	2,021	14,0	0,1443	112,6	13,41	125,96	506,5	60,35	566,8

b) Eigengewicht der Fahrbahn (Schotter, Schienen, Schwellen)

bew. Schutzbeton = 6,3 kN/m siehe Abschnitt 2.2.1
Schotterbett = 58,1 kN/m
Schienen (UIC 60) = 1,2 kN/m
Schwellenzuschlag = 1,0 kN/m
$g_{k,2}$ = 66,66 kN/m

Exzentrizität $e_{g,2} = y_{s,Fahrbahn} - y_S = 4{,}21/2 - 2{,}31 = -0{,}205$ m

y – Werte bezogen auf den linken Rand der Überbauhälfte

Torsion $t_{gk,2} = g_{k,2} \cdot e_{g,2} = 66{,}66 \cdot (-0{,}205) = -13{,}67$ kNm/m

Es ergeben sich folgende auf den Kernverbundquerschnitt bezogene Schnittgrößen:

$$M_{gk,2,tot} = \frac{g_{k,2} \cdot l^2}{8} - \frac{g_{k,2} \cdot l_ü^2}{2} = 2099{,}83 \text{ kNm}$$

$$V_{gk,2,tot} = \frac{g_{k,2} \cdot (l - 2 \cdot b_V)}{2} = 466{,}63 \text{ kN}$$

In Tabelle 7 sind die Schnittgrößen der einzelnen Verbundträger infolge der charakteristischen Werte der ständigen Einwirkungen dargestellt:

Tabelle 7 Schnittgrößen der Verbundträger 1 – 8 infolge des charakteristischen Wertes der ständigen Einwirkung $g_{k,2}$

Eigengewicht Verbundquerschnitt (Konstruktionslast)				Anschnitt Querträger x/l = 0,0063 x = 1,00 m			Mitte Tragwerk x/l = 0,5 x = 8,0m		
i	yi [m]	Σ yi²	yi / Σ yi²	Vgk2,i [kN]	Vt,gk2,i [kN]	ΣVgk2 [kN]	Mgk2,i [kNm]	Mt,gk2,i [kNm]	ΣMgk2 [kNm]
1	-2,021	14,0	-0,144	58,3	13,80	72,13	262,5	62,12	324,6
2	-1,444	14,0	-0,103	58,3	9,86	68,19	262,5	44,37	306,8
3	-0,866	14,0	-0,062	58,3	5,92	64,24	262,5	26,62	289,1
4	-0,289	14,0	-0,021	58,3	1,97	60,30	262,5	8,87	271,4
5	0,289	14,0	0,021	58,3	-1,97	56,36	262,5	-8,87	253,6
6	0,866	14,0	0,062	58,3	-5,92	52,41	262,5	-26,62	235,9
7	1,444	14,0	0,103	58,3	-9,86	48,47	262,5	-44,37	218,1
8	2,021	14,0	0,144	58,3	-13,80	44,52	262,5	-62,12	200,4

c) Eigengewicht der Kappe, Kabelkanal, Geländer

Kappenbeton	=	13,8 kN/m
Kabelkanal	=	2,4 kN/m
Geländer	=	0,5 kN/m
$g_{k,3}$	=	16,65 kN/m

Exzentrizität $e_{g,3} = y_{s,Kappe} - y_S$ $= 4{,}99 - 2{,}31 = 2{,}68$ m

Torsion $t_{gk,3} = g_{k,3} \cdot e_{g,3}$ $= 16{,}65 \cdot 2{,}68 = 44{,}62$ kNm/m

Es ergeben sich folgende auf den Kernverbundquerschnitt bezogene Schnittgrößen:

$$M_{gk,3,tot} = \frac{g_{k,3} \cdot l^2}{8} - \frac{g_{k,3} \cdot l_ü^2}{2} = 524{,}48 \text{ kNm}$$

$$V_{gk,3,tot} = \frac{g_{k,3} \cdot (l - 2 \cdot b_V)}{2} = 116{,}55 \text{ kN}$$

In Tabelle 8 sind die Schnittgrößen der einzelnen Verbundträger infolge der charakteristischen Werte der ständigen Einwirkungen dargestellt:

Tabelle 8 Schnittgrößen der Verbundträger 1 – 8 infolge des charakteristischen Wertes der ständigen Einwirkung $g_{k,3}$

Eigengewicht Verbundquerschnitt (Konstruktionslast)				Anschnitt Querträger x/l = 0,0063 x = 1,00 m			Mitte Tragwerk x/l = 0,5 x = 8,0m		
i	yi [m]	Σ yi²	yi / Σ yi²	Vgk3,i [kN]	Vt,gk3,i [kN]	ΣVgk3 [kN]	Mgk3,i [kNm]	Mt,gk3,i [kNm]	ΣMgk3 [kNm]
1	-2,021	14,0	-0,144	14,6	-45,07	-30,50	65,6	-202,8	-137,3
2	-1,444	14,0	-0,103	14,6	-32,19	-17,63	65,6	-144,9	-79,3
3	-0,866	14,0	-0,062	14,6	-19,32	-4,75	65,6	-86,9	-21,4
4	-0,289	14,0	-0,021	14,6	-6,44	8,13	65,6	-29,0	36,6
5	0,289	14,0	0,021	14,6	6,44	21,01	65,6	29,0	94,5
6	0,866	14,0	0,062	14,6	19,32	33,89	65,6	86,9	152,5
7	1,444	14,0	0,103	14,6	32,19	46,76	65,6	144,9	210,4
8	2,021	14,0	0,144	14,6	45,07	59,64	65,6	202,8	268,4

2.4.2 Veränderliche Einwirkungen

2.4.2.1 Lastmodell 71

Die Schnittgrößenermittlung kann sich auf das vereinfachte Lastmodell 71 beschränken, da für die Untersuchung in Längsrichtung die Achslasten als gleichmäßig verteilt angenommen werden dürfen.

$l > 10$ m
In Anlehnung an DS 804 (B6) Abs. 39 darf bei zusammenhängender Einflußfläche gleichen Vorzeichens und einer Länge von min. 10 m eine Streckenlast angenommen werden.

Beim Lastmodell 71 wird zwischen dem **Lastmodell 71 fahrend** (ohne Abminderung der Vertikallasten, aber mit reduzierter Geschwindigkeit für die Ermittlung der Zentrifugallasten) und dem **reduzierten Lastmodell** (mit Abminderung der Vertikallasten, aber Ansatz der vollen Geschwindigkeit für die Ermittlung der Zentrifugallasten) unterschieden.

EC 1-2 Kap. 6.5.1 (7)
Schnittgrößenermittlung für die Zentrifugallasten siehe Abschn. 3.4.2.8

Die seitliche Exzentrizität der Vertikallasten setzt sich aus folgenden Anteilen zusammen:

s. Abschn. 2.2.2.1

1. planmäßige Exzentrizität der Gleisachse zum Schwerpunkt

   $e_{q,1} = y_{s,Gleis} - y_S = 2{,}00 - 2{,}31 = -0{,}31$ m

   y – Werte bezogen auf den linken Rand der Überbauhälfte

2. Ausmitte der Vertikallasten infolge ungleicher Radlasten (bezogen auf die Gleisachse)

   $e_{q,2} = r/18 = \pm\, 0{,}083$ m

   $r = 1{,}50$ m (Gleisabstand)

3. Ausmitte der Vertikallasten infolge Gleisüberhöhung zur Gleisachse infolge Gleisüberhöhung

   $e_{q,3} = \sin\alpha \cdot h_s = \sin 3{,}09° \cdot 1{,}80 = -0{,}097$ m

   α Querneigung des Gleises
   $\alpha = \arctan(u / s) = \arctan(0{,}081 / 1{,}50) = 3{,}09°$
   u Gleisüberhöhung
   s Spurbreite
   h_s Abstand zw. Lastangriffspunkt und Schienenoberkante nach EC 1-2 Kap. 6.5.1

4. mögliche Verschiebung $e_{q,4}$ der Gleismitte im Lichtraum nach Ril 804 und EBO

   Da die vorhandene Fahrbahnbreite dem Regellichtraum entspricht, ist eine andere geometrische Gleislage nicht zu berücksichtigen.

   $e_{q,4} = 0{,}0$ m

   Nach Ril 804.1101, Abs. 3 (6) dürfen über die Längsfugen von Überbauten keine Gleise verlegt werden. Eine andere Gleislage als die geplante ist deshalb nicht möglich

Auf die Berücksichtigung der Ausmitte infolge der gekrümmten Gleislage wird wegen Geringfügigkeit verzichtet.

Die maximale Exzentrizität des Lastmodells LM 71 beträgt:

$$e_{max} = e_{q,1} + e_{q,2} + e_{q,3}$$
$$= -0{,}31 - 0{,}083 - 0{,}097$$
$$= -0{,}490 \text{ m} \quad \text{(Gesamtausmitte Zug stehend)}$$

e_{max} max. Abstand zum Schwerpunkt des Kernverbundquerschnitts

Da beim stehenden Zug keine Fliehkräfte auftreten, wird die Exzentrizität so angesetzt, dass aus ständigen Lasten die größten Torsionsmomente resultieren.

Die minimale Exzentrizität des Lastmodells LM 71 beträgt:

$$e_{min} = e_{q,1} + e_{q,2} + e_{q,3}$$
$$= -0{,}31 + 0{,}083 - 0{,}097$$
$$= -0{,}324 \text{ m} \quad \text{(Gesamtausmitte Zug fahrend)}$$

e_{min} min. Abstand zum Schwerpunkt des Kernverbundquerschnitts

Da beim fahrenden Zug Fliehkräfte auftreten und somit das äußere Gleis stärker belastet ist, wird die Exzentrizität $e_{q,2}$ positiv angesetzt.

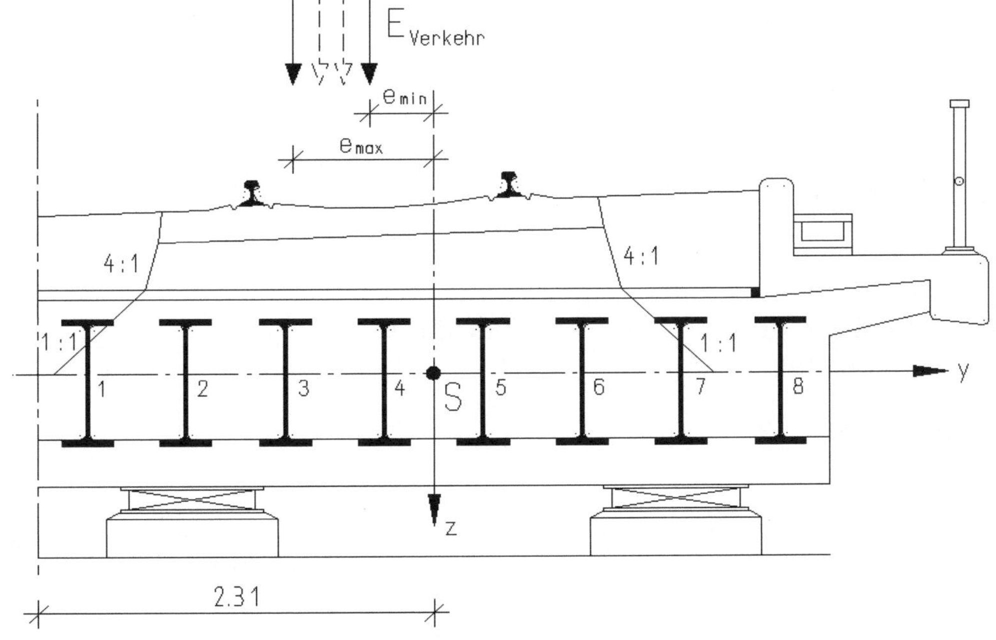

Bild 23 Exzentrizität des Lastmodells 71

Anmerkung:

Da die Einwirkungen für das Lastmodell 71 grundsätzlich in ungünstiger Laststellung anzuordnen sind und das Lastbild LM 71 teilbar ist, bleibt der Einfluss des Überstandes im Folgenden unberücksichtigt.

a) Lastmodell 71 fahrend (V = 120 km/h)

Die Schnittgrößenermittlung für das **Lastmodell 71 fahrend** wird mit folgenden Eingangswerten durchgeführt:

q_{vk}	=	80,00 kN/m	Grundlast
Δq_{vk}	=	76,25 kN/m	Überlast
e_{min}	=	-0,324 m	Ausmitte
Φ	=	1,2	dynamischer Beiwert
f	=	1,00	Abminderungsfaktor

siehe Abschn. 2.2.2.1

e_{min} ergibt zusammen mit der Zentrifugalkraft die größte Beanspruchung.

Φ siehe Abschnitt 2.2.2.1

f EC 1-2 Kap. 6.5.1 (7)a

Bezogen auf den Kernverbundquerschnitt können die Schnittgrößen nach folgenden Gleichungen ermittelt werden:

$$M_{qvk,tot} = \left[\frac{q_{vk} \cdot l^2}{8} + \frac{\Delta q_{vk} \cdot 3{,}2\,\mathrm{m} \cdot (l - 3{,}2\,\mathrm{m})}{2}\right] \cdot f \cdot \Phi$$

$$V_{qvk,tot} = \left[\frac{q_{vk} \cdot (l - b_V)^2}{2 \cdot l} + \frac{\Delta q_{vk} \cdot 6{,}4\,\mathrm{m} \cdot (l - b_V - 3{,}2\,\mathrm{m})}{l}\right] \cdot f \cdot \Phi$$

Für die einzelnen Verbundträger können die Schnittgrößen nach folgenden Gleichungen ermittelt werden:

- innerhalb der mitwirkenden Breite gilt:

$$M_{qvk,i} = \left[\frac{q_{vk} \cdot l^2}{n_{bw} \cdot 8} + \frac{\Delta q_{vk} \cdot 3{,}2\,\mathrm{m} \cdot (l - 3{,}2\,\mathrm{m})}{n_{bw} \cdot 2}\right] \cdot f \cdot \Phi$$

n_{bw} Anzahl der Verbundträger in der mitwirkenden Breite b_m

$$M_{t,qvk,i} = \left[\frac{q_{vk} \cdot l^2}{8} + \frac{\Delta q_{vk} \cdot 3{,}2\,\mathrm{m} \cdot (l - 3{,}2\,\mathrm{m})}{2}\right] \cdot e \cdot \frac{y_i}{\sum y_i^2} \cdot f \cdot \Phi$$

$$V_{qvk,i} = \left[\frac{q_{vk} \cdot (l - b_V)^2}{n_{bw} \cdot 2 \cdot l} + \frac{\Delta q_{vk} \cdot 6{,}4\,\mathrm{m} \cdot (l - b_V - 3{,}2\,\mathrm{m})}{n_{bw} \cdot l}\right] \cdot f \cdot \Phi$$

$$V_{t,qvk,i} = \left[\frac{q_{vk} \cdot (l - b_V)^2}{2 \cdot l} + \frac{\Delta q_{vk} \cdot 6{,}4\,\mathrm{m} \cdot (l - b_V - 3{,}2\,\mathrm{m})}{l}\right] \cdot e \cdot \frac{y_i}{\sum y_i^2} \cdot f \cdot \Phi$$

außerhalb der mitwirkenden Breite gilt:

$$M_{\text{qvk,i}} = \left[\frac{q_{\text{vk}} \cdot l^2}{n_{\text{tot}} \cdot 8} + \frac{\Delta q_{\text{vk}} \cdot 3{,}2\text{ m} \cdot (l - 3{,}2\text{ m})}{n_{\text{tot}} \cdot 2} \right] \cdot f \cdot \Phi$$

$$M_{\text{t,qvk,i}} = \left[\frac{q_{\text{vk}} \cdot l^2}{8} + \frac{\Delta q_{\text{vk}} \cdot 3{,}2\text{ m} \cdot (l - 3{,}2\text{ m})}{2} \right] \cdot e \cdot \frac{y_{\text{i}}}{\sum y_{\text{i}}^2} \cdot f \cdot \Phi$$

$$V_{\text{qvk,i}} = \left[\frac{q_{\text{vk}} \cdot (l - b_{\text{V}})^2}{n_{\text{tot}} \cdot 2 \cdot l} + \frac{\Delta q_{\text{vk}} \cdot 6{,}4\text{ m} \cdot (l - b_{\text{V}} - 3{,}2\text{ m})}{n_{\text{tot}} \cdot l} \right] \cdot f \cdot \Phi$$

$$V_{\text{t,qvk,i}} = \left[\frac{q_{\text{vk}} \cdot (l - b_{\text{V}})^2}{2 \cdot l} + \frac{\Delta q_{\text{vk}} \cdot 6{,}4\text{ m} \cdot (l - b_{\text{V}} - 3{,}2\text{ m})}{l} \right] \cdot e \cdot \frac{y_{\text{i}}}{\sum y_{\text{i}}^2} \cdot f \cdot \Phi$$

Es ergeben sich folgende auf den Kernverbundquerschnitt bezogene maximale Schnittgrößen:

$M_{\text{qvk,tot}}$ = 4941,58 kNm ($x = 0{,}5 \cdot l$)
$V_{\text{qvk,tot}}$ = 1105,9 kN ($x = 0{,}063 \cdot l$)

In den Tabellen 9 und 10 sind die Schnittgrößen der einzelnen Verbundträger infolge der charakteristischen Werte der Verkehrslasten für das LM 71 fahrend dargestellt:

Tabelle 9 Schnittgrößen infolge der charakteristischen Werte des LM 71 fahrend für maximale Biegung in Feldmitte (einschließlich dynam. Beiwert, ohne zugehörige Zentrifugallasten)

Diese Schnittgrößen sind mit den zugehörigen infolge Zentrifugallast (V = 120 km/h) zu überlagern. (siehe Tab. 20)

LM 71 fahrend Laststellung für max. Moment					Mitte Tragwerk x/l = 0,5 x = 8,0m		
i		yi [m]	∑ yi²	yi / ∑ yi²	Mqvk,i [kNm]	Mt,qvk,i [kNm]	∑Mqvk [kNm]
1	ja	-2,021	14,0	-0,144	705,9	231,1	937,0
2	ja	-1,444	14,0	-0,103	705,9	165,1	871,0
3	ja	-0,866	14,0	-0,062	705,9	99,0	805,0
4	ja	-0,289	14,0	-0,021	705,9	33,0	739,0
5	ja	0,289	14,0	0,021	705,9	-33,0	672,9
6	ja	0,866	14,0	0,062	705,9	-99,0	606,9
7	ja	1,444	14,0	0,103	705,9	-165,1	540,9
8	nein	2,021	14,0	0,144	617,7	-231,1	386,6

Tabelle 10 Schnittgrößen infolge der charakteristischen Werte des LM 71 fahrend für maximale Querkraft am Endquerträgeranschnitt (einschließlich dynam. Beiwert, ohne zugehörige Zentrifugallasten)

LM 71 fahrend Laststellung für max. Querkraft					Anschnitt Querträger x/l = 0,0063 x = 1,00 m		
i		yi [m]	Σ yi²	yi / Σ yi²	Vqvk,i [kN]	Vt,qvk,i [kN]	ΣVqvk [kN]
1	ja	-2,021	14,0	-0,144	158,0	51,7	209,7
2	ja	-1,444	14,0	-0,103	158,0	36,9	194,9
3	ja	-0,866	14,0	-0,062	158,0	22,2	180,2
4	ja	-0,289	14,0	-0,021	158,0	7,4	165,4
5	ja	0,289	14,0	0,021	158,0	-7,4	150,6
6	ja	0,866	14,0	0,062	158,0	-22,2	135,8
7	ja	1,444	14,0	0,103	158,0	-36,9	121,0
8	nein	2,021	14,0	0,144	138,2	-51,7	86,5

b) reduziertes Lastmodell 71 (*V* = 200 km/h)

siehe Abschn. 2.2.2.1

Die Schnittgrößenermittlung für das **reduzierte Lastmodell 71** wird mit folgenden Eingangswerten durchgeführt:

q_{vk}	=	80,00 kN/m	Grundlast
Δq_{vk}	=	76,25 kN/m	Überlast
e_{min}	=	-0,324 m	minimale Ausmitte
Φ	=	1,2	dynamischer Beiwert

Φ siehe Abschnitt 2.2.2.1

<u>Ermittlung des Abminderungsfaktors *f* für V_e = 200 km/h:</u>

EC 1-2 Kap. 6.5.1 (8) Gl. 6.19

$$f = 1 - \frac{V-120}{1000} \cdot \left(\frac{814}{V} + 1{,}75\right) \cdot \left(1 - \sqrt{\frac{2{,}88}{L_f}}\right)$$

$$= 1 - \frac{200-120}{1000} \cdot \left(\frac{814}{200} + 1{,}75\right) \cdot \left(1 - \sqrt{\frac{2{,}88}{18}}\right)$$

$$= 0{,}72$$

V maximale Geschwindigkeit

L_f - Einflusslänge, die am ungünstigsten für die Bemessung des jeweils betrachteten Bauteils ist

Die Schnittgrößen für den Kernverbundquerschnitt und für die einzelnen Verbundträger werden analog mit den für das Lastmodell 71 (*V* = 120 km/h) angegebenen Gleichungen bestimmt. Vereinfachend ergeben sich die Schnittgrößen des reduzierten Lastmodells 71 aus den Schnittgrößen des fahrenden LM 71 (siehe Tabellen 9 und 10) durch Multiplikation mit dem Abminderungsbeiwert *f* = 0,72.

Schnittgrößenermittlung für die Zentrifugallasten siehe Abschn. 2.4.2.8

Es ergeben sich folgende, auf den Kernverbundquerschnitt bezogene, Schnittgrößen:

$M_{qvk,tot}$ = 3561,1 kNm $(x = 0{,}5 \cdot l)$

$V_{qvk,tot}$ = 797,0 kN $(x = 0{,}063 \cdot l)$

In den Tabellen 11 und 12 sind die Schnittgrößen der einzelnen Verbundträger infolge der charakteristischen Werte der Verkehrslasten für das reduzierte LM 71 dargestellt:

Diese Schnittgrößen sind mit den zugehörigen infolge Zentrifugallast (V = 120 km/h) zu überlagern. (siehe Tab. 21)

Tabelle 11 Schnittgrößen infolge der charakteristischen Werte des reduzierten LM 71 für maximale Biegung in Feldmitte (einschließlich dynam. Beiwert, ohne zugehörige Zentrifugallasten)

reduziertes LM 71 fahrend Laststellung für max. Moment					Mitte Tragwerk x/l = 0,5 x = 8,0m		
i		yi [m]	Σ yi²	yi / Σ yi²	Mqvk,i [kNm]	Mt,qvk,i [kNm]	ΣMqvk [kNm]
1	ja	-2,021	14,0	-0,144	508,7	166,5	675,3
2	ja	-1,444	14,0	-0,103	508,7	119,0	627,7
3	ja	-0,866	14,0	-0,062	508,7	71,4	580,1
4	ja	-0,289	14,0	-0,021	508,7	23,8	532,5
5	ja	0,289	14,0	0,021	508,7	-23,8	484,9
6	ja	0,866	14,0	0,062	508,7	-71,4	437,4
7	ja	1,444	14,0	0,103	508,7	-119,0	389,8
8	nein	2,021	14,0	0,144	445,1	-166,5	278,6

Tabelle 12 Schnittgrößen infolge der charakteristischen Werte des reduzierten LM 71 für maximale Querkraft am Endquerträgeranschnitt (einschließlich dynam. Beiwert, ohne zugehörige Zentrifugallasten)

reduziertes LM 71 fahrend Laststellung für max. Querkraft					Anschnitt Querträger x/l = 0,0063 x = 1,00 m		
i		yi [m]	Σ yi²	yi / Σ yi²	Vqvk,i [kN]	Vt,qvk,i [kN]	ΣVqvk [kN]
1	ja	-2,021	14,0	-0,144	113,9	37,3	151,1
2	ja	-1,444	14,0	-0,103	113,9	26,6	140,5
3	ja	-0,866	14,0	-0,062	113,9	16,0	129,8
4	ja	-0,289	14,0	-0,021	113,9	5,3	119,2
5	ja	0,289	14,0	0,021	113,9	-5,3	108,5
6	ja	0,866	14,0	0,062	113,9	-16,0	97,9
7	ja	1,444	14,0	0,103	113,9	-26,6	87,2
8	nein	2,021	14,0	0,144	99,6	-37,3	62,3

2.4.2.2 Lastmodell SW/0

siehe Abschn. 2.2.2.2

Für den vorliegenden Fall eines Einfeldträgers ist die Anwendung dieses zusätzlichen Lastmodells nicht erforderlich.

2.4.2.3 Lastmodell SW/2

siehe Abschn. 2.2.2.3

Beim Lastmodell SW/2 wird zwischen fahrendem und stehendem Lastmodell unterschieden.
Die sich für das Lastmodell SW/2 ergebenden Schnittgrößen sind in den Tabellen 13 - 16 angegeben.

a) Lastmodell SW/2 fahrend

Die Schnittgrößenermittlung für das Lastmodell **SW/2 fahrend** wird mit folgenden Eingangswerten durchgeführt:

q_{vk} = 150,00 kN/m Streckenlast (l = 25 m)
Φ = 1,2 dynamischer Beiwert
$e_{SW/2}$ = -0,4075 m Ausmitte

Φ siehe Abschn. 3.2.2.1

$e_{SW/2} = e_{q1} + e_{q3} + e_{q4} = -0{,}31 - 0{,}097 + 0{,}0 = -0{,}407$ m

Für den Kernverbundquerschnitt können die Schnittgrößen nach folgenden Gleichungen ermittelt werden:

$$M_{qvk,tot} = \frac{q_{vk} \cdot l^2}{8} \cdot \Phi \quad ; \quad V_{qvk,tot} = \frac{q_{vk} \cdot (l - b_V)^2}{2 \cdot l} \cdot \Phi$$

<u>Anmerkung:</u>

1. Grundsätzlich brauchen die Lastbilder SW/0 und SW/2 nicht geteilt zu werden. Der günstige Einfluss eines Überstandes wird jedoch wegen Geringfügigkeit vernachlässigt.

2. Beim Lastmodell SW/2 ist die Ausmitte eq,3 infolge Überhöhung, eine mögliche Gleisverschiebung eq,4 nach EBO und Ril 804 sowie die Ausmitte eq,1 anzusetzen. Eine mögliche ungleichmäßige Verteilung der Achslasten auf die Räder und eine daraus resultierende Exzentrizität eq,2 ist beim Lastmodell SW/2 nicht anzusetzen.

Für die einzelnen Verbundträger können die Schnittgrößen nach folgenden Formeln ermittelt werden:

- im Bereich der mitwirkenden Breite gilt:

$$M_{\text{qvk,i}} = \frac{q_{\text{vk}} \cdot l^2}{n_{\text{bw}} \cdot 8} \cdot \Phi \quad ; \quad M_{\text{t,qvk,i}} = \frac{q_{\text{vk}} \cdot l^2}{8} \cdot e \cdot \frac{y_\text{i}}{\sum y_\text{i}^2} \cdot \Phi$$

$$V_{\text{qvk,i}} = \frac{q_{\text{vk}} \cdot (l - b_\text{V})^2}{n_{\text{bw}} \cdot 2 \cdot l} \cdot \Phi \quad ; \quad V_{\text{t,qvk,i}} = \frac{q_{\text{vk}} \cdot (l - b_\text{V})^2}{2 \cdot l} \cdot e \cdot \frac{y_\text{i}}{\sum y_\text{i}^2} \cdot \Phi$$

- außerhalb der mitwirkenden Breite gilt:

$$M_{\text{qvk,i}} = \frac{q_{\text{vk}} \cdot l^2}{n_{\text{tot}} \cdot 8} \cdot \Phi \quad ; \quad M_{\text{t,qvk,i}} = \frac{q_{\text{vk}} \cdot l^2}{8} \cdot e \cdot \frac{y_\text{i}}{\sum y_\text{i}^2} \cdot \Phi$$

$$V_{\text{qvk,i}} = \frac{q_{\text{vk}} \cdot (l - b_\text{V})^2}{n_{\text{tot}} \cdot 2 \cdot l} \cdot \Phi \quad ; \quad V_{\text{t,qvk,i}} = \frac{q_{\text{vk}} \cdot (l - b_\text{V})^2}{2 \cdot l} \cdot e \cdot \frac{y_\text{i}}{\sum y_\text{i}^2} \cdot \Phi$$

Es ergeben sich folgende, auf den Kernverbundquerschnitt bezogene, Schnittgrößen:

$M_{\text{qvk,tot}}$ = 5754,9 kNm $(x = 0{,}5 \cdot l)$

$V_{\text{qvk,tot}}$ = 1264,5 kN $(x = 0{,}063 \cdot l)$

In den Tabellen 13 und 14 sind die Schnittgrößen der einzelnen Verbundträger infolge der charakteristischen Werte der Verkehrslasten für das Lastmodell SW/2 fahrend dargestellt:

Tabelle 13 Schnittgrößen infolge der charakteristischen Werte des Lastmodells SW/2 fahrend für maximale Biegung in Feldmitte (einschließlich dynam. Beiwert, ohne zugehörige Zentrifugallasten)

Diese Schnittgrößen sind mit den zugehörigen infolge Zentrifugallast (V = 120 km/h) zu überlagern.
(siehe Tab. 22)

LM SW/2 fahrend					Mitte Tragwerk x/l = 0,5 x = 8,0m		
i		yi [m]	∑ yi²	yi / ∑ yi²	Mqvk,i [kNm]	Mt,qvk,i [kNm]	∑Mqvk [kNm]
1	ja	-2,021	14,0	-0,144	822,1	338,3	1160,5
2	ja	-1,444	14,0	-0,103	822,1	241,7	1063,8
3	ja	-0,866	14,0	-0,062	822,1	145,0	967,1
4	ja	-0,289	14,0	-0,021	822,1	48,3	870,5
5	ja	0,289	14,0	0,021	822,1	-48,3	773,8
6	ja	0,866	14,0	0,062	822,1	-145,0	677,1
7	ja	1,444	14,0	0,103	822,1	-241,7	580,5
8	nein	2,021	14,0	0,144	719,4	-338,3	381,0

Tabelle 14 Schnittgrößen infolge der charakteristischen Werte des Lastmodells SW/2 fahrend für maximale Querkraft am Endquerträgeranschnitt (einschließlich dynam. Beiwert, ohne zugehörige Zentrifugallasten)

LM SW/2 fahrend					Anschnitt Querträger x/l = 0,0063 x = 1,00 m		
i		yi [m]	∑ yi²	yi / ∑ yi²	Vqvk,i [kN]	Vt,qvk,i [kN]	∑Vqvk [kN]
1	ja	-2,021	14,0	-0,144	180,6	74,3	255,0
2	ja	-1,444	14,0	-0,103	180,6	42,2	222,9
3	ja	-0,866	14,0	-0,062	180,6	25,3	206,0
4	ja	-0,289	14,0	-0,021	180,6	8,4	189,1
5	ja	0,289	14,0	0,021	180,6	-8,4	172,2
6	ja	0,866	14,0	0,062	180,6	-25,3	155,3
7	ja	1,444	14,0	0,103	180,6	-42,2	138,4
8	nein	2,021	14,0	0,144	158,1	-59,1	98,9

b) Lastmodell SW/2 stehend

siehe Abschn. 2.2.2.3

Die Schnittgrößenermittlung für das Lastmodell **SW/2 stehend** wird mit folgenden Eingangswerten durchgeführt:

q_{vk} = 150,00 kN/m Streckenlast
Φ = 1,00 dynamischer Beiwert
$e_{SW/2}$ = -0,4075 m Ausmitte

$e_{SW/2}$ siehe SW/2 fahrend

Die Schnittgrößen für den Gesamtkernquerschnitt und für die einzelnen Verbundträger werden analog mit den für das Lastmodell SW/2 fahrend angegebenen Gleichungen bestimmt.

Es ergeben sich folgende, auf den Kernverbundquerschnitt bezogene, Schnittgrößen:

$M_{qvk,tot}$ = 4800,0 kNm ($x = 0,5 \cdot l$)

$V_{qvk,tot}$ = 1054,7 kN ($x = 0,063 \cdot l$)

In den Tabellen 15 und 16 sind die Schnittgrößen der einzelnen Verbundträger infolge der charakteristischen Werte des Lastmodells SW/2 stehend dargestellt:

Tabelle 15 Schnittgrößen infolge der charakteristischen Werte des Lastmodells SW/2 stehend, ohne dynam. Beiwert für maximale Biegung in Feldmitte

LM SW/2 stehend					Mitte Tragwerk x/l = 0,5 x = 8,0m		
i		yi [m]	Σ yi²	yi / Σ yi²	Mqvk,i [kNm]	Mt,qvk,i [kNm]	ΣMqvk [kNm]
1	ja	-2,021	14,0	-0,144	685,7	282,2	967,9
2	ja	-1,444	14,0	-0,103	685,7	201,6	887,3
3	ja	-0,866	14,0	-0,062	685,7	120,9	806,7
4	ja	-0,289	14,0	-0,021	685,7	40,3	726,0
5	ja	0,289	14,0	0,021	685,7	-40,3	645,4
6	ja	0,866	14,0	0,062	685,7	-120,9	564,8
7	ja	1,444	14,0	0,103	685,7	-201,6	484,1
8	nein	2,021	14,0	0,144	600,0	-282,2	317,8

Tabelle 16 Schnittgrößen infolge der charakteristischen Werte des Lastmodells SW/2 stehend, ohne dynam. Beiwert für maximale Querkraft am Endquerträgeranschnitt

LM SW/2 stehend					Anschnitt Querträger x/l = 0,0063 x = 1,00 m		
i		yi [m]	∑ yi²	yi / ∑ yi²	Vqvk,i [kN]	Vt,qvk,i [kN]	∑Vqvk [kN]
1	ja	-2,021	14,0	-0,144	150,7	62,0	212,7
2	ja	-1,444	14,0	-0,103	150,7	44,3	195,0
3	ja	-0,866	14,0	-0,062	150,7	26,6	177,2
4	ja	-0,289	14,0	-0,021	150,7	8,9	159,5
5	ja	0,289	14,0	0,021	150,7	-8,9	141,8
6	ja	0,866	14,0	0,062	150,7	-26,6	124,1
7	ja	1,444	14,0	0,103	150,7	-44,3	106,4
8	nein	2,021	14,0	0,144	131,8	-62,0	69,8

2.4.2.4 Unbeladener Zug

siehe Abschn. 2.2.2.4

Die Schnittgrößenermittlung für das Lastmodell **Unbeladener Zug** wird mit folgenden Eingangswerten durchgeführt:

q_{vk} = 10,00 kN/m Streckenlast
e_{max} = -0,324 m Ausmitte Zug fahrend
e_{min} = -0,490 m Ausmitte Zug stehend

e siehe Abschnitt 2.4.2.1

Es ergeben sich folgende auf den Gesamtkernquerschnitt bezogene Schnittgrößen:

$M_{qvk,tot}$ = 320,0 kNm ($x = 0{,}5 \cdot l$)

$V_{qvk,tot}$ = 70,3 kN ($x = 0{,}063 \cdot l$)

In den Tabellen 17 und 18 sind die Schnittgrößen der einzelnen Verbundträger infolge der charakteristischen Werte der Verkehrslasten für das Lastmodell Unbeladener Zug fahrend oder stehend dargestellt:

Tabelle 17 Schnittgrößen infolge der charakteristischen Werte des Lastmodells Unbeladener Zug fahrend für maximale Biegung in Feldmitte und für maximale Querkraft am Endquerträgeranschnitt (ohne dynam. Beiwert, ohne zugehörige Zentrifugallasten)

LM unbeladener Zug fahrend					Mitte Tragwerk x/l = 0,5 x = 8,0m			Anschnitt Querträger x/l = 0,0063 x = 1,00 m		
i		yi [m]	∑ yi²	yi / ∑ yi²	Mqvk,i [kNm]	Mt, qvk,i [kNm]	∑Mqvk [kNm]	Vqvk,i [kN]	Vt, qvk,i [kN]	∑Vqvk [kN]
1	ja	-2,021	14,0	-0,144	45,7	15,0	60,7	10,0	3,3	13,3
2	ja	-1,444	14,0	-0,103	45,7	10,7	56,4	10,0	2,3	12,4
3	ja	-0,866	14,0	-0,062	45,7	6,4	52,1	10,0	1,4	11,5
4	ja	-0,289	14,0	-0,021	45,7	2,1	47,9	10,0	0,5	10,5
5	ja	0,289	14,0	0,021	45,7	-2,1	43,6	10,0	-0,5	9,6
6	ja	0,866	14,0	0,062	45,7	-6,4	39,3	10,0	-1,4	8,6
7	ja	1,444	14,0	0,103	45,7	-10,7	35,0	10,0	-2,3	7,7
8	nein	2,021	14,0	0,144	40,0	-15,0	25,0	8,8	-3,3	5,5

Schnittgrößen ermittelt mit:
q_{vk} = 10,0 kN/m
e_{max} = -0,324 m

Diese Schnittgrößen sind mit den zugehörigen infolge Zentrifugallast zu überlagern.

Tabelle 18 Schnittgrößen infolge der charakteristischen Werte des Lastmodells Unbeladener Zug stehend für maximale Biegung in Feldmitte und für maximale Querkraft am Endquerträgeranschnitt (ohne dynam. Beiwert, ohne zugehörige Zentrifugallasten)

LM unbeladener Zug stehend					Mitte Tragwerk x/l = 0,5 x = 8,0m			Anschnitt Querträger x/l = 0,0063 x = 1,00 m		
i		yi [m]	∑ yi²	yi / ∑ yi²	Mqvk,i [kNm]	Mt, qvk,i [kNm]	∑Mqvk [kNm]	Vqvk,i [kN]	Vt, qvk,i [kN]	∑Vqvk2 [kN]
1	ja	-2,021	14,0	-0,144	45,7	22,7	68,4	10,0	5,0	15,0
2	ja	-1,444	14,0	-0,103	45,7	16,2	61,9	10,0	3,6	13,6
3	ja	-0,866	14,0	-0,062	45,7	9,7	55,4	10,0	2,1	12,2
4	ja	-0,289	14,0	-0,021	45,7	3,2	49,0	10,0	0,7	10,8
5	ja	0,289	14,0	0,021	45,7	-3,2	42,5	10,0	-0,7	9,3
6	ja	0,866	14,0	0,062	45,7	-9,7	36,0	10,0	-2,1	7,9
7	ja	1,444	14,0	0,103	45,7	-16,2	29,5	10,0	-3,6	6,5
8	nein	2,021	14,0	0,144	40,0	-22,7	17,3	8,8	-5,0	3,8

2.4.2.5 Verkehrslast auf Dienstgehwegen

siehe Abschn. 2.2.2.5

Die Schnittgrößenermittlung für die **Verkehrslast auf Dienstgehwegen** wird mit folgenden Eingangswerten durchgeführt:

q_{fk}	=	5,75 kN/m	Verkehr auf Dienstweg
e_{SP}	=	2,675 m	Ausmitte der Streckenlast zum Schwerpunkt

siehe Bild 3:
e_{SP} = 4,21 + 0,2 + 1,15/2 - 2,31 = 2,675 m

Für den Kernverbundquerschnitt können die Schnittgrößen nach folgenden Gleichungen ermittelt werden:

$$M_{qfk,tot} = \frac{q_{fk} \cdot l^2}{8} \quad ; \quad V_{qfk,tot} = \frac{q_{vk} \cdot (l - b_V)^2}{2 \cdot l}$$

Für die einzelnen Verbundträger können die Schnittgrößen nach folgenden Formeln ermittelt werden:

Es werden alle 8 Träger belastet.

$$M_{qfk,i} = \frac{q_{fk} \cdot l^2}{n_{tot} \cdot 8} \quad ; \quad M_{t,qfk,i} = \frac{q_{fk} \cdot l^2}{8} \cdot e_{SP} \cdot \frac{y_i}{\sum y_i^2}$$

$$V_{qfk,i} = \frac{q_{fk} \cdot (l - b_V)^2}{n_{tot} \cdot 2 \cdot l} \quad ; \quad V_{t,qfk,i} = \frac{q_{fk} \cdot (l - b_V)^2}{2 \cdot l} \cdot e_{SP} \cdot \frac{y_i}{\sum y_i^2}$$

Es ergeben sich folgende auf den Kernverbundquerschnitt bezogene Schnittgrößen:

$M_{qfk,tot}$ = 184,0 kNm

$V_{qfk,tot}$ = 40,4 kN

In der Tabelle 19 sind die Schnittgrößen der einzelnen Verbundträger infolge der charakteristischen Werte der Verkehrslast auf Dienstwegen dargestellt:

Tabelle 19 Schnittgrößen infolge der charakteristischen Werte der Einwirkung Verkehrslast auf Dienstgehwegen für maximale Biegung in Feldmitte sowie für maximale Querkraft am Endquerträgeranschnitt

LM Verkehrslast auf Dienstwegen (Belastung auf Kragarm)				Mitte Tragwerk x/l = 0,5 x = 8,0m			Anschnitt Querträger x/l = 0,0063 x = 1,00 m		
i	yi [m]	∑ yi²	yi / ∑ yi²	Mqfk,i [kNm]	Mt, qfk,i [kNm]	∑Mqfk [kNm]	Vqfk,i [kN]	Vt, qfk,i [kN]	∑Vqfk [kN]
1	-2,021	14,0	-0,144	23,0	-71,0	-48,0	5,1	-15,6	-10,6
2	-1,444	14,0	-0,103	23,0	-50,7	-27,7	5,1	-11,1	-6,1
3	-0,866	14,0	-0,062	23,0	-30,4	-7,4	5,1	-6,7	-1,6
4	-0,289	14,0	-0,021	23,0	-10,1	12,9	5,1	-2,2	2,8
5	0,289	14,0	0,021	23,0	10,1	33,1	5,1	2,2	7,3
6	0,866	14,0	0,062	23,0	30,4	53,4	5,1	6,7	11,7
7	1,444	14,0	0,103	23,0	50,7	73,7	5,1	11,1	16,2
8	2,021	14,0	0,144	23,0	71,0	94,0	5,1	15,6	20,7

2.4.2.6 Verkehrslast bei Gleis- und Brückenunterhaltung

EC 1-2 Kap. 6.8.4

Bei der Überprüfung der Bemessung für vorübergehende Bemessungssituationen aufgrund von Gleis- oder Brückeninstandhaltung, sollten die charakteristischen Werte des LM 71, SW/0, SW/2, „Unbeladener Zug“ und HSLM sowie der zugehörigen Eisenbahnverkehrslasten gleich zu den charakteristischen Werten der zugehörigen Belastungen für dauerhafte Bemessungssituationen verwendet werden.

EC 1-2 Anhang H

2.4.2.7 Ermüdungslastmodell

Der Schnittgrößenermittlung wurde das Lastmodell 71 fahrend mit dem zugehörigen dynamischen Beiwert sowie den entsprechenden Zentrifugallasten zugrunde gelegt.

Charakteristische Werte der Einwirkungen siehe Abschn. 2.2.2.7
Schnittgrößen siehe Abschn. 2.4.2.1

2.4.2.8 Zentrifugallasten

Die Schnittgrößen sind stets mit den zugehörigen Vertikallasten des jeweiligen Lastmodells zu kombinieren.
Der Abstand des Angriffspunktes der Horizontallasten zum Querschnittsschwerpunkt ergibt sich folgendermaßen:

$h_1 = \cos\alpha \cdot 1{,}80\ \text{m} \approx 1{,}80\ \text{m}$	lotrechter Abstand zwischen dem Angriffspunkt der Horizontallasten und SO + $u/2$
$h_2 = 0{,}85\ \text{m}$	lotrechter Abstand zwischen SO + $u/2$ und Oberkante Überbau
$z_S = 0{,}48\ \text{m}$	lotrechter Abstand zwischen Oberkante Überbau und ideellem Schwerpunkt des Überbaus
$z_{t,tot} = h_1 + h_2 + z_S = 3{,}13\ \text{m}$	Abstand zwischen Angriffspunkt der Zentrifugallasten und Schwerpunkt des Überbaus

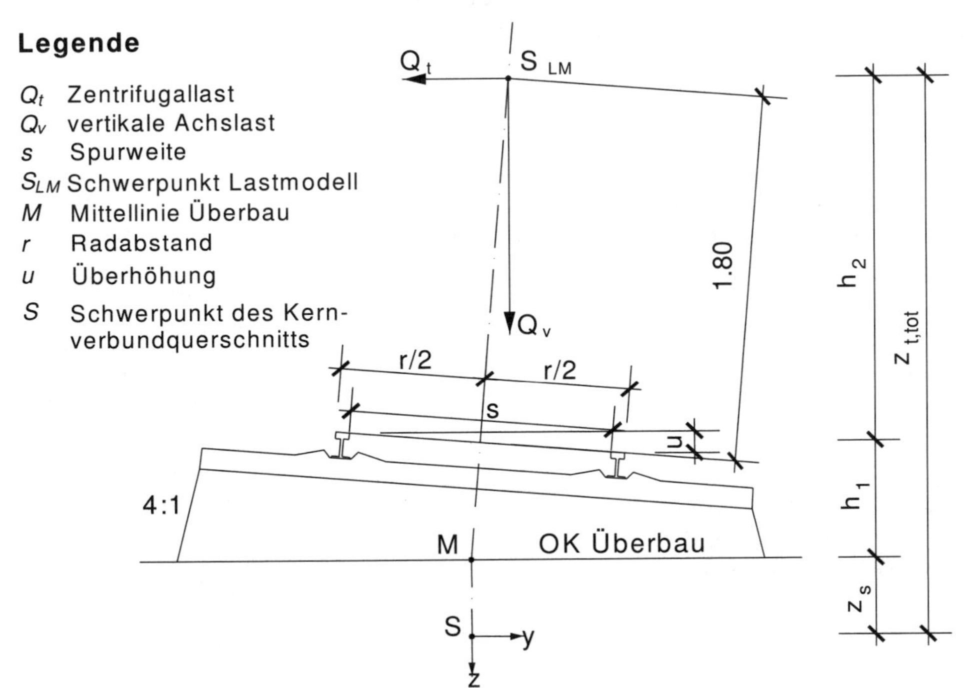

Bild 24 Zentrifugallasten

Die Schnittgrößenermittlung für die Zentrifugallasten des **LM 71 fahrend** wird mit folgenden Eingangswerten durchgeführt:

q_{tk} = 2,59 kN/m Grundlast
Δq_{tk} = 2,47 kN/m Überlast
$z_{t,tot}$ = 3,13 m Ausmitte

siehe Abschn. 2.2.2.8

Für die einzelnen Verbundträger können die Schnittgrößen nach folgenden Gleichungen ermittelt werden:

$$M_{t,qtk,i} = \left[\left(\frac{q_{tk} \cdot l^2}{4} + \frac{\Delta q_{tk} \cdot 3{,}2\,\mathrm{m} \cdot l}{2}\right) - \left(\frac{q_{tk} \cdot l^2}{8} + \frac{q_{tk} \cdot (3{,}2\,\mathrm{m})^2}{2}\right)\right] \cdot z_{t,tot} \cdot \frac{y_i}{\sum y_i^2}$$

$$V_{t,qtk,i} = \left[\frac{q_{tk} \cdot (l - b_V)^2}{2 \cdot l} + \frac{\Delta q_{tk} \cdot 6{,}4\,\mathrm{m} \cdot (l - b_V - 3{,}2\,\mathrm{m})}{l}\right] \cdot z_{t,tot} \cdot \frac{y_i}{\sum y_i^2}$$

In der Tabelle 20 sind die Schnittgrößen der einzelnen Verbundträger infolge der charakteristischen Werte der Zentrifugallasten des LM 71 fahrend dargestellt:

Tabelle 20 Schnittgrößen infolge der charakteristischen Werte der Zentrifugallasten des LM 71 fahrend, Laststellungen jeweils für die maximale Biegung in Feldmitte und für die maximale Querkraft am Endquerträgeranschnitt

Zentrifugallasten für das LM 71 fahrend				Anschnitt Querträger	Mitte Tragwerk x/l = 0,5 x = 8,0m
i	yi [m]	Σ yi²	yi / Σ yi²	Vt,qtk,i [kN]	Mt, qtk,i [kNm]
1	-2,021	14,0	-0,144	-13,5	-60,0
2	-1,444	14,0	-0,103	-9,6	-42,9
3	-0,866	14,0	-0,062	-5,8	-25,7
4	-0,289	14,0	-0,021	-1,9	-8,6
5	0,289	14,0	0,021	1,9	8,6
6	0,866	14,0	0,062	5,8	25,7
7	1,444	14,0	0,103	9,6	42,9
8	2,021	14,0	0,144	13,5	60,0

Anmerkung:
In den Tabellen 20 bis 23 wird jeweils die aus dem Torsionsmoment der Zentrifugallasten resultierende Querkraft V_{zk} und das Biegemoment M_{yk} angegeben.
Die Querbiegung infolge der Zentrifugallasten ist für den Überbau nicht nachweisrelevant.

Die Schnittgrößenermittlung für die Zentrifugallasten des **reduzierten LM 71** wird mit folgenden Eingangswerten durchgeführt:

q_{tk} = 5,18 kN/m Grundlast

Δq_{tk} = 4,94 kN/m Überlast siehe Abschn. 2.2.2.8

$z_{t,tot}$ = 3,13 m Ausmitte

Die Schnittgrößen für die einzelnen Verbundträger können analog nach den Formeln unter Lastmodell 71 fahrend ermittelt werden.

In der Tabelle 21 sind die Schnittgrößen der einzelnen Verbundträger infolge der charakteristischen Werte der Zentrifugallasten des reduzierten LM 71 dargestellt:

Tabelle 21 Schnittgrößen infolge der charakteristischen Werte der Zentrifugallasten des reduzierten LM 71, Laststellungen jeweils für die maximale Biegung in Feldmitte und für die maximale Querkraft am Endquerträgeranschnitt

Zentrifugallasten für das reduzierte LM 71 fahrend				Anschnitt Querträger x/l = 0,0063 x = 1,00 m	Mitte Tragwerk x/l = 0,5 x = 8,0m
i	yi [m]	∑ yi²	yi / ∑ yi²	Vt, qtk,i [kN]	Mt, qtk,i [kNm]
1	-2,021	14,0	-0,144	-27,0	-120,1
2	-1,444	14,0	-0,103	-19,3	-85,8
3	-0,866	14,0	-0,062	-11,6	-51,5
4	-0,289	14,0	-0,021	-3,9	-17,2
5	0,289	14,0	0,021	3,9	17,2
6	0,866	14,0	0,062	11,6	51,5
7	1,444	14,0	0,103	19,3	85,8
8	2,021	14,0	0,144	27,0	120,1

Die Schnittgrößenermittlung für die Zentrifugallasten des **LM SW/2 fahrend** wird mit folgenden Eingangswerten durchgeführt:

q_{tk} = 2,16 kN/m Streckenlast
$z_{t,tot}$ = 3,13 m Ausmitte

siehe Abschn. 2.2.2.8

Für die einzelnen Verbundträger können die Schnittgrößen nach folgenden Gleichungen ermittelt werden:

$$M_{t,qtk,i} = \frac{q_{tk} \cdot l^2}{8} \cdot z_{t,tot} \cdot \frac{y_i}{\sum y_i^2}$$

$$V_{t,qtk,i} = \frac{q_{tk} \cdot (l - b_V)^2}{2 \cdot l} \cdot z_{t,tot} \cdot \frac{y_i}{\sum y_i^2}$$

In der Tabelle 22 sind die Schnittgrößen der einzelnen Verbundträger infolge der charakteristischen Werte der Zentrifugallasten des LM SW/2 fahrend dargestellt:

Tabelle 22 Schnittgrößen infolge der charakteristischen Werte der Zentrifugallasten des LM SW/2 fahrend, Laststellungen jeweils für die maximale Biegung in Feldmitte und für die maximale Querkraft am Endquerträgeranschnitt

Zentrifugallasten für das LM SW/2 fahrend				Anschnitt Querträger x/l = 0,0063 x = 1,00 m	Mitte Tragwerk x/l = 0,5 x = 8,0m
i	yi [m]	Σ yi²	yi / Σ yi²	Vt, qtk,i [kN]	Mt, qtk,i [kNm]
1	-2,021	14,0	-0,144	-6,9	-31,2
2	-1,444	14,0	-0,103	-4,9	-22,3
3	-0,866	14,0	-0,062	-2,9	-13,4
4	-0,289	14,0	-0,021	-1,0	-4,5
5	0,289	14,0	0,021	1,0	4,5
6	0,866	14,0	0,062	2,9	13,4
7	1,444	14,0	0,103	4,9	22,3
8	2,021	14,0	0,144	6,9	31,2

Die Schnittgrößenermittlung für die Zentrifugallasten des Lastmodells **Unbeladener Zug** wird mit folgenden Eingangswerten durchgeführt:

q_{tk} = 0,90 kN/m Streckenlast
$z_{t,tot}$ = 3,13 m Ausmitte — siehe Abschn. 2.2.2.8
f = 1,00

Für die einzelnen Verbundträger können die Schnittgrößen nach folgenden Gleichungen ermittelt werden:

$$M_{t,qtk,i} = \frac{q_{tk} \cdot l^2}{8} \cdot z_{t,tot} \cdot \frac{y_i}{\sum y_i^2} \cdot f$$

$$V_{t,qtk,i} = \frac{q_{tk} \cdot (l - b_V)}{2 \cdot l} \cdot z_{t,tot} \cdot \frac{y_i}{\sum y_i^2} \cdot f$$

In der Tabelle 23 sind die Schnittgrößen der einzelnen Verbundträger infolge der charakteristischen Werte der Zentrifugallasten des LM Unbeladener Zug dargestellt:

Tabelle 23 Schnittgrößen infolge der charakteristischen Werte der Zentrifugallasten des LM Unbeladener Zug (Volllast)

Zentrifugallasten für den unbeladenen Zug				Anschnitt Querträger x/l = 0,0063 x = 1,00 m	Mitte Tragwerk x/l = 0,5 x = 8,0m
i	yi [m]	Σ yi²	yi / Σ yi²	Vt, qtk,i [kN]	Mt, qtk,i [kNm]
1	-2,021	14,0	-0,144	-2,9	-13,0
2	-1,444	14,0	-0,103	-2,0	-9,3
3	-0,866	14,0	-0,062	-1,2	-5,6
4	-0,289	14,0	-0,021	-0,4	-1,9
5	0,289	14,0	0,021	0,4	1,9
6	0,866	14,0	0,062	1,2	5,6
7	1,444	14,0	0,103	2,0	9,3
8	2,021	14,0	0,144	2,9	13,0

2.4.2.9 Seitenstoß

Der **Seitenstoß** hat folgende Eingangswerte:

Q_{sk} = ±100 kN

e_z = 1,33 m Vertikaler Hebelarm des Seitenstoßes zum Schwerpunkt des Überbaus

Charakteristische Werte der Einwirkungen siehe Abschn. 2.2.2.9

Auf eine Verteilung in Querrichtung wird auf der sicheren Seite liegend verzichtet. Vereinfachend werden die Querlasten auf den ideellen Schwerpunkt des Überbaus bezogen. (siehe Abschn. 2.3.2)

e_z = 0,5 · 0,08 + 0,81 + 0,48 = 1,33 m

Für die einzelnen Verbundträger können die Schnittgrößen nach folgenden Formeln ermittelt werden:

$$M_{t,qsk,i} \approx \frac{Q_{sk} \cdot l}{4} \cdot e_z \cdot \frac{y_i}{\sum y_i^2}$$

$$V_{t,qsk,i} \approx Q_{sk} \cdot e_z \cdot \frac{y_i}{\sum y_i^2}$$

In der Tabelle 24 sind die Schnittgrößen der einzelnen Verbundträger infolge des charakteristischen Wertes des Seitenstoßes dargestellt:

Tabelle 24 Schnittgrößen infolge des charakteristischen Wertes des Seitenstoßes für maximale Biegung in Feldmitte sowie maximale Querkraft am Endquerträgeranschnitt

Seitenstoß von links oder rechts				Anschnitt Querträger x/l = 0,0063 x = 1,00 m	Mitte Tragwerk x/l = 0,5 x = 8,0m
i	yi [m]	∑ yi²	yi / ∑ yi²	Vt,qsk,i [kN]	Mt, qsk,i [kNm]
1	-2,021	14,0	-0,144	-19,2	-76,9
2	-1,444	14,0	-0,103	-13,7	-54,9
3	-0,866	14,0	-0,062	-8,2	-33,0
4	-0,289	14,0	-0,021	-2,7	-11,0
5	0,289	14,0	0,021	2,7	11,0
6	0,866	14,0	0,062	8,2	33,0
7	1,444	14,0	0,103	13,7	54,9
8	2,021	14,0	0,144	19,2	76,9

Anmerkung:

In der Tabelle 24 werden jeweils die aus dem Torsionsmoment des Seitenstoßes resultierende Querkraft V_{zk} und das Biegemoment M_{yk} angegeben.
Die Querbiegung infolge Seitenstoß ist für den Überbau nicht nachweisrelevant.

2.4.2.10 Einwirkungen aus Anfahren und Bremsen

Der Überbau wird mit „Schwimmender Lagerung" ausgeführt. Die Lagerkräfte in Längsrichtung aus Anfahren und Bremsen werden gemäß Ril 804 aus einer Überbauverschiebung von 4 mm in Anfahr- oder Bremsrichtung ermittelt.

Charakteristische Werte der Einwirkungen siehe Abschn. 2.2.2.10

Ril 804.5101, Abs. 2.2 (16)

Mit den Eingangswerten:

a	=	600 mm	Länge des Lagers in Querrichtung
b	=	450 mm	Länge des Lagers in Längsrichtung
v_x	=	4 mm	Überbauverschiebung
G	=	0,9 N/mm²	Schubmodul des Elastomers
$d_{Elastomer}$	=	129 mm	Elastomerdicke
n	=	2	Anzahl der Lager je Lagerachse

Die Lagerabmessungen wurden einer Lagervorbemessung entnommen.

ergibt sich der charakteristische Wert der Rückstellkraft $F_{x,R}$ je Lagerachse zu:

$$F_{x,R} = n \cdot v_x \cdot a \cdot b \cdot G / d_{Elastomer}$$
$$= 2 \cdot 4 \cdot 600 \cdot 450 \cdot 0{,}9 \cdot 10^{-3} / 129$$
$$= 15{,}07 \text{ kN}$$

Diese geringen Rückstellkräfte sind für die Bemessung des Überbaus ohne Bedeutung und werden nicht weiter verfolgt.

2.4.2.11 Einwirkungen auf Geländer

Die Einwirkungen auf Geländer sind für die Bemessung des Haupttragwerks nicht relevant.

2.4.2.12 Temperatureinwirkungen

Unter den anzusetzenden Temperaturbeanspruchungen ΔT_{Mz} und ΔT_N ergeben sich Lagerwege und damit Rückstellkräfte.

Charakteristische Werte der Einwirkungen siehe Abschn. 2.2.2.12

Die Lagerwege infolge ΔT_N betragen je Lagerachse:

$$\Delta x_{pos} = (\Delta T_{N,\,exp} + 20°C) \cdot \alpha_T \cdot l / 2$$
$$= (27 + 20) \cdot 10^{-5} \cdot 16 \cdot 10^3 / 2$$
$$= 3{,}76 \text{ mm}$$

$$\Delta x_{neg} = (\Delta T_{N,\,con} - 20°C) \cdot \alpha_T \cdot l / 2$$
$$= (-27 - 20) \cdot 10^{-5} \cdot 16 \cdot 10^3 / 2$$
$$= -3{,}76 \text{ mm}$$

Da eine genaue Voreinstellung der Lager in Abhängigkeit von der gemessenen Bauwerkstemperatur nicht vorgesehen ist, ist das volle Vorhaltemaß für den Verschiebungsweg zu berücksichtigen.

$\alpha_T = 10^{-5}$ K^{-1}
EC 1-1-5 Anhang C
l = 16 m

Die Lagerwege infolge ΔT_{Mz} betragen je Lagerachse:

$$\Delta x_{pos} = -\Delta T_{Mz,\,cool} \cdot \alpha_T \cdot l \cdot z_R / (2 \cdot h)$$
$$= -(-8) \cdot 10^{-5} \cdot 16 \cdot 0{,}785 \cdot 10^3 / (2 \cdot 0{,}94)$$
$$= 0{,}53 \text{ mm}$$

z_R - Abstand Mitte Lager zum Querschnittsschwerpunkt
z_R = 0,129/2 +0,90+0,3-0,48 = 0,785 m

$$\Delta x_{neg} = -\Delta T_{Mz,\,heat} \cdot \alpha_T \cdot l \cdot z_R / (2 \cdot h)$$
$$= -9 \cdot 10^{-5} \cdot 16 \cdot 0{,}785 \cdot 10^3 / (2 \cdot 0{,}94)$$
$$= -0{,}60 \text{ mm}$$

Bei gleichzeitiger Betrachtung von ΔT_M und ΔT_N darf eine abgeminderte Kombination angesetzt werden. Dominant ist hier die Temperaturschwankung ΔT_N:

EC 1-1-5 Kap. 6.5.1 (1)

$$\Delta x_{pos} = 3{,}8 + 0{,}75 \cdot 0{,}54$$
$$= 4{,}2 \text{ mm}$$

EC 1-1-5 Kap. 6.5.1
Gl. (6.4)
$\omega_M = 0{,}75$

$$\Delta x_{neg} = -3{,}8 + 0{,}75 \cdot (-0{,}60)$$
$$= -4{,}2 \text{ mm}$$

Daraus ergibt sich eine Rückstellkraft je Lagerachse von:

$$F_{x,R} = 2 \cdot \Delta x \cdot a \cdot b \cdot G / d_{Elastomer}$$
$$= 2 \cdot \pm 4{,}3 \cdot 600 \cdot 450 \cdot 0{,}9 \cdot 10^{-3} / 129$$
$$= \pm 15{,}7 \text{ kN}$$

Diese geringen Rückstellkräfte sind für den Überbau nicht bemessungsrelevant und werden nicht weiter verfolgt.

2.4.2.13 Windlasten

Es wird nur der maßgebende Betriebszustand „Zugverkehr auf dem Überbau" betrachtet.

Charakteristische Werte der Einwirkungen siehe Abschn. 2.2.2.13

Die **Windlasten** haben folgende Eingangswerte:

w_k	$= \pm$ 9,43 kN/m	Streckenlast
e_w	= 2,42 m	Abstand der Windresultierenden bis zum Schwerpunkt

Für die einzelnen Verbundträger können die Schnittgrößen nach folgenden Gleichungen ermittelt werden:

$$M_{t,qwk,i} = \frac{w_k \cdot l^2}{8} \cdot e_w \cdot \frac{y_i}{\sum y_i^2} \quad ; \quad V_{t,qwk,i} = \frac{w_k \cdot (l - b_V)^2}{2 \cdot l} \cdot e_w \cdot \frac{y_i}{\sum y_i^2}$$

In der Tabelle 25 sind die Schnittgrößen der einzelnen Verbundträger infolge der charakteristischen Werte der Windlast dargestellt:

Tabelle 25 Schnittgrößen infolge der charakteristischen Werte der Windlasten im Betriebszustand mit Verkehr

Windlasten				Anschnitt Querträger x/l = 0,0063 x = 1,00 m	Mitte Tragwerk x/l = 0,5 x = 8,0m
i	yi [m]	Σ yi²	yi / Σ yi²	Vt,qk2,i [kN]	Mt,qk2,i [kNm]
1	-2,021	14,0	-0,144	-23,1	-105,2
2	-1,444	14,0	-0,103	-16,5	-75,2
3	-0,866	14,0	-0,062	-9,9	-45,1
4	-0,289	14,0	-0,021	-3,3	-15,0
5	0,289	14,0	0,021	3,3	15,0
6	0,866	14,0	0,062	9,9	45,1
7	1,444	14,0	0,103	16,5	75,2
8	2,021	14,0	0,144	23,1	105,2

Anmerkung:

In der Tabelle 25 werden jeweils die aus dem Torsionsmoment der Windbelastung resultierende Querkraft V_{zk} und das Biegemoment M_{yk} angegeben.
Die Querbiegung infolge Windbelastung ist für den Überbau nicht nachweisrelevant.

2.4.2.14 Druck-Sog Einwirkungen aus Zugverkehr

Die Schnittgrößen aus Druck- und Sogeinwirkungen aus Zugverkehr sind für die Bemessung des Überbaus nicht relevant.

2.4.2.15 Einwirkungen aus Erddruck

Die Ermittlung der Schnittgrößen aus **Erddruck** werden mit folgenden Eingangsgrößen durchgeführt:

Charakteristische Werte der Einwirkungen siehe Abschn. 2.2.2.15

Q_{ek} = 163,33 kN Erddrucklast
z_R = 0,783 m
h_Q = 1,09 m

z_R Abstand Mitte Lager zum Querschnittsschwerpunkt
z_R = 0,129/2 +0,90+0,3-0,48
= 0,785 m

Für den Kernverbundquerschnitt können die Schnittgrößen nach folgenden Formeln ermittelt werden:

$$V_{Qek,tot} = -\frac{Q_{ek} \cdot h_Q}{2 \cdot l} \qquad (V_{qek} = \text{konstant})$$

h_Q Abstand Mitte Lager zur Erddrucklast Q_{ek}
h_Q = $h_{Erddruck}/2 + d_{Elastomer}/2$
= 2,09/2 + 0,129/2
= 1,1 m
l = 16 m

$$N_{Qek,tot} = -\frac{Q_{ek}}{2} \qquad (N_{qek} = \text{konstant})$$

$$M_{Qek,tot} = -Q_{ek} \cdot \left(\frac{h_Q}{4} - \frac{z_R}{2}\right) \qquad (M_{qek} \text{ in Feldmitte})$$

Für die einzelnen Verbundträger können die Schnittgrößen nach folgenden Formeln ermittelt werden:

$$V_{Qek,i} = -\frac{Q_{ek} \cdot h_Q}{2 \cdot l \cdot n_{tot}}$$

$$N_{Qek,i} = -\frac{Q_{ek}}{2 \cdot n_{tot}}$$

$$M_{Qek,i} = -\frac{Q_{ek}}{n_{tot}} \cdot \left(\frac{h_Q}{4} - \frac{z_R}{2}\right)$$

Es ergeben sich folgende auf den Kernverbundquerschnitt bezogene Schnittgrößen:

$V_{\text{Qek,tot}}$ = -5,66 kN
$N_{\text{Qek,tot}}$ = -81,66 kN
$M_{\text{Qek,tot}}$ = 18,61 kNm

Diese geringe Beanspruchung ist für den Überbau nicht bemessungsrelevant und wird nicht weiter verfolgt.

2.4.2.16 Rückstellkräfte der Lager infolge vertikaler Belastung

Aus der vertikalen Belastung resultieren infolge Endtangentenverdrehung Rückstellkräfte, die für den Überbau entlastend wirken. Auf der sicheren Seite liegend werden diese nicht berücksichtigt.

2.4.3 Außergewöhnliche Einwirkungen infolge Entgleisung

2.4.3.1 Bemessungssituation I

Ein Nachweis ist nach Ril 804.4302 Abs. 2 (4) nicht erforderlich.

2.4.3.2 Bemessungssituation II

Eine Schnittgrößenermittlung braucht für die Bemessungssituation II nicht durchgeführt zu werden, da diese Ersatzlast nur beim Nachweis der Stabilität des Tragwerkes als Ganzes berücksichtigt werden soll. Ausdrücklich bedürfen Randträger, Konsolen etc. keiner Bemessung für diese Belastung.

Der Nachweis der Stabilität des Tragwerkes als Ganzes (Umkippen) wird in Abs. 2.5.3 geführt.

2.5 Bemessung des Überbaus

Die Bemessung des Überbaus gliedert sich in die Nachweise im Grenzzustand der Tragfähigkeit und in die Nachweise im Grenzzustand der Gebrauchstauglichkeit.

EC 4-2 Kap. 6
EC 4-2 Kap. 7

Die Nachweise werden mit den Bemessungswerten der verschiedenen Einwirkungskombinationen geführt. Diese ergeben sich durch Kombination der charakteristischen Werte der Einwirkungen mit Hilfe von Kombinationsbeiwerten und der Berücksichtigung von Teilsicherheitsbeiwerten.

EC 0 Anhang A2, Tab. A2.3
EC 0 Anhang A2.3 Tab. A2.4 (A)

Die charakteristischen Werte der verschiedenen Einwirkungen basieren i. Allg. auf statistischen Auswertungen und sind so festgelegt, dass der charakteristische Wert der einzelnen Einwirkung während der geplanten Lebensdauer des Tragwerks und der Dauer der Bemessungssituation mit einer vorgegebenen Wahrscheinlichkeit nicht überschritten wird.

Bei mehrkomponentigen Einwirkungen – wie beispielsweise den eisenbahnspezifischen Verkehrsbelastungen – ist zu berücksichtigen, inwieweit das gleichzeitige Auftreten von verschiedenen Einwirkungen möglich und wahrscheinlich ist.
Dazu werden die eisenbahnspezifischen Einwirkungen für die weiteren Kombinationen zunächst zu sogenannten Lastgruppen zusammengefasst (siehe Tabelle 26).

EC 1-2 Kap. 6.8.2 Tab. 6.10

Jede dieser Lastgruppen, die sich gegenseitig ausschließen, sollte in Kombination mit Nicht-Verkehrslasten als einzelne veränderliche charakteristische Einwirkung angesehen werden.

EC 1-2 Kap. 6.8.2 (1)

Bei den Nachweisen in den Grenzzuständen der Tragfähigkeit sind die Teilsicherheitsbeiwerte γ (siehe Tabelle 27) zu berücksichtigen.

EC 0 Kap. 6.4

Einwirkungskombinationen im Grenzzustand der Tragfähigkeit:
- ständig u. vorübergehend
- außergewöhnlich
- Erdbeben

Die Kombination zu den Bemessungsschnittgrößen erfolgt mit den Kombinationsbeiwerten ψ (siehe Tabelle 28). Mit diesen Faktoren wird die Wahrscheinlichkeit des gleichzeitigen Auftretens der verschiedenen Einwirkungen in den in DIN EN 1990 festgelegten Einwirkungskombinationen berücksichtigt. Die Kombinationsbeiwerte basieren ebenfalls auf statistischen Auswertungen und sind so gewählt, dass der Wert der jeweiligen Einwirkungskombination in der betrachteten Bemessungssituation mit einer vorgegebenen Wahrscheinlichkeit nicht überschritten wird.

EC 0 Kap. 6.5.3 (2)
Einwirkungskombinationen im Grenzzustand der Gebrauchstauglichkeit:
- quasi-ständig
- häufig
- charakteristisch

Da im vorliegenden Tragwerk die Schnittgrößenermittlung linear-elastisch erfolgt, können die Einwirkungskombinationen durch entsprechende Kombination der in Kapitel 2.4 ermittelten charakteristischen Werte der Schnittgrößen superponiert werden.

a) Verkehrslastgruppen

Für den hier vorliegenden eingleisigen Überbau vereinfacht sich die Tabelle 6.10 aus EC 1-2 Kap. 6.8.2 wie folgt:

Tabelle 26 Verkehrslastgruppen

Lastgruppe[h)]	Vertikallasten			Horizontallasten			Bemerkungen
	LM 71 [a)] SW/0 [a), b)] HSLM [f), g)]	SW/2 [a), c)]	Unbel. Zug	Anf. und Bremsen [a)]	Flieh-kraft[a)])	Seiten-Stoß [a)]	
Gr 11	1,0			1,0 [e)]	0,5 [e)]	0,5 [e)]	Max. vertikal 1 mit max. längs
Gr 12	1,0			0,5 [e)]	1,0 [e)]	1,0 [e)]	Max. vertikal 2 mit max. quer
Gr 13	1,0 [d)]			1,0	0,5 [e)]	0,5 [e)]	Max. in längs
Gr 14	1,0 [d)]			0,5 [e)]	1,0	1,0	Max. in quer
Gr 15			1,0		1,0 [e)]	1,0 [e)]	Seitenstabilität mit „unbeladenem Zug“
Gr 16		1,0		1,0 [e)]	0,5 [e)]	0,5 [e)]	SW/2 mit max längs
Gr 17		1,0		0,5 [e)]	1,0 [e)]	1,0 [e)]	SW/2 mit max. quer

(grau hinterlegt) dominanter Anteil in der entsprechenden Einwirkung

a) Alle relevanten Beiwerte (α, ϕ, f etc.) sind zu berücksichtigen.

b) SW/0 ist nur bei Durchlaufträgern zu berücksichtigen.

c) SW/2 ist nur bei Vereinbarung für die Strecke zu berücksichtigen.

d) Beiwert kann auf 0,5 im günstigsten Fall vermindert werden, er kann nicht Null sein.

e) In günstigen Fall sind diese nicht-dominanten Werte zu Null zu setzen.

f) HSLM und Betriebszug falls erforderlich nach DIN EN 1991-2 Kap. 6.4.4 und 6.4.6.1.1

g) Falls eine dynamische Berechnung nach DIN EN 1991-2 Kap. 6.4.4 erforderlich ist, siehe auch Kap. 6.4.6.5(3) und Kap. 6.4.6.1.2

h) Siehe auch EN 1990 Anhang A2, Tabelle A2.3

b) Teilsicherheitswerte für Einwirkungen

EC 0 NA/A1

Bei Nachweisen, die durch die Festigkeit des Materials oder durch den Baugrund bestimmt werden, sind die Teilsicherheitsbeiwerte der Einwirkungen für die Grenzzustände der Tragsicherheit in Tabelle 27 angegeben.

Tabelle 27 Teilsicherheitswerte der Einwirkungen (STR/GEO)

Einwirkung	Bez.	Bemessungssituation S / V	Bemessungssituation A
Ständige Einwirkungen			
Ungünstig	$\gamma_{G,sup}$	1,35[b]	1,00
Günstig	$\gamma_{G,inf}$	1,00	1,00
Setzungen[e]		1,20[g]/1,35[h]	-
Einwirkungen aus Schienenverkehr			
Ungünstig	$\gamma_{Q,sup}$	1,45[c]/1,20[d]	1,00
Günstig	$\gamma_{Q,inf}$	0,00	0,00
Lasten aus der Bauausführung			
Ungünstig	$\gamma_{Q,sup}$	-	1,00
Günstig	$\gamma_{Q,inf}$	-	0,00
Temperatur			
Ungünstig	$\gamma_{Q,sup}$	1,35	1,00
Günstig	$\gamma_{Q,inf}$	0,00	0,00
Alle anderen veränderlichen Einwirkungen			
Ungünstig	$\gamma_{Q,sup}$	1,50	1,00
Günstig	$\gamma_{Q,inf}$	0,00	0,00
Außergewöhnliche Einwirkungen	γ_A	-	1,00

STR Versagen oder übermäßige Verformungen des Tragwerks oder seiner Teile einschließlich der Fundamente, Fundamentkörper, Pfähle, wobei die Tragfähigkeit von Baustoffen und Bauteilen entscheidend ist.

GEO Versagen oder übermäßige Verformungen des Baugrundes, bei denen die Festigkeit von Boden und Fels wesentlich an der Tragsicherheit beteiligt ist.

S/V Ständige und vorübergehende Bemessungssituation

A Außergewöhnliche Bemessungssituation

b Dieser Wert gilt für das Eigengewicht von tragenden und nicht tragenden Bauteilen, Schotterbett, Boden, Grundwasser und frei fließendem Wasser, beweglichen Lasten usw.

c Infolge Schienenverkehr in Form der Lastgruppen 11 bis 31 (außer 16, 17, 26[k]) und 27[k])), Lastmodellen LM 71, SW/0 und HSLM und wirklichen Zügen, wenn diese als einzelne Leiteinwirkung aus Verkehr berücksichtigt werden.

d Infolge Schienenverkehr in Form der Lastgruppen 16 und 17 und SW/2

e In Bemessungssituationen mit ungünstiger Wirkung der Einwirkungen aus ungleichmäßigen Setzungen. In Bemessungssituationen, in denen Einwirkungen aus ungleichmäßigen Setzungen günstige Wirkung erzeugen, sind diese Einwirkungen nicht zu berücksichtigen. Siehe auch DIN EN 1991 bis DIN EN 1999 γ-Faktoren, die für eingeprägte Verformungen zu berücksichtigen sind.

g Im Falle von nicht linearen elastischen Berechnungen

h Faktor, der in den Eurocodes für die Bemessung empfohlen wird, hier aus DIN EN 1992-1-1 mit DIN EN 1992-1-1/NA.

k Bei Schienenverkehrseinwirkungen in Form der Lastgruppen 26 und 27 darf γ_Q = 1,45 auf einzelne Komponenten der Einwirkungen aus den Lastmodellen LM 71, SW/0 und HSLM usw. angewendet werden

c) Kombinationsbeiwerte

EC 0 Anhang A2.2.6 Tab. A2.3

Für die Kombination der charakteristischen Werte der Einwirkungen gelten die Kombinationsbeiwerte nach Tabelle 28.

Tabelle 28 ψ-Faktoren für Eisenbahnbrücken

Einwirkungen			ψ_0	ψ_1	ψ_2 [d]
Komponente der Verkehrseinwirkung [e]	LM 71		0,80	[a]	0
	SW/0		0,80	[a]	0
	SW/2		0	1,00	0
	Unbeladener Zug		1,00	-	-
	HSLM		1,00	1,00	0
	Anfahr- und Bremskräfte Zentrifugalkraft Interaktionskräfte infolge von Verformungen unter vertikalen Verkehrslasten		Für einzelne Komponenten der mehrkomponentigen Verkehrseinwirkung, die an Stelle von Lastgruppen als Leiteinwirkung verwendet werden, sollten die Ψ-Faktoren verwendet werden, die für die zugehörigen vertikalen Lasten empfohlen werden.		
	Seitenstoß		1,00	0,80	0
	Lasten auf Dienstwegen		0,80	0,50	0
	Betriebslastenzüge		1,00	1,00	0
	Horizontaler Erddruck infolge Überschreitung der Verkehrslasten		0,80	[a]	0
	Aerodynamische Wirkung		0,80	0,50	0
Einwirkung des Hauptverkehrs (Lastgruppen)	gr11 (LM71 + SW/0)	Max. vertikal 1 mit max. längs	0,80	0,80	0
	gr12 (LM71 + SW/0)	Max. vertikal 2 mit max. quer			
	gr13 (Bremsen/Anfahren)	Max. längs			
	gr14 (Zentrifugalkraft/ Seitenstoß)	Max. seitlich			
	gr15 (unbeladener Zug)	Seitenstabilität mit "unbeladenem Zug"			
	gr16 (SW/2)	SW/2 mit max. längs			
	gr17 (SW/2)	SW/2 mit max. quer			

Tabelle 28 ψ- Faktoren für Eisenbahnbrücken (fortgesetzt)

Einwirkungen		ψ_0	ψ_1	ψ_2 [d]
Andere Einwirkungen aus Betrieb	Aerodynamische Wirkung	0,80	0,50	0
	Allgemeine Lasten aus Instandhaltung für Dienstwege	0,80	0,50	0
Windkräfte [b]	F_{Wk}	0,75	0,50	0
	F_W^{**}	1,00	0	0
Temperatur [f]	T_k	0,60	0,60	0,50
Schneelasten	$Q_{Sn,k}$ (während der Bauausführung)	0,80	-	0
Lasten aus Bauausführung	Q_c	1,00		1,00

a 0,80 wenn nur 1 Gleis belastet wird

0,70 wenn 2 Gleise gleichzeitig belastet werden

0,60 wenn 3 oder mehr Gleise gleichzeitig belastet werden

b Wenn Windkräfte gleichzeitig mit Verkehrseinwirkungen wirken, sollte die Windkraft Ψ_0 F_{Wk} nicht größer als F_w^{**} (siehe EN 1991-1-4) angenommen werden. Siehe A2.2.4(4)

c Siehe EN 1991-1-5

d Falls Verformungen aus ständigen oder vorübergehenden Bemessungssituationen berücksichtigt werden, sollte Ψ_2 für Einwirkungen aus Schienenverkehr mit 1,00 angenommen werden. Für Seismische Bemessungssituationen siehe Tabelle A2.5.

e Die kleinste, gleichzeitig mit den einzelnen Verkehrslastkomponenten wirkende günstige vertikale Last (z.B. Zentrifugalkraft, Traktion oder Bremsen) ist 0,5 LM71 usw.

f Für Temperatureinwirkungen ist in der Tabelle A 2.3 der DIN EN 1990 der Wert $\Psi_0 = 0,6$ durch den Wert $\Psi_0 = 0,8$ zu setzen.

d) Einwirkungskombinationen

- **Grenzzustand der Tragfähigkeit** — EC 0 Kap. 6.4.2

• Ständige und vorübergehende Bemessungssituation (S/V) — EC 0 Kap. 6.4.3.2 (3)

Bemessungswert der ständigen Einwirkung, der dominierenden veränderlichen Einwirkung und den seltenen Bemessungswerten der Begleiteinwirkungen:

EC 0 6.4.3.2 (3) Gl. (6.10c)

$$E_d = \sum_{j\geq 1} \gamma_{G,j} \cdot E_{Gk,j} \text{"+"} \gamma_P \cdot E_{Pk} \text{"+"} \gamma_{Q,1} \cdot E_{Qk,1} \text{"+"} \sum_{i>1} \gamma_{Q,i} \cdot \psi_{0,i} \cdot E_{Qk,i}$$

• Außergewöhnliche Bemessungssituation (A)

EC 1-2 6.4.3.3

Bemessungswerte der ständigen Einwirkungen, dem Bemessungswert einer außergewöhnlichen Einwirkung, dem häufigen Wert der vorherrschenden Einwirkung und den quasi-ständigen Werten weiterer Einwirkungen:

EC 0 NCI zu 6.4.3.3 (2) Gl. (6.11c)

$$E_d = \sum_{j\geq 1} \gamma_{GA,j} \cdot E_{Gk,j} \text{"+"} E_{Pk} \text{"+"} E_{Ad} \text{"+"} \gamma_{QA,1} \cdot \psi_{1,1} \cdot E_{Qk,1} \text{"+"} \sum_{i>1} \gamma_{QA,i} \cdot \psi_{2,i} \cdot E_{Qk,i}$$

- **Grenzzustand der Gebrauchstauglichkeit**

Charakteristische (seltene) Kombination

$$E_{d,char} = \sum_{j\geq 1} E_{Gk,j} \text{"+"} E_{Pk} \text{"+"} E_{Qk,1} \text{"+"} \sum_{i>1} \psi_{0,i} \cdot E_{Qk,i}$$

EC 0 NCI zu 6.5.3 (2) Gl. (6.14c)

Häufige Kombination

$$E_{d,frequ} = \sum_{j\geq 1} E_{Gk,j} \text{"+"} E_{Pk} \text{"+"} \psi_{1,1} \cdot E_{Qk,1} \text{"+"} \sum_{i>1} \psi_{2,i} \cdot E_{Qk,i}$$

EC 0 NCI zu 6.5.3 (2) Gl. (6.15c)

Quasi-ständige Kombination

$$E_{d,perm} = \sum_{j\geq 1} E_{Gk,j} \text{"+"} E_{Pk} \text{"+"} \sum_{i\geq 1} \psi_{2,i} \cdot E_{Qk,i}$$

EC 0 NCI zu 6.5.3 (2) Gl. (6.16c)

2.5.1 Nachweise im Grenzzustand der Tragfähigkeit

2.5.1.1 Grenzzustand der Tragfähigkeit für Biegung mit Längskraft

Die Nachweise für Biegung mit Längskraft im Grenzzustand der Tragfähigkeit werden für die ständige und vorübergehende Bemessungssituation geführt.

Maßgebend für die Bemessung ist der Schnitt in Feldmitte. Die geringen Auswirkungen der Querbiegung und Normalkraft werden nicht berücksichtigt.

a) ständige und vorübergehende Bemessungssituation

- **Ermittlung der Momententragfähigkeit des Verbundträgers** — Ril 804

Der Bemessungswert der Momententragfähigkeit M_{Rd} des Verbundquerschnittes ist nach EC 4 zu ermitteln. Für die Querschnittsklasse 1 entspricht das vom Querschnitt aufnehmbare Moment M_{plRd} dem vollplastischen Moment. Der geringe Einfluss der Normalkraft wird nicht berücksichtigt.

EC 4-2 Kap. 6.2.1.2

siehe Abschnitt 2.3.3

Eingangswerte:

$$f_{yd} = \frac{f_y}{\gamma_a} = \frac{235}{1{,}0}$$

$$f_{yd} = 235{,}00 \text{ MN/m}^2$$

$$f_{cd} = \alpha_{cc} \cdot \frac{f_{ck}}{\gamma_c} = 0{,}85 \cdot \frac{30}{1{,}5}$$

$$f_{cd} = 17{,}00 \text{ MN/m}^2$$

f_y = 235 MN/m², s. Abs. 1.2
γ_a = 1,0 (s. Abs. 1.2)

f_{ck} = 30 MN/m² s. Abs. 1.2
γ_c = 1,5 , s. Abschnitt 1.2
α_{cc} nach EC 2-1-1 Kap. 3.1.6 (1)P
α_{cc} = 0,85

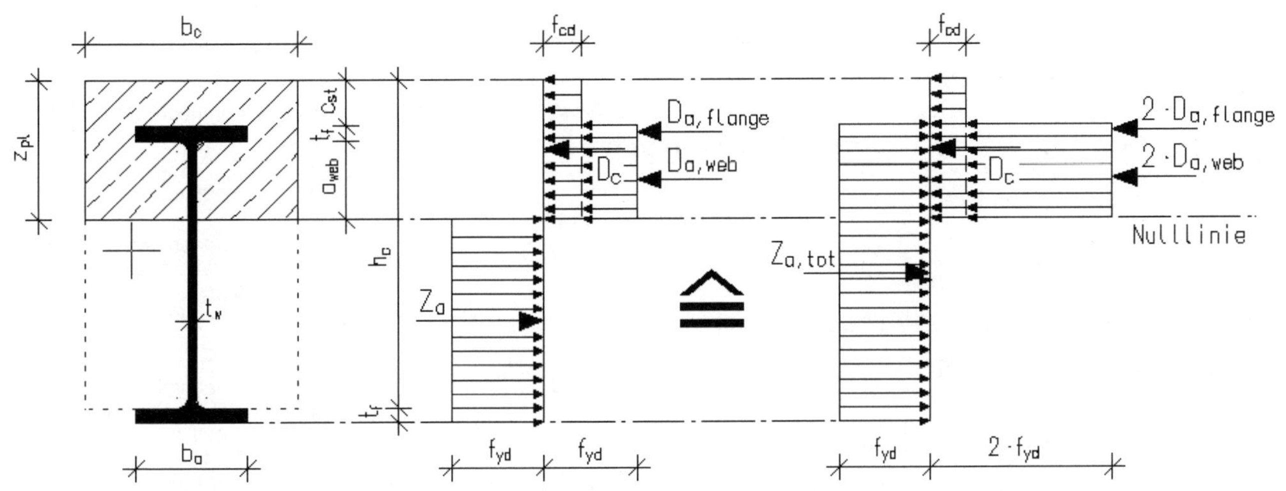

Bild 25 Vereinfachte Spannungsverteilung zur Ermittlung des Grenzmoments $M_{pl,Rd}$

Die Lage der plastischen Nulllinie lässt sich aus der Gleichgewichtsbedingung $\Sigma H = 0$ ermitteln:

$$z_{pl} = \frac{A_a + (2-\beta)\cdot[t_w \cdot (c_{st} + t_f) - b_a \cdot t_f]}{t_w \cdot (2-\beta) + \beta \cdot b_C}$$

$$z_{pl} = \frac{0{,}0404 + (2-0{,}072)\cdot[0{,}021\cdot(0{,}126+0{,}04) - 0{,}303\cdot 0{,}04]}{0{,}021\cdot(2-0{,}072) + 0{,}072\cdot 0{,}5775}$$

$$z_{pl} = 0{,}0238 \,/\, 0{,}0823 = 0{,}289 \text{ m}$$

z_{pl} Abstand der plastischen Nulllinie vom oberen Rand des Verbundträgers
A_a = 0,0404 m², (siehe Abs 1.2)
t_w = 0,021 m
c_{st} = 0,126 m
t_f = 0,040 m
b_a = 0,303 m
β = f_{cd} / f_{yd} = 0,072
b_c = 0,5775 m

Resultierende Kräfte am Verbundquerschnitt:

$$Z_{a,tot} = A_a \cdot f_{yd} = 0{,}0404 \cdot 235$$
$$Z_{a,tot} = 9{,}49 \text{ MN}$$

$Z_{a,tot}$ – aufnehmbare Zugkraft des Walzträgers
A_a = 0,0404 m², s. Abs 1.2

$$D_c = f_{cd} \cdot b_c \cdot z_{pl} = 17 \cdot 0{,}5775 \cdot 0{,}289$$
$$D_c = 2{,}84 \text{ MN}$$

D_c – aufnehmbare Druckkraft des Betons
b_c = 0,5775 m
z_{pl} = 0,289 m

$$2 \cdot D_{a,flange} = (2 \cdot f_{yd} - f_{cd}) \cdot b_a \cdot t_f$$
$$2 \cdot D_{a,flange} = (2 \cdot 235 - 17) \cdot 0{,}303 \cdot 0{,}04$$
$$2 \cdot D_{a,flange} = 5{,}49 \text{ MN}$$

$D_{a,flange}$ – aufnehmbare Druckkraft des Walzträgerflansches
b_a = 0,303 m
t_f = 0,040 m
α = 0,85

$$2 \cdot D_{a,web} = (2 \cdot f_{yd} - f_{cd}) \cdot (z_{pl} - c_{st} - t_f) \cdot t_w$$
$$2 \cdot D_{a,web} = (2 \cdot 235 - 17) \cdot (0{,}289 - 0{,}126 - 0{,}04) \cdot 0{,}021$$
$$2 \cdot D_{a,web} = 1{,}17 \text{ MN}$$

$D_{a,web}$ – aufnehmbare Druckkraft des Walzträgersteges
t_w = 0,021 m
z_{pl} = 0,289 m
c_{st} = 0,126 m
t_f = 0,040 m

(Kontrolle: Σ H = 9,49 – 2,84 - 5,49 – 1,17 = -0,02 ≈ 0,0)

Das plastische Grenzmoment ergibt sich zu:

$a_{web} = z_{pl} - c_{st} - t_f$
a_{web} = 0,123 m

$$M_{pl,Rd} = \Sigma H_i \cdot z_i \quad \text{(Es wird um die Nulllinie gedreht.)}$$
$$M_{pl,Rd} = Z_{a,tot} \cdot \left(h_a + c_{st} - \frac{h_a}{2} - z_{pl}\right) + D_c \cdot \frac{z_{pl}}{2} + 2 \cdot D_{a,flange} \cdot \left(\frac{t_f}{2} + a_{web}\right) + 2 \cdot D_{a,web} \cdot \frac{a_{web}}{2}$$
$$M_{pl,Rd} = 9{,}49 \cdot \left(0{,}814 + 0{,}126 - \frac{0{,}814}{2} - 0{,}289\right) + 2{,}84 \cdot \frac{0{,}289}{2} + 5{,}49 \cdot \left(\frac{0{,}04}{2} + 0{,}123\right) + 1{,}17 \cdot \frac{0{,}123}{2}$$
$$M_{pl,Rd} = 3{,}5836 \text{ MNm} = 3583{,}6 \text{ kNm}$$

Anmerkung:

Überschreitet der Bemessungswert der einwirkenden Querkraft V_{Ed} den 0,5-fachen Wert der Querkrafttragfähigkeit V_{Rd}, so ist in der Regel der Einfluss der Querkraft auf die Momententragfähigkeit zu berücksichtigen. Die maßgebende Querkrafttragfähigkeit ergibt sich jeweils aus dem kleineren Wert von $V_{pl,Rd}$ oder $V_{b,Rd}$. In diesem Beispiel muss keine Reduktion des plastischen Grenzmomentes $M_{pl,Rd}$ erfolgen, da die zugehörige Querkraft V_{Ed} in Feldmitte kleiner als 50 % der Grenzquerkraft $V_{pl,Rd}$ ist.

EC 4-2 Kap. 6.2.2.4 (1)

- **Ermittlung der Bemessungsschnittgrößen**

Die Schnittgrößen in der ständigen und vorübergehenden Bemessungssituation ergeben sich allgemein zu:

$$E_d = \sum_{j\geq 1} \gamma_{G,j} \cdot E_{Gk,j} "+" \gamma_P \cdot E_{Pk} "+" \gamma_{Q,1} \cdot E_{Qk,1} "+" \sum_{i>1} \gamma_{Q,i} \cdot \Psi_{0,i} \cdot E_{Qk,i}$$

EC 0 Kap. 6.4.3.2 (3)
Gl. (6.10)

für die Lastgruppe 14 ergeben sich die gleichen Bemessungsmomente

Lastmodell 71:

Das maßgebende Bemessungsmoment in Feldmitte ergibt sich in diesem Beispiel für den maßgebenden Träger 1 mit der Lastgruppe 12 (LM 71 fahrend) als Leiteinwirkung wie folgt:

$$M_{Ed} = \gamma_G \cdot (M_{gk1} + M_{gk2} + M_{gk3}) + \gamma_{Q1} \cdot (1{,}0 \cdot M_{qvk,\,LM\,71} \cdot 0{,}5 \cdot M_{qlk} + 1{,}0 \cdot M_{qtk} + 1{,}0 \cdot M_{qsk}) + \gamma_Q \cdot (\psi_{0,\,Qfk} \cdot M_{qfk} + \psi_{0,\,Qwk} \cdot M_{qwk})$$

$$M_{Ed} = 1{,}35 \cdot (446{,}1 + 324{,}6) + 1{,}00 \cdot (-137{,}3) + 1{,}45 \cdot (1{,}0 \cdot 937{,}04 + 0{,}5 \cdot 0{,}00 + 0 \cdot (-60{,}3) + 1{,}0 \cdot 76{,}9) + 1{,}50 \cdot (0 \cdot 0{,}8 \cdot (-48{,}00) + 0{,}6 \cdot 105{,}2)$$

$$M_{Ed} = 2468{,}13 \text{ kNm}$$

γ-Bemessungswerte,
EC 0 Anhang A2.3.1 Tab. A2.4 (A)

ψ – Kombinationsbeiwerte
EC 0 Anhang A2.2.6 Tab. A2.3

M_{gkj}, s. Tab. 6-8 (ständ. EW)
M_{qvk}, s. Tab. 9 (LM 71 fahrend)
M_{qlk}, s. Absch. 2.4.2.10 (Anf.+B.)
M_{qtk}, s. Tab. 20 (Zentrifugall.)
M_{qsk}, s. Tab. 24 (Seitenstoß)
M_{qfk}, s. Tab. 19 (Dienstw.)
M_{qwk}, s. Tab. 25 (Wind)

Anmerkung:
EC 1-2 Kap. 6.8.1 (3)P
Verkehrslasten mit einer entlastenden Wirkung sind zu vernachlässigen

Lastmodell SW/2:

Das Bemessungsmoment in Feldmitte ergibt sich in diesem Beispiel für den Träger 1 mit der Lastgruppe 17 (SW/2 fahrend) als Leiteinwirkung wie folgt:

γ-Bemessungswerte,
EC 0 Anhang A2.3.1 Tab. A2.4 (A)

ψ – Kombinationsbeiwerte
EC 0 Anhang A2.2.6 Tab. A2.3

M_{gkj}, s. Tab. 6-8 (ständ. EW)
M_{qvk}, s. Tab. 13 (SW/2 fahrend)
M_{qlk}, s. Abschn. 2.4.2.10 (Anf.+B.)
M_{qtk}, s. Tab. 22 (Zentrifugall.)
M_{qsk}, s. Tab. 24 (Seitenstoß)
M_{qfk}, s. Tab. 19 (Dienstw.)

$$M_{Ed} = \gamma_G \cdot (M_{gk1} + M_{gk2} + M_{gk3}) + \gamma_{Q1} \cdot (1{,}0 \cdot M_{qvk,\,LM\,71} + 0{,}5 \cdot M_{qlk} + 1{,}0 \cdot M_{qtk} + 1{,}0 \cdot M_{qsk}) + \gamma_Q \cdot \psi_{0,\,Qfk} \cdot M_{qfk}$$

$$M_{Ed} = 1{,}35 \cdot (446{,}1 + 324{,}6) + 1{,}00 \cdot (-137{,}3) + 1{,}2 \cdot (1{,}0 \cdot 1160{,}5) + 1{,}45 \cdot (0{,}5 \cdot 0{,}00 + 0 \cdot (-31{,}2) + 1{,}0 \cdot 76{,}9) + 1{,}5 \cdot (0 \cdot 0{,}80 \cdot (-48{,}0))$$

$$M_{Ed} = 2407{,}3 \text{ kNm} < 2468{,}13 \text{ kNm}$$

Anmerkung
EC 1-2 Kap. 6.8.1 (3)P
Verkehrslasten mit einer entlastenden Wirkung sind zu vernachlässigen

EC 0 Anhang A2.2.4 (3)
Wind braucht nicht mit Lastgruppe 17 kombiniert zu werden.

- **Nachweis der Tragfähigkeit**

$$M_{pl,Rd} \geq M_{Ed,max}$$

$$3583{,}6 \text{ kNm} \geq 2468{,}13 \text{ kNm}$$

Der Nachweis der Tragfähigkeit für Biegung mit Längskraft ist somit erfüllt.

Es ergeben sich deutliche Tragreserven, auf eine Optimierung wird verzichtet.

b) Außergewöhnliche Bemessungssituation

Gemäß Ril 804.4302 darf für die außergewöhnliche Bemessungssituation I bei Überbauten mit einbetonierten Stahlträgern eine ausreichende Tragfähigkeit ohne weiteren Nachweis angenommen werden.

RIL 804.4302 Abs. 2 (5)

Der Nachweis der Lagesicherheit (Umkippen) in der Bemessungssituation II ist jedoch zu führen.

siehe Abs. 2.5.3

2.5.1.2 Grenzzustand der Tragfähigkeit für Querkraft

Die Querkrafttragfähigkeit des Verbundquerschnitts ergibt sich im Allgemeinen aus der vollplastischen Querkrafttragfähigkeit $V_{pl,a,Rd}$ des Baustahlquerschnitts. Die Querkrafttragfähigkeit des Betons wird auf der sicheren Seite liegend nicht angesetzt.

Maßgebend für die Bemessung ist der ungünstigste Schnitt am Anschnitt des Endquerträgers.

a) Ständige und vorübergehende Bemessungssituation

- **Ermittlung der plastischen Querkraft des Verbundträgers**

$$A_V = A - 2 \cdot b \cdot t_f + (t_w + 2 \cdot r) \cdot t_f$$

$$= 0{,}0404 - 2*0{,}303*0{,}040 + (0{,}021 + 2*0{,}03)*0{,}040$$

$$A_V = 0{,}019 \quad m^2$$

A_V wirksame Schubfläche des Walzträgers

A_a = 0,0404 m²
b = 0,303 m
r = 0,030 m
t_w = 0,021 m
t_f = 0,040 m

$$V_{pl,Rd} = \frac{A_V \cdot \left(\frac{f_y}{\sqrt{3}}\right)}{\gamma_{M0}}$$

$V_{pl,Rd}$ plastische Grenzquerkraft

f_{yd} = 235,00 MN/m²

$$V_{pl,Rd} = 2632{,}14 \text{ kN} = 2{,}632 \text{ MN}$$

- **Ermittlung der Bemessungsschnittgrößen**

Die Schnittgrößen in der ständigen und vorübergehenden Bemessungssituation ergeben sich zu:

EC 0 Kap. 6.4.3.2 (3)
Gl. (6.10)

$$E_d = \sum_{j \geq 1} \gamma_{G,j} \cdot E_{Gk,j} \text{"+"} \gamma_P \cdot E_{Pk} \text{"+"} \gamma_{Q,1} \cdot E_{Qk,1} \text{"+"} \sum_{i>1} \gamma_{Q,i} \cdot \psi_{0,i} \cdot E_{Qk,i}$$

Lastmodell 71:

Die Bemessungsquerkraft für den maßgebenden Träger 1 ergibt sich in diesem Beispiel mit der Lastgruppe 12 als Leiteinwirkung (LM 71 fahrend) wie folgt:

für die Lastgruppe 14 ergeben sich die gleichen Bemessungsmomente

γ-Teilsicherheitsbeiwerte, siehe Tabelle 5

ψ – Kombinationsbeiwerte siehe Tabelle 6

$$V_{Ed} = \gamma_G \cdot (V_{gk1} + V_{gk2} + V_{gk3}) + \gamma_{Q1} \cdot (1{,}0 \cdot V_{qvk,\,LM\,71} + 0{,}5 \cdot V_{qlk} + 1{,}0 \cdot V_{qtk} + 1{,}0 \cdot V_{qsk}) + \gamma_Q \cdot (\psi_{0,\,Qfk} \cdot V_{qfk} + \psi_{0,\,Qwk} \cdot V_{qwk})$$

$$V_{Ed} = 1{,}35 \cdot (99{,}14 + 72{,}13) + 1{,}00 \cdot (-30{,}5) + 1{,}45 \cdot (1{,}0 \cdot 209{,}71 + 0{,}5 \cdot 0{,}0 + 1{,}0 \cdot (-13{,}5) + 1{,}0 + 1{,}0 \cdot 19{,}22) + 1{,}50 \cdot (0 \cdot 0{,}8 \cdot (-10{,}6) + 0{,}6 \cdot 23{,}12)$$

$$V_{Ed} = 533{,}91 \text{ kN}$$

V_{gkj}, s. Tab. 6-8 (ständ. EW)
V_{qvk}, s. Tab. 10 (LM 71)
V_{qlk}, s. Absch. 2.4.2.10 (Anf.+B.)
V_{qtk}, s. Tab. 20 (Zentrifugall.)
V_{qsk}, s. Tab. 24 (Seitenstoß)
V_{qfk}, s. Tab. 19 (Dienstw.)
V_{qwk}, s. Tab. 25 (Wind)

Anmerkung:
EC 1-2 Kap. 6.8.1 (3)P
Verkehrslasten mit einer entlastenden Wirkung sind zu vernachlässigen

Lastmodell SW/2:

Die Bemessungsquerkraft für den Träger 1 ergibt sich in diesem Beispiel mit der Lastgruppe 17 als Leiteinwirkung (SW/2 fahrend) wie folgt:

γ- Teilsicherheitsbeiwerte, siehe Tabelle 5

ψ – Kombinationsbeiwerte siehe Tabelle 6

$$V_{Ed} = \gamma_G \cdot (V_{gk1} + V_{gk2} + V_{gk3}) + \gamma_{Q1} \cdot (1{,}0 \cdot V_{qvk,\,SW/2} + 0{,}5 \cdot V_{qlk} + 1{,}0 \cdot V_{qtk} + 1{,}0 \cdot V_{qsk}) + \gamma_Q \cdot (\psi_{0,\,Qfk} \cdot V_{qfk})$$

$$V_{Ed} = 1{,}35 \cdot (99{,}14 + 72{,}13) + 1{,}00 \cdot (-30{,}5) + 1{,}2 \cdot (1{,}0 \cdot 254{,}99) + 1{,}45 \cdot (0{,}5 \cdot 0{,}0 + 1{,}0 \cdot (-6{,}86) + 1{,}0 \cdot 19{,}22) + 1{,}50 \cdot 0 \cdot 0{,}8 \cdot (-10{,}6)$$

$$V_{Ed} = 520{,}5 \text{ kN} < 533{,}91 \text{ kN}$$

V_{gkj}, s. Tab. 6-8 (ständ. EW)
V_{qvk}, s. Tab. 14 (LM SW/2)
V_{qlk}, s. Absch. 2.4.2.10 (Anf.+B.)
V_{qtk}, s. Tab. 22 (Zentrifugall.)
V_{qsk}, s. Tab. 24 (Seitenstoß)
V_{qfk}, s. Tab. 19 (Dienstw.)

Anmerkung:
EC 1-2 Kap. 6.8.1 (3)P
Verkehrslasten mit einer entlastenden Wirkung sind zu vernachlässigen

EC 0 Anhang A2.2.4 (3)
→ Wind braucht nicht mit Lastgruppe 17 kombiniert zu werden.

- **Nachweis der Tragfähigkeit**

$$V_{pl,Rd} \geq V_{Ed}$$

$$2632{,}14 \text{ kN} \geq 533{,}12 \text{ kN}$$

Damit ist der Nachweis erfüllt.

b) Außergewöhnliche Bemessungssituation

Gemäß Ril 804.4302 darf für die außergewöhnliche Bemessungssituation I bei Überbauten mit einbetonierten Stahlträgern eine ausreichende Tragfähigkeit ohne weiteren Nachweis angenommen werden. RIL 804.4302 Abs. 2 (5)

2.5.1.3 Grenzzustand der Tragfähigkeit für Ermüdung

EC 4-2 Kap. 6.8

Im Allgemeinen kann auf den Nachweis der Tragfähigkeit für Ermüdung bei Walzträgern in Beton verzichtet werden. Exemplarisch wird in diesem Beispiel die prinzipielle Vorgehensweise aufgezeigt.

Ril 804.4302, Abs. 2 (5): Bei einbetonierten Walzprofilen **ohne Schweißstoß** darf auf einen Betriebsfestigkeitsnachweis verzichtet werden.

Für bewehrte und vorgespannte Betonquerschnittsteile sollte der Nachweis nach EC 2-2 Kap. 6.8 und für Stahlträger nach EC 3-2 Kap. 9 geführt werden.
Für die Ermüdungslasten gilt der EC 1-2 Kap. 6.9. Der Nachweis wird für den Zeitpunkt t = 100 Jahre geführt.

Der Ermüdungsnachweis ist für die häufige Einwirkungskombination im Grenzzustand der Gebrauchstauglichkeit unter Berücksichtigung des LM 71 zu führen.

EC 4-2 Kap. 6.8.4 (6)

Nachweis des Baustahls

Der Baustahl wird am unteren Rand des Walzträgers in Feldmitte auf Zugbeanspruchungen nachgewiesen.

maßgebend: Verbundträger Nr. 1

Für Bau-, Beton- und Spannstahl sollte die nachfolgende Bedingung eingehalten werden:

$$\gamma_{Ff} \cdot \Delta\sigma_{E,2} \leq \Delta\sigma_c / \gamma_{Mf}$$

EC 3-2 Kap. 9.5.1 (1) Gl. (9.7)

Dabei ist:

γ_{Ff}	Teilsicherheitsbeiwert für die Ermüdungslast	EC 3-1 Kap. 9.3 (1)P γ_{Ff} = 1,0
$\Delta\sigma_{E,2}$	schadensäquivalente Spannungsschwingbreite	
γ_{Mf}	Teilsicherheitsbeiwert gegen Ermüdungsversagen ohne Vorankündigung	EC 3-1-9 Kap. 3 (7) Tab 3.1 γ_{Mf} = 1,35
$\Delta\sigma_c$	Bezugswert für die Ermüdungsfestigkeit bei $N_c = 2 \times 10^6$ Schwingspielen	siehe Kerbfalltabellen im EC 3-1-9 Tabelle 8.1

a) Ermittlung von $\Delta\sigma_E$:

$$\Delta\sigma_E = \lambda \cdot \phi \cdot \left| \sigma_{max,f} - \sigma_{min,f} \right|$$

EC 4-2 Kap. 6.8.6.1
Gl. (5.52)

Hierin sind:

$\Delta\sigma_E$ — schadensäquivalente Spannungsschwingbreite

$\sigma_{max,f}$ / $\sigma_{min,f}$ — die maximale bzw. minimale Spannung

λ — der Schadensäquivalenzfaktor

ϕ — dynamischer Beiwert, der für Eisenbahnbrücken nach EC 1-2 Kap. 6.4.5.2 bestimmt wird

s. Abschn. 2.2.2.1
ϕ = 1,20
Eisenbahnbrücken:
häufige Einwirkungskombination

λ errechnet sich nach EC 3-2 zu:

$\lambda = \lambda_1 \cdot \lambda_2 \cdot \lambda_3 \cdot \lambda_4$ jedoch $\lambda \leq \lambda_{max}$

EC 3-2 Kap.9.5.3

Hierbei sind:

λ_1 — ein Spannweitenbeiwert, der neben dem Typ der Einflusslinie oder -fläche und der Spannweite auch den der Schädigungsberechnung zugrunde gelegten Verkehr berücksichtigt

λ_1 EC 3-2 9.5.3
Tab. 9.3 für EC Mix, entspricht Mischverkehr nach EC 1-2 Anhang D (3) Tab. D.1

λ_2 — ein Verkehrsstärkenbeiwert, der die unterschiedliche Größe des Verkehrsaufkommens berücksichtigt

λ_2 EC 3-2, Kap. 9.5.3
Tab. 9.6 mit einem Verkehrsaufkommen für Mischverkehr von 24,95 · 10^6 t/Jahr nach EC 1-2 Anhang D (3) Tab. D.1

λ_3 — ein Lebensdauerbeiwert, der die unterschiedlichen Annahmen für die Nutzungszeit der Brücke berücksichtigt

λ_4 — ein Beiwert, der die Anzahl der Gleise auf der Brücke berücksichtigt

λ_{max} — eine obere Begrenzung des λ-Wertes infolge der Dauerfestigkeit, siehe EC 3-2 Kap. 9.5.3 (9)

$\lambda_{max} = 1{,}40$

λ ergibt sich zu:

$\lambda_1 \quad = 0,73$

$\lambda_2 \quad = 1,00$

$\lambda_3 \quad = 1,00$

$\lambda_4 \quad = 1,00$

$\lambda_{max} \quad = 1,4$

$$\lambda = 0,73 \cdot 1,00 \cdot 1,00 \cdot 1,00 = 0,73 \leq \lambda_{max} = 1,40$$

Ermittlung der Spannungsdifferenz ($\sigma_{a,max,f}$ - $\sigma_{a,min,f}$)

Es werden bei Eisenbahnbrücken die Schnittgrößen für die häufige Einwirkungskombination mit dem Lastmodell 71 zugrunde gelegt.

Für den Baustahl ergibt sich die maximale und minimale Spannung der schadensäquivalenten Schwingbreite aus den Spannungen im Baustahl infolge des Vertikallastanteils des LM71.

Andere Einwirkungen wie beispielsweise Seitenstoß, Anfahr- und Bremslasten, Temperatur- und Windeinwirkungen sind nicht ermüdungswirksam und gehen in die Spannungsdifferenz nicht ein.

Damit ergibt sich:

maßgebend: Verbundträger Nr. 1

$$\sigma_{max,f} = \frac{M_{qvk,max,LM71}}{W_{a,u,n,0,II}} = \frac{937{,}04}{0{,}0134} \cdot 10^{-3}$$

$= 70{,}01$ MN/m²

$\sigma_{max,f}$ und $\sigma_{min,f}$ wurden auf der sicheren Seite liegend mit den Querschnittswerten des gerissenen Verbundträgers unter Kurzzeitlasten zum Zeitpunkt $t = \infty$ berechnet, siehe Abschnitt 2.3.1

$$\sigma_{min,f} = \frac{M_{qvk,min,LM71}}{W_{a,u,n,0,II}} = \frac{0}{0{,}0134} \cdot 10^{-3}$$

$= 0{,}00$ MN/m²

Daraus folgt:

$\Delta\sigma_E = \lambda \cdot \phi \cdot |\sigma_{max,f} - \sigma_{min,f}|$

EC 4-2 Kap. 6.8.6.1 Gl. (5.52)

$= 0{,}73 \cdot |70{,}01 - 0{,}00| = 51{,}1$ MN/m²

ϕ bereits in den Schnittgrößen des LM 71 enthalten

b) Ermittlung von $\Delta\sigma_C$:

EC 3-1-9 Kap.6.1 (2)

Der für den Ermüdungsnachweis maßgebende Bemessungswert der Spannungsschwingbreite wird in der Regel durch die Spannungsschwingbreite $\gamma_{Ff} \cdot \Delta\sigma_E$ bezogen auf $N_C = 2 \times 10^6$ Schwingspiele ausgedrückt.

Da der Stahlquerschnitt in Kerbfallgruppe 160 eingestuft ist, ergibt sich folgender Wert für die Ermüdungsfestigkeit:

$\Delta\sigma_C = 160$ MN/m²

$\Delta\sigma_c$ ermittelt nach den Kerbfalltabellen EC 3-1-9 Tabelle 8.1 (Kerbfall 160)

c) Nachweis:

$\gamma_{Ff} \cdot \Delta\sigma_E \leq \Delta\sigma_c / \gamma_{Mf}$

Die Bedingung

$1{,}0 \cdot 51{,}1 = 51{,}1 \leq 118{,}52 = 160 / 1{,}35$

ist erfüllt.

Der Nachweis eines ausreichenden Ermüdungswiderstandes des Baustahls auf Zugbeanspruchung ist damit erbracht.

2.5.1.4 Nachweis des Betons unter Druckbeanspruchung auf Ermüdung

EC 2-2 NA

Der Beton wird am oberen Rand des Betonquerschnitts in Feldmitte auf Druckbeanspruchungen nachgewiesen. Der Nachweis wird <u>exemplarisch</u> nach EC 2-2 geführt.

Dieser Nachweis ist zu führen, wenn die in EC 2-1-1 Kap. 6.8.7 (2) angegebenen Spannungsgrenzen für den Beton nicht eingehalten werden.

Ein ausreichender Ermüdungswiderstand von Beton unter Druckbeanspruchung darf demzufolge als gegeben angesehen werden, wenn gilt:

$$E_{cd,\max,equ} + 0{,}43 \cdot \sqrt{1 - R_{equ}} \le 1{,}0$$

EC 2-2 NA Kap. NA.NN.3.2 (101) Gl. (NA.NN.12)

Dabei ist:

$$R_{equ} = \frac{\min\left|\sigma_{cd,equ}\right|}{\max\left|\sigma_{cd,equ}\right|}$$

EC 2-2 NA Kap. NA.NN.3.2 (101)

mit:

$$E_{cd,max,equ} = \gamma_{Ed,fat} \cdot \frac{\sigma_{cd,max,equ}}{f_{cd,fat}}$$

EC 2-2 NA Kap. NA.NN.3.2 (101)

$$E_{cd,min,equ} = \gamma_{Ed,fat} \cdot \frac{\sigma_{cd,min,equ}}{f_{cd,fat}}$$

$$f_{cd,fat} = \beta_{cc}(t_0) \cdot \alpha \cdot \frac{f_{ck}}{\gamma_{c,fat}} \cdot \left(1 - \frac{f_{ck}}{250}\right)$$

$$= 1{,}00 \cdot 0{,}85 \cdot \frac{30}{1{,}5} \cdot \left(1 - \frac{30}{250}\right)$$

$= 14{,}96$ MN/m²

$\beta_{cc}(t_0) = 1{,}00$
EC 2-2 NA Kap. NA.NN.3.2 (101)

$\gamma_{c,fat} = 1{,}5$ nach EC 2-1-1 Kap. 2.4.2.4 Tabelle 2.1 N

$\alpha = 0{,}85$ nach EC 2-2 NA Kap. NDP zu 3.1.6 (101)P

Hierin sind:

$\sigma_{cd,max,equ}$
$\sigma_{cd,min,equ}$ obere bzw. untere Spannung der schädigungsäquivalenten Schwingbreite mit der Anzahl von $N = 10^6$ Lastzyklen

$\beta_{cc}(t_0)$ Koeffizient in Abhängigkeit des Betonalters t_0 beim Aufbringen der Ermüdungslast

$\beta_{cc}(t_0) = 1{,}00$
EC 2-2 NA Kap. NA.NN.3.2 (101)

EC 2-2 NA Kap. NA.NN.3.2 (102) Gl. (NA.NN.13)

$\sigma_{cd,max,equ} = \sigma_{c,perm} + \lambda_c \cdot (\sigma_{c,max,71} - \sigma_{c,perm})$

$\sigma_{cd,min,equ} = \sigma_{c,perm} - \lambda_c \cdot (\sigma_{c,perm} - \sigma_{c,min,71})$

$\sigma_{c,perm}$ die betragsmäßige Betondruckspannung infolge der ständigen Einwirkungen $\sum_j G_{k,i} + P_k$

$\sigma_{c,max,71}$, $\sigma_{c,min,71}$ die betragsmäßig größte bzw. kleinste Druckspannung infolge der ständigen Einwirkungen und dem 1,0-fachen Lastmodell 71 (einschließlich des dynamischen Faktors $\Phi 2$ nach DIN EN 1991-2)

λ_c der Korrekturfaktor zur Berechnung der oberen und unteren Spannung der schädigungsäquivalenten Schwingbreite aus den durch Lastmodell 71 hervorgerufenen Spannungen

$\sigma_{c,perm}$ wird mit derjenigen nicht-häufigen Einwirkungskombination (ohne LM 71 ermittelt), die die größte Betondruckspannung liefert

Anmerkung:
Sonstige Einwirkungen (z. B. Temperatur) sind in diesem Beispiel vernachlässigbar klein oder nicht relevant.
ohne M_{gk1} aus Konstruktionseigenlast g_{k1}. Die Einwirkung g_{k1} erzeugt aufgrund des Bauablaufes nur im Walzträger Spannungen.

$$\sigma_{c,perm} = \sigma_{c,min,71} = \frac{M_{gk,2} + M_{gk,3}}{W_{c,o,nL,II}} = \frac{324{,}6 - 137{,}3}{-0{,}26} * 10^{-3} = -0{,}72 \text{ MN/m}^2$$

$\sigma_{c,perm}$ bzw. $\sigma_{c,min,71}$ und $\sigma_{c,max,71}$ wurden mit den Querschnittswerten des gerissenen Verbundträgers berechnet. (siehe Abschnitt 2.3.1)

$$\sigma_{c,max,71} = \frac{M_{gk,2} + M_{gk,3}}{W_{c,o,nL,II}} + \frac{M_{qvk,max,LM71}}{W_{c,o,n0,II}} = \frac{324{,}6 - 137{,}3}{-0{,}26} * 10^{-3} + \frac{937{,}04}{-0{,}124} * 10^{-3} = -8{,}26 \text{ MN/m}^2$$

λ_c errechnet sich zu:

$$\lambda_c = \lambda_{c,0} \cdot \lambda_{c,1} \cdot \lambda_{c,2} \cdot \lambda_{c,3} \cdot \lambda_{c,4}$$

EC 2-2 NA Kap. NA.NN.3.2 (103) Gl. (NA.NN.14)

$\lambda_{c,0}$ Beiwert, der die Dauerspannung berücksichtigt

$\lambda_{c,1}$ Beiwert, der die Stützweite und Verkehrsmischung berücksichtigt

$\lambda_{c,2}$ Beiwert zur Berücksichtigung des jährlichen Verkehrsaufkommens

$\lambda_{c,3}$ Beiwert zur Berücksichtigung der Nutzungsdauer

$\lambda_{c,4}$ Beiwert bei mehreren Gleisen

$$\lambda_{c,0} = 0{,}94 + 0{,}2 \cdot \frac{\sigma_{c,perm}}{f_{cd,fat}} \geq 1{,}0$$

EC 2-2 NA Kap. NA.NN.3.2 (104) Gl. (NA.NN.15)

$$= 0{,}94 + 0{,}2 \frac{|-0{,}72|}{14{,}96} \geq 1{,}0$$

$= 0{,}96 < 1{,}00 \quad \rightarrow \quad \lambda_{c,0} = 1{,}0$

$$\lambda_{c,1} = 0{,}7 + 0{,}05 \cdot \frac{\log(l/2)}{\log(20/2)}$$

$= 0{,}745$

EC 2-2 NA Kap. NA.NN.3.2 Tab. NA.NN.3 a)

mit l = 16,00 m für Verkehrsmischung Standard

$$\lambda_{c,2} = 1 + \frac{1}{8} \cdot \log\left[\frac{Vol}{25 \cdot 10^6}\right]$$

$= 1{,}00$

EC 2-2 NA Kap. NA.NN.3.2 (106) Gl. (NA.NN.16)
Vol EC 1-2 Anhang D Tab. D1
$25 \cdot 10^6$ t/Jahr (Mischverkehr)

$$\lambda_{c,3} = 1 + \frac{1}{8} \cdot \log\left[\frac{N_{years}}{100}\right]$$

$= 1{,}00$

EC 2-2 NA Kap. NA.NN.3.2 (107) Gl. (NA.NN.17)
100 Jahre Nutzungsdauer

$\lambda_{c,4} = 1{,}00$

EC 2-2 NA Kap. NA.NN.3.2 (108) Gl. (NA.NN.18)
nur 1 Gleis vorhanden

$$\lambda_c = 1{,}0 \cdot 0{,}745 \cdot 1{,}00 \cdot 1{,}00 \cdot 1{,}00 = 0{,}745$$

Somit ergeben sich:

$$\sigma_{cd,max,equ} = -0{,}72 + 0{,}745 \cdot (-8{,}26 - (-0{,}72)) = -6{,}34\ \text{MN/m}^2$$

$$\sigma_{cd,min,equ} = -0{,}72 + 0{,}745 \cdot (-0{,}72 - (-0{,}72)) = -0{,}72\ \text{MN/m}^2$$

$$S_{cd,max,equ} = 1{,}0 * \frac{-6{,}34}{14{,}96} = -0{,}42$$

$$S_{cd,min,equ} = 1{,}0 * \frac{-0{,}72}{14{,}96} = -0{,}048$$

$$R_{equ} = \frac{-0{,}048}{-0{,}42} = 0{,}117$$

Nachweis:

$$E_{cd,max,equ} + 0{,}43 * \sqrt{1 - R_{equ}} \leq 1{,}0 \quad \longrightarrow \quad -0{,}42 + 0{,}43 * \sqrt{1 - 0{,}114} = -0{,}02 \leq 1{,}0$$

Der Nachweis eines ausreichenden Ermüdungswiderstandes des Betons auf Druckbeanspruchung ist somit erbracht.

2.5.2 Nachweise im Grenzzustand der Gebrauchstauglichkeit

2.5.2.1 Spannungsbegrenzung für Biegung mit Längskraft

Sofern die Betonzugspannungen im ungerissenen Querschnitt (Zustand I) unter seltener Einwirkungskombination den Mittelwert der Betonzugfestigkeit f_{ctm} überschreiten, ist vom gerissenen Querschnitt (Zustand II) auszugehen.
Um zu überprüfen, ob die Nachweise im Zustand I oder im Zustand II zu führen sind, werden daher zunächst die Schnittgrößen und Randspannungen unter der seltenen Einwirkungskombination berechnet.
Die maximalen Betonzugspannungen am unteren Querschnittsrand werden für das Lastmodell 71 und das Lastmodell SW/2 ermittelt.

Lastmodell SW/2 (maßgebend):

Maßgebend für die Berechnung ist die Spannung des Verbundträgers 1 in Feldmitte mit der Lastgruppe 17 als Leiteinwirkung.

$$E_{d,char} = \sum_{j\geq 1} E_{Gk,j} \text{"+"} E_{Pk} \text{"+"} E_{Qk,1} \text{"+"} \sum_{i>1} \psi_{0,i} \cdot E_{Qk,i}$$

N_{Ed} = 0,00 MN

$$M_{Ed} = M_{Gk2} + M_{Gk3} + (M_{Qvk,SW/2} + 0,5 \cdot M_{Qlk} + 1,0 \cdot M_{Qtk} + 1,0 \cdot M_{Qsk}) + \psi_{0,2} \cdot M_{Qfk} + \psi_{0,3} \cdot M_{Qwk}$$

$$M_{Ed} = 324,6 + (-137,3) + (1,0 \cdot 1160,47 + 0,5 \cdot 0,00 + 1,0 \cdot 0,00 + 1,0 \cdot 76,9) + 0,80 \cdot (0,00) + 0,6 \cdot 0,00$$

$$M_{Ed} = 1424,7 \text{ kNm} = 1,42 \text{ MNm}$$

M_{Ed} wird für die Spannungsberechnung in zeitlich konstante Belastungen $M_{Ed,nL}$ und Kurzzeitlasten $M_{Ed,n0}$ (Verkehr und Wind) aufgeteilt.

$M_{Ed,nL}$ = 187,33 kNm ($M_{Gk2} + M_{Gk3}$)

$M_{Ed,n0}$ = 1237,37 kNm ($\Sigma\ M_Q$)

- Ermittlung der Spannung im Zustand I am unteren Betonrand

$$\sigma_{c,u} = \frac{N_{Ed}}{A_{i,0} \cdot n_0} + \frac{M_{Ed,nL}}{W_{cu,nL}} + \frac{M_{Ed,n0}}{W_{cu,n0}}$$

$$= \frac{0,00}{0,12 * 6,36} + \frac{187,33}{0,341} + \frac{1237,37}{0,149}$$

$A_{i,0}$, $W_{cu,nL}$, $W_{cu,n0}$ siehe Abschn. 2.1.1

$$= 8850,82 \text{ kN/m}^2 = 8,85 \text{ MN/m}^2$$

$8,85 \text{ MN/m}^2 > f_{ctm} = 2,90 \text{ MN/m}^2$

EC 2-1 Kap. 3.1 Tab. 3.1
f_{ctm} siehe Abschn.1.2

Die Randspannung übersteigt den Mittelwert der zentrischen Betonzugfestigkeit. Daher werden alle Nachweise unter der Annahme geführt, dass der Querschnitt gerissen ist (Zustand II).

Spannungsberechnung zum Zeitpunkt $t = \infty$ für Träger 1

Spannungen infolge Konstruktionseigengewicht:

(Beanspruchung wirkt nur auf die Walzträger)

$M_{Ed,gk1}$ = 446,1 kNm

Oberkante Beton $\sigma_{c,o}$ = 0,0 MN/m²

Unterkante Beton $\sigma_{c,u}$ = 0,0 MN/m²

Oberkante Walzträger $\sigma_{a,o}$ = -41,04 MN/m²

Unterkante Walzträger $\sigma_{a,u}$ = 41,04 MN/m²

Spannungen infolge Ausbaulasten:

(Beanspruchung wirkt auf den Verbundquerschnitt als Langzeitbelastung)

$M_{Ed,Ausbau} = 324{,}6 - 137{,}3 = 187{,}3$ kNm

Oberkante Beton $\sigma_{c,o}$ = -0,72 MN/m²

Oberkante Walzträger $\sigma_{a,o}$ = -11,84 MN/m²

Unterkante Walzträger $\sigma_{a,u}$ = 16,32 MN/m²

Spannungen infolge Lastgruppe 17 (SW/2 fahrend):

(Beanspruchung wirkt auf den Verbundquerschnitt als Kurzzeitbelastung)

EC 4-2 Kap. 7.2.2 (5)

$M_{Ed,Verkehr} = 1160{,}47 + 0{,}5 \cdot 0{,}00 + 0{,}00 + 76{,}9 = 1237{,}37$ kNm

Oberkante Beton $\sigma_{c,o}$ = -9,95 MN/m²

Oberkante Walzträger $\sigma_{a,o}$ = -42,44 MN/m²

Unterkante Walzträger $\sigma_{a,u}$ = 92,45 MN/m²

EC 0 Anhang A2.2.6 Tab. A2.3

ψ_1' = 1,00 (LM SW/2)
$\psi_{1,2}$ = 0,50 (Dienstwege, hier nicht angesetzt, da entlastend)

Querbiegung wird wegen geringer Auswirkungen nicht berücksichtigt

Zusammenstellung der einzelnen Spannungen

Der Nachweis der Spannungsbegrenzung wird mit den Spannungen der häufigen Einwirkungskombination geführt.

$$\sum_{j\geq 1} G_{kj} \text{"+"} \psi_1' \cdot Q_{k1} \text{"+"} \sum_{i>1} \psi_{1i} \cdot Q_{ki}$$

EC 2-1 Kap. 3.1.2 Tab. 3.1
f_{ck} = 30 MN/m²

Oberkante Beton (maßgebend):

$$\sigma_{c,o} = \sigma_{c,o,gk1} + \sigma_{c,o,Ausbau} + \psi_1' \cdot \sigma_{c,o,Verkehr}$$

$$\sigma_{c,o} = 0{,}00 + (-0{,}72) + 1{,}0 \cdot (-9{,}95)$$

$$\sigma_{c,o} = -10{,}67 \text{ MN/m}^2$$

Nachweis der Spannungsbegrenzung zum Zeitpunkt $t = \infty$

$$\sigma_{c,o} = |-10{,}67|\ \text{MN/m}^2 < 18{,}00\ \text{MN/m}^2 = 0{,}6 \cdot f_{ck}$$

Oberkante Walzträger:

$$\sigma_{a,o} = \sigma_{a,o,gk1} + \sigma_{a,o,Ausbau} + \psi_1{}' \cdot \sigma_{a,o,Verkehr}$$

$$\sigma_{a,o} = -41{,}04 + (-11{,}84) + 1{,}0 \cdot (-42{,}44)$$

$$\sigma_{a,o} = -95{,}31\ \text{MN/m}^2$$

Unterkante Walzträger (maßgebend):

$$\sigma_{a,u} = \sigma_{a,u,gk1} + \sigma_{a,u,Ausbau} + \psi_1{}' \cdot \sigma_{a,u,Verkehr}$$

$$\sigma_{a,u} = 41{,}04 + 16{,}32 + 1{,}0 \cdot 92{,}45$$

$$\sigma_{a,u} = 149{,}82\text{MN/m}^2 > |-95{,}31\ \text{MN/m}^2|$$

Nachweis der Spannungsbegrenzung zum Zeitpunkt $t = \infty$

$$\sigma_{Ed,ser} = \sigma_{a,u} = 149{,}82\ \text{MN/m}^2 \leq 213{,}6\ \text{MN/m}^2 = \frac{f_{yk}}{\gamma_{M,ser}}$$

f_{yk} = 235,00 MN/m²
$\gamma_{M,ser}$ = 1,0 nach EC 3-2 Kap. 7.3 Anmerkung 2

Schubspannungen im Walzträgersteg

Auf der sicheren Seite liegend werden die Querkräfte nur den Walzträgerstegen zugeordnet.

Als mittlere Schubspannung ergibt sich:

$$\tau_a = \frac{V_G + \psi_1' \cdot V_{Verkehr,SW/2} + \psi_{1,2} \cdot V_{Dienstweg} + \psi_{1,3} \cdot V_{Wind}}{A_v}$$

$$\tau_a = \frac{140{,}77 + 1 * 254{,}99}{0{,}019} * 10^{-3}$$

$$\tau_a = 20.399{,}8\ \text{kN/m}^2 = 20{,}4\ \text{MN/m}^2$$

$V_G = V_{gk,1} + V_{gk,2} + V_{gk,3}$
$= 99{,}14 + 72{,}13 - 30{,}5$
$= 140{,}77$ kN

A_V wirksame Schubfläche des Walzträgers siehe Abschn. 2.5.1.2

Nachweis der Spannungsbegrenzung zum Zeitpunkt $t = \infty$

EC 4-2 Kap. 7.2.2 (5)
EC 3-2 Kap. 7.3

$$\tau_{Ed,ser} = \tau_a = 20{,}8\ \text{MN/m}^2 \leq 135{,}68\ \text{MN/m}^2 = \frac{f_{yk}}{\sqrt{3} \cdot \gamma_{M,ser}}$$

f_{yk} = 235,00 MN/m²
$\gamma_{M,ser}$ = 1,0 nach EC 3-2 Kap. 7.3 Anmerkung 2

2.5.2.2 Rissbildung im Beton

a) Mindestbewehrung

EC 4-2 Kap. 7.5.3 (1)

- Oberseite

Im EC 4 heißt es in Abschnitt 7.5.3 zur Mindestbewehrung bei Verbundbrücken mit teilweise einbetonierten Stahlträgern:

> *Wenn keine genauere Berechnung erfolgt, ist die oberhalb der Stahlträger erforderliche Mindestbewehrung $A_{s,min}$ je Stahlträger in der Regel nach Gleichung (7.7) zu ermitteln*
>
> $A_{s,min} \geq 0{,}01\ A_{c,eff}$
>
> *Dabei ist $A_{c,eff}$ die wirksame Betonfläche mit*
>
> $A_{c,eff} = s_w \cdot c_{st} \leq s_w \cdot d_{eff}$.

Dieser Passus bezieht sich auf die erforderliche Mindestbewehrung im Bereich von Zugzonen an der Oberseite, wie sie beispielsweise bei Durchlaufträgern im Stützbereich auftreten und ist bei diesem Einfeldträger nicht einschlägig.

Unabhängig von diesen Anforderungen wird in Längs- und Querrichtung die Betonstahlbewehrung gemäß den einschlägigen Richtzeichnungen der DB AG eingelegt.

- Unterseite

Nach Auffassung des Unterzeichnenden ist an der Unterseite auf Grund des Vorhandenseins der Stahlträger keine Mindestbewehrung erforderlich.

b) Begrenzung der Rissbreite infolge von direkten Einwirkungen

EC 4-2, 7.5.4:
Es gilt 7.4.3(1)

EC 4-2 7.4.3(1)

Wenn die Anforderungen an die Mindestbewehrung nach EC 4-2 Kap.7.4.2 erfüllt sind (s.o.), darf der Nachweis der Begrenzung der Rissbreite durch Begrenzung der Stahlspannung in Abhängigkeit der zulässigen Rissbreite und der Stababstände erfolgen.

Nach EC 4-2, Tabelle 7.2 „Höchstwerte der Stababstände" beträgt die zulässige Stahlspannung für eine zulässige Rissbreite w_k = 0,2 mm und einen Stababstand von 100 mm (siehe Richtzeichnung DB):

zul σ_s = 240 N/mm²

In Abschnitt 2.5.3.2 wurde nachgewiesen, dass die Spannung an der Unterseite der Stahlträger 149,82 N/mm² beträgt.

In Höhe der Betonstahlbewehrung ist diese Spannung kleiner und der Nachweis somit erfüllt:

vorh. σ_s < 149,82 N/mm² < zul σ_s = 240 N/mm²

2.5.2.3 Grenzzustand der Verformungen

EC 0 Anhang A2.4.4

a) Begrenzung der vertikalen Durchbiegung

EC 0 Anhang A2.4.4.3

Um die vertikale Fahrzeugbeschleunigung zu begrenzen, sind maximal zulässige Durchbiegungen einzuhalten.

EC 0 Anhang A2.4.4.3.2 (1)

Die vertikale Verformung δ sollte mit dem Lastmodell 71, multipliziert mit dem Faktor Φ und mit dem Wert α = 1,0 nach EN1991-2, Abschnitt 6, bestimmt werden.

EC 0 Anhang A2.4.4.3.2 (2)

Es wird nicht mit dem Beiwert f abgemindert (siehe Abschn. 2.4.2.1).

$V = 200$ km/h

$L / \delta = 1050$

EC 0 Anhang Bild A2.3
$L = 16{,}00$ m

Der Wert L / δ kann mit 0,7 multipliziert werden, da der Überbau ein einzelner Einfeldträger ist.

EC 0 Anhang A2.4.4.3.2 (5)

$L / \delta = 735$

$\delta_{zul} = L / 735 = 16{,}00 / 735 = 0{,}022 \text{ m} \leq L / 600 = 0{,}027 \text{ m}$

EC 0 Anhang A2.4.4.2.3 (1)

Für die Berechnung von Verformungen und Überhöhungen in den Grenzzuständen der Gebrauchstauglichkeit sowie für dynamische Untersuchungen darf die Biegesteifigkeit nach folgender Gleichung zugrunde gelegt werden:

EC 4-2 Kap. 5.4.2.9 (7)

$$E_a \cdot I_{eff} = 0{,}5\,(E_a \cdot I_1 + E_a \cdot I_2)$$

Dabei sind I_1 und I_2 das Flächenmoment zweiten Grades des ungerissenen und des gerissenen Verbundquerschnitts bei positiver Momentenbeanspruchung:

I_1 und I_2 siehe Abschn. 2.3.1
$I_1 = I_{i,0} = 0{,}0098$
$I_2 = I_{i,0,II} = 0{,}0026$
$E_a = 210.000$ MN/m²

$$I_{eff} = 0{,}5 \cdot (210.000 \cdot 0{,}0098 + 210.000 \cdot 0{,}0026) / 210.000 = 0{,}0062 \text{ m}^4$$

Die Berechnung des max. Momentes erfolgt unter Φ-fachem Lastmodell 71 und dem Faktor α in Gleismitte.
Der maßgebende Träger in Gleismitte ist der Träger 4:

siehe Abschn. 2.2.2.1
$\Phi = 1{,}20$ (in der Schnittgrößenermittlung berücksichtigt)
$\alpha = 1{,}00$
siehe Bild 3

$$\delta = \frac{1}{9{,}6} \cdot \frac{maxM \cdot L^2}{E_a \cdot I_{eff}}$$

$maxM = LM71 \cdot \alpha = 738{,}95$ kNm (Tab. 9)
$L = 16{,}00$ m
$E_a = 210.000$ MN/m² (s. Abs.1.2), da sich I_{eff} auf den E-Modul des Baustahls bezieht.

$\delta = 0{,}0152 \text{ m} < \delta_{zul} = 0{,}022 \text{ m}$

Damit ist der Nachweis der Durchbiegung erfüllt.

b) Begrenzung des Enddrehwinkels

RIL 804.3101 Abs. 2 (2)

Der in der Gleismitte gemessene Endtangentenwinkel des Überbaues darf unter dem Φ-fachen Wert des Lastmodells 71 sowie bei Ansatz des Temperaturunterschieds den folgenden Wert nicht überschreiten:

siehe Abschn. 2.2.2.1

$$\theta = 6{,}5 \cdot 10^{-3}\ \text{rad}$$

RIL 804.3101 Abs. 2 (2) Tab. 3

Der Enddrehwinkel infolge LM 71 kann analog zur Berechnung der vertikalen Durchbiegung über die Bauteilkrümmung ermittelt werden. Der Enddrehwinkel ergibt sich dann zu:

$$\theta = \frac{1}{3} \cdot l \cdot \kappa_m$$

Auf dieser Grundlage kann man den Enddrehwinkel bei vorhandener Durchbiegung durch folgende Beziehung beschreiben:

$$\frac{\theta}{\delta} = \frac{1/3 \cdot l}{5/48 \cdot l^2}$$

δ = 0,0152 m, s. Abs. 2.5.2.3 a)
l = 16,00 m

Somit erhält man den Enddrehwinkel infolge LM 71 zu:

$$\theta_{Qvk} = \delta \cdot \frac{48}{15 \cdot l}$$

$$= 3{,}04 \cdot 10^{-3}\ \text{rad}$$

Enddrehwinkel infolge des vertikalen linearen Temperaturunterschieds:

$$\theta_{\Delta Ty} = \frac{\alpha_{T,c} \cdot \Delta T_{M,neg}}{h_c} \cdot \left(\frac{l}{2} + l_Ü\right)$$

$$\theta_{\Delta Ty} = |-0{,}80 \cdot 10^{-3}\ \text{rad}|$$

$\alpha_{T,c}$ = 0,00001 K^{-1} siehe EC 1-1-5 Anhang C, Tab. C.1
$\Delta T_{M,neg}$= -8 K s. Abs. 2.2.2.12
l = 16,00 m
h_c = 0,90 m

Überstand am Überbauende:
$l_Ü$ = 1 m

Nachweis der Begrenzung des Enddrehwinkels

$$\theta_{tot} = \theta_{Qvk} + \theta_{\Delta Ty} = 3{,}84 \cdot 10^{-3}\ \text{rad}$$

$$3{,}84 \cdot 10^{-3}\ \text{rad} < 6{,}5 \cdot 10^{-3}\ \text{rad}$$

Damit ist die Einhaltung des zulässigen Enddrehwinkels an den Auflagern nachgewiesen.

c) Begrenzung der Querverformung

EC 0 Anhang A2.4.4.2.4

Die maximal zulässige Querverformung ergibt sich zu:

EC 0 Anhang A2.4.4.2.4 (2)

$$\delta_{h,max} = \frac{L^2}{8 \cdot R_{min}} = 9{,}14 \text{ mm}$$

V_E = 200 km/h
R_{min} = 3500 m
EC 0 Anhang A2.4.4.2.4
Tab. A2.8

Die Querverformung δ_h umfasst die Verformung des Über- und Unterbaus einschließlich der Gründung.

EC 0 Anhang A2.4.4.2.4
Anmerkung 2

Die Querverformungen und Querschwingungen des Überbaus sind für die charakteristische Kombination von Lastmodell 71 und erforderlichenfalls SW/0, multipliziert mit dem zugehörigen dynamischen Faktor Φ und mit α (bzw. dem Betriebslastenzug mit dem zugehörigen dynamischen Faktor), mit den Windlasten, Seitenstoß und Zentrifugalkräften nach EN 1991-2, 6 und den Einflüssen aus Temperaturunterschieden in Querrichtung der Brücke zu überprüfen.

EC 0 Anhang A2.4.4.2.4 (1)P

Unter Vernachlässigung des Einflusses der Unterbauten ergibt sich in Feldmitte bei $x = 8{,}00$ m für die Einzeleinwirkungen:

Auf der sicheren Seite liegend wird nur der reine Betonquerschnitt in Zustand II angesetzt:

$I_{cz,II} \approx I_{cz,I} \cdot 0{,}65$

- Horizontalverformung infolge der vertikalen Verkehrslasten des vereinfachten Lastmodells 71

$$\delta_{Qvk} = 0{,}00$$

- Horizontalverformung infolge Windlast

$$\delta_{Qwk} = \frac{q_{wk} \cdot l^4}{76{,}8 \cdot E_{cm} \cdot 0{,}65 \cdot I_{cz}} = 0{,}051 \text{ mm}$$

q_{wk} = 9,43 kN/m
l = 16,00 m
E_{cm} = 33.000 MN/m²
I_{cz} = 0,90 · 4,62³ / 12 = 7,396 m⁴

- Horizontalverformung infolge Seitenstoß

$$\delta_{Qsk} = \frac{Q_{sk} \cdot l^3}{48 \cdot E_{cm} \cdot 0{,}65 \cdot I_{cz}} = 0{,}054 \text{ mm}$$

Q_{sk} = 100,00 kN
l = 16,00 m
E_{cm} = 33.000 MN/m²
I_{cz} = 7,396 m⁴

- Horizontalverformung infolge Zentrifugallasten aufgrund der Grundlast

$$\delta_{\text{qtk}} = \frac{q_{\text{tk}} \cdot l^4}{76{,}8 \cdot E_{\text{cm}} \cdot 0{,}65 \cdot I_{\text{cz}}} = 0{,}028 \text{ mm}$$

q_{tk} = 5,18 kN/m
l = 16,00 m
E_{cm} = 33.000 MN/m²
I_{cz} = 7,396 m^4

- Horizontalverformung infolge Zentrifugallasten aufgrund der Überlast

$$\delta_{\Delta\text{qtk}} = \frac{\Delta q_{\text{tk}} \cdot l^2 \cdot (2 \cdot c \cdot l - c^2)}{76{,}8 \cdot E_{\text{cm}} \cdot 0{,}65 \cdot I_{\text{cz}}} = 0{,}017 \text{ mm}$$

Δq_{tk} = 4,94 kN/m
l = 16,00 m
E_{cm} = 33.000 MN/m²
I_{cz} = 7,396 m^4
c = 6,40 m
c = Länge der Überlast

- Horizontalverformung infolge horizontalem linearen Temperaturunterschied

$$\delta_{\Delta\text{Tz}} = \frac{\alpha_{\text{T,c}} \cdot \Delta T_{\text{Mz}} \cdot l^2}{8 \cdot b} = 0{,}346 \text{ mm}$$

α_{Tc} = 0,00001 K^{-1} siehe EC 1-1-5 Anhang C, Tab. C.1
ΔT_{Mz} = 5 K s. Abs. 2.2.2.12
l = 16,00 m
b = 4,62 m

- Nachweis der Begrenzung der Horizontalkrümmung

$$\delta_{\text{h,tot}} = \delta_{\text{Qvk}} + \delta_{\text{Qwk}} + \delta_{\text{Qsk}} + \delta_{\Delta\text{Tz}} = 0{,}451 \text{ mm}$$

$$\delta_{\text{h,tot}} = 0{,}451 \text{ mm} \quad < \quad \delta_{\text{h,max}} = 9{,}14 \text{ mm}$$

Damit ist die Begrenzung der Horizontalverformung nachgewiesen.

d) Horizontale Winkeländerung

Die horizontale Winkeländerung ist aus Gründen der Verkehrs-Verkehrssicherheit auf $\delta_{h,max}$ = 0,0020 rad zu begrenzen.
Der Ermittlung liegen dieselben Einwirkungen wie für die Be-Berechnung der Horizontalkrümmung zugrunde.
Der Nachweis erfolgt in der Auflagerachse in Schnitt $x = 0$.

EC 0 Anhang A2.4.4.2.4 (2)

EC 0 Anhang A2.4.4.2.4 (2)
Tab. A2.8
V = 200 km/h
EC 0 Anhang A2.4.4.2.4 (1)P

- Horizontalverformung infolge der vertikalen Verkehrslasten des vereinfachten Lastmodells 71:

  δ_{Qvk} = 0,00 rad

- Horizontalverformung infolge Windlast:

$$\delta_{Qwk} = \frac{q_{wk} \cdot l^3}{24 \cdot E_{cm} \cdot 0{,}65 \cdot I_{cz}} = 0{,}010 \text{ rad/1000}$$

q_{wk} = 9,43 kN/m
l = 16,00 m
E_{cm} = 33.000 MN/m²
I_{cz} = 7,396 m⁴

- Horizontalverformung infolge Seitenstoß:

$$\delta_{Qsk} = \frac{Q_{sk} \cdot a \cdot (l - a)}{6 \cdot E_{cm} \cdot 0{,}65 \cdot I_{cz}} \cdot \left(2 - \frac{a}{l}\right) = 0{,}010 \text{ rad/1000}$$

Q_{sk} = 100,00 kN
l = 16,00 m
E_{cm} = 33.000 MN/m²
I_{cz} = 7,396 m⁴
a = l/2

- Horizontalverformung infolge Zentrifugallasten infolge der Grundlast:

$$\delta_{qtk} = \frac{q_{tk} \cdot l^3}{24 \cdot E_{cm} \cdot 0{,}65 \cdot I_{cz}} = 0{,}006 \text{ rad/1000}$$

q_{tk} = 5,18 kN/m
l = 16,00 m
E_{cm} = 33.000 MN/m²
I_{cz} = 7,396 m⁴

- Horizontalverformung infolge Zentrifugallasten infolge der Überlast:

$$\delta_{\Delta qtk} = \frac{\Delta q_{tk} \cdot l \cdot a \cdot c}{6 \cdot E_{cm} \cdot 0{,}65 \cdot I_{cz}} \cdot \left(1 - \left(\frac{a}{l}\right)^2 - 0{,}25 \cdot \left(\frac{c}{l}\right)^2\right) = 0{,}003 \text{ rad/1000}$$

Δq_{tk} = 4,94 kN/m
l = 16,00 m
a = l/2
E_{cm} = 33.000 MN/m²
I_{cz} = 7,396 m⁴
c = 6,40 m
c = Länge der Überlast

- Horizontalverformung infolge horizontalem linearen Temperaturunterschied:

$$\delta_{\Delta Tz} = \frac{\alpha_{T,c} \cdot \Delta T_{Mz} \cdot l}{2 \cdot b} = 0{,}087 \text{ rad/1000}$$

α_{Tc} = 0,00001 K⁻¹
ΔT_{Mz} = 5 K
l = 16,00 m
b = 4,62 m

- Nachweis der Begrenzung der Horizontalkrümmung

$$\delta_{h,tot} = \delta_{Qvk} + \delta_{Qwk} + \delta_{Qsk} + \delta_{\Delta Tz} = 0{,}12 \text{ rad/1000}$$

Nachweis:

$\delta_{h,tot}$ = 0,106 rad/1000 < $\delta_{h,\max}$ = 2,00 rad/1000

Damit ist die Begrenzung der horizontalen Winkeländerung nachgewiesen.

e) Begrenzung der Verwindung des Überbaus

EC Anhang A2.4.4.2.2

Die maximale zulässige gegenseitige Verwindung zweier Querschnitte im Abstand von 3 m in Längsrichtung wird über einen von der Entwurfsgeschwindigkeit und der Spurweite abhängigen zulässigen Differenzdrehwinkel *t* / *s* definiert. Für die vorgegebene Entwurfsgeschwindigkeit V_E = 200 km/h und *s* = 1,50 m ergibt sich eine zulässige gegenseitige Verwindung von 3,0 mm / 3,0 m. Dies entspricht einer Drehwinkeländerung γ_T von γ_T = 3,0 mm / 1,5 m = $2 \cdot 10^{-3}$ auf 3 m Länge.

V_E = 200 km/h
EC Anhang A2.4.4.2.2
Tab. A2.7

Die Verwindung des Überbaus ist mit den mit Φ multiplizierten charakteristischen Werten des Lastmodells 71 zu ermitteln.

EC Anhang A2.4.4.2.2 (1)P

Die größte Drehwinkeländerung tritt zwischen dem Auflager ($\gamma_T = 0$) und dem Schnitt *x* = 3,0 m auf.
Sie kann aus der vertikalen Differenzverformung zweier Träger aus dem Bereich der mitwirkenden Breite berechnet werden. Diese ist proportional zur Momentendifferenz.

Somit ergibt sich:

$$\Delta M = M_{Ed,LM71,Träger\,1} - M_{Ed,LM71,Träger\,2}$$

$$\Delta M = 937{,}04 - 871{,}01$$

$$\Delta M = 66{,}03 \text{ kNm} = 0{,}066 \text{ MNm}$$

siehe Abschn. 2.4.2.1 Tab. 9 (vereinfachend werden die Momente aus der Laststellung für maximale Biegung in Feldmitte angesetzt.)

Die Durchbiegung an der Stelle *x* = 3,0 m infolge der Momentendifferenz ergibt sich näherungsweise wie folgt:

$$\delta = \Delta M \cdot \frac{a \cdot b}{3} \cdot \left(1 + \frac{a \cdot b}{l^2}\right) \cdot \frac{1}{E_a \cdot I}$$

$$\delta = 0{,}76 \cdot 10^{-3} \text{ m}$$

a = 3,00 m
b = 13,00 m
$a+b = l$ = 16 m
E_a = 210.000 MN/m²
I_{eff} = 0,0062 m⁴

Bei einem Trägerabstand von b_c = 0,5775 m ergibt sich folgende Verdrehung:

$$\gamma_T = 0{,}76 \cdot 10^{-3} \text{ m} / 0{,}5775 \text{ m} = 1{,}3 \cdot 10^{-3}$$

(Koppelfaktor für M-Linie mit Verlauf einer quadratischen Parabel)

$$\gamma_T = 1{,}3 \cdot 10^{-3} < 2{,}0 \cdot 10^{-3}$$

Die Begrenzung der Verwindung des Überbaus ist eingehalten.

EC 0 Anhang A2.4.4.2.2
Tab. A2.7

2.5.2.4 Von der Bauart unabhängige Nachweise

In Ril 804.3101 werden zusätzliche von der Bauart unabhängige Nachweise gefordert, die die Gebrauchstauglichkeit und Wirtschaftlichkeit betreffen.

Ril 804.3101, Abs. 1

a) Nachweise an den Überbaurändern

1) Verformung am Überbauende

Bei Schotterfahrbahnen dürfen die Verformungswege der oberen Kanten der Überbauenden in der Gleisachse infolge kurzzeitiger Einwirkungen infolge Verkehr folgenden, von der Stützweite und Entwurfsgeschwindigkeit abhängigen Grenzwert δ_L nicht überschreiten:

$$\delta_L = \delta_3 + (L-3) \cdot (\delta_{25} - \delta_3) / 22$$

$$= 4 + (16-3) \cdot (9-4) / 22$$

$$= 7{,}0 \text{ mm}$$

Ril 804.3101, Abs. 2, Tab. 2 für:

V_E = 200 km/h
L = 16 m
δ_3 = 9 mm
δ_{25} = 4 mm

Dieser zulässige Verformungsweg ist mit dem Verformungsweg infolge der Vertikallastanteile von Lastgruppe 11 zu vergleichen.
Mit der Überstandslänge $ü$ = 1,00 m und der Endquerträgerhöhe h = 1,20 m ergibt sich mit dem in Abschnitt 2.5.2.3 b) ermittelten Enddrehwinkel θ_{Qvk} von $3{,}04 \cdot 10^{-3}$ rad eine maximale Verformung am Überbauende von:

Ril 804.3101, Abs. 2 (1) Bild 1

$$\delta = [\Delta z^2 + \Delta x^2]^{1/2}$$

$$= [(ü * \sin \theta_{Qvk})^2 + (h * \sin \theta_{Qvk})^2]^{1/2}$$

$$= [(1{,}0 \cdot \sin (3{,}04 \cdot 10^{-3}))^2 + (1{,}2 \cdot \sin (3{,}04 \cdot 10^{-3}))^2]^{1/2} \cdot 10^3$$

$$= 4{,}5 \text{ mm} < \delta_L = 7 \text{ mm}$$

2) Verformung benachbarter Längsfugenränder

Ril 804.3101, Abs. 2 (4)

Falls über Längsfugen zwischen benachbarten Tragwerken Schotterbett verlegt wird, dürfen die vertikalen Verformungswege $\Delta\delta_z$ der Längsfugenränder infolge der Einwirkung aus Verkehr nicht größer sein als 3 cm.

In Abschnitt 2.5.2.3 a) wurde eine maximale Durchbiegung des Verbundträgers Nr. 4 in Feldmitte von δ = 0,015 m = 1,5 cm ermittelt. Für den inneren Randträger Nr. 1 ergibt sich analog eine Durchbiegung von δ = 1,5 cm · 937,0/739,0 = 1,9 cm.

Tab. 9

Da der Verbundträger Nr. 1 der innere Randträger ist, entspricht dessen Durchbiegung gerade der Differenzverformung der benachbarten Überbauten.

$$\delta = 1{,}9 \text{ cm} < \Delta\delta_z = 3 \text{ cm}$$

Damit ist der Nachweis erbracht.

b) Überprüfung des Resonanzrisikos

Ril 804.3101, Abs. 3 (1)

Bei Zugfahrten über Eisenbahnbrücken kann das Tragwerk unter bestimmten Bedingungen (hohe Zuggeschwindigkeit, kurze Überbauten, Radsatzkonfiguration u. a.) wegen der in annähernd gleichem zeitlichen Abstand wirkenden Radsatzlasten zu Resonanz angeregt werden, wenn die Erregerfrequenz (oder ein Vielfaches davon) und eine Eigenfrequenz des Tragwerks übereinstimmen. Zur Gewährleistung ausreichender Tragsicherheit, Gebrauchstauglichkeit und Verkehrssicherheit kann es deshalb erforderlich sein, zusätzlich zur Bemessung für ϕ-fache statische Bemessungslasten eine dynamische Untersuchung durchzuführen.

In Abschnitt 2.2.2.1 wurde bereits nachgewiesen, dass auf zusätzliche dynamische Untersuchungen verzichtet werden kann.

2.5.3 Nachweis der Lagesicherheit in der außergewöhnl. Bemessungssituation II

• Außergewöhnliche Bemessungssituation

Beim Nachweis der Lagesicherheit des Tragwerks (EQU) ist zu zeigen, dass

$$E_{d,dst} \leq R_{d,dst}$$

EC 0 6.4.2

Dabei ist

$E_{d,dst}$ der Bemessungswert der Auswirkung der destabilisierenden Einwirkung

$R_{d,dst}$ der Bemessungswert der Auswirkung der stabilisierenden Einwirkung

Der Nachweis wird indirekt geführt, indem nachgewiesen wird, dass keine abhebenden Lagerkräfte auftreten. Der Nachweis wird in der außergewöhnlichen Bemessungssituation mit Entgleisungslastmodell II als außergewöhnlicher Einwirkung E_{Ad} geführt.

$$E_d = \sum_{j\geq 1} \gamma_{GA,j} \cdot E_{Gk,j} \text{"+"} E_{Pk} \text{"+"} E_{Ad} \text{"+"} \gamma_{QA,1} \cdot \psi_{1,1} \cdot E_{Qk,1} \text{"+"} \sum_{i>1} \gamma_{QA,i} \cdot \psi_{2,i} \cdot E_{Qk,i}$$

Wird eine außergewöhnliche Einwirkung angesetzt, sollten weder andere außergewöhnliche Einwirkungen noch Wind oder Schnee gleichzeitig berücksichtigt werden.

EC 0 Anhang A2.2.5 (1)

Da Temperatureinwirkung beim Einfeldträger keine vertikalen Auflagerreaktionen erzeugt und sich Entgleisungslastmodell II und Belastung des Dienstgehweges ausschließen, sind in diesem Beispiel keine weiteren variablen Einwirkungen zu berücksichtigen.

Einwirkungen:

$g_{k,1}$ = 128,6 kN/m
$g_{k,2}$ = 66,6 kN/m
$g_{k,3}$ = 16,7 kN/m

q_{A2d} = 112,0 kN/m

Da für den Lagesicherheitsnachweis (EQU) in der außergewöhnlichen Kombination im EC 0, Tab. NA.A.2.1 keine Teilsicherheitsbeiwerte festgelegt sind, werden die Teilsicherheitsbeiwerte für den Bauzustand (B) angesetzt (siehe auch EC 0, Tab. A2.4.A).

Für stabilisierende und destabilisierende ständige Einwirkungen ergeben sich nach EC 0, Tab. NA.A2.1 die Teilsicherheitsbeiwerte zu 0,95 (günstig) bzw. 1,05 (ungünstig).
Da die außergewöhnliche Einwirkung „Entgleisungslastmodell II" bereits als Bemessungswert A_d definiert ist, wird hier kein zusätzlicher Teilsicherheitsbeiwert angesetzt.

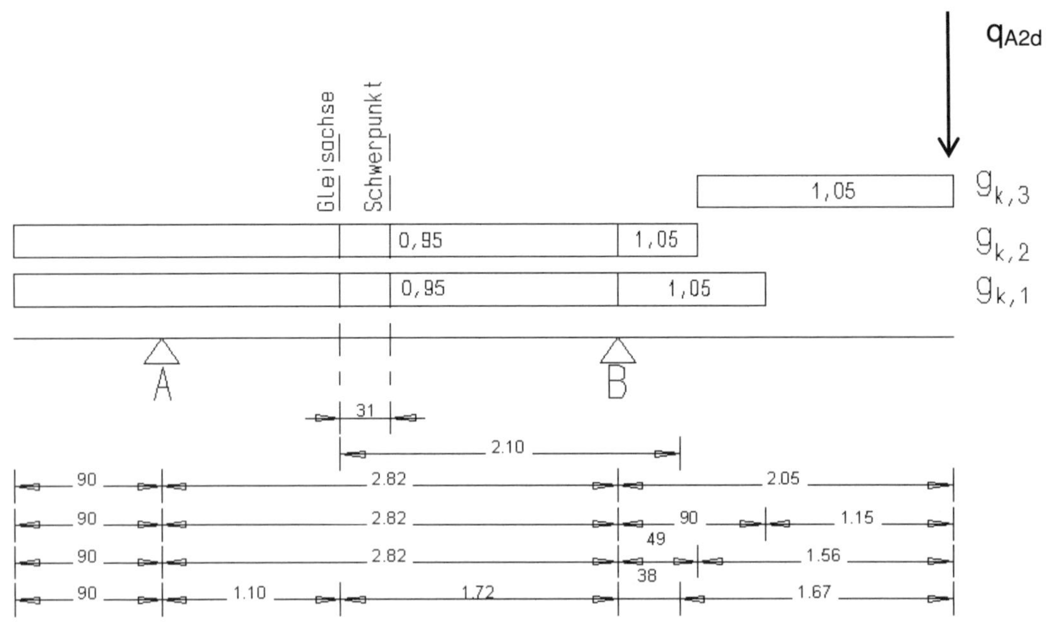

Bild 26 Laststellung für die minimale Auflagerreaktion A

$\sum M_B = 0$

$$
\begin{aligned}
0 = 2{,}82\ \text{m} \cdot A \quad & - 0{,}95 \cdot g_{k,1} \cdot 3{,}72\ \text{m} \cdot 1{,}86\ \text{m} \\
& + 1{,}05 \cdot g_{k,1} \cdot 0{,}9\ \text{m} \cdot 0{,}45\ \text{m} \\
& - 0{,}95 \cdot g_{k,2} \cdot 3{,}72\ \text{m} \cdot 1{,}86\ \text{m} \\
& + 1{,}05 \cdot g_{k,2} \cdot 0{,}49\ \text{m} \cdot 0{,}25\ \text{m} \\
& + 1{,}05 \cdot g_{k,3} \cdot 1{,}56\ \text{m} \cdot 1{,}27\ \text{m} \\
& + q_{A2} \cdot (0{,}38\ \text{m} + 1{,}67\ \text{m})
\end{aligned}
$$

$- 2{,}82\ \text{m} \cdot A = 955{,}5\ \text{kNm}$

A = 338,83 kN > 0

Es treten keine abhebenden Kräfte auf.
Der Nachweis der Lagesicherheit ist somit erbracht.

3 Schlussblatt

T. Bau

Aufgestellt, 30.09.2018, Bad Kreuznach

Verzeichnis der Tabellen

Verzeichnis der Abbildungen

Anlage - Dynamische Berechnung

1. Systembildung

Der dynamische Nachweis wird im Folgenden vereinfachend für den Walzträger HEM 800 im Beton als Einfeldträger mit einer Stützweite von L = 16 m geführt. Maßgebend wird dabei der Träger 1. Die Überstände über die Lagerachsen hinaus werden dabei vernachlässigt. Eine Modellierung mit 20 Einzelstäben ist hier ausreichend.

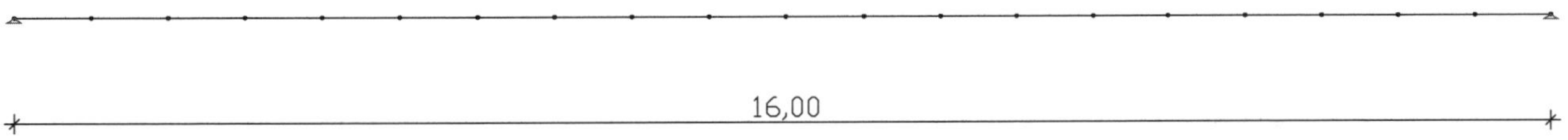

16,00

Bild 1 Statisches System

Es wird die Steifigkeit des Verbundquerschnitts für Kurzzeitlasten angesetzt:

$$A_{i,0} = 0{,}12\ m^2$$
$$I_{i,0} = 0{,}00980\ m^4$$
$$E_a = 210.000\ MN/m^2$$

Die Masse des Trägers 1 beträgt:

$$g_k = \left(M_{gk1,1} + M_{gk2,1} + M_{gk3,1}\right) \cdot \frac{8}{l^2}$$
$$g_k = (446{,}1 + 324{,}6 - 137{,}3) \cdot \frac{8}{16^2} = 19{,}79\ kN/m$$
$$m_k = \frac{19{,}79 \cdot 1000}{9{,}81} = 2017\ kg/m$$

Nach Ril 804.2101 Abs. 2.4 (1) darf hier auch für dynamische Nachweise mit einer Schotterdichte von 20 kN/m³ gerechnet werden.

Die Lehr'sche Dämpfung für die Modalanalyse beträgt nach Ril 804.3301 Tab. 1:

$$\varsigma = 1{,}5 + 0{,}07 \cdot (20 - l)$$

$$\varsigma = 1{,}5 + 0{,}07 \cdot (20 - 16) = 1{,}78\,\%$$

Da die dynamische Berechnung mit bewegten Einzellasten erfolgen soll, kann eine Zusatzdämpfung nach Ril 804.3301 Bild 1 angesetzt werden:

$$\Delta\varsigma = 100 \cdot \frac{a_1 \cdot l + a_2 \cdot l^2}{1 + b_1 \cdot l + b_2 \cdot l^2 + b_3 \cdot l^3}$$

mit:

$$a_1 = 1{,}8698 \cdot 10^{-4}$$

$$a_2 = -6{,}40 \cdot 10^{-6}$$

$$b_1 = -4{,}4057 \cdot 10^{-2}$$

$$b_2 = -4{,}411 \cdot 10^{-3}$$

$$b_3 = 2{,}55 \cdot 10^{-4}$$

$$\Delta\varsigma = 0{,}64$$

Damit ergibt sich eine Gesamtdämpfung von:

$$\varsigma = 1{,}78 + 0{,}64 = 2{,}42\,\%$$

2. Einwirkungen

Da die Brücke auf einer TEN-Strecke liegt, ist nach DIN EN 1991-2 NDP zu 6.4.6.1.1 (2)P das Lastmodell HSLM anzuwenden. Eine Untersuchung von Betriebszügen ist damit nicht erforderlich. Nach DIN EN 1991-2 6.4.6.1.1 (6) Tab. 6.4 sind bei einer Stützweite kleiner als 7 m die Modellzüge A1 bis A10 zu untersuchen.

Die Achslasten aus dem HSLM können wie die Lasten aus dem LM 71 auf die einzelnen Träger verteilt werden. Maßgebend wird dabei der Träger 1. Daraus folgt:

$$f_{HSLM} = \frac{1}{n_{bw}} + e \cdot \frac{y_i}{\Sigma y_i^2}$$

$$f_{HSLM} = \frac{1}{7} - 0{,}324 \cdot \frac{-2{,}021}{14} = 0{,}190$$

3. Steuerung der Berechnung

Als Software wird folgendes Programmsystem eingesetzt:

InfoCad Version 17.20a
InfoGraph GmbH
Kackertstraße 10
52072 Aachen

Bei der Modalanalyse muss vorgegeben werden, wie viele Eigenformen, bzw. Eigenfrequenzen, berücksichtigt werden sollen.

Nach Ril 804.3301 Abs. 2 (4) muss folgende Bedingung eingehalten werden:

$$n_{max} = max\{30\ Hz; 1{,}5 \cdot n_0; n_2\}$$

Da hier ein Einfeldträger berechnet werden soll, kann die Grundeigenfrequenz analytisch bestimmt werden. Nach Ril. 804.3301A01 Abs. 1 (1) gilt für balkenartige Einfeldträger mit konstanter Biegesteifigkeit und konstanter Massenbelegung:

$$n_0 = \frac{\pi}{2 \cdot l^2} \cdot \sqrt{\frac{EI}{m}}$$

$$n_0 = \frac{\pi}{2 \cdot 16^2} \cdot \sqrt{\frac{210.000 \cdot 10^6 \cdot 0{,}00980}{2017}} = 6{,}2\ Hz$$

Damit ergibt sich:

$$n_{max} = max\{30\ Hz; 1{,}5 \cdot 6{,}2; 3^2 \cdot 6{,}2\}$$

$$n_{max} = max\{30\ Hz; 9{,}3; 55{,}8\}$$

Maßgebend ist damit die Frequenz 55,8 Hz.

Die Zeitschrittlänge muss begrenzt werden, da einerseits die Stabilität des Rechenverfahrens zu beachten ist und andererseits aus jedem Zeitschritt auch ein Längsverschub der Achse auf der Brücke resultiert, der hier auf 0,5 m begrenzt werden soll.

Die Zeitschrittlänge muss folgende Bedingungen einhalten:

$$\Delta t \leq \frac{1}{10 \cdot n_{max}} = 0{,}002\ s$$

$$\Delta t \leq \frac{0{,}5}{1{,}2 \cdot V_{ö}} = 0{,}008\ s$$

Maßgebend ist damit die Zeitschrittlänge 0,002 s.

Die Anzahl der Zeitschritte muss so groß sein, dass die Zugüberfahrt der HSLM bei der kleinsten untersuchten Geschwindigkeit V_{min} komplett untersucht werden kann. Diese Überfahrtszeit sollte um 20 % verlängert werden, um den Ausschwingvorgang mit abzubilden.

Die maximale Zuglänge eines HSLM-A beträgt – HSLM-A02 ist hier maßgebend – nach DIN EN 1991-2 6.4.6.1.1 (4) Tab. 6.3:

$$L_{max} = 2 \cdot 18{,}76 + (2 + N) \cdot D$$

$$L_{max} = 2 \cdot 18{,}76 + (2 + 17) \cdot 19 = 398{,}52\ m$$

Der zu untersuchende Geschwindigkeitsbereich beträgt nach Ril 804.3301 Abs. 2 (5) für Tragsicherheitsnachweise außer Ermüdung:

$$V_{min} \leq V \leq 1{,}2 \cdot V_{ö}$$

Als untere Grenze kann nach DIN EN 1991-2 6.4.6.2 (2) 144 km/h gewählt werden. Damit ergibt sich:

$$144 \leq V \leq 1{,}2 \cdot 200$$

$$144 \frac{km}{h} \leq V \leq 240 km/h$$

Die maximal erforderliche Zeitschrittanzahl beträgt damit:

$$n_z = 1{,}2 \cdot \frac{L_{max}}{V_{min} \cdot \Delta t}$$

$$n_z = 1{,}2 \cdot \frac{398{,}52 \cdot 3{,}6}{144 \cdot 0{,}002} = 5978$$

Für größere Geschwindigkeiten kann diese Anzahl natürlich reduziert werden.

Für Nachweise im Grenzzustand der Gebrauchstauglichkeit und Nachweise für Ermüdung beträgt die maximal zu untersuchende Geschwindigkeit nach Ril 804.3301 Abs. 2 (5):

$$V_{min} \leq V \leq 1{,}2 \cdot V_{ö}$$

Die Resonanzgeschwindigkeit kann nach DIN 1991-2 6.4.6.2 (2) zu:

$$v_i = n_0 \cdot \lambda_i$$

berechnet werden. Dabei ist λ die Hauptwellenlänge der Anregung:

$$\lambda_i = \frac{D}{i}$$

und damit gilt:

$$v_i = n_0 \cdot \frac{D}{i} = 6{,}2 \cdot \frac{D}{i}$$

Im Bereich dieser Resonanzgeschwindigkeiten sollte nach Ril 804.3301 Abs. 2 (5) die Schrittweite von 10 km/h auf 5 km/h verringert werden.

Baumaßnahme: Kreuzungsbauwerk Leitzkau, Strecke 1234, km 56,789	Bauwerksnummer
Bauherr: DB Netz AG, Zentrale, Frankfurt am Main	1 2 3 4 5 6 7 8
Aufsteller: Planungsgemeinschaft Hochschule Magdeburg – Stendal	Datum: 30.09.2018

4. Berechnungsergebnisse

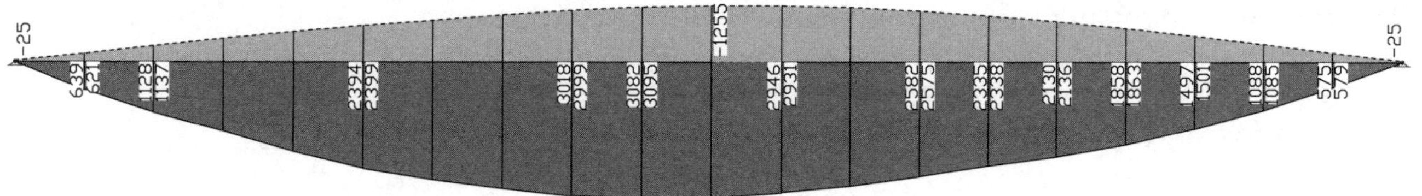

Bild 2 Moment M_y in kNm

Für das maximale Moment M_y wird der HSLM-A10 bei einer Geschwindigkeit von V = 200 km/h maßgebend.

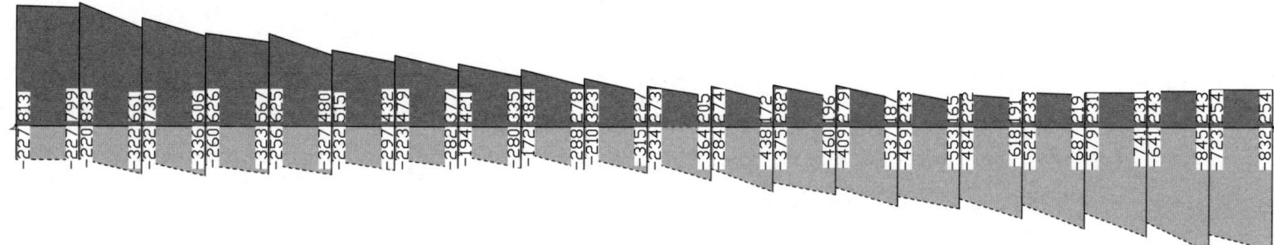

Bild 3 Querkraft V_z in kN

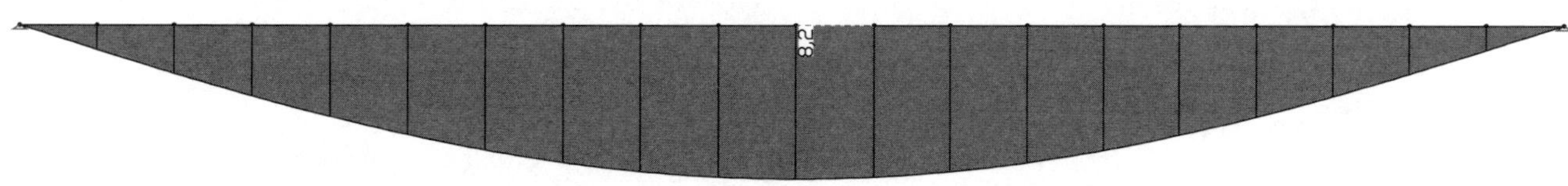

Bild 4 Vertikale Durchbiegung in mm

-7,772 -7,648 -7,303 -6,779 -6,083 -5,227 -4,250 -3,206 -2,243 -1,318 -0,527 -0,463 -0,882 -1,335 -1,757 -2,133 -2,454 -2,711 -2,898 -3,013 -3,052

2,787 2,770 2,715 2,609 2,431 2,174 1,847 1,465 1,036 0,603 0,575 1,513 2,606 3,605 4,491 5,252 5,887 6,384 6,740 6,956 7,030

Bild 5 Verdrehung φ_y in mrad

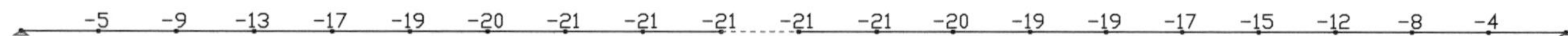

Bild 6 Vertikale Beschleunigung (nach oben)

Bauteil:	Überbau mit einbetonierten Stahlträgern („WiB“)	Seite: **145**
Vorgang:	Anlage Dynamische Berechnung	Archiv Nr.:

5. Ergebnisauswertung

Bei dem Vergleich mit den Ergebnissen – Schnittgrößen und Verformungen – infolge LM 71 sind weiterhin der dynamische Beiwert nach EC 1-2 6.4.5.2 Gl. (6.4) und der Faktor φ“ nach Ril 804.3301 Abs. 3 zu berücksichtigen.

Nach Ril 804.3301 Abs. 2 (7) darf der Einfluss von Gleislagefehlern und unrunden Rädern durch den Faktor φ“ berücksichtigt werden:

$$\varphi'' = \frac{1}{100} \cdot \left[56 \cdot e^{-\left(\frac{L_\Phi}{10}\right)^2} + 50 \cdot \left(\frac{L_\Phi \cdot n_0}{80} - 1\right) \cdot e^{-\left(\frac{L_\Phi}{20}\right)^2}\right] \geq 0$$

$$\varphi'' = \frac{1}{100} \cdot \left[56 \cdot e^{-\left(\frac{16}{10}\right)^2} + 50 \cdot \left(\frac{16 \cdot 6{,}2}{80} - 1\right) \cdot e^{-\left(\frac{16}{20}\right)^2}\right] \geq 0$$

$$\varphi'' = 0{,}107 \geq 0$$

Die dynamisch ermittelten Schnittgrößen, bzw. Verformungen betragen dann nach Ril 804.3301 Abs. 3 (1) näherungsweise:

$$y_{ges} \approx (1 + 0{,}5 \cdot \varphi'') \cdot y_{dyn}$$

$$y_{ges} \approx (1 + 0{,}5 \cdot 0{,}107) = 1{,}05 \cdot y_{dyn}$$

Der Vergleich zwischen den Ergebnissen der statischen und dynamischen Berechnung erfolgt beispielhaft für das Biegemoment in Feldmitte. Da die Schnittgrößen mit der vollen Zuglast aus HSLM-A berechnet wurden, müssen die Werte noch umgerechnet werden.

$$M_{y,LM71 \cdot \Phi} = 937{,}0\ kNm$$

$$M_{y,HSLM,ges} = 1{,}05 \cdot 0{,}190 \cdot 3095 = 617{,}4\ kNm$$

Da die Beschleunigungen ebenfalls mit der vollen Zuglast aus HSLM-A berechnet wurden, müssen die Werte noch umgerechnet werden.